水惠中国

SHUI HUI ZHONGGUO

· 上 ·

水利部宣传教育中心 / 编

黄河水利出版社
· 郑州 ·

图书在版编目（CIP）数据

水惠中国：上、下册/水利部宣传教育中心编. —
郑州：黄河水利出版社，2023.3
ISBN 978-7-5509-3540-2

Ⅰ．①水… Ⅱ．①水… Ⅲ．①水利工程–中国 Ⅳ.
①TV

中国国家版本馆CIP数据核字（2023）第057613号

责任编辑	王厚军　郭琼	责任校对	杨秀英
封面设计	李思璇	责任监制	常红昕

出版发行　黄河水利出版社

地址：河南省郑州市顺河路49号　邮政编码：450003

网址：www.yrcp.com　E-mail: hhslcbs@126.com

发行部电话：0371-66020550

承印单位　河南瑞之光印刷股份有限公司

开　　本　787 mm×1 092 mm　1/16

印　　张　61.25

字　　数　1 098千字　　　　　　　　印　　数　1—1 000

版次印次　2023年3月第1版　　　　　　2023年3月第1次印刷

定　　价　150.00元（上、下册）

前　言

　　水利事关战略全局、事关长远发展、事关人民福祉。党的十八大以来，以习近平同志为核心的党中央高度重视水利工作。习近平总书记站在中华民族永续发展的战略高度，亲自谋划、亲自部署、亲自推动治水事业，提出"节水优先、空间均衡、系统治理、两手发力"治水思路，确立国家"江河战略"，擘画国家水网等重大水利工程，为新时代水利事业提供了强大的思想武器和科学行动指南，在中华民族治水史上具有里程碑意义。

　　在习近平总书记掌舵领航下，在习近平新时代中国特色社会主义思想科学指引下，我国水利事业取得历史性成就、发生历史性变革：我国水旱灾害防御能力实现整体性跃升，农村饮水安全问题实现历史性解决，水资源利用方式实现深层次变革，江河湖泊面貌实现根本性改善，水利治理能力实现系统性提升，推动新阶段水利高质量发展迈出坚实步伐。

　　2022 年是党的二十大胜利召开之年，也是我国水利发展史上具有里程碑意义的一年。2022 年，我国极端天气事件频发，洪水、干旱、咸潮交叠并发，历史罕见。各级水利部门扛牢水旱灾害防御天职，坚持人民至上、生命至上，水旱灾害防御夺取重大胜利，汛期全国水库无一垮坝，大江大河干流堤防无一决口，全年因洪涝死亡失踪人数为新中国成立以来最低，最大程度保障了人民群众生命财产安全。

　　2022 年，水利基础设施建设实现重大进展，全年完成水利建设投资 10 893 亿元，比 2021 年增长 43.8%，历史性地迈上万亿元台阶。一批重大水利工程实现关键节点目标，一批重大战略性工程前期工作加快推进，重大水利工程开工数量创历史记录，全国水利项目施工累计吸纳就业 251 万人，水利基础设施建设促就业、扩内需、稳经济作用充分发挥。

　　2022 年，复苏河湖生态环境取得重大成果：实施母亲河复苏行动，一河一策、靶向施策，加快修复河湖生态环境；开展京杭大运河全线贯通补水行动，京杭大运河实现百年来首次全线通水，再现了壮美运河千年神韵；开展华北河湖生态环境复苏、永定河贯通入海行动，华北地区大部分河湖实现了有流动的水、有干净的水，越来越多的河流恢复生命、越来越多的流域重现生机。

　　过去的一年，水利工作亮点纷呈，兴水惠民成效显著。本书精选 2022 年度中央主要媒体公开发表的兴水为民主题的新闻作品，希望全面展现治水兴水惠民生方面的辉煌成就，同时也为水利工作者提供更多有益的思考和借鉴。

目 录
CONTENTS

人民日报

新华社

中央广播电视总台

光明日报

经济日报

中国日报

水惠中国

人民日报

■推动经济社会高质量发展（连线·部长通道）

■今年水利投资规模力争超过 8 000 亿元

■全国年用水总量控制在六千四百亿立方米内

■推动新阶段水利高质量发展 全面提升国家水安全保障能力

......

推动经济社会高质量发展
（连线·部长通道）

■科技部部长　王志刚

让科技政策扎实落地

"我国国家创新指数全球排名从 2012 年的第三十四位达到了去年的第十二位，提高了 22 个位次。"科技部部长王志刚在"部长通道"上接受采访时表示，过去一年，科技工作在推动国家改革开放和现代化建设中发挥了重要作用，未来一年，科技部工作的重点和主线是让科技政策扎实落地。

走创新驱动发展的道路，企业这个市场主体必然要成为创新主体。王志刚说，去年全社会研发投入达 2.79 万亿元，其中 76% 是企业投入的。而在产出方面，技术合同成交额超过 3.7 万亿元，其中 90% 来自企业。下一步，要让企业真正成为科技创新的主体，还有很多工作要做。"要强调的是，创新不问出身，不管是大企业、中型企业还是小企业，不管是国有企业还是民营企业，都能成为创新主体，只要自己有这个能力，就会得到机会。"

中国能够成功控制新冠肺炎疫情，其中一个重要因素是科技。王志刚介绍，在疫苗方面，此前有 3 个灭活疫苗、1 个腺病毒载体疫苗附条件上市，今年又有 1 个重组蛋白疫苗附条件上市，还有 2 条技术路线取得积极进展；在核酸检测方面，最快可在 30 分钟内完成样本检测，一个集成检测系统一天可以检测 20 万份样本，检测能力大大提高。"科技手段越多，方法越多，我们的防控方案就会越丰富，越有针对性，越科学。"王志刚说。

■水利部部长　李国英

全面提升国家水安全保障能力

水利部部长李国英在"部长通道"上接受采访时介绍，去年，通过防洪工程体系和非工程体系的共同作用，全国减淹城镇 1 494 个次，减淹耕地 2 534 万亩，避免人员转移 1 525 万，最大限度地保障了人民群众生命财产安全。今年，水利部将对汛期汛情进行滚动分析研判预测，并及时做好准备工作，努力将"防"的关口前移。

今年 1 月，《"十四五"水安全保障规划》公布，这是国家层面首次编制实施水安全保障规划。李国英说，规划的总体目标是全面提升国家水安全保障能力。在这个总体目标下，结合水利发展实际，进一步分解为四个次级目标：一是提升水旱灾害防御能力，二是提升水资源集约节约利用能力，三是提升水资源优化配置能力，四是提升大江大河大湖生态保护和治理能力。

对备受关注的河湖长制，李国英说，目前，各地全面建立了以党政领导负责制为核心的河湖保护治理管理责任体系，31 个省份都有党委政府主要负责同志担任省级总河长。在省市县乡四级设立了河湖长 30 万名，设立了包括巡河员、护河员等在内的村级河湖长 90 万名。"现在可以说，基本上我们每一条河流、每一个湖泊都有人管、有人护。"

人民日报《中国经济周刊》

水利部部长李国英：努力将"防"的关口前移坚决守住水利工程安全防线

及时做好准备工作，努力将"防"的关口前移

去年，通过防洪工程体系和非工程体系的共同作用，全国减淹城镇 1 494 个次，减淹耕地 2 534 万亩，避免人员转移 1 525 万，最大限度地保障了人民群众生命财产安全。今年，水利部将对汛期汛情进行滚动分析研判预测，并及时做好准备工作，努力将"防"的关口前移。

对今年汛期，特别是 6—8 月的汛情进行了初步的趋势性研判。预计我国北部、南部发生洪水的可能性较大，北部大于南部，中部地区发生干旱的可能性较大。从流域来讲，北部，嫩江、松花江、黑龙江，海河流域中北部水系，黄河中游干

流及支流泾河、汾河等河流有可能发生流域性较大洪水；南部，长江上游、珠江流域西江、东南沿海诸河有可能发生区域性洪水；中部，长江中游、汉江下游有可能发生区域性干旱。

四个"小目标"、六条实施路径全面提升国家水安全保障能力

全面提升国家水安全保障能力，这是"十四五"水安全保障规划的总体目标。在这个总体目标下，结合水利发展的实际，进一步解构为四个次级目标：一是提升水旱灾害防御能力；二是提升水资源集约节约利用能力；三是提升水资源优化配置能力；四是提升大江大河大湖生态保护治理能力。

为了实现规划目标，达到规划实施的目的，规划确立了六条实施路径，也就是说确立了六项重点水利任务：第一，完善流域防洪工程体系；第二，实施国家水网重大工程；第三，复苏河湖生态环境；第四，推进智慧水利建设；第五，建立健全节水制度政策；第六，强化水利体制机制法治管理。

河湖长制的建设和实施至少取得了三个方面的显著成效

一是责任体系全面建立。 各地全面建立了以党政领导负责制为核心的河湖保护治理管理责任体系，全国 31 个省、自治区、直辖市都有党委政府主要负责同志担任省级总河长。在省、市、县、乡四级设立了河湖长 30 万名，设立了村级河湖长，包括巡河员、护河员等 90 万名。现在可以说，基本上我们每一条河流、每一个湖泊都有人管、都有人护。

二是工作机制不断完善。 国家层面，建立完善了全面推行河湖长制工作部际联席会议制度，国务院领导同志担任召集人，18 个成员单位密切配合，加强对全国河湖长制工作的统筹和组织领导。

三是河湖面貌持续改善。 各地充分发挥河湖长制制度优势和积极作用，针对江河湖泊存在的水灾害、水资源、水生态、水环境等突出问题，因地制宜，对症下药，精准施策。

（本文刊发于《中国经济周刊》2022 年第 5 期）

今年水利投资规模力争超过 8 000 亿元

本报北京 3 月 17 日电（记者　李晓晴）　水利部近日召开 2022 年水利规划计划工作座谈会，对重点工作进行全面部署，多渠道加大投入，力争今年水利投资规模超过 8 000 亿元。

2021 年水利规划计划圆满完成各项任务，取得丰硕成果。水利基础设施建设不断加快，重点推进 150 项重大工程，目前已批复 68 项，开工 63 项。流域防洪体系不断完善，防汛抗旱水利提升工程建设进度不断加快，水资源配置体系不断优化。水利建设投资持续保持较高水平，全国落实水利建设投资 8 028 亿元，较上年增长 4.2%。投资结构不断优化，中央水利投资中，水资源配置和流域防洪减灾体系建设投资占比超过 85%，继续向中西部地区、革命老区等特殊地区倾斜，安排西部地区中央水利投资达到 46.2%。重点领域改革取得新进展，推动将水流生态保护补偿纳入生态保护补偿条例，会同国家发展改革委、财政部等部门，建立健全长江、黄河，以及太湖、洞庭湖、鄱阳湖等重要江河湖泊生态保护补偿机制，开展试点工作。

水利部提出，今年要织密国家水网，加快推进重大水利工程建设。推进南水北调后续工程前期工作，争取中线引江补汉工程、东线后续工程尽早开工建设。持续抓好长江大保护，加强通江湖泊系统治理，加快安澜长江建设；系统推进黄河流域上游水源涵养、中游水土保持、下游滩区治理和湿地保护，进一步完善水沙调控体系。

全国年用水总量控制在六千四百亿立方米内

本报北京 3 月 17 日电（记者　李晓晴）　为持续实施水资源消耗总量和强度双控行动，近日，水利部、国家发展改革委联合发布《关于印发"十四五"用水总量和强度双控目标的通知》（以下简称《通知》），明确了各省、自治区、直辖市"十四五"用水总量和强度双控目标。到 2025 年，全国年用水总量控制在 6 400 亿立方米以内，万元国内生产总值用水量、万元工业增加值用水量分别比 2020 年降低 16% 左右和 16%，农田灌溉水有效利用系数提高到 0.58 以上。

《通知》首次将非常规水源最低利用量作为控制目标分解下达到各省、自治区、直辖市，确保到 2025 年，全国非常规水源利用量超过 170 亿立方米，预计比 2020 年增加 33%，对促进非常规水源开发利用，缓解水资源供需矛盾具有重要意义。

水利部全国节约用水办公室主任许文海介绍："非常规水是指再生水、海水、雨水、矿井水和苦咸水等水源，要加强缺水地区非常规水的多元、梯级和安全利用。将污水资源化利用作为节水开源的重要内容，加快推动城镇生活污水、工业废水、农业农村污水资源化利用，推进海水淡化规模化利用。推动非常规水纳入水资源统一配置，逐年提高非常规水利用比例，建立激励考核机制。要瞄准世界先进技术，支持非常规水利用技术及适用设备研发。"

水资源消耗总量和强度双控制度是"十三五"时期实行的一项用水管理制度。自实施以来，我国基本构建了覆盖省、市、县三级行政区的用水总量和强度控制指标体系，全国用水效率明显提高，用水总量有效控制，为经济社会发展提供了有力水安全保障。"十三五"时期，全国万元国内生产总值用水量、万元工业增加值用水量分别下降 28.0%、39.6%，农田灌溉水有效利用系数提高到 0.565。

实施国家节水行动，强化水资源刚性约束，要按照"严管控、抓重点、建机制"的思路，推动水资源利用方式进一步向集约节约转变。许文海说："要从观念、意识、措施等各方面把节水摆在优先位置，加快形成节水型生产、生活方式和消费模式。接下来要建立水资源刚性约束制度、大力推进农业节水增效、深入推进工业节水减排、全面加强城镇节水降损、健全节水机制，多措并举，进一步提高水资源集约节约利用水平。"

持续实施水资源消耗总量和强度双控行动，对提高水资源集约节约能力，促进高质量发展，为经济社会发展提供水安全保障具有重要作用。下一步，水利部将抓好《通知》的落实，组织各地进一步将"十四五"用水总量和强度双控目标分解明确到市、县，建立健全省、市、县三级行政区用水总量和强度双控指标体系。

推动新阶段水利高质量发展
全面提升国家水安全保障能力
——写在 2022 年"世界水日"和"中国水周"之际

李国英

　　3 月 22 日是第三十届"世界水日",第三十五届"中国水周"的宣传活动也同时开启。联合国确定今年"世界水日"的主题是"珍惜地下水,珍视隐藏的资源",我国纪念今年"世界水日""中国水周"活动的主题是"推进地下水超采综合治理　复苏河湖生态环境"。

　　水是万物之母、生存之本、文明之源。水利事关战略全局、事关长远发展、事关人民福祉。党的十八大以来,习近平总书记深刻洞察我国国情水情,从实现中华民族永续发展的战略高度,提出"节水优先、空间均衡、系统治理、两手发力"的治水思路,确立起国家的"江河战略",部署推动南水北调后续工程高质量发展等重大水利工程建设,为新时代治水提供了强大思想武器和科学行动指南。以习近平同志为核心的党中央统筹推进水灾害防治、水资源节约、水生态保护修复、水环境治理,开展一系列根本性、开创性、长远性工作,书写了中华民族治水安邦、兴水利民的新篇章。在地下水保护治理和河湖生态保护方面,通过实施国家节水行动、强化水资源刚性约束、全面建立河湖长制、推进实施一批跨流域跨区域重大引调水工程,我国水资源利用方式实现深层次变革,水资源配置格局实现全局性优化,江河湖泊面貌实现历史性改善。华北地区地下水超采综合治理取得明显成效,2021 年底京津冀治理区浅层地下水水位较 2018 年同期总体上升 1.89 米,深层地下水水位平均回升 4.65 米,永定河实现 26 年来首次全线通水,白洋淀生态水位保证率达到 100%,潮白河、滹沱河等多条河流全线贯通。越来越多的河流恢复"生命",越来越多的流域重现生机,越来越多的河湖成为造福人民的幸福河湖。

　　水安全是生存的基础性问题,河川之危、水源之危是生存环境之危、民族存续之危，要重视解决好水安全问题。受特殊自然地理气候条件和经济社会发展条件制约，加之流域和区域水资源情势动态演变，我国水资源水生态水环境承载能力仍面临制约，解决河湖生态环境问题仍需付出艰苦努力，水旱灾害风险隐患仍是必须全力应对的严峻挑战。我们要深入落实习近平总书记"节水优先、空间均衡、系统治理、两手发力"的治水思路和关于治水重要讲话指示完整、准确、全面贯彻新发展理念，统筹发展和安全，推动新阶段水利高质量发展，着力提升水旱灾害防御能力、水资源集约节约利用能力、水资源优化配置能力、大江大河大湖生态保护治理能力，为全面建设社会主义现代化国家提供有力的水安全保障。

一是完善流域防洪工程体系。坚持人民至上、生命至上，深入落实"两个坚持、三个转变"防灾减灾救灾理念，补好灾害预警监测短板，补好防灾基础设施短板，全面构建抵御水旱灾害防线。以流域为单元，构建主要由河道及堤防、水库、蓄滞洪区组成的现代化防洪工程体系，提高标准、优化布局，全面提升防洪减灾能力。加快江河控制性工程建设，加快病险水库除险加固，提高洪水调蓄能力。实施大江大河大湖干流堤防建设和河道整治，加强主要支流和中小河流治理，严格河湖行洪空间管控，提高河道泄洪能力。加快蓄滞洪区布局优化调整，实施蓄滞洪区安全建设，确保关键时刻能够发挥关键作用。

二是实施国家水网重大工程。坚持全国一盘棋，科学谋划国家水网总体布局，遵循确有需要、生态安全、可以持续的重大水利工程论证原则，以自然河湖水系、重大引调水工程和骨干输配水通道为纲，以区域河湖水系连通工程和供水渠道为目，以具有控制性功能的水资源调蓄工程为结，加快构建"系统完备、安全可靠，集约高效、绿色智能，循环通畅、调控有序"的国家水网，协同推进省级水网建设，全面增强我国水资源统筹调配能力、供水保障能力、战略储备能力。因地制宜完善农村供水工程网络，加强现代化灌区建设，打通国家水网"最后一公里"。

三是复苏河湖生态环境。以提升水生态系统质量和稳定性为核心，树立尊重自然、顺应自然、保护自然的生态文明理念，坚持山水林田湖草沙一体化保护和系统治理，加强河湖生态治理修复，实施河湖水系综合整治，开展母亲河复苏行动，实施"一河一策""一湖一策"，维护河湖健康生命，实现河湖功能永续利用。深入推进地下水超采治理，开展新一轮华北地区地下水超采综合治理，持之以恒加快京津冀地区河湖生态环境复苏。科学配置工程措施、植物措施、耕作措施，扎实推进水土流失综合治理，提升水源涵养能力。

四是推进智慧水利建设。按照"需求牵引、应用至上、数字赋能、提升能力"要求，以数字化、网络化、智能化为主线，全面推进算据、算法、算力建设，加快建设数字孪生流域、数字孪生水利工程。针对物理流域全要素和水利治理管理全过程，构建天、空、地一体化水利感知网和数字化场景，实现数字孪生流域多维度、多时空尺度的智慧化模拟，建设具有预报、预警、预演、预案功能的智慧水利体系，支撑科学化精准化决策，实现水安全风险从被动应对向主动防控转变。

五是建立健全节水制度政策。坚持节水优先、量水而行，全面贯彻"四水四定"原则，推进水资源总量管理、科学配置、全面节约、循环利用，从严从细管好水资源，精打细算用好水资源。强化水资源刚性约束，严控水资源开发利用总量，严格节水指标管理，严格生态流量监管和地下水水位水量双控，严格规划和建设项目水资源论证、节水评价。健全初始水权分配和用水权交易制度，推进用水权市场化交易，创新完善用水价格形成机制，深入推进水资源税改革，建立健全节水制度政策。深入实施国家节水行动，强化节水定额管理、水效标准监管，推进合同节水管理和节水认证工作，深化农业节水增效、工业节水减排、城镇节水降损，建设节水型社会，全面提升水资源集约节约安全利用水平。

六是强化水利体制机制法治管理。强化河湖长制，压紧压实各级河湖长责任，持续清理整治河湖突出问题，保障河道行洪通畅，维护河湖生态空间完整。坚持流域系统观念，强化流域统一规划、统一治理、统一调度、统一管理。完善水法规体系，建立水行政执法跨区域联动、跨部门联合机制，强化水行政执法与刑事司法衔接、与检察公益诉讼协同，依法推进大江大河大湖保护治理。坚持政府作用和市场机制协同发力，深入推进多元化水利投融资、水生态产品价值实现机制、水流生态保护补偿机制等重点领域和关键环节改革，加快破解制约水利发展的体制机制障碍，完善适应高质量发展的水治理体制机制法治体系，为全面建设社会主义现代化国家提供有力的水安全保障。

（本文刊发于《人民日报》2022年03月22日　第14版）

农田水利短板加快补齐，保障超 3.5 亿亩春灌面积 春水润田畴优供保丰收（打好粮食生产第一仗）

水利是农业的命脉。春耕时节，广袤田野迎来春灌用水高峰，各级水利部门科学调度水利工程，优化供水计划，让灌溉水畅流田间，为夏粮丰收提供有力支撑。

党的十八大以来，我国持续加强农田水利基础设施建设，不断完善灌溉输配水工程，建设"大动脉"，疏通"毛细血管"，为保障粮食安全打下坚实的水利基础。

水网织密，智能升级，农田灌溉不再"卡脖子"

"有收无收在于水"，今年种粮大户杨宝丽感受格外深切。

"弱苗转壮，关键就靠这遍水肥。"在河北省成安县北乡义乡路固村地头，杨宝丽正忙着春灌，"去年小麦晚种了 20 天，麦苗明显矮了一截，松土、镇压、最关键还得把地浇透，小麦拔节才有后劲儿。"

水渠连着田垄，水缓缓淌进麦田，杨宝丽舒了口气："多亏通了水渠，不用再眼巴巴盼水，200 多亩地几天就能浇完。"

杨宝丽细数变化："现在咱用的是漳滏河灌区的水，老话说'河水养田'，一点也没错。从用井水到用河水，地里碱子少了；从拉水管到通水渠，不用没日没夜守着，灌溉不再'卡脖子'了。"

为浇地忙碌的，还有漳滏河灌溉供水管理处用水科科长吕树峰，"农民用水有需求，灌区全力保障。"3 月初，灌区工作人员逐条水渠、逐座闸门检修，不断优化供水计划，确保清水及时输送田间。今年小麦促弱转壮任务重，灌区已经供应农业灌溉用水 1.02 亿立方米，灌溉农田 128 万亩。

春灌是夏粮丰收的关键一环。一座座水库，一条条水渠，一片片灌区，织密水网，连起了千家万户，丰收水畅流广袤田野。

"目前水库蓄水充足，春灌有序展开。水利部门密切关注天气变化，科学调度水利工程，最大限度满足农业用水需求。"水利部农村水利水电司灌溉节水处处长王欢介绍。据预测，今年全国计划实施春灌面积超 3.5 亿亩。目前，大中型灌区累计灌溉 6 200 万亩，供水超过 80 亿立方米。

如今，水网连上互联网，水利设施更智能，灌溉更高效。

江西省新余市渝水区区长陇村田间，村民廖蠢牯正忙着抛秧，一株株秧苗在空中划出一道道曲线，落入汪汪水田，廖蠢牯坦言："种早稻要卡准点，浸种、育秧、栽苗都得赶上趟，缺水可不行。"

前些日子，老廖还在担心："今年打算提前一周灌田，要是来不了水，可咋办？"老廖把顾虑告诉了村干部，没多久就接到放水通知。

"在手机上一点，闸门实时开启，农民能及时浇水。"江西省袁惠渠工程管理局信息中心副主任周建云介绍，"闸门抬升高度、时长都能精准控制，确保用多少放多少。"

"一张图"在线监测，"一张网"统一调配，袁惠渠灌区大力开展信息化建设，全渠道配水调度系统、预警平台、远程闸门控制系统等不断完善，灌区供水更高效。

轻点手机，电表合闸，抽水机转动。在浙江省嘉善县西塘镇地甸村，村民陶宏强"云上"浇地，一亩麦田能省水 50 多立方米。地甸村打造高标准农田，完善电力、水利等设施，让农民实现精准灌溉。

目前我国已基本建成较为完善的农田灌排基础设施体系，7 000 多处大中型灌区为粮食生产提供坚实的水利支撑。"今年水利部门继续加强大中型灌区续建配套与现代化改造，完善灌溉水源工程，优先将大中型灌区建成高标准农田，打造一批现代化数字灌区。"王欢介绍。

节水技术落地，浇地变成浇作物，增产增效不增水

浇过一茬水，麦田长出新绿。山东省夏津县东李镇张官屯村村民姜荣波蹲在田头查看长势，"麦苗已经分蘖四五个，马上就要拔节了。"

"用上新技术，让 100 多亩晚播麦大有起色。"姜荣波高兴地说。田间，一根 150 米的铁臂伸展，垂吊的喷头转动，水雾喷涌，小麦"喝"上营养套餐。姜荣波对"新家伙"十分满意，"这叫自走式平移喷灌机，只要设定好水量和时长，一按开关，水肥喷洒均匀。"

"麦田地势高，离水渠远。以前俺们浇地要一天到晚守着，晚'喝'上水的麦子，个头蹿不起来。"姜荣波说，"如今啥时候用水啥时候浇，两天就能搞定，丰收有了底气。"

当地水资源不丰沛，更要在节水上下足功夫。"地面灌溉改成小水喷灌，一亩地少用一半的水，再加上省出的电费和人工费，100 多亩地的灌溉成本从几千

元减少到 760 多元。"姜荣波算起节水账。

春耕一线，滴灌、喷灌等节水技术得到广泛运用。"我国以占世界 9% 的耕地、6% 的淡水资源，养育了世界近 1/5 的人口，必须提高水资源利用效率。"水利部农村水利水电司农水处处长党平介绍。

水利部门坚持总量管理、科学配置、鼓励发展节水农业、旱作农业，坚决遏制大水漫灌。2021 年，全国新增高效节水灌溉面积 188 万公顷。

节水，要从田头贯穿到源头。在各地，节水工程建设稳步推进。

"过去土渠连着机井和农田，水边流边渗，看着都心痛。"河北省磁县种粮大户宋槐胀有自己的"节水经"，"浇地前，先平整一遍，地块不容易积水。用上小麦节水品种，从浇三遍水变成浇两遍水，算下来，每亩地少用几十立方米水。"

"离干渠远的地块，水一路跑冒滴漏，一亩地要多浇 200 多立方米。"磁县跃峰灌区庆和峪闸所所长张士团介绍，"我们处于华北地下水超采区，更要节约用水。支渠、斗渠等铺上防渗层，土渠升级成'三面光'，把来之不易的水用在刀刃上。"目前，跃峰灌区主干渠渠系水利用系数由 0.4 提高到 0.63。

衬砌渠道、设立计量设施，2021 年水利部实施 89 处大型灌区现代化改造，项目完成后，预计新增节水能力超 7 亿立方米，新增粮食产能超 9 亿公斤。

当前，水利部门抢抓春灌有利时机，加大投入，创新举措，统筹推进工程、技术、耕作等节水措施，今年全国将创建 150 多处节水型灌区，为保障国家粮食安全提供更有力的水利支撑。

完善机制，科学管水，打通工程管护"最后一公里"

谁用水、谁管理、谁受益，农民用水协会打通管护"最后一公里"。

河南省人民胜利渠灌区，开始了春灌工作，提闸放水，黄河水沿着纵横交织的灌渠，源源不断流向广袤田畴。

"小麦从返青、拔节到灌浆，啥时候浇水都有讲究，一点都不能耽搁。"靠着灌区的水，河南省获嘉县杨刘庄村种粮大户杨荣鑫种了 200 多亩小麦，"苗情不错，只要管得好，丰收有指望。"

"过去水从门前过，用多少都没错。"杨荣鑫说，"用水高峰期，大家抢着浇，等轮到自己，水量常常不够。"

农民用水协会解了这道难题。"农民提前上报用水需求，协会与灌区沟通，安排时间表，大家心里有本明白账。"杨荣鑫介绍，"每亩地每年缴费 20 元，协会负责疏通渠道、维修泵站，咱省心多了。"

让农民持久受益，要改变"重建轻管""重骨干轻末端"等问题。"水利部鼓励引导农民用水合作组织发展，解决'谁来管''如何管'，激活小微水利设施，持续推进农村水利管理改革创新。"党平介绍。

水权改革不断深入，激发农民节水积极性。

宁夏回族自治区贺兰县立岗镇通义村靠着引黄水，发展1万多亩玉米。"过去靠着黄河不发愁，想用多少就用多少。如今，分配多少用多少。"村党支部书记马瑞宁介绍。

确权颁证，拧紧了"水龙头"。"村民凭着水权证浇地，全村确权水量1 041.67万立方米，算下来，每亩每年用水不能超过117立方米。"马瑞宁当上了用水协会会长，带着村民走上节水路。

"全村8条支渠、42条斗渠和其他重要取水口，都有人管。"马瑞宁点一点手机，一张灌溉图清晰显示，"泵闸装'大脑'，按需提闸，精准放水。"

节水换来真金白银。去年底，村里举行了一场别开生面的"交易会"，村民省下的140万立方米水，流转给一家企业，收益5万多元。"节水改造、用水协会运转都有了经费保障，今年大家节水更有劲头了。"马瑞宁说。

划红线、确水权、定水价……水权交易不断推进，农业水价综合改革持续深化。水利部将严格落实"四水四定"，推进将用水权分配到合理用水单元，积极探索分类水价和超定额累进加价，久久为功，精打细算用好水。

南水北调东线北延应急供水工程
计划向黄河以北供水 1.83 亿立方米

本报北京3月25日电（记者　王浩）　25日14时，位于山东省德州市武城县的六五河节制闸缓缓开启，南水北调东线北延应急供水工程正式启动向河北、天津年度调水工作。此次调水，标志着北延应急供水工程进入常态化供水新阶段。本次计划通过北延应急供水工程向黄河以北供水1.83亿立方米，其中入河北境内约1.45亿立方米，入天津境内约0.46亿立方米，比原有计划大幅增加。调水计划将持续至5月31日，并根据工情、水雨情等实际情况，相机延长调水时间，增加调水量。

（本文刊发于《人民日报》2022年03月26日　第02版）

10 部门联合印发通知
宣传普及《公民节约用水行为规范》

本报北京3月25日电（记者 王浩） 近日，水利部、中央文明办、国家发展改革委、教育部等10部门联合印发通知，举办《公民节约用水行为规范》主题宣传活动，活动旨在贯彻落实党中央关于实施国家节水行动的决策部署，向社会公众宣传普及《公民节约用水行为规范》，提升全民节水意识。

本次活动以"积极践行《公民节约用水行为规范》"为主题，于"中国水周"期间在全国各地集中开展并贯穿全年。活动内容包括举办活动启动仪式、举办专项联合行动、开展宣传普及活动等。

通知对2022年"节水中国 你我同行"联合行动进行了部署，在10部门联合指导下，活动将从3月持续至7月，同步开展5项具体活动。

活动期间，主办方将通过多种方式丰富公众的活动体验，集中展示全国各地各行业的节水宣传活动等。

通知要求，各级有关部门要协调联动，发动志愿者和社会公众广泛参与，围绕活动主题，采用活泼新颖、喜闻乐见的形式大力宣传和推广普及《公民节约用水行为规范》，深入社区、学校、企业、公共场所开展宣传推广和志愿服务活动。要统一使用全国节水标识、吉祥物、主题歌曲，用好主题宣传海报、视频、口袋书，提升宣传活动规范性与实效性。

到2025年全国年用水总量控制在6 400亿立方米以内
精打细算 用好水资源（倾听·绿色生产生活）

■核心阅读

2022年"世界水日""中国水周"刚刚过去，保护水资源的观念日益深入人心。水是生命之源、生产之要、生态之基，用好水资源是加快形成绿色低碳生产生活方式的题中之义。近年来，我国推进水资源总量管理、科学配置、全面节约、循环利用，节水型社会建设扎实推进，节水管理机制日臻完善，重点行业节水取得显著成效。

"我们研发、供应给北京冬奥会的无水生物厕所，具有无水免冲等特点，用科技力量助力节约用水。"甘肃省张掖兰标生物科技有限公司董事长田兰介绍，这种无水生物厕所可用于干旱缺水地区、偏远农村地区、旅游景区以及高海拔地区。

近年来，建设节水型社会、提升水资源集约节约安全利用已成为社会共识。如何从严从细管好水资源，精打细算用好水资源？如何推进农业、工业、城镇等领域节水？记者调研了各地实践和探索。

农业节水增效
推广节水灌溉技术、选育耐旱品种……让农作物不再干渴

阳春三月，浙江省金华市舟山镇端头村山脚下的桂花基地绿意正浓，150亩苗木长势喜人。端头村党支部副书记项建仁骑着电动车穿梭巡查，"我们大前年开始铺设滴灌设施，水费和人工费下降了，种植成本因此节省了10%。节水设备还能加入液体肥料，通过水肥一体化，苗木长得更好，产值又提升了10%。"

近年来，金华市大力发展喷灌、管道灌溉等节水工程建设，节水灌溉面积达190万亩；"十三五"时期，高效节水灌溉面积达到8.45%。

此外，金华市还创新用水管理、完善水价形成机制、细化奖补机制，切实提高了灌溉硬件条件和农户节水意识。同时进一步强化数字化应用，样点灌区用水数据实测范围扩大了，灌溉用水量的计量精度提升了。

这样的实践，在大江南北铺开。截至2020年底，我国节水灌溉面积达5.67亿亩。其中，喷灌、微灌、管道输水灌溉等高效节水灌溉面积达到3.5亿亩。

春回大地，甘肃省武威市民勤县重兴镇红旗谷现代智慧农业示范园内，嫩樱桃挂满枝头，不少游客结伴而来，体验田园生活。

武威市所在的石羊河流域，同沙漠接壤，水资源紧缺，限制了当地发展。"近年来，武威市调整产业结构，全市使用高效节水技术的农田有252万亩。"武威市水务局节水办主任叶永国说，"我们严格控制用水总量与定额管理，促进水资源集约节约利用。"

叶永国介绍，当地精心选育种植品种，适水生产、量水种植，大力发展优势特色产业。"红旗谷园区内推广应用了12种高效节水灌溉技术，用水效率大大提升。"叶永国说。

水利部全国节约用水办公室副主任张清勇认为，在水资源紧缺地区，应严控农业用水总量，大力推进节水灌溉，适度压减高耗水作物，加快发展旱作农业；要大力推广低耗水、高效益作物，选育推广耐旱农作物新品种。

工业节水减排
加强循环利用改造、加快淘汰落后产能……向每一滴水要产能

走进江苏博敏电子有限公司生产园区，冷却塔、喷淋塔、净化塔、冰水机等各种设备林立其间。

"我们属于电子电路制造企业，在设计阶段就秉持节水及回用理念，在设备选型时也将节水作为一项重要指标。公司现在拥有循环能力每小时 1 200 立方米的冷却水塔，另外通过合理改善水平线设备溢流量，每年可节约用水约 9 万立方米。"说起工业节水技术，公司总经理盛利召如数家珍。通过各项节水措施，公司用水重复利用率超过 92%，间接冷却水循环率超过 98%。

加快水资源循环利用改造，有利于向每一滴水要产能。除此之外，推动高耗水行业节水，加快淘汰落后产能，逐步实现工业废水零排放，也至关重要。

华电淄博热电有限公司属于传统高耗水行业，多年前便开始探索节水之路。"过去的灰坝，污水沉淀后堆满灰渣。"公司企划部主任李辉回忆，"自从改进了除灰工艺，如今不仅不再向灰坝排放灰渣、冲灰水，而且灰渣还实现了再利用。"

2016 年以来，华电淄博热电有限公司先后完成两台发电机组高背压改造，采暖季可减少循环水消耗 172 万吨；去年投资 1.05 亿元，进行了深度优化用水第一阶段改造，目前系统已完成调试并投入运行。初步测算，投运后每年可节约用水 47 万吨。

《"十四五"节水型社会建设规划》提出明确要求，到 2025 年，全国年用水总量控制在 6 400 亿立方米以内，万元国内生产总值用水量、万元工业增加值用水量分别比 2020 年降低 16% 左右和 16%。

张清勇认为，要推进现有企业和园区加快节水及水循环利用设施建设，推动企业间串联用水、分质用水、一水多用和循环利用，逐步实现用水系统集成优化；要探索建立"近零排放"工业园区，创建一批节水标杆企业和园区。

城镇节水降损
精准管护管网、使用节水器具……让更多人成为行动者

在江苏省盐城市节水办，管理人员清晨到岗后第一件事，便是打开"智慧水务"平台，通过大数据工具对重点用水户实行在线监控，并检查城市供水管网有无异常。一旦发现问题，立刻安排人员去处理。

盐城市节水办主任陈红卫介绍，盐城市根据季节和用水量变化，适时优化管

网工况，降低供水管网漏损，去年盐城市公共供水管网漏损率降至 9.17%。

伴随城镇化发展，我国城市和县城供水管网设施不断改善，公共供水普及率不断提升。住建部办公厅、发改委办公厅日前印发通知明确，到 2025 年，全国城市公共供水管网漏损率力争控制在 9% 以内。管网好了，跑冒滴漏少了，届时城镇节水效率将进一步提高。

除了推进城镇节水改造，还应加强节水宣传教育，提高城市节水工作系统性。

一大早，在位于山东淄博的世纪花园小区，物业公司工作人员杨坤峰和同事在小区宣传栏张贴《公民节约用水行为规范》，并向晨练的居民派发节水宣传单。

杨坤峰指着小区的中心湖说："湖水是从楼顶汇集来的雨水，如果湖满了，就从溢水口流走，用于小区绿化灌溉。自从建了这个中心湖，每年小区用于景观和绿化的水能省近 5 000 立方米。"

近年来，在积极倡导下，换用节水水龙头、节水马桶的家庭数量大幅增长。杨坤峰说："下一步，我们将更大面积地采用绿化带微灌技术，开展供水管网、绿化浇灌系统等节水诊断，全面推广使用节水器具。"

张清勇认为，"要广泛发动志愿者和公众参与，引导全民增强节约用水意识，践行节约用水责任，让更多的人成为节约用水的传播者、实践者、示范者，加快形成节水型生产生活方式，助推生态文明建设和高质量发展。"

2021 年新增高效节水灌溉 2 825 万亩
全国累计创建节水型工业企业 2.3 万多个

本报北京 3 月 30 日电（记者 王浩） 节约用水工作部际协调机制办公室近日公布 2021 年度《国家节水行动方案》实施情况。2021 年，各地区各部门全面实施国家节水行动，采取了一系列强有力措施，国家节水行动迈上新台阶。

节水各项工作取得积极进展。农业节水增效持续推进，2021 年新增高效节水灌溉 2 825 万亩；水利部启动两批 89 处大型灌区续建配套与现代化改造，完成总投资 71.95 亿元。工业节水减排不断加强，全国累计创建节水型工业企业 23 535 个，2021 年创建国家绿色园区 3 个、绿色低碳工厂 50 家。城镇节水降损全面开展，2021 年全国建成节水型高校 262 所、新建成 1 914 家水利行业节水型单位。

用水总量强度双控不断深化。加快推进江河流域水量分配，新批复九洲江等11条跨省江河水量分配方案。组织对全国及各省（区、市）8 474个规划和建设项目开展节水评价，从严叫停项目222个，核减取用水规模超14亿立方米。制定发布19项国家用水定额，全面建成国家用水定额体系。

缺水地区加强非常规水利用。据初步统计，2021年全国非常规水源利用量127.2亿立方米，占全国供水总量的2.2%。沿海地区充分利用海水，2021年天津、河北两省（市）合计海水淡化水产量超1亿立方米。

节水体制机制改革进一步深化。中央财政安排水利发展资金15亿元，统筹推进农业水价综合改革，探索建立农业节水精准补贴和节水奖励机制。截至2021年底，全国累计实施农业水价综合改革面积突破5亿亩。建立完善国家、省、市三级重点用水单位监控体系，累计13 594个用水单位纳入重点监控用水单位名录，实际监控用水总量占全国用水总量的31%。2021年，中国水权交易所开展水权交易1 511单、交易水量3.08亿立方米，实现交易单数和交易水量双增长。

（本文刊发于《人民日报》2022年03月31日 第14版）

河南濮阳推进农村供水改造工程
——"这甘甜的水啊，咋也喝不够"

（本报记者 毕京津）"路平，灯明，吃水用手拧一拧！"河南省濮阳市清丰县大流乡刘圈村65岁的老汉刘尽力，边说边拧开水龙头，乐呵呵地为记者接了一碗澄清的自来水，"尝尝吧！打南边丹江口水库过来的水，就一个字，甜！"

刘老汉是喝了几十年苦水的人，"俺们这曾是有名的地下水'漏斗区'。十多年前，打井打到快200米深，才能抽上来地下水。"

濮阳市是严重缺水地区，人均水资源量不足全国的1/5。全市190多万农村人口曾长期依靠抽取地下水过活，经过处理后，虽符合饮用水标准，仍口感较差。当地地下水水位也快速下降，形成了华北地区的地下水"漏斗区"。

2018年，濮阳市委市政府经过统筹考虑，决定以清丰和南乐两县为试点，推行供水"规模化、市场化、水源地表化、城乡一体化"的农村供水"四化"改造。濮阳市引入河南省水投集团作为战略合作方，采用市场化运营方式，分期分批建设供水厂、泵站、管网等农村集中供水设施，以上级分配的南水北调用水作为优质地表水源，逐步置换农民长期使用的地下水。

"哗啦啦啦，哗啦啦啦……"在位于清丰县固城乡的水厂内，千里之外远道而来的清澈南水，经过过滤、沉降、消毒等一系列严格处理后，通过地下管网送到位于县城和各乡镇的水站、加压站，再送往千家万户。据水厂负责人介绍，这里日产水量最高可达10万吨。

"通过这一个水厂，我们就实现了全县城乡一体化供应南水。"据清丰县副县长弓晓飞介绍，他们和河南省水投集团共同出资成立水务公司，统一设计、建造和运营供水设施。政府对农村居民用水价格适当补贴，保证居民可承受、企业微盈利，突出公益性和可持续性。

2019年底，清丰县率先完成农村供水"四化"改造。2020年，濮阳将这一模式向全市推广。

"截至去年底，濮阳市共投资32.3亿元，建成县级水厂5座、泵站6座、阀井2 800多座，铺设供水管线近1 600公里，在全省率先完成农村供水'四化'改造，极大解决了农村居民的吃水用水问题。"濮阳市委书记杨青玖说。

范县王楼镇是濮阳市最后完成农村供水"四化"改造的地方。来到这里的用水便民服务中心，大屏幕连着全镇的3.8万名群众，每家的用水、缴费情况实时更新。智能化预警系统密切关注着全镇65公里管网的跑冒滴漏情况，自动识别，随时预警，最大化节约水资源。

过一条马路，来到居民赵卫东家。老赵热情地揭开井盖给记者看里面安装的智能水表。"过去揭开井盖是深不见底的水井，抽上来的是发浑的地下水。现在揭开井盖是智能水表，靠5G联网。俺们这边用手机缴费，水表那边自动放水。水费也不咋贵，全家一个月一二十块钱。这甘甜的水啊，咋也喝不够！"

"我们依靠智能管网建设，节约成本、减少浪费。比如王楼镇，包括管理人员和维修工在内，安排8个人就能服务全镇群众用水。省下来的成本，我们都补贴进水价，让群众用水更实惠。"濮阳市水利局局长孙文标说。

"农村供水'四化'改造完成后，便利群众的同时，总的用水量稳步增长。为了保证水源在未来供应的可持续性，我们在建设智能管网的同时，推行阶梯水价，用市场化手段，鼓励居民节约用水；将来还准备采用水权交易的模式，从周边地区购买用水指标，增加南水供给。"杨青玖说，市场化运营的思维模式，保证了濮阳市农村供水"四化"改造，能推广、可持续。

（本文刊发于《人民日报》2022年04月07日　第13版）

南水北调
功在当代　利在千秋（新时代画卷）

南水北调中线工程水源地湖北省丹江口库区风貌。

（范昊天　杨道三　摄影报道）

南水北调东线工程山东段济宁市邓楼泵站，工作人员在主厂房电机层检查设备运行情况。

（肖家鑫　黄雪梅　摄影报道）

　　北京市南水北调团城湖调节池春景。团城湖调节池连接南水北调来水和密云水库两大水源，是京西重要供水枢纽。

（团城湖管理处爱国主义教育基地　供图）

　　河南省南水北调中线渠首生态环境监测中心工作人员在淅川县水库取样监测水质。

（朱佩娴　杨振辉　摄影报道）

南水北调中线工程天津市干线外环河出口闸。

（靳博　蒲永河　摄影报道）

南水北调东线工程源头——江苏省江都水利枢纽概貌。

（姚雪青　郁兴　摄影报道）

南水北调中线工程河北段石家庄市干渠风貌。

（张腾扬　张晓峰　摄影报道）

习近平总书记强调，南水北调工程是重大战略性基础设施，功在当代，利在千秋。要从守护生命线的政治高度，切实维护南水北调工程安全、供水安全、水质安全。

南水北调东、中线一期工程自2014年12月全面通水以来，目前累计调水量突破510亿立方米。工程的实施改变了广大北方地区的供水格局，优化了40多座大中型城市的经济发展格局，1.4亿人直接受益，同时推动复苏受水区河湖生态环境，发挥了巨大的经济、社会和生态效益。

据水利部相关负责人介绍，今年将科学有序推进南水北调东、中线后续工程高质量发展，深入开展西线工程前期论证，加快构建国家水网主骨架和大动脉。

（本文刊发于《人民日报》2022年04月10日　第08版）

今年通过一般公共预算安排水利发展资金逾六百亿元　加强水利工程建设　扩大有效投资（权威发布）

4月8日，国新办举行国务院政策例行吹风会，介绍2022年水利工程建设情况。

今年可完成水利工程投资约 8 000 亿元

我国水资源时空分布极不均衡，夏汛冬枯、北缺南丰，水旱灾害多发频发。一大批重大水利工程建成发挥效益，形成了世界上规模最大、范围最广、受益人口最多的水利基础设施体系。但目前仍然存在流域防洪工程体系不完善、水资源统筹调配能力不足、水生态水环境治理任务重、水利基础设施系统化网络化智能化程度不高等突出问题。

水利部副部长魏山忠表示："水利工程具有较好的规划和前期工作基础，特别是重大水利工程吸纳投资大、产业链条长、创造就业机会多，在保障国家水安全、推动区域协调发展、拉动有效投资需求、促进经济稳定增长等方面具有重要作用，加快推进水利基础设施建设有需求、有条件、有基础。"

近日，国务院常务会议提出，今年再开工一批已纳入规划、条件成熟的项目，包括南水北调后续工程等重大引调水、骨干防洪减灾、病险水库除险加固、灌区建设和改造等工程。这些工程加上其他水利项目，全年可完成投资约 8 000 亿元。

今年1—3月，全国完成水利投资 1 077 亿元，跟去年同期相比，水利完成投资增加了 35%。为完成好今年水利建设任务，魏山忠表示，水利部将会同有关部门和地方，细化工作责任，抓好前期工作，落实建设资金，加快项目建设，加大监管力度。加快实施在建水利工程，对符合经济社会发展需要、前期技术论证基本成熟、省际没有重大分歧、地方推动项目建设意愿较为强烈的重大水利项目，加快审查审批，推动工程尽早开工建设。推动新阶段水利高质量发展，增强国家水安全保障能力。

中央财政加大水利发展资金支持力度

水利工程建设离不开资金保障，近年来财政在水利方面的投入情况如何？

财政部农业农村司负责人姜大峪介绍，在水利工程资金投入方面，近年来做到稳中有增。"从 2019 年到 2021 年，财政部通过一般公共预算累计安排超过 4 400 亿元，其中安排水利发展资金 1 700 亿元，重点支持防汛抗旱水利提升工程、地下水超采区综合治理，以及中型灌区节水改造等。通过相关政府性基金累计安排 1 536 亿元，加大对库区移民帮扶力度，支持三峡后续工作、南水北调一期工程建设等。"

姜大峪介绍，2022 年，中央财政将加大支持力度、优化支出结构、提升政策效能。"今年我们通过一般公共预算安排 1 507 亿元，其中水利发展资金达到 606 亿元；通过政府性基金安排 572 亿元，为今年扩大水利投资创造了有利条件。同时，地方政府债券也加大对水利项目的支持力度。在支持重点上，坚持目标导向、结果导向，聚焦短板弱项，聚焦重点领域，聚焦重点区域，在加大力度的同时，进一步完善激励约束机制，督促地方落实投入责任。"

充分发挥重大水利工程建设对稳投资、扩内需的作用

重大水利工程是基础设施投资的重要领域，今年在推动重大水利工程开工建设方面有哪些具体的措施和考虑？

国家发展改革委农村经济司司长吴晓介绍，主要有三方面举措。

一是加快项目前期工作进度。按照"确有需要、生态安全、可以持续"的重大水利工程论证原则，加快推进重大水利工程项目前期工作，加强与有关部门和地方沟通协调，按照项目审批权限，加快项目审批的进度。

二是加大投资支持力度。今年将在保证中央预算内水利投资合理支出强度的基础上，持续优化投资结构，进一步对重大水利工程建设给予倾斜，重点保障跨流域跨行政区域、支撑国家重大战略实施、防洪减灾和保障国家粮食安全等方面的重大项目。

三是深化水利投融资改革。将鼓励支持地方依托项目供水、发电等经营性收益建立合理的回报机制，积极引导社会资本依法合规参与工程建设和运营，扩大股权和债权融资规模。

（本文刊发于《人民日报》2022 年 04 月 09 日　第 06 版）

截至去年底
全国共建成农村供水工程 827 万处

本报北京 4 月 19 日电（记者　李晓晴）　记者从水利部获悉，截至 2021 年底，全国共建成农村供水工程 827 万处，农村自来水普及率达到 84%，农村供水取得了突出成效。近日，水利部、财政部、国家乡村振兴局联合印发《关于支持巩固拓展农村供水脱贫攻坚成果的通知》（简称《通知》），通过建立长效投入机制，强化农村供水工程建设和管理，提升农村供水保障水平，巩固拓展农村供水脱贫攻坚成果。

农村供水工程是农村重要的基础设施，涉及全部农村人口，是一项重大民生工程。但由于我国国情水情复杂，区域发展不平衡不充分，部分地区仍有一些薄弱环节。《通知》要求，省级水行政主管部门要组织对脱贫地区和脱贫人口饮水状况进行全面排查和动态监测，切实做到早发现、早干预、早帮扶，及时发现和解决问题，守住农村供水安全底线。要以县为单元，建立在建农村小型水源和供水工程项目清单台账，加快农村供水工程标准化建设，加强工程质量管理，确保建一处、成一处、发挥效益一处。

《通知》强调，脱贫地区要用好涉农资金统筹整合政策，依法依规利用农村供水工程维修养护补助资金等水利发展资金，做好农村小型水源和供水工程维修养护工作。明确中央财政衔接推进乡村振兴补助资金用于支持补齐必要的农村供水基础设施短板。统筹利用现有公益性岗位，优先支持防止返贫监测对象和脱贫人口参与农村供水工程管护。对供水服务人口少、运行成本高、水费等收入难以覆盖成本的农村供水工程，要安排维修养护补助等资金予以支持，确保工程在设计年限内正常运行。

（本文刊发于《人民日报》2022 年 04 月 20 日　第 07 版）

一季度完成农村供水工程建设投资 154 亿元
规模化供水工程年内预计覆盖 54% 农村人口

本报北京 5 月 7 日电（记者　王浩）　记者从水利部获悉，今年一季度，我国完成农村供水工程建设投资 154 亿元，提升了 429 万农村人口供水保障水平。

今年底农村自来水普及率预计可达 85%，规模化供水工程覆盖农村人口的比例预计可达 54%。

一季度，水利部门持续做好农村供水工程维修养护。今年，水利部会同财政部安排农村供水工程维修养护中央补助资金 30.69 亿元，较 2021 年增加 9.6%。针对早期老化失修、建设标准低、管网漏损率高、冬季管网易冻损的农村供水工程与管网，以及各渠道反映的农村供水问题，各级水利部门优先安排实施，确保农村供水工程长效稳定发挥效益。据统计，今年一季度，各地累计完成农村供水工程维修养护资金 3.69 亿元，维修养护农村供水工程 0.94 万处，服务农村人口 1 958 万。

此外，水利部会同生态环境部、国家卫生健康委持续推进水源保护、净化消毒和水质检测监测，不断提升水质保障水平。

（本文刊发于《人民日报》2022 年 05 月 08 日 第 01 版）

让汩汩甘泉流向千家万户（逐梦）

一

2020 年 5 月 20 日，一个难忘的日子。这一天，来自慕士塔格峰的冰川雪水，跨越上百公里的主管网，汩汩地流进新疆喀什地区伽师县城，又通过 1 000 多公里的支线，流进乡村，流进每一户人家，结束了当地群众数百年吃苦咸水的历史。这一天，从乡村到县城，处处洋溢着欢声笑语。

也是这一天，暮色初降，一辆汽车驶离灯火通明的伽师县水利局办公楼，朝着喀什方向疾驰。

副局长王磊的声音带着哭腔："刘局长，你早就答应的，只要一通水，你就住院。你看看，都病成啥样了？"

刘虎的头无力地枕在车椅靠背上："我说了，不要紧，等把手头的工作做完，再去医院也不迟。虽然通水了，后续工作还很多呢。"

"绝对不行，你的化疗，都耽误半年了。"司机吾斯曼·热合曼抹了一把眼泪，将车开得飞快。

车子停在喀什地区第一人民医院。

王磊和司机架着刘虎，直奔呼吸与危重症科。刘虎请求与病重的父亲安排在同一间病房。

刘虎攥紧父亲的手，半跪在床前："爸，儿子来看你了，儿子来晚了。"

老人紧蹙的眉头舒展了些，问："虎子，事情办完了？"

"爸，办完了。伽师全县喝水的事，解决了。"

刘虎正想描述群众喝到甜水的欢快场景，却被父亲剧烈的咳嗽打断。

那是父子俩的最后一次对话。那晚之后，父亲一直高烧不退，再也没有清醒过。4 天后，人就走了。

二

刘虎是土生土长的伽师县人，打记事起，就跟着哥哥姐姐去村头的涝坝里担水吃。所谓涝坝，就是一个大水坑，四周长满芦苇，浑浊的水里不但有蛤蟆、青蛙、大量的蚊蝇，还有枯枝败叶和垃圾脏物。人们顶多用纱布把水过滤一下，再撒一把碱，沉淀一晚，第二天作生活用水。涝坝水又苦又腥，难以下咽。即使这样，涝坝依然是全村人的生命线。由于人畜共饮、污染严重，许多村民染了病。

1995 年春天，伽师县的人们终于等来了好消息。轰隆隆的钻机声响起，一共打了 62 眼机井。清澈的地下水从一口口井里涌出，人们提着担水的水桶，欣喜地排成长队。水让伽师县陡增了无限生机。涝坝被填埋了，种上了果树，县城马路边也栽种了白杨树等行道树。

然而，好景不长，一场突如其来的地震造成伽师县地下岩层断裂。地下水受到污染，不再适合饮用。

2016 年 10 月，刘虎被任命为伽师县水利局局长，这一年他 42 岁。上任不到两周，全县的水利站点他跑了个遍。他的办公桌上铺满了水利施工图：水库设计、渠道建设、管网布置、农田灌溉……

这让副局长阿巴斯·斯迪克备受鼓舞。阿巴斯·斯迪克高考第一志愿报了河海大学水利工程系。毕业后，他义无反顾地回到家乡，立志为家乡的水利事业做贡献。伽师县水利局汇聚了一批热爱水利事业的工作人员，他们有一个共同的心愿：一定要让乡亲们吃上甘甜的水。

2017 年，刘虎主动申请到单位帮扶的古勒鲁克乡欧吐拉古勒鲁克村担任驻村第一书记。

第一个月，他就马不停蹄地访遍了全村的 296 户人家，他与村民谈心、了解情况，更与群众吃住在一起、劳动在一起。

在入户走访的过程中，村民发现刘书记经常咳嗽。村干部劝他去医院检查一下，他说春耕太忙，等全村的棉花播种完了再去。一直拖到 5 月中旬，他才赶到喀什医院。拍片发现肺部有问题，再活检，确诊是恶性肿瘤，直径已达 7 厘米。刘虎拒绝了手术，说自己还在驻村，不能耽误工作，还是以化疗为主。化疗之后，医生高兴地告诉刘虎，效果很好，肿瘤已经缩小了 1/3，让他一定坚持每月化疗一次。

回村的路上，刘虎叮嘱司机，不要透露自己的病情。此后，刘虎每个月去一趟喀什化疗，都是晚上去，一早就赶回村里。

回到村里，村干部转给他一封信。这是在伊犁师范大学读书的凯力比努尔·赛来写给她父母的。由于家里贫困，她不想给家里增添负担，想放弃读书，回村务农。刘虎找到孩子父母，希望他们能支持孩子读书，自己一定想办法帮忙。3 天后，刘虎把 6 000 元生活费给女孩，并写信鼓励她好好读书，将来回来建设家乡。

刘虎还帮助艾尼·买买提的儿子阿尔曼·艾尼治眼睛，帮助村民托乎提·吐地开商店，给阿米娜·肉孜安排公益性岗位，给图尔迪·卡斯木老人送菜苗子……驻村两年，许多家庭都得到过刘虎的帮助。

三

2019 年 2 月，在喀什地区水利局，局长王博紧紧握住刘虎的手："刘虎同志，告诉你一个好消息，自治区正式批准了伽师县城乡饮水安全工程方案，总投资 17.49 亿元，跨越 3 个县，干支管线总长 1 827 公里，这可是目前国内投资最大的饮水安全工程。要求 2020 年 6 月前，必须通水。"看着因病消瘦的刘虎，又补充一句："现在只有 16 个月，担子很重啊！刘虎同志，能否啃下这块硬骨头，我最担心的，是你的身体……"

"王局长，我身体没问题。我知道伽师人对甜水的渴望。拼了命，我也要干好！"刘虎说。

王博再三叮嘱刘虎，一定要保重自己的身体。

早在一年前，还在驻村期间，刘虎就时常带着县水利局的工作人员去寻找水源。他们把方圆数百公里内的河流、水道跑了个遍，又颠簸在崎岖的山道，勘查莎车县、阿克陶县、喀什市可能有水源的地方。刘虎车里放得最多的就是干馕和止痛药，有时赶不回来，就在车里睡一宿，好几次化疗时间都错过了。经过全面考证，他们最后确定从离伽师县 120 公里的盖孜河取水。这条河主要由慕士塔格峰、公格尔山等高山的冰雪融化而成，水质清澈，达到国家一级标准。

伽师是全疆最后一个整县水质不达标的地区，即将开工的伽师县城乡饮水安全工程，是水利部挂牌督办的脱贫攻坚重点工程，如果不能如期完工，对不起伽师全县的父老乡亲。刘虎感到肩上的责任重如山！

一个月的时间，加班加点，刘虎完成了 65 个标段、105 个合同的招标和签订工作。

整个工程和每个标段的情况，他都了如指掌，并及时协调各标段进度、各时间点的咬合度。有时候要一天步行 20 多公里，去寻找最佳的管网布线方案。

卧里托格拉克村输水支管道施工现场，砌流量井的混凝土里竟然掺有泥土。平时和颜悦色的刘虎顿时发了火："咱们改水工程，任何一个环节都容不得半点瑕疵，立即拆掉重砌！"当晚，他召集紧急会议，要求凡涉及项目验收，必须由施工方、水利局负责干部和镇干部三方到场，共同查验，以保证施工质量。

施工最难的地段是穿越盖孜河。刘虎每天都会到现场，盯着导流渠的开挖、指挥围堰修筑、指导预制构件的生产、全程监督混凝土浇灌铸牢等。他与工程师一起钻进钢管里，查看无损探伤超声波的检测。等大家都爬上大坡，却不见刘局长上来，赶紧下去，这才发现他已经昏倒在管道口，身子缩成一团，不停抽搐。抬到车上，吃了止痛药，缓过来的他坚决不去医院，让司机将他直接送到单位，说还有重要工作。

四

就在水厂建设规划和设备采购论证的紧要时期，刘虎的父亲检查出了肺癌晚期。得知这一消息，刘虎跌坐在椅子上，可面前还有堆积如山的图纸、资料、报表、设备清单……哪一样都离不开他。他只好含泪恳求姐姐，让姐姐替他多尽一份孝，等忙完这个阶段，第一时间就去看父亲。

过了一段时间，刘虎的检查结果也出来了，由于没有坚持化疗，癌细胞已经扩散到全身。医生心痛地告诫，他今后要面对的，是撕心裂肺的疼痛。

他知道自己的任务远没有结束，通水只是饮水工程的开始，之后的工程验收、财务结算、水厂运转、水质检测、水流调配、工人培训等阶段性工作和制度性建设还在等着他。他要用生命最后的时光，尽可能地多做一些工作。

看到刘虎这般拼命，大家既敬重又心疼。

一天深夜，刘虎在上楼时摔倒了，怎么都站不起来，只好打电话请司机把他背回办公室。他拒绝了司机要带他去医院的请求，只要求第二天给他配一副拐杖。

一天，刘虎和副局长王磊一起加班。深夜 2 点多钟时，刘虎抬头看不清东西了，以为是累的，就让王磊扶他回办公室休息。第二天晚上又一起加班，刘虎轻描淡写地说："医院诊断，我左眼失明了。"王磊吓了一跳："刘局，你赶快回去休息，明天就去医院，这里有我们。"刘虎笑着说："看你紧张的，左眼看不见了，还有右眼呢。我的病就这样了，工作时间再不能耽误了。"

刘虎在水库检查蓄水量时，忽然摔倒。到医院检查，发现癌细胞已经侵入骨头，脊柱发生病变，他再也无法站立了。面对这样的结果，刘虎十分坦然，因为饮水工程的后续工作，在他的日夜奋战下，已经基本结束。他告诉医生，自己不住院了，可以回家陪母亲和妻子，过一个安稳的新年了。

五

2021年2月25日上午，全国脱贫攻坚总结表彰大会在北京隆重举行。刘虎获得全国脱贫攻坚楷模荣誉称号。

同一时刻，刘虎正躺在喀什医院的病床上，通过平板电脑收看大会直播。刘虎深陷的眼窝里，闪烁着激动的泪光。

刘虎对哥哥刘军说："我现在最大的愿望是回到工作岗位上去，还有好多事情没有做完呢。"

可惜，刘虎的愿望没能实现。4个多月后，这个热爱水利事业超越了生命的人，走完了他奋斗的一生，年仅47岁。临终时他交代家人，要把一部分骨灰埋在水库的大坝上。他要听着汩汩水声，流向千家万户……

贵州省加强完善农村水利建设，
工程性缺水问题得到初步解决
畅通农村水网"最后一公里"

清洗、去皮、打浆，一张张红薯粉光泽透亮。"好山好水出好红薯。我家的红薯粉口感爽滑，订单都排不过来。"贵州省铜仁市印江土家族苗族自治县罗场乡佐坪村村民代泽飞得意地说，"用水方便了，种薯、制粉都有底气。"

不远处，印江县清渡河水库波光粼粼。今年4月水库下闸蓄水，源源不断的清水，为罗场乡等2万多人饮水和2万亩农田灌溉提供充足保障。

贵州地处喀斯特岩溶山区，坡陡谷深，有水难存，有水难引。近年来，贵州不断完善饮水、灌溉等农村水利基础设施，大型水库建设加快推进，县县有中型水库，乡乡有稳定水源，2021年底全省水利工程设计供水能力达到132亿立方米，工程性缺水问题得到初步解决。

从有水喝到喝好水
水库蓄水、管道输水，让乡亲们喝上自来水

拧开水龙头，自来水哗哗流出，捧水洗把脸，又赶紧拧上。"大山里通上自来水不容易，还得省着用。"六盘水市水城区甘塘村村民滕德丰感慨。

甘塘村群山相拥，水源不稳、管道不通，吃水曾是一道大难题。"过去要肩挑马驮，遇上旱天，还要四处找堰塘，哪里有水就去哪里挑。"滕德丰回忆。

一根水管改变了滕德丰的生活。近年来，当地农村饮水工程不断完善，自来水流进农家。"从'望天水'变成了自来水，啥时候都有，洗衣做饭方便多了。"滕德丰说。

甘塘村的变迁是贵州解决农村饮水问题的一个缩影。"贵州地形破碎，雨多库少，工程性缺水严重，影响了农村饮水安全。"贵州省水利厅二级巡视员杨勇介绍，据测算，贵州建设大型水库投入是全国平均成本的3.2倍，小型水库投入是全国平均的1.64倍，工程建设难度大。

加大投入力度，补齐工程短板，农村饮水网不断织密。近年来，贵州相继启动了水利建设"三大会战"、农村饮水安全攻坚战等行动，建水库稳定水源、铺管网引水入户，农村自来水普及率从75%增加到90.4%，2 131万农村人口喝上安全水。

不仅有水喝，更要喝好水。贵州水利部门着力提升农村饮水水质，让千家万户喝上健康水。

中午日头正烈，黔南布依族苗族自治州平塘县塘边镇青山村村民杨胜江走进家门，立马拧开水龙头，清水扑在脸上，直呼"凉快、舒服！"

说起吃水变化，杨胜江打开话匣子："过去喝的是山泉水、屋面水，下雨天水变得又浑又黄，还得用水窖沉淀几天才能喝。如今，自来水喝起来透着甜，蒸出来的米饭都香了。"

这股清水，来自几公里外的水厂。"水厂完善设备，增强处理能力，配备了净化、消毒等自动化监测系统，水质得到大幅提升，供水范围不断扩大。"平塘县水务局局长陆光辉介绍。

"水质关系农民群众的身体健康和生活品质。我们加强对河流、水库等水源保护，建设8座规模化水厂，全程保护水质，让优质水覆盖全县33.7万人。"陆光辉说。

农村饮水工程建设不断推进。近5年来，全省完成水利投入1 658亿元，开工建设300座骨干水源工程。"当前，广大农民对水量、水质和用水方便程度等提出更高要求，我们将继续加快统筹城乡供水工程建设，推进城镇供水管网向周边有条件的村寨延伸，努力实现一根水管通城乡。"杨勇说。

有人管还要管得好
有队伍、有资金、有制度，工程实现建管并重

"用上自来水，一天都离不开。"威宁彝族回族苗族自治县海拉镇文炉村村民赵春花说，"小时候，全家要去山里排队取水，一趟要走3个小时。家家建有小水窖，屋顶的边缘起得高高的，都是想多留点水。"

"要是水管堵了，水龙头坏了，心里那叫一个着急。"赵春花说，"如今村里有了管水员，遇到问题打电话，立马有人来修，不耽误事。"

管水员队伍得到充实。海拉镇农村饮水安全工程运行管理中心主任廖关成介绍："工作人员每天24小时值班，接到检修电话，会及时协调管水员解决。平时我们还会组织检查设备、巡查管道。"目前，全镇18个村共有公益性岗位管水员36名。

有人管，还要"管长久"。"我们对用水户登记造册，摸清底数，签订供用水合同，'一事一议'定水价，'一户一表'收水费，破解'钱从哪来'难题。"廖关成介绍，管理中心提取水费的20%，作为管道、水池、抽水泵等设备的维修费用，80%作为管水员的奖励工资，实现以水养水、节约用水。

日常管护制度不断健全。王明勇是水城区杨梅乡白牛村的管水员。他每天定期到水厂、村寨巡查，"机器运转是否正常，管道有没有跑冒滴漏，一旦发现问题，及时处理、上报，小事不出村，大事有人管。"

"区里对管水员定期监督、培训、考核，提升实操技能，确保履职尽责，促使他们把饮水工程管到位。"水城区水务局局长罗发林介绍，政府承担主体责任、水行政主管部门履行行业监管责任、供水管理单位负责运行管理，一张管护责任网形成。

农民主动性得到充分发挥。在罗甸县龙坪镇旧寨村，村民选出6名代表作为管水员，管水制度写入村规民约，抄水表、抽水、收水费、维护管道等分工明确。

"过去喝水有多难，现在对水就有多珍惜。"罗甸县水务局副局长黄光茂表示，"村民参与到管水中，养成了按时缴纳水费、节约用水的好习惯。"

贵州鼓励各地探索创新，多措并举解决管水难题，进一步明确了管理责任、产权归属、管护方式、水费收缴、经费使用等制度，让农村水利工程建好更要管好。

发展水支撑产业兴
打造优质水资源、宜居水环境，助力乡村振兴

群山叠翠，郁郁葱葱的樱桃林依山连绵。"今年的玛瑙红樱桃收成不错，我挣了10万多元。"毕节市纳雍县库东关乡陶营村种植大户杨才貌高兴地说。

樱桃好吃树难栽。果园大多位于山坡上，引水上山成了难题。"遇上干旱的时候，大家伙就得一桶桶地挑水，不仅费力费工，有的果树浇不及时，还影响产量。"杨才貌说，"如今，村里有水池、有管道，清水提上山，樱桃浇上丰收水。"

灌溉之变，得益于贵州山区现代水利工程纳雍县库东关乡试点区建设。"蓄水池、提水管、干支管共同组成了山区灌溉网，1 650亩樱桃的用水需求得到有效保障。"工程项目负责人蒙文艺介绍。

针对山区农村水利特点，贵州省持续加大投入力度，全面推进水网建设，着力打通供水"最后一公里"。

走进黔南布依族苗族自治州龙里县龙山镇，垂柳依依，清风徐徐。朵花河绕村流淌。"我们的好生活离不开水。"龙山社区村民王德林说，"家门口的河变清变美了，不管是发展绿色产业，还是办农家乐，都没问题。"

过去因乱排乱扔、河道淤塞等，朵花河成了"臭水沟"，蚊虫滋生，臭气熏天，村民都得绕道走。2020年，龙里县成为全国第一批水系连通及水美乡村建设试点县，总投资4.55亿元的水系综合整治工程启动实施，让农村水系得到系统修复。

"河道清淤、水体净化、河岸美化，一套组合拳让农村河流变得河畅、水清、岸绿、景美，让农民享受宜居的水环境。"龙里县水务局水土保持科科长刘昌懿说。目前，贵州先后有5个县（市）列入试点，项目建成后，一批各具特色的水美乡村，将助推产业发展，不断提高广大群众的获得感、幸福感、安全感。

建设农村水网，为乡村振兴引来了发展水。杨勇表示，"我们将继续瞄准群众的急难愁盼，为农村群众提供宜居宜业的水环境，为产业高质高效提供坚实的水保障，为乡村建设提供有力的水利支撑。"

链接·信息速递
全国农村自来水普及率创新高

水利部扎实推进农村水利基础设施建设，2021年农村自来水普及率达到84%，创历史新高，完成9.9万处农村供水工程维修养护。第一批55个水美乡村试点县建设任务基本完成，治理农村河道3 800多公里、湖塘1 300多个，受益村庄3 300多个，农村河湖生态环境明显改善。

2022年，水利部继续推进农村供水工程建设，强化管理管护，推进农村饮水安全向农村供水保障转变，提高农村供水保障水平。今年1—3月，各地共完成农村供水工程建设投资154亿元，提升了429万农村人口供水保障水平。预计到今年底，农村自来水普及率可达85%，规模化供水工程覆盖农村人口的比例可达54%。今年水利部会同财政部安排农村供水工程维修养护中央补助资金30.69亿元，较2021年增加了9.6%，进一步加大了支持力度。

（本文刊发于《人民日报》2022年05月20日　第18版）

雄安新区起步区防洪主体工程陆续建成

本报北京5月30日电（记者　王浩）　记者从水利部获悉，30日，雄安新区起步区西北围堤正式开工建设，项目施工单位已进场，计划2022年主汛期前完成防洪主体工程建设。西北围堤作为起步区上游西北部洪涝防线，南起新区边界萍河左堤，北接南拒马河右堤，全长23.45公里，总投资17.6亿元，是雄安新区起步区防洪圈建设的收尾工程。

雄安新区防洪工程纳入了国家150项重大水利工程，截至目前，已完成防洪工程建设投资266亿元。

（本文刊发于《人民日报》2022年05月31日　第14版）

水利高质量发展迈出坚实步伐
（奋进新征程　建功新时代·伟大变革）

（本报记者　王浩、李晓晴）　习近平总书记指出："保障水安全，关键要转变治水思路，按照'节水优先、空间均衡、系统治理、两手发力'的方针治水，统筹做好水灾害防治、水资源节约、水生态保护修复、水环境治理。""中华民族世世代代在长江、黄河流域繁衍发展，一直走到今天。新时代，我们要把保护治理母亲河这篇文章继续做好。"

长江两岸，绿意延绵。"长江岸线既是步行道，又是亲水道，大家都爱来赏江景。"家住湖北省宜昌市夷陵区的朱应俭说。这些年，夷陵区腾退恢复整治长江岸线 13.8 公里，护送一江碧水东流。

黄河奔涌，安澜入海。"入海口的湿地面积明显增加，成了鸟儿的乐园。"黄河水利委员会利津水文站站长张利见证了这些年的变化。生态补水，让黄河三角洲地下水位抬升明显，生物多样性得到恢复。

水利事关战略全局、事关长远发展、事关人民福祉。党的十八大以来，以习近平同志为核心的党中央统筹推进水灾害防治、水资源节约、水生态保护修复、水环境治理，开展一系列根本性、开创性、长远性工作。长江经济带生态环境保护发生了转折性变化，黄河流域生态环境持续明显向好，江河湖泊面貌实现历史性改善，水资源利用方式实现深层次变革，水资源配置格局实现全局性优化，国家水网主骨架和大动脉加快建设。一座座水库、一道道堤防、一条条输水管道……清水长流，惠泽亿万百姓，江河迤逦，扮靓美丽中国。一幅幅人水和谐的壮美画卷徐徐展开。

水资源集约节约利用成效显著，节水深入人心。

"用上水肥一体化技术，浇地从传统漫灌变为精细滴灌，用水少了，小麦产量高了。"山东省平度市南村镇种粮大户王玉芹说。目前平度市推广节水农业面积 100 多万亩。

精打细算用水。2021 年全国新增高效节水灌溉 2 825 万亩，目前我国累计创建节水型工业企业 23 535 个。2021 年我国万元国内生产总值用水量 51.8 立方米、万元工业增加值用水量 28.2 立方米，分别比 2015 年下降 32.1% 和 43.9%。

水生态环境修复不断推进，河湖焕发新机。

满山层林尽染，绿水绕村流淌。"看住斧头护山林，管住垃圾保水源，家门口的河干净了，乡村更美了。"陕西省平利县老县镇马鞍山村党支部书记、村级河长吴军定期巡河。陕西省设立河长湖长 3.53 万名，治水治岸治绿协同推进。

建设幸福河湖。党的十八大以来，河湖长制全面强化，省市县乡设立四级河湖长 30 多万名，各地因地制宜，设立村级河湖长 90 多万名。2018 年以来，全国累计清理整治乱占、乱采、乱堆、乱建等河湖"四乱"问题 19.4 万个。2021 年，长江流域、珠江流域等水质持续为优，黄河流域水质明显改善，地表水 Ⅰ～Ⅲ 类水质断面比例好于年度目标 1.4 个百分点。

水安全保障能力不断提升，清水泽润民心。

"拧开水龙头，水流大，水质好，生活方便多了。"湖北省当阳市淯溪镇水田湾村村民屈万权高兴地说。当阳市多渠道筹集资金，建水厂，护水质，通管网，让农民用上安全水。

水网织密惠民生。党的十八大以来，全国解决了 2.81 亿农村居民和学校师生的饮水安全问题，1 710 万建档立卡贫困人口饮水安全问题全面解决，1 095 万人告别了高氟水、苦咸水。2021 年提升了 4 263 万农村人口供水保障水平，全国农村自来水普及率达到 84%，脱贫地区水利项目稳步推进。

重大工程护佑江河安澜。出山店水库工程通过竣工验收，有效减轻了淮河中游防洪压力。大藤峡水利枢纽工程具备全线挡水条件，工程防洪库容达 15 亿立方米。七大江河流域基本形成以河道及堤防、水库、蓄滞洪区为骨干的防洪工程体系。

水安全保障能力进一步夯实。党的十八大以来，重大水利工程加快建设，我国水利工程规模和数量居世界前列，基本建成较为完善的江河防洪、城乡供水、农田灌溉等水利基础设施体系。150 项重大水利工程实施后，预计可增加年供水能力约 420 亿立方米。

治水兴水，关系人民生命安全、粮食安全、经济安全、社会安全、生态安全。水利部有关负责人表示，我们要深入贯彻落实习近平总书记"节水优先、空间均衡、系统治理、两手发力"治水思路和关于治水重要讲话、重要指示批示精神，咬定目标、保持定力、奋进新征程、建功新时代，为全面建设社会主义现代化国家提供有力水安全保障。

广西大藤峡水利枢纽灌区工程开工建设

本报北京6月6日电（记者 王浩） 记者从水利部获悉，大藤峡水利枢纽灌区工程开工建设。该项目是国务院部署实施的150项重大水利工程之一，也是今年重点推进开工建设的六大灌区之一，总投资达80.08亿元。

大藤峡水利枢纽灌区工程设计灌溉面积100.1万亩。工程利用已建的大型和中小型水库作为主要水源，利用正在建设的大藤峡水利枢纽库区自流引水和黔浔江提水作为补充水源，新建渠（管）道652公里，新建及恢复13座泵站装机容量1.28万千瓦。

据了解，大藤峡水利枢纽灌区工程建设总工期为60个月，施工准备期约为5个月，主要完成场地平整、场内道路、施工工厂、生产和生活用房、供水、供电等项目建设。第一年拟同时开工建设南木补水干管、十八山输水隧洞。

大藤峡水利枢纽灌区地处区域光热条件优越，水资源及耕地资源丰富，是广西壮族自治区重要粮食基地、糖料主要生产基地之一。工程建成后，可进一步发挥大藤峡水利枢纽的灌溉供水效益，有效解决贵港市、来宾市等桂中典型干旱区骨干水利工程缺乏、耕地灌溉保证率较低等问题，保证项目区粮食生产安全和村镇供水安全，助力乡村振兴和经济社会发展。

（本文刊发于《人民日报》2022年06月07日 第08版）

至5月底农村供水工程已开工建设6 474处
提升932万农村人口供水保障水平

本报北京6月7日电（记者 王浩） 水利部全力推进农村供水工程开工建设进度，切实提高农村供水保障水平。截至5月底，各地农村供水工程已开工6 474处，完工2 419处，提升了932万农村人口供水保障水平。

4月，水利部、财政部、国家乡村振兴局联合印发文件，支持脱贫地区利用中央财政衔接推进乡村振兴补助资金，补齐必要的农村供水基础设施短板。水利部鼓励各地利用地方政府专项债券推动农村规模化供水工程建设，与国家开发银行、农业发展银行签订合作协议，明确信贷优惠政策，支持各地农村供水工程建设。截至 5 月底，各地农村供水工程已落实投资 516 亿元，其中地方政府专项债券 214 亿元，银行贷款 94 亿元。

云南省开展农村供水保障 3 年专项行动，截至 5 月底，全省 115 个县（市、区）已开工建设 1 100 个工程，完成投资 47.86 亿元，受益人口 11.6 万人。江西省 2022 年起开展城乡供水一体化先行县建设行动，截至 5 月底，全省落实城乡供水一体化建设资金 39.4 亿元。宁夏回族自治区积极探索农村供水规模化发展，目前全区骨干水源工程建设累计完成投资 62.1 亿元，投资完成率为 74.7%。福建省积极推动农村规模化供水工程建设，截至 5 月底，已落实资金 35.8 亿元。安徽省实施"皖北地区群众喝上引调水工程"，皖北 6 市 25 个县（区）今年计划新建工程 35 处。

（本文刊发于《人民日报》2022 年 06 月 08 日　第 04 版）

前 5 月水利建设新开工 10 644 个项目（新数据　新看点）已完成投资较去年同期增加 1 090 亿元

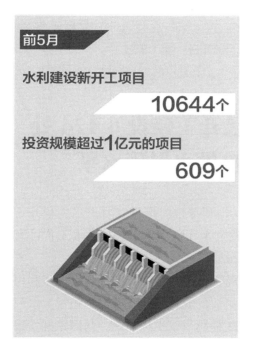

前5月

水利建设新开工项目　**10644个**

投资规模超过**1**亿元的项目　**609个**

本报北京 7 月 4 日电　（记者　李晓晴）　记者日前从水利部获悉，今年前 5 月，全国水利建设全面提速，取得了明显成效。在推进项目开工方面，新开工 10 644 个项目，投资规模 4 144 亿元；其中投资规模超过 1 亿元的项目 609 个。吴淞江整治、福建木兰溪下游水生态修复与治理、雄安新区防洪治理、江西大坳灌区、广西大藤峡水利枢纽灌区等 14 项重大水利项目开工建设，投资规模达 869 亿元。

扩大建设投资方面，在争取加大财政投入的同时，从利用银行贷款、吸引社会资本等方面出台指导意见，多渠道筹集建设资金。前5月全国已落实投资6 061亿元，较去年同期增加1 554亿元，增长34.5%；完成投资3 108亿元，较去年同期增加1 090亿元，增长54%。吸纳就业人数103万，其中农民工就业77万人，充分发挥了水利对稳增长、保就业的重要作用。

加快实施进度方面，海南南渡江引水工程竣工验收，青海蓄集峡、湖南毛俊、云南车马碧等水利枢纽下闸蓄水，广西大藤峡水利枢纽进入全面挡水运行阶段，一批工程开始发挥效益。同时，已安排实施3 500座病险水库除险加固，治理中小河流长度2 300多公里；加快493处大中型灌区现代化改造，可新增、恢复灌溉面积351万亩，改善灌溉面积2 343万亩；建设了6 474处农村供水工程，完工2 419处，提升了932万农村人口供水保障水平。

水利部提出19项工作举措，明确了引调水、重点水源、控制性枢纽、蓄滞洪区建设等重大水利工程，以及病险水库除险加固、中小河流治理、灌区建设和改造、农村供水、水土保持等项目的推进措施，精准落实责任。下一步将在做好防汛抗旱和安全生产的同时，进一步加强组织推动，采取更加有力的措施，以旬保月、以月保季，确保完成年度建设任务，推动新阶段水利高质量发展。

（本文刊发于《人民日报》2022年07月05日 第01版）

南水北调后续工程首个项目
引江补汉工程开工建设 江水汩汩润北方

■ **核心阅读**

南水北调后续工程重大项目引江补汉工程于7月7日开工建设。工程建成后，烟波浩渺的三峡水库将和南水北调工程"牵手"，国家水网将进一步织密。南水北调中线水源将更加充沛，输水潜力进一步得到挖掘，多年平均北调水量可从原设计的95亿立方米提高到115.1亿立方米。汩汩江水将更好地润泽北方大地。

在丹江口大坝下游汉江右岸安乐河口，南水北调后续工程首个项目——引江补汉工程于7月7日开工建设。

联网补网，国家水网"主骨架"更坚实

千里输水线，世纪调水梦。50多年论证，数十万名建设者10多年攻坚，7

年多安全稳定运行，如今南水北调东中线一期工程累计调水540多亿立方米，让超1.4亿人受惠。

"中线工程已由规划之初的补充水源成为主力水源，受水区对'南水'依赖度不断提高。实施京津冀协同发展战略、建设雄安新区等对水资源保障提出更高要求。科学推进后续工程规划建设，势在必行。"水利部规划计划司司长张祥伟说。

引江补汉工程开工建设，将在水资源版图上画下浓墨重彩的一笔。大江大河间，一条近195公里的输水隧洞，出三峡，穿群山，连江汉，抵达南水北调中线水源地丹江口水库坝下汉江，长江干流将接入南水北调中线工程。

为何实施引江补汉工程？

看用水需求，"受水区对'南水'的需求量逐渐增加。"水利部南水北调工程管理司司长李勇介绍，北京已3个年度、天津已连续5个年度加大分配水量，河南、河北两省年度正常用水量均达到规划分配水量的七成，且年度用水量呈逐年增加趋势。

看水源供给，丹江口水库的供水保证率较低。"一旦汉江遇上特枯年份，丹江口水库将'独木难支'，不仅难以满足北方调水需求，还会影响汉江中下游的基本用水。"李勇表示。

"将三峡水库和丹江口水库相连，实现了南水北调中线的起点由汉江前移到长江干流，打通长江、汉江流域与京津冀豫地区的输水大通道，完善国家骨干水网格局，将为汉江流域和京津冀豫地区提供更好的水源保障。"中国南水北调集团办公室主任井书光说。

引江补汉工程会不会对三峡水库产生影响？

"三峡水库多年平均入库水量超4000亿立方米，引江补汉工程年调水量39亿立方米，不到入库水量的1%。三峡水库有充沛且稳定的水量支撑工程持久运行。"水利部水利水电规划设计总院副院长李原园分析。

引江补汉工程的开工，标志着南水北调后续工程建设拉开序幕，国家水网"主骨架"将更加坚实。

"南水北调工程规划提出构建'四横三纵、南北调配、东西互济'的格局，沟通长江、淮河、黄河、海河水系。与规划目标相比，目前仅东中线一期工程建成运行，需要继续补网联网，进一步提升调配水资源的能力。"井书光介绍。

水利部提出，接下来将深化东线后续工程可研论证，推进西线工程规划，积极配合总体规划修编工作，不断发挥南水北调工程优化水资源配置、保障群众饮水安全、复苏河湖生态环境、畅通南北经济循环的生命线作用。

科学论证取水规模，最大限度减少对生态环境的影响

尊重客观规律，科学审慎论证方案，引江补汉工程从立项到开展初步设计，从规模论证到勘测设计，各项前期工作扎实推进。

哪条路线安全？

向大地深处要数据。寂静群山中，深孔钻机轰鸣。2020年7月9日，在湖北省襄阳市保康县，首个超1 000米深钻孔顺利完工。"大伙儿白天黑夜连轴转，就是想以最快速度把样本从地下深处取出。"长江设计集团副总工宋志忠说。

在前方，白天野外勘测，夜晚编写报告，风雨无阻攀山岭……工作人员采用常规钻探、复合定向钻探、大地电磁等技术，对8 000多平方公里的工程区进行了全面"体检"。完成所有线路1：10 000地质测绘面积2 255平方公里，完成所有线路1：10 000平、剖面图绘制工作，最终3 000多页的地质报告出炉。

在后方，规划、水工、施工、环境等专业人员开展规模论证、工程布局研究、深埋大直径隧洞施工方案研究、环境影响评价等工作。绘制图纸1 600多张，编写技术报告150多本，超2 000万字。

"大家齐心协力，在短时间内找到最佳线路通道，努力避开了极易导致隧道灾害的强岩溶区和断裂带。"宋志忠说。

工程取水规模设定多少合适？

"既要考虑长江流域水资源承载能力、长江干支流水工程调节作用，也要满足流域内城市群的发展需要，同时兼顾对三峡库区、下游地区和其他引调水工程的影响，可谓是在多重条件下求最优解。"长江设计集团水利规划院供水与灌溉部主任王磊说。

王磊和团队完成了三峡坝址上游30多座大型水库和10多项跨流域调水工程的联合调节计算，构建了三峡—丹江口水库—北方受水区水资源优化配置模型，对2 300多旬的水文数据进行了模拟分析。

聚焦生态环境的关键要素，5年时间，长江水利委员会长江水资源保护科学研究所开展20余次240个断面（点位）的外业环境监测，联合10余家高校、科研院所共同推进。6月9日，生态环境部批复《引江补汉工程环境影响报告书》。

可行性研究报告、取水许可、洪水影响评价……一项项报告通过审查，科学严谨的前期工作为工程建设提供坚实支撑。"正是坚持尊重客观规律、规划统筹

引领,才确保工程顺利开工,这为实施重大跨流域调水工程积累了新的宝贵经验。"张祥伟说。

发挥综合效益,让大江大河连上大水网

引江补汉工程开工建设,将充分发挥综合效益,助力经济社会高质量发展。

有力促进扩投资稳就业。"工程设计总施工期9年,初步估算需要水泥230万吨左右,粉煤灰80万吨,钢材250万吨,调配大型工程机械3 800台,带动上下游企业60余家。此外,工程用工人数保持在5 300余人。"中国南水北调集团质量安全部主任李开杰介绍。

连日来,以引江补汉工程为代表的一大批重大水利工程开工,充分发挥吸纳投资大、产业链条长、创造就业多的优势。水利部今年要确保新开工重大水利工程30项以上,完成水利建设投资8 000亿元以上,这将为稳定宏观经济大盘发挥重要作用。

有效提升水资源配置能力。"引江补汉工程实施后,中线工程可调水量增多,不仅提升了受水区的水安全保障能力,还可以通过置换用水、相机补水等方式,有效缓解华北地区地下水超采问题,有力恢复受水区生态环境。"水利部南水北调司副司长袁其田介绍。

促进国家水网互联互通。"大江大河连上大水网,引江补汉将实现长江、汉江与华北平原水资源协同,打通南北水资源配置的大动脉。"井书光说,"引江补汉工程还将实现与南水北调东中线、引汉济渭、鄂北地区水资源配置工程等协调联动,促进水资源循环畅通。"

构建国家水网主骨架和大动脉的步伐加快。水利部加强组织领导,抓紧工程规划设计,水利基础设施建设全面提速。"到2025年,建设一批国家水网骨干工程,有序实施省市县水网建设,充分发挥水资源配置、城乡供水、防洪排涝、水生态保护等功能。"张祥伟说。

宁夏探索黄河水资源高效利用方式
—— 一渠清水润旱塬

宁夏回族自治区吴忠市同心县,塬地上,巡了39年扬黄水渠的杨志义走近

前方正待安装的抽水泵机，拍拍厚实的钢铁外壳，打趣道："听说这个东西自带测控设备，还能联网监测水量，有了它管水，以后巡渠就用不上我喽。"

这次设备更换，是宁夏固海扩灌扬水系统自1999年建设以来的首次全面更新。20多年前，这个水利工程将一渠清水扬高送远，管道所向，旱塬变成绿洲。如今，扬水系统不仅解决了灌区60万人的吃水问题、浸润了155万亩良田，更为沿线百姓带来了更强的节水意识和新的用水方式。

今年中央一号文件提出，"推进黄河流域农业深度节水控水""实施重点水源和重大引调水等水资源配置工程"。宁夏，也正通过扬黄灌溉系统，不断探索黄河水的高效利用，让每一滴扬黄水发挥最大效用，走向更加节水的发展道路。

开渠解渴，千年黄河上高塬

今年59岁的杨志义，出生在中卫市中宁县喊叫水乡。走在西海固地区的旱塬，"喊叫水""旱天岭"这样的"盼水"地名相当常见。这些地方位于宁夏中南部干旱带，年降水量只有300毫米左右，蒸发量却是降水量的10倍。

"种了一篓子、收了一抱子、打了一帽子，天旱的时候，小麦亩产只有70斤。"杨志义还记得缺水的往事。为了解决喝水问题，1975—2003年，宁夏先后修建了固海扬水同心系统、固海系统和固海扩灌扬水系统三个扬黄灌溉工程。从黄河岸边的中卫市中宁县泉眼山泵站抽水出发，29座扬水泵站接力，将黄河水送上150公里之外的旱塬。

吴忠市同心县丁塘镇杨塘村村民杨廷奎记忆犹新："开闸时，水漫过来渗到地里，有村民直接趴在渠边捧着水喝，还有人拿盆往家里接。"

有了黄河水，旱地变成水田，杨廷奎记得，当年秋收，村里浇了水的小麦地亩产达到400公斤。宁夏固海扬水管理处副处长周玉国说，扬水上山，不仅解决了饮水问题，更让整个灌区变成了粮食产区。

杨志义也是那时候来到同心县的龙湾泵站开始了巡渠生涯。

让杨志义想不到的是，巡渠没过几年，防止附近村民"偷水"竟成了主要工作。随着灌区农业发展，越来越多的旱地被开垦为水田。整个固海灌区总设计灌溉面积82万亩，开垦出的水浇田有150余万亩。扬黄工程建成的最初几年里，用水矛盾突出，私自开闸放水的情况屡见不鲜。

供水总量有限，各地泵站放水都是定额管理。"扬黄灌区的农业用水量已经触及天花板，每年泵站都是超负荷运转。上游泵站用得多，下游就会用得少，就算有水我们也不敢乱放啊。"杨志义说。

转变观念，推行滴灌促节水

用水矛盾，关键在于"用"，水定量，就只能从用水效率下手。2011年，宁夏发布《宁夏回族自治区高标准农田建设标准》，借着农田改造的东风，不少地方开始尝试喷灌、滴灌等节水技术。

可管道铺设等基础设施建设容易，理念的推行却没那么简单。"村民都不认可这个技术"，同心县马高庄乡邱家渠村村民丁胜利务农多年，仍记得刚推行滴灌时的场景，"大水漫灌村民都能看到，用滴灌，水浇在庄稼根上，看不到有水，大家不太认可。"

龙湾泵站的工作人员走进村里，挨家挨户给乡亲们普及滴灌知识。理念慢慢转变，可不少农民仍因过高的资金投入而犹豫。这时，新政策给了一记"助攻"。宁夏为进一步完善水利配套建设，对受水区各县（区）灌区工程及农田灌溉设施进行重点改造，滴灌建设的成本，由农田水利专项资金补贴80%。

"每亩地每年都比原先少用水70立方米。"丁胜利把因供水不足而抛荒的十几亩地都种上了玉米，去年秋收，亩产750公斤。据了解，目前，同心县建成高效节水灌溉土地35.5万亩，建成区每亩地同比缩短灌溉周期70%，减少用水量30%，亩均增收达到200元。

改革水价，用水管水更精细

同心县丁塘镇河草沟村的田地里，村民马海走到大棚前，掀开门帘，西红柿苗一片翠绿。打开滴灌管道阀门，"轰隆隆"的机器声中，水流带着肥料"走"到30厘米的土层之下，直达根系。

"开了这个阀门，20分钟就能浇完6亩的蔬菜苗，节水效率能达到50%。"不一会儿，地下的土被喂足，水渗上来，润湿了地面。马海指着手机说，这几年他在大棚里装上了水肥一体化和物联网设备，不但解决了庄稼缺水缺肥的问题，还可以通过手机精准控制水肥用量，大大减少了浪费。

2017年以来，宁夏进行农田水价改革，全区农业末级渠系水价全部调整到运行成本，超额用水加收费用。在同心县，政府对超定额用水实行累进加价，超定额用水20%（含20%）以内部分按1.4倍收费，超定额用水20%以上部分按3倍收费，以水价杠杆倒逼农业节水。

精细化用水，更需要精细化测水的支持，高标准节水农田的大规模建设，也让扬黄工程不断更新管水方式。沿着扬黄渠道行走，3米宽的"U"形水泥管道在荒滩上延伸，杨志义负责巡检20公里长的干渠，渠道经过村庄，便在分水斗口散成数支，支渠、细渠、再到毛渠，水流一再分流，像一张细密大网，把渴水的农田裹住。

支干渠之间，安装了测控一体化闸门，对土地灌水进行精细控制与精准测量。既是"送水渠"，也是"束水渠"，高效保供又促进节约，杨志义看了新机器直竖大拇指："一亩地规定是多少水，就放多少，真方便。"

"这次进行的固海扩灌扬水更新改造，我们更新泵机，也对泵站、斗口实施自动化信息化提升改造，实现水工程、水资源智能远程精准联调联控。"宁夏回族自治区水利厅厅长朱云说。

目前，宁夏引黄灌区面积1 000万亩，共有25条2 290公里骨干渠道、126座大中型泵站、990多座调蓄水池。在一渠黄河水的润泽下，曾经的条条旱塬变成470.5万亩高效节水农田，远远望去满眼青绿。

24处新建项目9月底前争取完成中央投资70%
大中型灌区建设进度加快

本报北京7月6日电（记者　王浩）　近日，水利部开展大中型灌区项目建设调度会商，对大中型灌区改造与建设项目进行再调度。2022年灌区建设任务已经明确，各地要全面加快项目建设进度，早开工、早建设、早完工、早受益。24处新建大型灌区要争取9月底前完成中央投资70%，年底前所有大中型灌区改造项目中央投资完成率要达到90%以上，力争达到95%。

灌区是粮食和重要农产品主要产区，项目点多面广、产业链条长、吸纳投资多，对经济拉动作用明显，是保障国家粮食安全的基础。各级水利部门把灌区项目建设作为农村水利工作的重中之重。水利部提出，各地在积极争取财政投入的同时，充分用好金融支持水利基础设施优惠政策，通过地方专项债、政府和社会资本合作模式、不动产投资信托基金等拓宽资金筹集渠道，创新投融资机制，推进农业水价综合改革，足额落实大中型灌区改造项目地方建设资金。

上半年我国新开工水利项目 1.4 万个
落实水利建设投资较去年同期提高 49.5%

本报北京 7 月 11 日电（记者　李晓晴）　记者从水利部获悉，上半年我国新开工水利项目 1.4 万个，投资规模 6 095 亿元。其中，投资规模超过 1 亿元的项目有 750 个。上半年累计开工重大水利工程 22 项，投资规模 1 769 亿元，对照年度开工目标，时间过半，任务完成过半，项目开工明显加快。上半年全国落实水利建设投资 7 480 亿元，较去年同期提高 49.5%，其中广东、浙江、安徽 3 省落实投资超过 500 亿元。

工程建设明显提速。一批重大水利工程实现重要节点目标，完成投资大幅增加，重庆渝西、广东珠三角水资源配置等工程较计划工期提前。农村供水工程建设 9 000 余处，完工 3 700 余处，提升了 1 688 万农村人口供水保障水平。病险水库除险加固、中小河流治理、大中型灌区改造、中小型水库等项目建设进度加快。目前，我国在建水利项目 2.88 万个，施工吸纳就业人数 130 万，其中农民工 95.7 万。

投资强度明显增大。在地方政府专项债券方面，水利项目落实 1 600 亿元，较去年同期翻了近两番。水利建设投资完成 4 449 亿元，较去年同期提高 59.5%，广东、云南、河北 3 省完成投资 300 亿元以上。上半年，水利落实投资和完成投资均创历史新高。在加大政府投入的同时，地方政府债券持续增加，金融支持、水利 PPP 模式、水利 REITs 试点"三管齐下"，投资保障力度明显增强。

水利部有关负责人表示，水利部将进一步加大组织推动力度，做好工程安全度汛，抓好安全生产，强化质量控制，确保完成年度水利建设各项目标任务。

（本文刊发于《人民日报》2022 年 07 月 12 日　第 02 版）

黄河下游"十四五"防洪工程开工建设
治理 878 千米黄河河道

本报北京 7 月 9 日电（记者　王浩）　7 月 9 日，黄河下游"十四五"防洪工程开工动员会在黄河郑州段保合寨控导工程举行。黄河下游"十四五"防洪工程是国务院部署实施的 150 项重大水利工程之一，也是今年重点推进的 55 项重大水利工程之一。工程建设范围为黄河干流河南省洛阳市孟津区白鹤镇至山东省东营市垦利区入海口，治理河道长度878千米，涉及山东、河南两省14个市42个县（区）。主要建设任务是在现有防洪工程基础上，开展控导工程续建，险工和控导工程改建加固，涝河河口堤防、黄河干流河口堤防工程达标建设，堤顶防汛路和险工控导工程管理路改建等。工程总投资31.85亿元，总工期36个月。

黄河下游是"地上悬河"，工程建成后，将进一步完善黄河下游防洪工程体系，有效改善游荡性河段河势，提高河道排洪输沙能力，对保障黄河长治久安、促进流域区域高质量发展具有重要意义。水利部黄河水利委员会和有关单位以及各参建单位将强化协调指导，科学组织、严格管理、精心施工，共同把这一事关黄河防洪安全的重大工程建设好，早日发挥造福人民的巨大效益。

宁夏深入推进农业节水增效

轻轻点击手机软件，眼前的水闸缓缓升起，汩汩水流奔向农田——在宁夏回族自治区银川市贺兰县常信乡于祥村，村党支部书记周新社操作着智能节水设备。这条支渠上的60多座手提式闸门，如今都已换成可遥控闸门，实现水量控制智能化。

贺兰县地处宁夏引黄灌区，通过推广应用滴灌喷灌、智能水闸等节水技术和设施，去年全县节约农业灌溉用水3 110万立方米。

宁夏现有引黄、扬黄灌区灌溉面积共840多万亩，灌溉用水长年占全区总耗水量的80%以上。灌区农业节水增效，是宁夏节水增效的重点领域。

2019年9月，习近平总书记主持召开黄河流域生态保护和高质量发展座谈会时指出，要坚持以水定城、以水定地、以水定人、以水定产，把水资源作为最大的刚性约束，合理规划人口、城市和产业发展，坚决抑制不合理用水需求，大力发展节水产业和技术，大力推进农业节水，实施全社会节水行动，推动用水方式由粗放向节约集约转变。

深入贯彻落实习近平总书记重要讲话精神，宁夏于2021年11月发布《"十四五"用水权管控指标方案》，明确严守水资源总量控制红线、强化水资源节约集约利用、保障水资源刚性增长需求、促进水生态环境持续向好的配置原则和具体措施。

以水定产，核量到户，节水成为宁夏灌区农业生产领域的着力点。青铜峡市安装智能化计量设施，近 800 个斗渠的取水口全部实现农业取水定量供应；同心县农田滴灌取水用上一体化测控智能闸门，开关闸口、取水限量控制等均能通过手机操作。各大灌区将用水指标细化分解到各条灌溉水渠，由乡镇农民用水协会按指标分配到户，落实精细管理要求。

定量分配实现精细管理，科学用水促进节水增效。"相比大水漫灌，使用滴灌技术每亩每年可节水上百立方米，而且水分直达作物根系，正好实施水肥一体。"在固原市原州区头营镇杨郎万亩瓜菜种植基地，负责人曹辉介绍，现在采用智能水表精确控制用水量，配合应用滴灌技术，甜菜心亩均增产可达 300 公斤。

"节一份水，挣两份钱。"在于祥村，周新社的"水账"算得明明白白：村里去年节约农业灌溉用水 133 万立方米，折合水费近 6 万元；节余的用水指标在宁夏公共资源交易平台公开竞价，获得 5 万多元转让收益，用于维护节水设施。

为促进水资源优化配置和高效利用，宁夏推动建立用水权交易平台，去年全区完成农业节余用水权交易 85 笔，交易水量 3 309 万立方米，金额 2.97 亿元。

目前，宁夏各地纷纷出台管理办法，明确用水权交易收益直补农业，充分调动用水户和基层用水管理组织节水积极性。"节水收益的稳定兑现，进一步调动了灌区节水的积极性。"宁夏回族自治区水利厅副厅长麦山表示。

（本文刊发于《人民日报》2022 年 07 月 18 日　第 01 版）

南水北调中线累计调水逾 500 亿立方米
受益人口超 8 500 万

本报北京 7 月 25 日电（记者　王浩）　记者日前从水利部、中国南水北调集团有限公司获悉，截至 7 月 22 日，南水北调中线一期工程陶岔渠首入总干渠水量逾 500 亿立方米，相当于为北方地区调来黄河一年的水量，工程受益人口超 8 500 万。

水资源配置格局持续优化。全面通水以来，通过科学调度，中线工程年调水量从 20 多亿立方米持续攀升至 90 亿立方米。中线工程供水已成为沿线大中城市供水新的生命线，其中，北京城区七成以上供水为南水北调水；天津主城区供水几乎全部为南水北调水；河南、河北的供水安全保障水平都得到了新提升。截至 7 月 22 日，中线工程累计向雄安新区供水 7 800 万立方米，为城市生活和工业用水提供了优质水资源保障。

通过长期持续加强水源区水质安全保护，丹江口水库和中线干线通水以来，供水水质一直稳定在地表水水质Ⅱ类标准及以上。中线一期工程向沿线50多条河流湖泊生态补水，截至7月22日已累计生态补水超过89亿立方米，受水区河湖生态环境复苏效果明显。

（本文刊发于《人民日报》2022年07月26日　第01版）

上半年完成投资4 449亿元，同比增加59.5%
水利工程建设完成投资创历史新高
（新数据　新看点）

本报北京8月8日电（记者　王浩）　记者从水利部获悉，今年上半年，水利工程建设取得显著成效，完成投资创历史新高。上半年全国完成水利建设投资4 449亿元，同比增加59.5%，有11个省份完成投资超过200亿元。

从投向来看，流域防洪工程体系、国家水网重大工程、河湖生态修复保护完成投资4 046亿元。其中，聚焦保障防洪安全，加快完善流域防洪工程体系，完成投资1 313亿元；聚焦保障供水安全和粮食安全，实施国家水网重大工程，完成投资1 898亿元；聚焦保障生态安全，复苏河湖生态环境，完成投资835亿元。

投融资政策落地见效。地方政府专项债券、金融信贷、吸纳社会资本等支持政策，拓宽了水利项目筹资渠道。1—6月，在落实的水利建设投资中，地方政府专项债券达1 600亿元，同比增加293%；银行贷款和社会资本等达1 392亿元，同比增加29.4%。

吸纳就业人口效果显著。水利项目产业链条长、创造就业机会多的作用突显。据统计，上半年累计吸纳就业人数130万。

锚定今年水利建设投资超过8 000亿元的目标，水利部提出全面加强水利基础设施建设19项工作举措，实行清单式管理，分析研判工程进展。

（本文刊发于《人民日报》2022年08月09日　第01版）

看江苏 淮河入海水道二期工程开工

7月30日，淮河入海水道二期工程开工。

淮河发源于河南省桐柏山区，原是一条独流入海的河流，滋润良田、泽被两岸。然而，自12世纪黄河南迁、夺淮入海以来，淮河旱涝灾害日趋频繁。

淮河入海水道二期工程实施后，可使洪泽湖防洪标准由现状100年一遇提高到300年一遇，同时减轻淮河中游防洪除涝压力，减少洪泽湖周边滞洪区启用，改善苏北灌溉总渠以北地区排涝条件，并为今后洪泽湖周边滞洪区调整创造条件，对保障流域经济社会发展具有重大意义。

扩大排洪出路 保障流域防洪安全

淮河流域人口稠密，在我国经济社会发展大局中地位突出，但气候多变、水旱灾害频繁，治淮一直是国家治水的重中之重。

2020年8月，习近平总书记在安徽考察期间，首先来到的是被称为千里淮河"第一闸"的王家坝闸。在王家坝防汛抗洪展厅，习近平总书记详细了解淮河治理历史和淮河流域防汛抗洪工作情况。他强调，淮河是新中国成立后第一条全面系统治理的大河。70年来，淮河治理取得显著成效，防洪体系越来越完善，防汛抗洪、防灾减灾能力不断提高。要把治理淮河的经验总结好，认真谋划"十四五"时期淮河治理方案。

经过多年治理，淮河流域洪涝灾害防御能力显著增强。其中，通过建设淮河入海水道一期工程等项目，淮河下游的排洪能力由不足8 000立方米每秒扩大到15 270立方米每秒至18 270立方米每秒，洪泽湖及下游防洪保护区达到100年一遇的防洪标准。

淮河下游洪水入江、入海能力得到巩固提升的同时，洪水出路规模依然不够，洪泽湖中低水位泄流能力偏小仍是淮河下游防洪面临的主要瓶颈。

2022年初，水利部部长李国英在全国水利工作会议上部署2022年重点工作时强调，要提高河道泄洪及堤防防御能力，加快淮河下游入海水道二期等重点工程建设，保持河道畅通和河势稳定，解决平原河网地区洪水出路不畅问题。

水利部规划计划司副司长乔建华介绍，由于淮河下游入海通道泄流能力不足，在利用洪泽湖周边滞洪区滞洪的情况下，洪泽湖现状防洪标准才能达到100年一遇，尚达不到国家防洪标准规定的300年一遇的要求。目前，淮河下游入江、入海的设计泄洪能力要在洪泽湖水位较高时才能达到，洪泽湖中低水位时，入江、入海、入沂的泄流能力较小，洪水出路严重不足。

"因此，加快建设淮河入海水道二期工程，扩大淮河下游排洪出路，提高洪泽湖及下游防洪保护区的防洪标准，减轻淮河中游防洪除涝压力，显得尤为迫切和必要。"乔建华指出，开工建设淮河入海水道二期工程，是实现淮河安澜的重大举措。

江苏省水利厅规划计划处处长喻君杰介绍，淮河入海水道一期工程2003年建成通水，设计行洪流量2 270立方米每秒。二期工程是在一期工程已经确定并形成的河道范围内，通过挖宽挖深泓道、培高加固堤防、扩建控制枢纽，使设计行洪流量扩大到7 000立方米每秒。二期工程建成后，将进一步扩大淮河下游洪水出路，可使洪泽湖防洪标准达到300年一遇，提高洪泽湖的洪水调蓄能力，加快淮河中游洪水下泄、减轻淮河中游防洪压力。

减少滞洪区启用　保护经济发展成果

淮河上中游洪水主要通过洪泽湖调蓄后入江、入海。作为淮河中下游结合部的巨型综合利用平原水库，洪泽湖承泄淮河上中游15.8万平方公里面积的洪水。

洪泽湖大堤保护区面积为2.7万平方公里，涉及耕地1 951万亩、人口1 800万，包括扬州、淮安、盐城、泰州等十数座大中型工业城市，是我国重要的商品粮棉基地之一，也是我国经济发展程度较高地区之一。

目前，洪泽湖防洪标准为100年一遇，若发生100年一遇以上洪水，需要采用非常分洪措施，下游地区将受到不同程度的洪水灾害。若遇300年一遇洪水，洪泽湖最大入湖流量为25 700立方米每秒，超过现状总泄流能力的41%，非常分洪量将达38.3亿立方米，苏北灌溉总渠以北、白宝湖、里下河等地区将面临受淹风险，当地数十年来建设的基础设施和积累的巨额财富或将毁于一旦，直接经济损失据估算将达2 700亿元。

"可以说，如果没有淮河入海水道二期工程，洪泽湖一旦发生300年一遇洪水，给下游造成的经济社会损失将是难以承受的。"中水淮河规划设计研究有限公司规划一处副处长何夕龙指出。

不仅可帮助下游地区抵御特大洪水、减少灾害损失，对于洪泽湖周边滞洪区而言，淮河入海水道二期工程建成后，将减少该地区进洪风险，可以局部使用或不用滞洪区，为滞洪区调整创造了条件。

洪泽湖周边滞洪区是淮河流域防洪体系中的重要组成部分，洪泽湖目前设计防洪标准要在利用洪泽湖周边滞洪区滞洪的情况下才能达到。

据测算，入海水道二期工程建成后，一旦发生 100 年一遇洪水，洪泽湖最高洪水位 14.71 米，比现状降低 0.77 米，洪泽湖周边滞洪区减少滞洪量 6.6 亿立方米、滞洪面积 440 平方公里，受影响人口也大为减少。一旦发生 1954 年量级洪水，洪泽湖最高洪水位 14.19 米，比现状降低 0.31 米，不需要启用洪泽湖周边滞洪区滞洪。

助力全线通航　推动淮河生态经济带建设

淮河中上游是我国重要矿产资源产地，煤炭、铁矿石、水泥灰岩储量丰富。江苏省沿海中部地区港口目前处于起步阶段，未来发展空间较大。从长远发展看，淮河沿线河南、安徽和江苏三省水运需求具有较大增长空间。

结合入海水道二期工程的建设开通淮河下游段航道，实现与海港的有效衔接，将显著完善和提升淮河流域的航运功能，促进淮河沿线地区统筹协调发展，也可为淮河生态经济带建设提供重要支撑。

据介绍，目前淮河出海航道在洪泽湖南线段现状基本达Ⅲ级标准；苏北灌溉总渠（高良涧船闸至京杭运河）段现状基本达Ⅲ级标准；京杭运河至六垛段达Ⅴ级标准；通榆运河段为Ⅲ～Ⅳ级航道；灌河段为Ⅲ级及以上航道；淮河入海水道段目前不通航。

"淮河入海水道二期工程项目在江苏，效益在全流域。江苏将秉承团结治水的精神，坚持流域协同治理，将入海水道二期工程打造成为淮河流域的安全水道、江淮平原的生态绿道、苏北振兴的黄金航道。"江苏省水利厅厅长陈杰表示，淮河入海水道二期工程实施后，河道水域宽阔，水深条件优良，适当浚深，改扩建沿线枢纽和跨河桥梁可满足Ⅱ级航道通航要求，为提高淮河出海航道等级、增加运输能力创造了条件，对促进淮河流域沿线经济社会发展具有重要意义。

七大流域水旱灾害防御部署完成
全面做好防大汛抗大旱抢大险准备

本报北京 5 月 18 日电（记者　王浩）　目前，按照水利部的部署，长江、黄河、淮河、海河、珠江、松花江、太湖七大流域防总已全部召开 2022 年工作视频会议，七大流域水旱灾害防御部署全面完成。

据预测，今年汛期涝旱并重，北部和南部将发生洪涝，北部重于南部，中部将出现干旱。北方黄河中下游、海河流域大部水系、松花江、嫩江、黑龙江、辽河、淮河等可能发生较大洪水，南方长江、太湖等流域等可能发生区域性暴雨洪水。华中南部、西南东部、华南北部、西北西部北部等地可能出现夏旱。水利部门分析研判流域防汛抗旱形势，对流域水旱灾害防御各项工作进行全面动员、督促落实，全面做好防大汛抗大旱抢大险各项准备。

此外，近日水利部全面启动全国水库安全度汛电话抽查。电话抽查内容主要包括大坝安全责任人和小型水库防汛的行政责任人、技术责任人、巡查责任人落实情况，病险水库的控制运用措施落实情况，影响水库度汛安全的隐患治理情况及原则上病险水库主汛期一律空库运行的执行情况等。水库电话抽查覆盖全国大中小型水库，抽查工作计划持续至汛期结束。对于水库电话抽查中发现的问题，水利部将及时反馈各省级水行政主管部门以及水库管理单位，督促各单位落实好整改措施，确保水库安全度汛。

（本文刊发于《人民日报》2022 年 05 月 19 日　第 14 版）

华南等地强降雨持续，多地多部门积极应对
——汛情防范有序开展

■ 核心阅读

连日来，我国华南等地出现强降雨过程，广东、广西等地河流发生超警洪水。面对汛情，多地多部门启动预警和应急响应，积极部署、开展防汛救灾工作，确保人民群众生命财产安全。

连日来，我国华南等地出现强降雨过程，降雨范围广、持续时间长、强度大。5 月 11 日白天，广东中部、贵州北部、云南西部等地部分地区出现大到暴雨，广东清远佛冈县出现特大暴雨。

预计，华南地区强降雨将持续。11 日 18 时，中央气象台升级发布今年首个暴雨橙色预警，水利部、自然资源部分别和中国气象局联合发布橙色山洪灾害气

象预警、地质灾害气象风险预警。根据《国家防汛抗旱应急预案》有关规定，国家防总于11日9时将防汛应急响应由Ⅳ级提升至Ⅲ级。国家防办已派出两个专家组分赴广东、广西指导防范应对工作。

受强降雨影响，18条河流发生超警洪水

中央气象台预计，11日20时至12日20时，广西大部、广东、福建西部和中南部以及江西南部、贵州西南部、云南东部等地的部分地区有大到暴雨。其中，广东中部、广西东部等地的部分地区有大暴雨，局地特大暴雨。

受强降雨影响，11日20时至12日20时，广东中西部、广西东部等地的部分地区发生山洪灾害可能性较大（黄色预警），其中，广东中部局地发生山洪灾害可能性大（橙色预警）；广东中部、广西东部等地的部分地区发生地质灾害的气象风险较高（黄色预警），其中，广东中部的局部地区发生地质灾害的气象风险高（橙色预警）。

预计，11日夜间至13日，华南强降雨仍将持续。华南、云南、贵州南部以及江南东南部等地有大到暴雨，广东、广西以及云南东部等地的部分地区有大暴雨。大部累计降水量50～70毫米，江南南部至华南大部100～200毫米，广西中北部、广东中北部和沿海地区局地超过300毫米。上述地区将有短时强降水和局地雷暴大风等强对流天气。

记者从水利部获悉，受降雨影响，截至11日16时，广西桂江中游、湖南湘江上中游、广东北江支流滃江、江西赣江支流同江、重庆嘉陵江支流璧北河、四川岷江支流沫溪河等18条河流发生超警洪水，最大超警幅度0.04～1.04米。目前，除湘江上中游及北江支流滃江外，其他河流均已退至警戒以下。预计未来2～3天，广东、广西主要江河及湖南湘江、江西赣江、福建闽江等将出现明显涨水过程，部分中小河流可能发生超警以上洪水。

中央气象台首席预报员张涛分析，北方地区的强冷空气和副热带高压西部边缘的暖湿气流相互对峙，是本次南方强降雨的成因。因冷空气势力较强，冷暖空气实力相当、剧烈对撞，导致雨带位置稳定在广东、广西到福建这一带地区，降雨过程持续时间长、累计雨量大、局地雨势猛。张涛提醒公众关注当地气象台临近时更精确的天气预警报，根据情况做出相应的防范措施，以应对城乡积涝可能对生产生活及交通出行带来的不利影响。

多部门启动预警，部署防汛应急工作

记者从应急管理部获悉，11日，国家防办、应急管理部召开防汛视频会商调度会议，与中国气象局、水利部、自然资源部、住房和城乡建设部会商研判，视频连线福建、江西、湖南、广东、广西、海南、贵州、云南等省份防指和消防救援总队、森林消防总队，持续安排部署重点地区强降雨防范应对工作。国家防总决定于11日9时将防汛应急响应由Ⅳ级提升至Ⅲ级。国家防办已派出两个专家组分赴广东、广西指导防范应对工作。

记者从水利部获悉，针对此次强降雨过程，水利部要求统筹防疫与防汛，科学调配力量，加强技术支撑，保证水旱灾害防御力量不减弱、工作不断档。水利部珠江水利委员会、长江水利委员会及时启动应急响应，做好各项防范工作。广东、广西、江西、湖南4省水利厅均及时启动应急响应，向基层防御一线、相关防汛责任人发送江河洪水和山洪灾害预警信息，派出工作组、专家组赴重点市县加强支持指导，专业防守抢护力量预置下沉一线。有关市县防汛责任人迅速上岗到位，加强值班值守和水库堤防巡查，根据预警及时组织危险区域群众转移。目前，全国主要江河水情总体平稳。水利部密切关注雨情、水情、汛情、工情，继续指导有关地区做好暴雨洪水防御工作。

针对此次强降雨过程，中国气象局已启动Ⅲ级应急响应，滚动加强会商研判和监测预警，有针对性地做好预报预警服务，同时强化部门联动，面向全社会发布防灾提醒和防御建议。

营救被困人员，确保人民群众生命财产安全

10日起，广东省河源、阳江、中山、清远等地普降暴雨，不少地方发生较严重内涝，多地出现道路积水，房屋、车辆被淹及群众被困情况。各地消防救援队伍紧急出动，开展抢险救援工作。

广东省三防办、省应急管理厅于10日20时启动防汛Ⅱ级应急响应。11日3时开始，广东省阳江市江城、阳东、阳西等地出现特大暴雨，多地出现内涝致群众被困情况，消防救援人员迅速到场进行救援。

11日5时左右，在阳江市江城区欧坑市场内，赶到现场的消防救援人员发现水最深处已达到近2米。消防救援人员驾驶橡皮艇往返3次到市场内进行搜寻，先后找到2户被困群众，经过1小时左右的紧张营救，顺利将11名群众转移至市场外。截至11日17时，广东全省消防救援队伍接报强降雨相关警情75起，

出动消防救援人员 477 人次、消防车 86 辆次，营救、疏散被困群众 423 人。

广西较强降雨主要集中在桂中、桂东部分地区，局部有大暴雨。11 日 17 时，广西已将暴雨黄色预警更新为暴雨橙色预警。18 时起，将广西重大气象灾害（暴雨）Ⅲ级应急响应提升为重大气象灾害（暴雨）Ⅱ级应急响应。广西交通运输部门启动Ⅲ级应急响应，多措并举确保强降雨期间道路水运安全畅通。广西铁路部门于 9 日 18 时起在多个路段启动防洪Ⅳ级应急响应，保障铁路线路安全。

9—10 日，湖南出现强降雨、强对流天气过程，累计雨量超过 50 毫米的有 101 县市区 1 731 站，超过 100 毫米的有 37 县市区 175 站。10 日零时起，湖南启动防汛Ⅳ级应急响应。湖南省水利厅自 10 日 16 时启动水旱灾害防御Ⅳ级应急响应，要求相关市县水利部门加强沿线堤段巡查值守，特别是重点堤段、薄弱堤段、险工险段要重点盯防。

9 日凌晨开始，江西省出现今年入汛以来最强降雨过程，江西省防指于 10 日 18 时启动防汛Ⅳ级应急响应。江西省防指已派出工作组提前对接各地，启动应急工作组统筹做好人员安排，有序做好防汛救灾各项工作。

9 日 14 时，贵州省气象局启动暴雨Ⅳ级应急响应，要求各单位立即进入应急响应状态，其他各相关市州气象局要密切关注天气变化，根据监测预报和预警情况综合研判，适时启动相应应急响应。贵州省防指于 9 日 17 时启动防汛Ⅳ级应急响应。

（本文刊发于《人民日报》2022 年 05 月 12 日　第 15 版）

华南等地强降雨将持续
多部门部署防范应对工作

本报北京 5 月 10 日电（记者　李红梅、邱超奕、常钦、王浩、李刚）5 月 9 日，贵州东部、湖南中部和西北部、江西西北部、广西东北部部分地区降了暴雨。10 日 18 时，中央气象台发布暴雨黄色预警。预计 10 日夜间至 13 日，江南、华南及贵州、云南等地有大到暴雨，其中江南南部、华南等地的部分地区有大暴雨。大部累计降水量 50～70 毫米，江南南部至华南大部 100～200 毫米，广西中北部、广东中北部和沿海地区局地超过 300 毫米。上述地区将有短时强降水和局地雷暴大风等强对流天气。受持续强降雨影响，珠江流域东部中小河流洪水气象风

5月10日，湖南省永州市道县潇水北路，城管工作人员在清理下水道，加快路面排水速度。当日，道县出现强降雨天气，当地及时组织人员疏通下水道，保障市民出行安全。

（蒋克青 摄）

险高；江南南部、华南等地部分地区可能出现城市内涝、山洪、地质灾害。多部门启动相关预警，部署防范应对工作。

10日，国家防总秘书长、应急管理部副部长兼水利部副部长周学文主持防汛视频会商调度，与中国气象局、水利部、自然资源部、住房和城乡建设部会商研判，视频连线江西、湖南、广东等省份防指和消防救援总队、森林消防总队，进一步安排部署重点地区强降雨防范应对工作。会议指出，各地一定要高度警惕，严阵以待，强化组织领导，严格落实以行政首长负责制为核心的各项防汛责任，统筹好防汛救灾工作和新冠疫情防控，抓细抓实各项措施。

自然资源部10日8时启动地质灾害防御Ⅳ级响应，要求相关省份自然资源主管部门高度重视本轮强降雨过程防范应对工作，强化风险意识和底线思维，切实做好巡查排查等工作，协助地方党委政府落实防灾主体责任，共同督促行业主管部门和工程建设运营单位落实地质灾害防治责任，严密防范人类工程活动可能引发的地质灾害。

水利部于10日10时针对广东、广西等地启动洪水防御Ⅳ级应急响应，并派出2个工作组分赴广东、广西防御一线，督促指导地方做好监测预报预警等有关工作。水利部珠江水利委员会已启动水旱灾害防御Ⅳ级应急响应，广东、广西两省份水利厅分别启动应急响应，正在按照规定开展各项暴雨洪水防御工作。

10日18时，水利部和中国气象局联合发布橙色山洪灾害气象预警。预计10日20时至11日20时，福建中西部，江西东南部，广东东北部、中部和西南部，广西东南部等地部分地区发生山洪灾害可能性较大（黄色预警），其中，广东西南部局地发生山洪灾害可能性大（橙色预警）。

为应对此次强降雨过程，5月9日20时，广东省启动防汛Ⅳ级应急响应，并于10日20时将防汛应急响应升级为Ⅱ级。记者从广东省消防救援总队获悉，21支水域救援专业队和全省各地消防救援站已经全部落实"装备上车、舟艇上架、器材入箱"，做好抗洪抢险准备。

此次强降雨过程为今年入汛以来最强降雨，涉及范围广、持续时间长、累计雨量大、致灾风险高。气象专家提醒，公众应尽量避免在强降雨时段外出，并防范城乡积涝可能对生产生活及交通出行带来的不利影响。

（本文刊发于《人民日报》2022年05月11日　第14版）

南方将发生新一轮较强降雨
洪水防御Ⅳ级应急响应启动

本报北京5月28日电（记者　邱超奕）　当前，我国南方地区陆续进入主汛期，一些地区已多次遭遇强降雨。国家防总已于5月27日17时启动防汛Ⅳ级应急响应。据气象部门预测，5月28—30日，长江中下游及其以南地区多降水，部分地区有大到暴雨，局地大暴雨；6月1—2日，上述地区还有一次较强的降雨过程。国家防总继续维持防汛Ⅳ级应急响应，并向福建省、江西省派出工作组和专家组，协助指导地方做好强降雨防范应对工作。

5月28日，国家防办、应急管理部持续会商调度，与中国气象局、水利部、自然资源部会商研判，视频连线福建、安徽、江西等省份防指，进一步研究部署重点地区防汛工作。会商强调，要落实更加严密的防范措施，强化监测预报预警，加强滚动会商研判，及时启动应急响应，督促有关部门切实落实预警"叫应"机制。

水利部于5月28日10时针对浙江、安徽、福建、江西、湖南、广东、贵州等地启动洪水防御Ⅳ级应急响应，并派出工作组赴江西防御一线，指导做好水库安全度汛、中小河流洪水和山洪灾害防御等防范应对工作。

据预测，5月28—30日，江西、浙江、安徽、福建、广东、湖南、贵州等地将有一次较强降雨过程。江西饶河、信江、抚河，浙江钱塘江，安徽青弋江、水阳江、福建闽江、广东北江、湖南湘江、贵州北盘江等河流将出现明显涨水过程。暴雨区内部分中小河流可能发生超警以上洪水，山丘区发生山洪灾害的风险较大。水利部信息中心于28日10时35分发布洪水蓝色预警，提请有关地方和社会公众注意防范。

5月28日夜间至30日，长江中下游及以南地区多降水，与此同时，5月28日夜间至6月1日夜间，新疆部分地区强降水频繁，中国气象局启动Ⅳ级应急响应。28日18时，中央气象台发布暴雨、强对流天气蓝色预警，水利部、自然资源部分别和中国气象局联合发布橙色山洪灾害气象预警、地质灾害气象风险预警。

（本文刊发于《人民日报》2022年05月29日 第04版）

我国即将全面进入汛期
多地多部门全力应对南方强降雨

本报北京5月29日电 记者从中央气象台获悉，目前全国天气形势较为复杂，南方持续出现较强降雨，北方出现高温天气，雷暴大风、冰雹等强对流天气多发。29日，中央气象台继续发布暴雨蓝色预警、强对流天气蓝色预警、高温黄色预警、海上大雾黄色预警。

中央气象台首席预报员陈涛介绍，目前降雨主要集中在新疆西部、贵州至长江中下游及东北地区等3个区域；高温天气区域范围在华北南部、黄淮等地；大雾出现在黄海大部海域。与往年相比，北方高温和南方降雨的情况并不算异常。南方受近期多次降水过程影响，降水量整体较常年同期偏多，但大部地区降水分布尚在正常天气气候特征范围内，从日雨量、多日累积雨量看极端性特征并不明显。

记者从水利部获悉，水利部和中国气象局29日18时联合发布橙色山洪灾害气象预警，预计29日20时至30日20时，浙江西南部、福建北部、江西东北部、新疆西部等地部分地区发生山洪灾害可能性较大（黄色预警），局地发生山洪灾害可能性大（橙色预警）。

我国即将全面进入汛期。水利部要求各地进一步落实责任，加强雨水情监测预报，特别是局地短历时强降雨和中小河流洪水监测预报，及时发出预警；抓好中小河流洪水防御、中小水库特别是病险水库安全度汛工作。

记者从自然资源部获悉，自然资源部与中国气象局 29 日 8 时联合发布地质灾害气象风险预警，预计 29 日 8 时至 30 日 8 时，浙江西部、安徽南部、江西东北部、广西东部、贵州南部、新疆西部局部发生地质灾害的风险较高（黄色预警）；浙江西部局部、安徽南部局部、江西东北部局部、贵州西南部局部发生地质灾害的风险高（橙色预警）。

29 日 10 时起，湖南省气象局启动暴雨 IV 级应急响应，全力应对强降雨、强对流天气过程。截至 29 日 11 时，浙江省共发布 37 条气象预警信号。未来 3 天，钱塘江中上游水位可能接近或略超警戒。当前，江西省已进入防汛工作关键阶段。江西省防指要求各级各部门防汛责任人要上岗到位并认真履职。

（本文刊发于《人民日报》2022 年 05 月 30 日　第 15 版）

今年我国大江大河首次发生编号洪水
西江发生 2022 年第 1 号洪水

本报北京 5 月 30 日电（记者　王浩）　记者从水利部获悉，受降雨影响，珠江流域西江上游龙滩水库 5 月 30 日 11 时入库流量涨至 10 900 立方米每秒，依据水利部《全国主要江河洪水编号规定》，编号为"西江 2022 年第 1 号洪水"，为今年我国大江大河首次发生编号洪水。

水利部维持洪水防御 IV 级应急响应，密切监视雨情水情汛情，指导相关地区加强水工程调度和运行管理，保障防洪安全。

当前，我国由南向北陆续进入主汛期，一些地区已多次遭遇强降雨，部分水库特别是病险水库仍存在限制运用措施落实不力、防汛责任人履职不到位、隐患处置不及时等薄弱环节，水库安全度汛面临重大考验。水利部提出进一步强化小型水库尤其是病险水库安全度汛工作，要严格落实水库大坝安全责任制，确保小型水库防汛行政、技术、巡查"三个责任人"全部落实到位；严格执行主汛期病险水库原则上一律空库运行要求。

（本文刊发于《人民日报》2022 年 05 月 31 日　第 14 版）

今年汛期较常年偏长，预计"南北涝、中间旱"
全力以赴　防汛备汛（美丽中国）

■ 核心阅读

当前，全国正从南到北陆续入汛，各地防汛备汛工作逐渐进入关键阶段。水利部预计，今年汛期我国气象水文年景偏差，极端事件偏多，6—8月，全国旱涝并重，北部洪涝重于南部，中部可能出现干旱。

防汛工作，要坚持以防为主、防抗救相结合。今年防汛各项准备工作开展得如何？记者进行了采访。

湖北省宜昌市夷陵区樟村坪镇秦家坪村，大山环抱，溪流交错。一旦遇上大雨天，河水陡涨陡落，威胁村民安全。"我们的手机上能收到水利、气象、应急等部门的提示短信。出现险情后，我们以最快速度上报信息的同时，也会第一时间组织群众安全转移。"村干部周金娥介绍。近日来，夷陵对全区13个乡镇的山洪沟、河道、水库、堰塘、在建涉水工程等开展汛前检查，落实相关防汛应急工作。

当前，全国正从南到北陆续入汛，各地防汛备汛工作逐渐进入关键阶段。水利部门大力推进预报、预警、预演、预案"四预"措施，全力排查风险点，为防汛赢得主动。

预计汛期我国南北方均有多雨区，
应重点关注黄河中下游、海河流域等

与往年同期相比，当前的汛情呈现哪些特点？

"今年入汛日期较常年偏早15天，这意味着汛期时间更长、洪涝随时可能发生，防汛备汛工作更加紧迫。"水利部水旱灾害防御司副司长王章立介绍。

"按照《我国入汛日期确定办法》，每年自3月1日起，当满足下列条件之一时，当日可确定为入汛日期，即连续3日累积雨量50毫米以上雨区的覆盖面积达到15万平方公里，或任一入汛代表站发生超过警戒水位的洪水。"王章立介绍。3月14—16日，我国南方累积降水量50毫米以上雨区的覆盖面积达16.2

万平方公里，按照有关规定，3月17日为今年入汛时间。

看降水量，截至4月26日，今年以来全国平均降水量112毫米，较常年同期偏多13%，共发生8次强降水过程。长江、黄河、淮河、松花江、珠江流域西江等主要江河来水较常年同期偏多。

接下来，雨情汛情如何发展？水利部信息中心副主任刘志雨介绍，据水文气象部门预测，6—8月，全国旱涝并重，北部洪涝重于南部，中部可能出现干旱，降水总体呈现"南北多、中间少"格局，并以北方多雨区为主。此外，全年登陆我国的台风个数接近常年到偏多，台风影响偏重。

哪些大江大河应该重点关注？刘志雨介绍，北方要注意防范黄河流域中下游、海河流域、辽河流域等，"应格外注意的是，今年北方雨带集中在海河流域中北部的子牙河、大清河、北三河水系，覆盖京津冀重点区域。"从南方看，长江、太湖、珠江流域西江等可能发生区域性暴雨洪水。台风登陆，还将影响我国华南东部沿海、华东等部分地区。

提高预报预警能力，努力让信息直达一线群众

预报预警是防汛工作的前置环节。近年来，水利部门大力推进预报、预警、预演、预案"四预"措施，为防汛决策和群众转移提供有效支撑。

暴雨来去匆匆，历时短，强度大，如何让数据"跑"在洪水前？"把更多新技术应用到测报中，提升短临暴雨预警水平。"刘志雨介绍。比如，积极探索结合雷达回波、云图及临近降水数值预报成果等，将预警范围细化至区域或地市级。

测得准，更要传得快、覆盖广。让预警信息以最快的速度直达有关部门和一线群众，是防汛备汛工作的重点。

王章立介绍，今年水利部着重修订水旱灾害防御应急响应工作规程，科学设置应急响应条件，量化响应启动标准，关口前移，健全完善联动响应机制，并强化应急响应执行，对不响应、响应打折扣的，严肃追责问责。

近年来，各地也积极拓宽信息发布渠道，打通"最后一公里"。云南省将水利部门专业预警和乡村简易预警相结合，努力让预警信息发布不留死角；江西对水位涨幅超2米以上的中小河流站点，将及时发布洪水预警，提醒当地注意防范。

全力排查风险点，补齐短板，为防汛赢得主动

建筑乱建、垃圾乱堆等行为与河争地，阻挡洪水前行，极易导致突发性灾害发生。"今年以来，水利部门持续推进妨碍河道行洪突出问题的排查整治，计划

5月31日前基本完成。各地区各部门要充分利用无人机、遥感等技术，开展地毯式巡查，及时排除风险隐患。"王章立介绍。

同时，水毁水利工程修复按下"快进键"，让防洪工程以"强壮体格"迎汛期。据介绍，从今年初开始，水利部门倒排工期，全力推进，确保汛前完成修复任务，确实不能完成的，及时制定相应度汛措施。

"最关键的是要筑牢责任堤坝。"王章立介绍，日益完善的防洪工程体系、环环相扣的"技防"，都离不开"人防"。水利部门层层压实责任，严格落实水库大坝安全责任制，每一座水库都必须落实安全运行管理责任。

（本文刊发于《人民日报》2022年04月27日　第15版）

河北山西山东等地有较强降水　海河黄河淮河松辽流域部分河流可能发生超警洪水

本报北京8月7日电（记者　李红梅、王浩、邱超奕）　中央气象台预计，8月7日夜间至10日，陕西北部、山西、河北中南部、山东等地多降雨，部分地区有大雨或暴雨，局地大暴雨。其中，8月7日20时至8日20时，山西中部、河北南部、山东北部、黑龙江东北部等地部分地区有大雨或暴雨。中央气象台8月7日18时发布暴雨蓝色预警。8月9—11日，受热带系统影响，华南及云南等地有中到大雨，部分地区暴雨，局地大暴雨。

记者从水利部获悉，受降雨影响，海河流域大清河、永定河、漳卫河，黄河流域中游干流及支流汾河、山陕区间部分支流、下游大汶河，淮河流域山东小清河，松辽流域浑河等河流将出现涨水过程，暴雨区部分河流可能发生超警洪水。水利部维持上述地区洪水防御Ⅳ级应急响应，加派5个工作组分赴河北、天津、山西、陕西一线指导。水利部黄河、海河水利委员会均启动Ⅳ级应急响应。南水北调集团启动防汛Ⅳ级应急响应。天津、山西、陕西、山东等地水利部门启动水旱灾害防御Ⅳ级应急响应。

6月27日以来，辽河干流已持续超警42天。8月7日，国家防总办公室、应急管理部继续组织防汛专题视频会商调度，指导辽宁防指继续做好辽河抗洪以及绕阳河堤防加固、淹没区排涝工作，部署强降雨地区落实防汛各项措施。截至8月7日，应急管理部组织国家综合性消防救援队伍调派47台消防车、228名消防员、32 艘舟艇、12 架无人机开展绕阳河救援救灾工作，前置 3 900 名消防员、740 辆运输车、280 艘舟艇，到辽河重点河段一线驻防。

（本文刊发于《人民日报》2022 年 08 月 08 日　第 15 版）

把防汛重任牢牢扛在肩（人民时评）

以雨为令，闻汛而行。今年入汛以来，我国降雨量总体偏多，主要江河编号洪水和中小河流洪水多发。各地区各部门全力以赴，密集会商、滚动研判、及时预警、科学调度，层层压实责任，各项举措"跑"在洪水前，有效应对了一场场洪水考验。

当前全国进入防汛关键期，越是关键时刻，越是要勇担责、顶得上。习近平总书记强调："各有关地区和部门要立足于防大汛、抗大险、救大灾，提前做好各种应急准备，全面提高灾害防御能力，切实保障人民群众生命财产安全。"与往年相比，今年汛期呈现新特点：北方一些流域有可能发生较大洪水，对多年未经历洪水的地方是严峻考验；前期强降雨导致一些地区土壤含水量饱和，再遇降雨容易发生洪涝灾害；一些地方旱情露头，旱涝交织。面对新挑战，只有做好万全准备，不折不扣落实防汛救灾各项措施，才能有备无患。

扛稳防汛重任，要始终绷紧责任之弦，不能有丝毫放松。从过去的经验看，只要责任落得实，测、报、防、抗、救等举措环环相扣、一招不落，人民群众生命财产安全就能得到有效保障。也要看到，有的地方入汛以来"躲"过暴雨洪水，侥幸麻痹情绪逐渐滋生；有的前期经历多轮遭遇战，存在松口气、歇歇脚的想法；有的正在应对旱情，蓄水惜水，尚未做好旱涝急转心理准备。各地既要有"图之于未萌"的科学预见，也要有"于安思危"的忧患意识，坚持底线思维，宁可备而无汛，也要以举措的确定性应对汛情的不确定性。

扛稳防汛重任，要坚持从严从细从实。此前，国家防汛抗旱总指挥部通报了2022 年全国防汛抗旱行政责任人，以及大江大河、大型及防洪重点中型水库、主要蓄滞洪区、重点防洪城市等防汛行政责任人和沿海地区防台风行政责任人名单。相关责任人必须拧紧扣牢防汛责任链条，把工作部署、调度指挥、措施落实、跟踪督办、抢险救灾等责任细化细分，做到守土有责，分级负责。有基层防汛干部说："看到气象云图上的云层覆盖到责任区，马上打起精神，着手各项准备工作。"只要把各项工作做到前，就能有条不紊，遇事不慌，牢牢把握主动权。

扛稳防汛重任，要始终把保障人民群众生命财产安全放在第一位。预警发布是防汛关键环节，城市可以通过手机运营商实现预警广泛覆盖，一些偏远村庄可利用喇叭、广播等方式告知村民。对于山洪地质灾害隐患点、洪涝易发河段周边的群众，防汛干部应把功夫下在日常，提前规划并公示转移路线，预备好避险场所、生活必需品等。各项经济社会工作要考虑汛情变量，多想一步、做好预案。比如，针对上下班高峰时段的强降雨，应做好风险提醒、建议错峰出行；针对地下通道和车库、下凹式立交桥等易涝点，还应提前布置好抢险设备物资；针对旅游景区山多水多的特点，应制定行之有效的应急预案。

扛稳防汛重任，还应统筹好应急处突和长远规划。一方面应着眼问题加快补上短板弱项，针对一些流域预报准确度相对较低的问题，加强水文监测站网建设，优化洪水预报模型，采取加密人工测报、应急临时测报等方式实现以测补报。另一方面应着眼长远提升防灾减灾能力，完善防洪工程体系，提升水工程防洪调度水平，加强科技应用，久久为功，夯实基础。

防汛救灾关系人民生命财产安全，关系粮食安全、经济安全、社会安全、国家安全。坚持统筹发展与安全，恪守致广大而尽精微的辩证法，时刻保持迎战状态，我们一定能护江河安澜，保家国平安。

（本文刊发于《人民日报》2022 年 08 月 04 日　第 05 版）

长江中下游地区可能出现阶段性旱情
要求提前做好重点区域抗旱预案

本报北京 7 月 25 日电（记者　王浩）　记者从水利部获悉，当前我国正处于"七下八上"防汛关键期，预报近期主要雨区位于西南东部南部、西北东部、黄淮、华北、东北大部、江淮东部、江南东北部等地；黄河中下游、淮河沂沭泗、海河、松辽等流域部分河流将出现涨水过程，暴雨区部分中小河流可能发生超警以上洪水，辽河部分河段超警仍将持续；长江中下游地区可能出现阶段性旱情。

针对近期可能出现强降雨的黄河三花区间（三门峡至花园口）、中游淤地坝密集地区，海河流域北拒马河、北易水、中易水、瀑河和滦河、蓟运河、北运河，辽河等重点流域，水利部门提前制订完善局地暴雨洪水防御方案，做好河道及堤防、水库、蓄滞洪区等流域防洪工程应对准备，细化山洪灾害防御和淤地坝防溃口措施,落实相关流域管理机构、地方水行政主管部门、工程管理单位的防御责任。

针对旱情,水利部要求提前做好重点区域的抗旱预案,掌握旱区范围和受干旱影响对象,做出有针对性的抗旱部署,确保群众饮水安全,保障当地农作物时令灌溉等用水需求。

水利部全力做好精准洪水预报,要求以流域(河流)为单元滚动预报局地暴雨洪水过程,强化以测补报,不断提高预报水平。此外,要求统筹做好引江济太水量调度,提前研判蓝藻暴发风险,算准水量、水位和流量要求,精准控制引调水、输排水过程和太湖水位;充分做好南水北调中线工程防洪工作,落实相关河长的防汛责任,提前预置抢险队伍,强化抢险组织和技术支撑,确保安全度汛。

防汛进入关键期
全力以赴护安澜(美丽中国)

■ **核心阅读**

今年以来,我国降雨量总体偏多,大江大河编号洪水和中小河流洪水多发。当前进入"七下八上"(7月下半月至8月上半月)防汛关键期,汛情将如何发展?有哪些应对举措?责任如何落实?

"各村和主要水库布设雨情测报设备,实时报送信息。一旦出现强降雨,努力使信息第一时间传递到村组和重点村民。"湖北省宜昌市夷陵区鸦鹊岭镇水利站站长李牧兴说,工作群里,雨情汛情不断更新。

8条河流、35处山洪灾害危险区,李牧兴对防汛重点区域了然于心,"进入主汛期,我们要加强巡查值守。"

入汛以来大江大河编号洪水和中小河流洪水多发,南方部分地区旱情露头

当前,全国正处于主汛期。"当前汛情呈现四大特点,洪水极值多、流域洪水场次频次多、流域土壤含水量增大、中小河流洪水和山洪灾害多发频发。"水利部水旱灾害防御司副司长王章立介绍。

水利部数据显示，今年入汛以来，有27个省份538条河流发生超警以上洪水，较1998年以来同期均值偏多五成，其中全国大江大河共发生10次编号洪水，为1998年有统计以来同期最多。

"前期降水较多，导致部分地区土壤含水量饱和，河流、水库水位较高，一旦再遇到强降雨过程，发生洪涝灾害的概率会大幅增加。"王章立介绍。

在做好防汛的同时，旱情发展同样值得关注。"4—6月，黄淮海和西北地区旱情露头并快速发展。6月下旬以来，北方地区出现多次大范围降雨过程，部分地区旱情陆续解除。但目前内蒙古部分地区旱情持续，四川、重庆等南方部分地区的旱情露头。"水利部水旱灾害防御司抗旱处处长杨光介绍。

"七下八上"是洪涝灾害集中暴发时期，防汛进入关键阶段。"'七下八上'期间，受东亚夏季风的暴发和季节性北进影响，主雨带通常北推至华北到东北一带。稳定的副热带高压，会为华北和东北地区带来持续而丰沛的水汽，再遇上西风带冷空气南下，极易形成持续性强降雨。"水利部信息中心副主任刘志雨说，"七下八上"也是台风活跃期，当有台风深入内陆时，极易出现极端暴雨天气。

汛情、旱情会如何发展？

从汛情分布看，"七下八上"期间，松花江流域、淮河流域沂沭泗及山东半岛诸河、黄河支流大汶河等可能发生较大洪水，黄河中下游、淮河、辽河、海河南系、长江支流汉江和滁河、云南澜沧江等可能发生超警洪水，珠江流域、海河北系及滦河、太湖等可能发生区域性暴雨洪水。从旱情发展看，江南南部、华南北部、西北大部、西南东北部、新疆等地可能出现阶段性旱情。

强化预报、预警、预演、预案，防汛举措"跑"在洪水前

"渭河临潼站7月16日19时流量3 210立方米每秒""启动应急响应，做好人员撤离"……雨势渐紧，7月15—17日，泾河超警，渭河出现2022年1号洪水。

滚动会商，发布预警，启动IV级应急响应。水利部、水利部黄河水利委员会和陕西省水利厅派出工作组，对中小水库、淤地坝和在建的泾河东庄水库进行全面排查和技术指导。

"要从严从细从早准备好各项工作。"王章立介绍，锚定"测、报、防、抗、救"等环节，环环相扣，尽最大努力减少洪涝灾害损失。

坚持"预"字当先，以更精细的举措提高预报准确度。"简单来说，洪水发生过程就是'天上的水'转变成'河里的水'，包括降雨、产流、汇流、演进四

个阶段。我们针对各阶段特点，完善水文测报技术，提高预测准确度，延长预见期。"刘志雨介绍。

及时预警，是防汛救灾的关键一环。"预警信息是后续的水库调度、巡查值守、人员转移的重要依据。"王章立介绍，"水利部门通过山洪灾害监测预警平台、手机短信等渠道发布预警，广泛覆盖各级防汛责任人。"今年以来，各级水利部门共发布 2 142 次洪水预警，向相关防汛责任人和社会公众发送山洪灾害预警短信近 12 亿条。

此外，针对河流河势变化、数据资料不完善等问题，今年水利部门着重对河道及堤防、水库、蓄滞洪区的调度过程、洪水演进，开展动态模拟预演，指导相关地区更新防汛预案，预置抢险力量，提前做好抢险组织动员。

不断夯实责任体系，从严从细、守土有责

各项防汛举措，关键在人。环环相扣的"技术链"离不开从严从细的"责任链"。

地处北方的海河流域，降雨集中，源短流急，洪水呈现洪峰高、洪量集中、陡涨陡落等特点，防御难度大。"我们针对流域洪水特点，强化责任，落实水库、河道、山洪易发村、蓄滞洪区等各类防汛责任人 3 414 人，组建水利专业抢险队伍 11 支 120 人，储备了 87 个品种、1 135.8 万元的市级防汛物资。"河北省邯郸市水利局办公室信息中心副主任文秀杰介绍。

汛前，水利部公布了全国 719 座大型水库大坝安全责任人名单。此外，针对小型水库病险多、管理薄弱等问题，水利部督促各地落实小型水库防汛行政、技术、巡查"三个责任人"，并在汛期每天抽查 100 座小型水库责任人履责情况。王章立介绍，"要依法依规分解落实防御责任，使各方面、各岗位、各责任人都坚决做到守土有责、守土负责、守土尽责。"

水利部从 2022 年 3 月起开展防汛保安专项执法行动，联合相关责任人，依法打击妨碍河道行洪、影响水库大坝等防洪工程安全的违法行为。截至 5 月底，专项执法行动共收集问题线索 4 146 条，正式立案 405 件。

（本文刊发于《人民日报》2022 年 07 月 20 日　第 14 版）

当前处于"七下八上"防汛关键期
辽河发生 2022 年第 1 号洪水

本报北京 7 月 17 日电（记者　邱超奕、王浩）　18—20 日，西南地区东南部、西北地区东南部、江汉、黄淮、江淮等地部分地区自西向东先后将有大到暴雨，部分地区有大暴雨。17 日，国家防总办公室、应急管理部召开防汛专题视频会商调度会，进一步分析研判雨情汛情灾情，部署防范应对工作。

会商强调，当前我国正处于"七下八上"防汛抗洪关键期，各级防指要立足于防大汛、抗大险、救大灾，提前做好各种应急准备。要针对今年汛期降雨过程具有范围大、移动速度快、局地强度大等特点，进一步加强极端灾害防范应对，提高统筹协调能力。要压紧压实防汛责任，把重点区域、重要环节责任层层分解到各地区、各部门和具体人。坚持气象部门直达基层责任人的高等级预警"叫应"机制，明确应急响应行动措施。

受近期降雨影响，辽河干流出现洪水过程，铁岭站 17 日 11 时水位涨至 60.22 米，与警戒水位持平。依据水利部《全国主要江河洪水编号规定》，编号为"辽河 2022 年第 1 号洪水"。目前，辽河干流福德店以下河段维持超警。水利部 17 日 10 时针对辽宁省汛情启动洪水防御Ⅳ级应急响应。

（本文刊发于《人民日报》2022 年 07 月 18 日　第 08 版）

华北黄淮等地将有强降雨过程
水利部启动洪水防御Ⅳ级应急响应

本报北京 7 月 10 日电（记者　李红梅、王浩、邱超奕）　未来 10 天，南方地区预计将有持续高温天气，四川盆地、黄淮南部、江淮、江汉、江南、华南等地有持续性高温晴热天气，大部地区日最高气温一般为 35 ~ 38 摄氏度，局地可达 40 摄氏度以上。而在北方，未来 10 天，预计华北、黄淮及东北地区等地多降水，累计降水量较常年同期偏多四到八成，局地偏多 1 倍以上。10 日 18 时，中央气象台发布高温黄色预警、暴雨蓝色预警。

由于副热带高压持续控制我国南方地区，盛行下沉气流，预计未来 10 天，四川盆地、江淮、江汉、江南、华南等地有持续性高温晴热天气，陕西中南部、浙江、四川盆地等地局地将超过 40 摄氏度。11 日白天，预计新疆吐鲁番地区、陕西南部平原地区、浙江中北部、福建中部、四川盆地东南部、重庆西部和北部局地最高气温可达 40 摄氏度以上。

在北方，陕甘至华北黄淮地区将迎来一次区域性强降雨过程。中央气象台预计，7 月中旬，西北地区东部、华北地区、东北地区、黄淮地区等地多降雨天气，降雨量较常年同期偏多或接近常年，其中 11—13 日降雨较强。11—12 日降雨主要影响甘肃、陕西、山西，13 日主要影响四川盆地、山东、内蒙古东部、辽宁。16 日前后，西北地区东部、华北、黄淮、东北地区还将自西向东有一次降雨过程。

受强降雨影响，黄河中游干流及支流无定河、汾河、泾河、北洛河、渭河，海河流域大清河、子牙河、漳卫南运河等河流将出现涨水过程，暴雨区部分中小河流可能发生超警洪水。依据《水利部水旱灾害防御应急响应工作规程》，水利部 10 日 12 时针对河北、山西、河南、陕西、甘肃启动洪水防御Ⅳ级应急响应，并发出通知，要求相关地区水利部门和水利部黄河、海河水利委员会加强组织领导，密切关注雨水情变化，强化监测预报、会商分析和值班值守，着力强化水库安全度汛和科学调度，切实抓好中小河流洪水和山洪灾害防御、堤防巡查防守等工作，确保人民群众生命财产安全。水利部派出工作组赴河北、山西一线，指导做好暴雨洪水防御工作。

10 日，国家防办、应急管理部组织防汛抗旱专题视频会商调度，分析研判全国汛情旱情发展趋势，研究部署重点地区防汛抗旱工作。会商指出，当前全国正处于主汛期，防汛工作不能有丝毫松懈，谨防局部旱涝急转。会商要求严格落实以行政首长负责制为核心的防汛责任制，督促各级防汛包保责任人下沉一线；要强化监测预报预警，密切监视雨情汛情灾情发展变化，抓好薄弱环节防范，切实做好山洪地质灾害防范和水库淤地坝安全度汛等工作。要突出抓好人员转移避险，严格落实临灾预警"叫应"机制，确保人民群众生命安全。会商强调，辽宁省要重点做好辽河流域洪水防范应对工作，加强巡查防守，进一步加大农田和群众居住地排涝工作力度，细化排涝方案，落实抢排措施，努力减少农业损失，确保秋粮丰收。内蒙古、陕西、甘肃等受旱地区要切实做好当前抗旱减灾工作，落实供水保障措施，确保城乡居民基本生活用水。

国家防总针对内蒙古、陕西、甘肃 3 省份维持抗旱Ⅳ级应急响应。国家防总办公室派出 2 个工作组，赴甘肃、山西协助指导防汛抗旱工作。

（本文刊发于《人民日报》2022 年 07 月 11 日　第 14 版）

多地出现强降雨 黄淮海地区旱情陆续解除

本报北京7月6日电（记者 李红梅、王浩、邱超奕） 6日白天，山东中北部、河北东北部、辽宁西南部及广东东部等地部分地区出现大到暴雨，山东滨州、济宁、东营及广东汕头、揭阳等局地大暴雨。预计6日夜间至7日，"暹芭"残余环流和西风带系统夹带水汽继续向北推进，给辽宁、吉林、黑龙江带来强降雨，广东、广西等地强降雨仍将继续。6日18时，中央气象台继续发布暴雨黄色预警。

本周内，我国的高温天气主要出现在新疆南部、西北地区东部、西南地区东部等地，然而，受副高稳定控制，高温天气将逐渐发展，覆盖华北、黄淮、长江中下游地区，部分地区将出现持续性高温晴热天气，局地最高气温可超过40摄氏度。

记者从水利部获悉，6月下旬以来，北方地区连续出现大范围较强降雨过程，山东、安徽、河南、河北等省份旱情陆续解除，山西省旱情明显缓解，但内蒙古西部、陕西、甘肃等地旱情仍然持续或发展。截至目前，全国耕地受旱面积2 468万亩，其中农作物受旱面积2 070万亩，待播耕地面积398万亩，11万人、129万头大牲畜因旱发生饮水困难。水利部启动干旱防御Ⅳ级应急响应，派出3个工作组赴内蒙古、陕西、甘肃协助指导抗旱工作。

6日，国家防办、应急管理部组织防汛专题视频会商调度，研判辽河、北江等江河汛情和发展态势，研究部署华北、东北地区强降雨防范应对工作。国家防总于5日22时针对北京、天津、河北、辽宁、吉林、黑龙江、山东、河南等北方省份启动防汛Ⅳ级应急响应，维持针对广东、广西、海南、湖南、云南、贵州等南方省份的防汛防台风Ⅳ级应急响应。国家防办派出的2个工作组继续分别在广东、辽宁协助指导防汛工作。

珠江流域北江将发生特大洪水，
防汛应急响应提升至Ⅰ级

受近期强降雨影响，珠江流域北江今年第2号洪水将发展成特大洪水，西江今年第4号洪水正在演进，水位继续上涨并将较长时间维持高水位运行，防汛形势极其严峻复杂。根据《珠江防汛抗旱总指挥部防汛抗旱应急预案》有关规定，珠江防总于 6 月 21 日 22 时将防汛 II 级应急响应提升至 I 级。

珠江防总向广东省人民政府发出通知，要求进一步落实防汛责任，加密监测预报预警，精细调度水工程，科学安排蓄洪、滞洪、分洪等措施，强化水库安全度汛、堤防巡查防守和山洪灾害防御，全力做好受威胁地区人员转移避险和抢险救援工作，确保人民群众生命财产安全，确保西江、北江重要堤防和珠江三角洲城市群防洪安全。

多地多部门持续开展防汛救灾工作

本报北京 6 月 21 日电 中央气象台预计，22 日起，随着主雨带东段呈阶梯状北抬，南方多地强降雨将减弱，北方降雨逐渐增多。22—24 日主雨带位于黄淮、江淮、江南北部沿江附近，26—29 日位于东北地区、华北、黄淮、江淮等地。

据介绍，此次降雨过程具有波及范围广、雨带移速快的特点，大部分地区影响时段在半天左右，短时雨强较大但持续时间短。降雨对缓解河北南部、河南、山东西部和南部、苏皖北部、湖北北部等地的旱情十分有利，上述地区高温天气也将得到短暂缓解。

21 日，国家防办、应急管理部继续组织气象、水利、自然资源等相关部门联合会商，调度浙江、安徽、江西、湖南、广东、广西、贵州等省（自治区）防指做好当前防汛救灾工作，重点做好江河洪水和山洪地质灾害防范应对工作。针对当前汛情，国家防总维持防汛 III 级应急响应。国家防办持续调度指导相关地区立足于防大汛、抗大险、救大灾，抓实抓细防汛各项责任措施。

21 日，财政部、应急管理部再次紧急预拨福建、江西、湖南、广西 4 省（自治区）2 亿元中央自然灾害救灾资金，支持地方开展防汛救灾工作。今年入汛以来，财政部、应急管理部已预拨地方防汛抗旱救灾资金 5.6 亿元。

记者从水利部获悉，根据《珠江防汛抗旱总指挥部防汛抗旱应急预案》有关规定，珠江防总于 21 日 22 时将防汛 II 级应急响应提升至 I 级。20 日 12 时至 21 日 12 时，珠江流域西江广西桂平江段、广西藤县至广东德庆江段、广西柳江、桂江、广东北江、贺江、湖南湘江、江西乐安河、信江、修水、浙江钱塘江、福建建溪等 113 条河流发生超警以上洪水。水利部维持广东、广西 2 省（自治区）水旱灾害防御 III 级应急响应和浙江、安徽、福建、江西、湖南、贵州、云南 7 省 IV 级应急响应，20 日加派 1 个专家组赴江西，目前共有 8 个工作组（专家组）在广东、广西、江西防汛一线指导洪水防御工作。

江西省水文监测中心 21 日 1 时继续发布洪水红色预警，重点关注鄱阳湖湖区及五河尾闾等圩堤防洪安全，加强巡查。预计未来 4 天，鄱阳湖湖区仍将持续上涨且可能发生超警 0.6 米左右的洪水。截至 21 日 15 时，江西鄱阳湖及 9 条河流超警戒。

广东省防汛防旱防风总指挥部决定于 21 日 19 时将防汛 II 级应急响应提升至 I 级。广东省防总要求各地各部门高度重视，按照职责分工和预案规定，进一步压实责任，强化巡堤防守，紧急调用各方资源力量投入抗洪抢险。

21 日 16 时，广西水利厅和广西气象局联合发布山洪灾害气象预警：预计 21 日 20 时至 22 日 20 时，河池西北部发生山洪灾害可能性大（橙色预警）；百色东北部发生山洪灾害可能性较大（黄色预警）。21 日 6 时，广西气象局将暴雨橙色预警更新为暴雨蓝色预警，重大气象灾害（暴雨）II 级应急响应持续生效中。

愿平安！北江广东英德站水位
已列有实测资料以来第 1 位

记者从水利部获悉，6 月 21 日 12 时至 22 日 12 时，珠江流域西江中下游干流，广西柳江、桂江，广东北江，湖南湘江，江西鄱阳湖区、乐安河、修水、信江，浙江钱塘江，福建建溪等 99 条河流发生超警以上洪水，最大超警幅度 0.01 ~ 9.95 米，其中 2 条河流发生超保洪水，广东北江、江西乐安河等河流发生有实测记录以来最大洪水。

珠江流域西江、北江干流洪水正在演进中。22 日 12 时，北江干流广东英德站水位涨至 35.95 米，超过警戒水位 9.95 米，目前水位已列 1951 年有实测资料以来第 1 位；广东石角站水位涨至 12.22 米，超过警戒水位 1.22 米，相应流量 18 500 立方米每秒，目前流量已列 1936 年有实测资料以来第 1 位。西江干流广西梧州站水位涨至 20.98 米，超过警戒水位 2.48 米，相应流量 34 500 立方米每秒。

预计未来 24 小时，西江中下游干流，广西柳江、桂江，广东北江，湖南湘江、江西鄱阳湖湖区、乐安河、修水维持超警。

水利部指导珠江水利委员会会同广东省水利厅综合运用"拦、分、蓄、滞、排"措施，全力防御北江特大洪水，联合调度飞来峡、乐昌峡、湾头等 13 座重点水库全力拦蓄，启用潖（pá）江蓄滞洪区有效削减洪峰流量，利用芦苞涌（chōng）、西南涌（chōng）分洪水道及时分洪，减轻北江大堤防守压力，确保北江大堤和珠江三角洲重点堤防安全。水利部维持广东、广西2省（自治区）水旱灾害防御Ⅲ级应急响应和江西等7省Ⅳ级应急响应，目前共有8个工作组、专家组在广东、广西、江西防汛一线指导洪水防御工作。

不断筑牢防汛责任堤坝（人民时评）

把防汛重责扛在肩上，坚持人民至上、生命至上，统筹防疫与防汛，科学调配力量，加强技术支撑，全力以赴迎汛战汛。

把困难估计得更充分一些，把风险思考得更深入一些，有效防范化解包括汛情在内的各类风险挑战，确保经济社会发展在安全的轨道上行稳致远。

近期，部分地区出现大到暴雨，局地大暴雨。水利部6月19日继续发布洪水黄色预警，提醒有关省区和社会公众注意防范，珠江防总于21日22时将防汛Ⅱ级应急响应提升至Ⅰ级。相关地区和部门加密预警预报，启动应急响应，守护江河堤防，调度水利工程，各项防汛救灾工作有序开展。

防汛是件"天大的事"。习近平总书记不久前在四川考察时强调："近期，我国一些地方发生洪涝地质灾害。各有关地区和部门要立足于防大汛、抗大险、救大灾，提前做好各种应急准备，全面提高灾害防御能力，切实保障人民群众生命财产安全。"面对今年入汛以来总体偏重的汛情形势，相关地区和部门要把防汛重责扛在肩上，坚持人民至上、生命至上，统筹防疫与防汛，科学调配力量，加强技术支撑，全力以赴迎汛战汛。

防汛救灾关系人民生命财产安全，关系粮食安全、经济安全、社会安全、国家安全，做好防汛救灾工作十分重要。党的十八大以来，我国不断健全防洪减灾体系，水库、堤防、蓄滞洪区等防洪工程不断完善，预报预警的精准度逐步提升，七大江河流域基本形成以河道及堤防、水库、蓄滞洪区为骨干的防洪工程体系，为保江河安澜、护群众安全提供了重要保障。同时也要看到，在防洪工程体系建设、基层应急能力提升等方面，我们还存在一定的短板。各地区各部门要不断提高风险意识、增强底线思维，尽快补上短板，切实提升自然灾害防治能力。

做好防汛工作，要下足"绣花"功夫，各项防备工作围绕"从严从细从早"展开。防汛的"测、报、防、抗、救"等环节，环环相扣。预测得更准，就能为预警提供更有力的科学支撑，进而为水库调度、巡堤查险、群众转移赢得更多主动。相关地区和部门要及早行动，梳理薄弱点、排查风险点、解决隐患点，努力让各项防备举措跑在洪水前面。无论是加快骨干水库、干堤加固等重大防洪工程建设，还是推进中小水库除险加固，开展妨碍河道行洪突出问题整治，加强中小河流雨水情测报，只有做到防患于未然，确保防汛网织牢织密，才能不断筑牢防汛的责任堤坝，有效提高所在地防灾减灾的综合水平。

在防汛过程中，增强全社会风险意识和自救互救能力十分重要。不仅要及时发布预警信息，还可以通过加强与手机运营商合作、加大新媒体传播力度等方式，让相关地区的群众更加重视。在较为偏远的农村地区，可使用大喇叭、应急广播等方法传递有效信息。转移群众避险不能"临时抱佛脚"，要提前规划路线、加强日常演练、做好安置生活保障。充分考虑汛情变量，优化完善应急预案，才能把保障人民群众生命财产安全的要求落到实处。坚持安全发展，把安全发展贯穿国家发展各领域和全过程，就要把困难估计得更充分一些，把风险思考得更深入一些，有效防范化解包括汛情在内的各类风险挑战，确保经济社会发展在安全的轨道上行稳致远。

我们与洪水的斗争，已经从简单的"抗"发展到"防抗救"相结合，不断一体推进监测预警、隐患排查、应急处置。进一步筑牢防汛救灾的"铜墙铁壁"，从更长远的视角看，需要始终坚持人水和谐的理念，变与河争地为还水于河。在城乡规划建设过程中，也需注重自然规律、充分考虑防汛因素，多一些为子孙后代负责的务实举措。保持时时放心不下、始终如履薄冰的高度警觉，以万全准备应对洪涝灾害，以更有力措施切实做好防汛救灾各项工作，我们一定能有效减轻灾害风险、守护美好家园。

南方多地持续强降水，
北方出现较大范围高温天气
全力以赴　防汛抗旱

19日18时，中央气象台继续发布暴雨黄色预警，预计19日夜间到21日，长江中下游沿江附近、江南、华南及贵州南部等地有大到暴雨，局地有大暴雨，并伴有短时强降水、雷暴大风等强对流天气。

19日午后，内蒙古中西部、陕西中部、山西、河北西北部和南部、河南、山东中西部等地部分地区出现 35 摄氏度以上高温天气，其中部分地区达到 38 ~ 39 摄氏度。中国气象局已于 18 日启动高温Ⅳ级应急响应。19 日 18 时，中央气象台继续发布高温橙色预警。

国家防总继续维持防汛Ⅲ级应急响应，
水利部、中国气象局联合发布红色山洪灾害气象预警

国家防总 19 日继续维持防汛Ⅲ级应急响应，已派出工作组和专家组在广东、广西指导协助地方开展防汛抗洪工作。国家减灾委、应急管理部派出的工作组正在江西、福建指导协助地方做好受灾群众安置等救灾救助工作。应急管理部会同国家粮食和物资储备局日前向广西调拨帐篷、夏凉被、折叠床、家庭应急包等中央救灾物资，已于 18 日晚调拨出库，正紧急运往相关受灾地区。

水利部和中国气象局 19 日 18 时联合发布红色山洪灾害气象预警。预计 19 日 20 时至 20 日 20 时，浙江西部、江西东北部等地部分地区发生山洪灾害可能性大，为橙色预警，其中，江西东北部局地发生山洪灾害可能性很大，为红色预警。

记者从水利部获悉，受近期降雨影响，珠江流域西江干流广西梧州站 19 日 8 时水位涨至 20.95 米，超过警戒水位 2.45 米，相应流量 3.45 万立方米每秒；珠江流域北江干流广东石角站 19 日 12 时流量涨至 1.2 万立方米每秒。

针对珠江流域发生流域性较大洪水，水利部维持广东、广西两省区水旱灾害防御Ⅲ级应急响应，19 日继续发布洪水黄色预警。水利部将进一步安排部署珠江流域洪水调度和防御工作，密切监视雨情水情汛情，科学调度运用水工程，有效减轻西江梧州段等重点河段的洪水防御压力，强化强降雨区水库安全度汛、中小河流洪水和山洪灾害防御，做好预警发布、险情巡查抢护和危险区人员转移避险。

南方多地多部门全力应对防汛救灾工作

记者从福建省防汛办获悉，19 日，南平光泽、武夷山、建阳、松溪等地有大雨到暴雨，局部大暴雨。24 小时雨量 40 ~ 70 毫米，局部可达 120 毫米，最大小时雨量 60 毫米。19 日，福建省防指维持防暴雨Ⅲ级应急响应。

记者从江西省防汛抗旱指挥部了解到，鉴于当前防汛形势，江西省防指决定自 19 日 14 时起将防汛Ⅳ级应急响应提升至Ⅲ级应急响应。针对此轮降雨过程，江西省应急管理厅滚动发布预警预报信息，并要求降雨量较大县区加强防范，切

实做好应急准备、人员提前转移和灾情报送工作。

近期，广东省强降雨频繁。18日傍晚到19日白天，清远、韶关出现暴雨到大暴雨，肇庆、佛山等地部分地区出现暴雨。截至19日17时，广东全省仍有2个暴雨橙色预警信号、12个暴雨黄色预警信号以及10个雷雨大风黄色预警信号在生效中。

19日1时，广西壮族自治区水文中心升级发布洪水黄色预警，据水文部门检测，桂江、湘江等21条河流将出现超警洪水。据统计，1—15日，广西梧州市全市平均降雨量为230毫米，较历年同期偏多七成。广西防汛办全力做好抗洪救灾工作，调拨围井围板、吸水膨胀麻袋、橡皮艇等14批物资，分配给各市应急局及时前置到最需要的地方。

18日，贵州省防汛抗旱指挥部将防汛Ⅳ级应急响应提升至Ⅲ级，要求强降雨区域内有关市（州）、县（市、区）立即按照防汛Ⅲ级应急响应要求，全面进入应急状态，迅速组织落实落细各项安全防范措施，加强对山洪灾害危险区、地质灾害隐患点、临坡临崖临水村寨、水库水电站等重点区域的巡查防守，提前转移受威胁群众。

北方多地出现高温天气，本轮高温天气
持续时间长、强度大、影响范围广

近日，河北省连续出现高温天气。河北省气象台数据显示，16—18日，张家口西南部、石家庄中南部、沧州及其以南地区，总计66个县（市、区）出现35摄氏度以上高温天气。

记者从内蒙古自治区气候中心获悉，15—18日，内蒙古中西部出现区域性高温过程，全区43个国家级地面气象站受过程影响出现35摄氏度以上高温天气，目前高温过程持续天数在1～4天，过程极端日最高气温在35.2～41.8摄氏度。内蒙古自治区防汛抗旱指挥部要求，要千方百计保障人畜生活生产用水，引导牧民提前谋划调运饲草料，发挥水利工程在抗旱中的作用。

山东省气象台于19日17时发布高温橙色预警，预计20—22日，山东省将持续出现大范围37摄氏度以上高温天气。为此，山东省要求科学做好防暑降温工作，合理安排室外作业时间，对容易受到高温影响的工作场所、工作岗位严密排查，及时采取保护措施、消除安全隐患，有效预防和控制职业性中暑事件。

记者从河南省气象局获悉，19日，河南省淮河以北大部县市出现35摄氏度以上高温天气，其中北部和中东部大部县市最高气温37～39摄氏度，全省最高

气温为鹤壁市淇滨区的 39.7 摄氏度。针对本轮高温，14 日，河南省人民政府气象灾害防御及人工影响天气指挥部和河南省气象局分别启动高温Ⅳ级应急响应，并于 18 日将高温应急响应提升为Ⅲ级。此外，河南省气象局联合农业农村厅发布农业干旱灾害高风险预警。

15 日以来，宁夏多地相继发布高温预警。据气象部门预报，15—19 日，银川、石嘴山两市全市，吴忠、中卫两市中北部有 35 摄氏度及以上高温天气。

国家级首席预报员、中央气象台正研级高级工程师方翀表示，本轮高温天气持续时间长、强度大、影响范围广。由于暖脊长期控制我国北方地区，加上冷空气不活跃，共同造就了持续高温天气。22 日起，暖脊开始消失，中层气流扁平且带有浅槽，利于携带弱冷空气进入，让华北黄淮高温得到一定程度缓解。

中央气象台预计，20—21 日，山西南部、河北南部、河南、山东及苏皖北部以及内蒙古西部、陕西等地将出现持续高温天气，日最高气温有 35 ~ 38 摄氏度，局部地区可达 40 摄氏度左右。气象专家提示，高温天气持续，公众需注意用电安全，减少室外活动时长，在外做好防暑降温措施。高温天气造成旱情严重的地区要及时调配水源灌溉农作物。

南方强降雨持续　雨带逐步北抬
多地多部门全力开展防汛救灾工作

本报北京 6 月 20 日电　中央气象台预计，20 日夜间至 21 日，华南江南强降雨将持续，22 日起雨带北抬。华北黄淮等地高温天气预计持续到 26 日，局部地区可达 40 摄氏度左右。20 日 18 时，中央气象台发布暴雨蓝色预警、高温橙色预警、强对流天气黄色预警、中小河流洪水气象风险预警，与自然资源部联合发布地质灾害气象风险预警。

预计，20 日夜间至 21 日，华南中北部、江南东部等地有大到暴雨，局地有大暴雨，并伴有短时强降水等强对流天气。22 日起雨带北抬，22—24 日，西北地区东部、东北地区南部、黄淮、江淮、江南北部沿江附近等地将有中到大雨，局地有暴雨，并伴有短时强降水、雷暴大风等强对流天气。26—29 日，西北地区东部、华北南部、东北地区南部、黄淮、江淮、江南西部及西南地区东部等地还将有一次较明显降雨过程。

受持续性强降雨影响，珠江流域西江发生 2022 年第 4 号洪水，北江发生 2022 年第 2 号洪水，并再次发展成流域性较大洪水。据预测，西江水位可能继续上涨并较长时间维持高水位运行，北江可能发生大洪水。珠江防总于 20 日 12 时启动防汛 II 级应急响应。

国家防办、应急管理部 20 日继续召开防汛专题视频会商调度，与中国气象局、水利部、自然资源部会商研判，视频连线浙江、安徽、江西、湖南、广东、广西、贵州等地防办，分析研判当前汛情和发展趋势，进一步调度部署珠江和长江中下游流域防汛救灾工作。目前，国家防总继续维持防汛 III 级应急响应，已派遣 3 个工作组和专家组在广东、广西、江西一线协助地方开展防汛救灾工作。

水利部维持广东、广西 2 省（自治区）水旱灾害防御 III 级应急响应和浙江、安徽、福建、江西、湖南、贵州、云南 7 省 IV 级应急响应，共有 6 个工作组和专家组在广东、广西指导洪水防御工作。水利部珠江水利委员会进一步调度珠江流域水库群，全力减轻西江、北江下游和珠江三角洲防洪压力。

广西气象台 20 日 9 时继续发布暴雨橙色预警，重大气象灾害（暴雨）II 级应急响应持续生效中。广西壮族自治区粮食和物资储备局紧急接收调运 5 万件中央救灾储备物资，并于 18 日晚安排 4 台运输车辆，连夜向梧州市和贵港市调运 630 顶帐篷。19 日，广西救灾物资储备中心投入 30 台运输车辆，紧急向柳州、桂林、梧州、贵港、玉林、贺州、河池、来宾 8 市调运救灾物资 1.3 万件。

江西省水文监测中心 20 日 11 时升级发布洪水红色预警：预计未来 4 天，鄱阳湖湖区仍将持续上涨且可能发生超警 0.4 米左右的洪水。江西省防办下发防汛值班信息，要求各地做好当前河湖高水位情况下涉水作业群众安全保障工作。江西省防指派出 2 个工作组分别赴上饶市、景德镇市协助指导强降雨防范应对工作。

湖南省自然资源厅与湖南省气象局 20 日联合发布湖南省地质灾害气象风险预警：预计自 20 日 20 时至 21 日 20 时，受降雨影响，湘南、湘西局部区域发生突发性地质灾害风险较大（黄色预警）。湖南省气象局预计，20—21 日，湖南强降雨南压减弱，22 日以阵性降雨为主。

中央气象台连续四天发布高温红色预警
水利部启动干旱防御Ⅳ级应急响应

本报北京8月15日电 15日白天,南方高温天气持续。其中,四川东部、重庆、湖北西部和东南部、安徽东南部、江苏南部、浙江中北部等地出现40～43摄氏度的最高气温,重庆奉节最高气温达到44.3摄氏度。15日18时,中央气象台继续发布高温红色预警,这也是中央气象台连续四天的第四天发布高温红色预警。预计未来10天,四川盆地、江汉、江淮、江南等地仍有持续性高温天气,累计高温日数可达7～10天。预计15日夜间至16日,黄淮、江淮等地将有中到大雨,局地暴雨或大暴雨,雨水将短暂"浇灭"上述地区的高温天气,但南方高温仍将持续。

记者从水利部获悉,受持续高温少雨天气影响,长江流域旱情发展迅速,四川、重庆、湖北、湖南、安徽、江西等6省耕地受旱面积967万亩。水利部派出工作组赴旱区,协助指导地方制定抗旱预案,落实抗旱保供水各项措施。水利部新闻发言人、水旱灾害防御司副司长王章立介绍,水利部启动干旱防御Ⅳ级应急响应,密切关注长江流域雨情、水情、旱情,实时掌握旱情发展态势,及时发出干旱预警信息;统筹考虑防洪、抗旱、发电需求,组织编制长江流域应急水量调度方案,针对重点旱区逐流域提出调度措施,并提前谋划三峡、丹江口等51座主要水库蓄水调度,目前可调水量402亿立方米,为抗旱储备了宝贵水源。

国家防总办公室、应急管理部15日组织防汛抗旱专题视频会商调度,强调要紧盯北方地区近期强降雨过程、超警河段防范应对、长江流域抗旱3个防汛抗旱工作重点,采取坚决有力措施避免发生群死群伤,全力保障群众饮水安全。国家防总办公室、应急管理部强调,对旅游景点、危险地段、施工工地、涉水道路要加强管控,制定针对性措施,避免人员伤亡。要针对辽宁绕阳河防汛抗洪抢险工作持续时间长的情况,毫不放松继续抓好超警河段巡查防守,加快涝水抢排进度,帮助灾区群众尽早返回家园。要针对近期受高温融雪影响新疆、青海发生超警超保洪水的情况,强化联合会商研判,加密监测预报预警。要针对长江流域部分省份旱情可能进一步发展的情况,加强水量调度,做好水源优化配置,保障群众生活用水和工农业生产用水。目前,国家防总办公室已派出2个工作组、1个专家组分赴四川、江西和新疆等地指导地方抗旱减灾和抗洪抢险工作。

记者从武汉市防汛抗旱指挥部办公室获悉,截至15日8时,长江汉口站水位为 17.30 米，当前长江武汉段水位为有水文记录以来历史同期最低。据介绍，今年长江进入主汛期后水位持续退落，出现了"汛期反枯"的罕见现象，这是因为长江流域降雨明显偏少，上游来水减少，以及持续高温导致蒸发量增大。湖北省防汛抗旱指挥部办公室已于 13 日 14 时启动抗旱Ⅳ级应急响应。针对持续性高温，湖北省气象局将开展人工增雨缓解旱情。

重庆近日连续出现高温天气。重庆市防汛抗旱指挥部决定于 15 日 18 时将干旱灾害黄色预警和抗旱Ⅳ级应急响应升级为干旱灾害橙色预警和抗旱Ⅲ级应急响应。

截至 7 月底，在建水利项目投资规模
达 1.7 万亿元　投资持续发力　水网加快构建
（加强网络型基础设施建设）

■ **核心阅读**

重大水利工程是基础设施投资的重要领域。今年以来，水利投资持续发力，国家水网建设加快推进。随着骨架不断夯实，循环更加畅通，国家水网建设的综合效益正不断显现，有力保障了生产和生活需要，为高质量发展提供了支撑。

习近平总书记指出："水网建设起来，会是中华民族在治水历程中又一个世纪画卷，会载入千秋史册。"中央财经委员会第十一次会议强调，加快构建国家水网主骨架和大动脉，推进重点水源、灌区、蓄滞洪区建设和现代化改造。

贯通！在浙江省开化水库施工现场，导流洞近日贯通，为工程按期完成导截流打下了基础。工程将对钱塘江上游的水资源科学调度发挥重要作用。

封顶！近日，位于贵州省施秉县的白头旺水库大坝封顶。工程建成后，一泓碧水将为 12 万人饮水和 1.8 万亩农田灌溉提供保障。

今年以来，水利投资持续发力，重大水利工程建设不断刷新"进度条"，国家水网加快构建。截至 7 月底，新开工重大水利工程 25 项，在建水利项目达到 3.18 万个，投资规模达 1.7 万亿元；完成水利建设投资 5 675 亿元，较去年同期增加 71.4%。

联网补网——筑牢主骨架，打通大动脉，畅通微循环

"构建国家水网，既要有稳梁固柱的主骨架、穿针引线的大动脉，也离不开织网联网的重要纽结，这样才能纲举目张、结实牢靠。"水利部规划计划司司长

张祥伟介绍。

打通大动脉，夯实国家水网主骨架。

"喝上南水北调水，水垢少了，水质好了，熬粥做饭都香了。"千里调水，让河北省邱县新马头镇韩西固村村民马海林的生活变了样。南水北调东中线一期工程全面通水以来，累计惠及 1.4 亿多人。

南水北调工程是国家水网的主骨架和大动脉重要组成部分。近日，南水北调后续工程首个项目——引江补汉工程开工，南水北调和三峡水库两大工程牵手，中线水源将更加充沛。"水利部门继续扎实推进南水北调后续工程高质量发展，深化东线后续工程可研论证，推进西线工程规划，积极配合总体规划修编工作，不断完善'四横三纵'格局。"张祥伟介绍。

打通骨干通道，完善区域输配水格局。

掘进机破岩而出，秦岭地下 1 800 多米，引汉济渭秦岭输水隧洞于今年年初全线贯通，工程将引汉江水润泽关中。"因秦岭相隔，陕西南北水资源分布不均，工程设计年调水量 15 亿立方米，可惠及人口 1 400 多万。"陕西省引汉济渭工程建设有限公司总经理董鹏说。

青海引大济湟工程，让大通河与湟水流域相连；渝西水资源配置工程，通过输水管线和调蓄水库等，让长江水和嘉陵江水互相调剂……奔涌的大江大河和纵横的渠道管网，交织出国家水网的脉络纹路。到 2025 年，我国将建成一批重大引调水和重点水源工程，新增供水能力 290 亿立方米，水资源承载能力与经济社会发展适应性明显增强。

建设国家水网，还需在畅通微循环上下"绣花"功夫。

水利部门全力打通国家水网"最后一公里"。截至 7 月底，各地共完成农村供水工程建设投资 466 亿元，是去年同期的 2 倍多；农村供水工程维修养护完成投资 25.1 亿元，维修养护工程 6.7 万处，服务农村人口 1.3 亿。

张祥伟介绍，水利部门统筹考虑配套工程、衔接工程，有序实施省市县水网建设。预计到 2025 年，省级水网建设规划体系全面建立，水网工程建设取得积极进展。

提质增效——聚焦短板弱项，提升水资源优化配置能力

一张互通有无的路网，让货物顺畅流通。一张横贯天际的电网，点亮万家灯火。一张国家水网，能发挥哪些效益？

"夏汛冬枯、北缺南丰，我国水资源时空分布极不均衡，水资源配置与经济

社会发展需求不相适应。"水利部水规总院副院长李原园分析，"建设国家水网，就是聚焦短板弱项，建设完备的水利工程，提升水资源优化配置能力，有效破解影响发展的水瓶颈。"

"供水网"保用水安全。

峒河弯弯绕山流，坐落在湖南省吉首市矮寨镇的大兴寨水库工程于近期开工。工程由枢纽、供水和灌区3个部分组成，水库总库容1.13亿立方米，工程设计灌溉面积2.47万亩，多年平均灌溉水量811万立方米，将有效提升吉首市防洪能力和供水保障能力，改善农业灌溉条件。

水利部门打造蓄、引、调等高效协同的供水体系，为生产生活用水保驾护航，不断完善从水源地到田地头和水龙头的供水网络体系。

"防洪网"保江河安澜。

重大水利工程，为大江大河防洪添底气。黄河下游"十四五"防洪工程于7月初开工建设，工程建成后将有效改善游荡性河段河势，提高河道排洪输沙能力。安徽省长江芜湖河段整治工程于6月30日开工，工程以防洪保安为主，并兼顾岸线利用和环境保护等综合效益。

今年上半年，水利部门聚焦保障防洪安全，加快完善流域防洪工程体系，完成投资1313亿元；同时推进中小河流治理、病险水库除险加固、重点涝区等防洪排洪薄弱环节建设。水利部提出，到2025年，防洪突出薄弱环节得到有效解决，流域防洪工程布局进一步优化，流域防洪工程体系进一步完善。

"灌溉网"保粮食安全。

"有收无收在于水"。现有的7000多处大中型灌区，是我国粮食和重要农产品的主要产区，是国家粮食安全的重要保障。"今年将加强现有大中型灌区续建配套和改造，新增恢复和改善灌溉面积2500余万亩，优先将大中型灌区建成高标准农田。"张祥伟说。截至7月底，大中型灌区建设改造完成投资178亿元，国务院明确今年重点推进的6处新建大型灌区已开工3处，大中型灌区建设、改造项目开工455处。

健全机制
——扎实推动前期工作、拓展筹资渠道，再开工一批成熟项目

建设国家水网，特别是重大水利工程，可充分发挥吸纳投资大、产业链条长、创造就业多的优势。

据估算，重大水利工程每投资1000亿元，可以带动GDP增长0.15个百分点，

新增就业岗位 49 万个。据统计，截至 7 月底，水利工程施工吸纳就业人数 161 万。

今年要确保新开工重大水利工程 30 项以上，接下来怎么干？"重大水利工程前期论证较为复杂，我们提出了全面加强水利基础设施建设 19 项工作举措，多部门协同配合，建立调度机制，每周会商、每月调度。"张祥伟介绍。

拓展多元资金筹措渠道。"为了进一步扩大水利投资，水利部在积极争取加大中央财政投入力度的同时，指导地方创新工作思路，拓宽筹资渠道，从地方政府专项债券、金融资金、社会资本等方面想办法增加投入。"水利部财务司有关负责人说。

水利部将指导地方用好中长期贷款金融支持政策，开展水利领域不动产投资信托基金试点，积极推动水利项目政府和社会资本合作。7 月新增落实水利建设投资 1 436 亿元，其中银行贷款和社会资本落实了 564 亿元，是上个月的 1.9 倍。

"全面加强水利基础设施建设，对扩内需、稳投资、稳住经济基本盘具有重大意义。水利部门健全工作推进机制，加强台账管理，挂图作战，在今年已经开工的重大水利工程基础上，再开工一批纳入规划、条件成熟的项目，全力推进补链强链、建网强网，为高质量发展提供有力的水支撑。"水利部部长李国英表示。

（本文刊发于《人民日报》2022 年 08 月 15 日　第 10 版）

前 7 月完成水利建设投资同比增 71.4%

本报北京 8 月 13 日电（记者　李晓晴）　记者从水利部获悉，今年以来我国水利基础设施建设取得重要进展。截至 7 月底，全国完成水利建设投资 5 675 亿元，较去年同期增加 71.4%；新开工重大水利工程 25 项；在建水利项目 3.18 万个，投资规模 1.7 万亿元。

大中型灌区方面，建设改造完成投资 178 亿元，国务院明确今年重点推进的 6 处新建大型灌区已开工 3 处，大中型灌区建设、改造项目开工 455 处。下一步，水利部将持续推进水利工程建设，抓好农村供水、大中型灌区建设和改造项目实施。

（本文刊发于《人民日报》2022 年 08 月 14 日　第 01 版）

未来三天，北方有较强降水，南方持续高温
多地多部门积极做好防汛抗旱各项工作

本报北京8月17日电 17日，记者从中央气象台获悉，未来三天，我国北方将有一次新的较强降水过程，降雨落区与上一轮高度重叠，须高度关注降雨引发的次生灾害影响。未来一周，南方高温仍将持续。17日18时，中央气象台发布暴雨蓝色预警，与自然资源部联合发布地质灾害气象风险预警，与水利部联合发布橙色山洪灾害气象预警。

本轮降雨主要影响青海东部、甘肃东部、宁夏、陕西北部、内蒙古中东部、山西中北部、京津冀以及东北等地，降雨云团自西向东移动，主要影响时段为17日和18日。

国家防总决定于17日19时针对北京、天津、河北、山西、内蒙古、辽宁、黑龙江、陕西、甘肃等省（自治区、直辖市）启动防汛Ⅳ级应急响应。17日，国家防总办公室、应急管理部组织防汛抗旱专题视频会商调度，围绕新一轮强降雨过程防范应对、超警河段巡查防守、长江流域持续高温省份抗旱保供水工作作出安排部署，强调要切实压实防汛责任制，尤其是山西、陕西、内蒙古等北方省份（自治区）要时刻严密防范局地极端强降雨引发的山洪灾害、中小河流洪水。在长江流域部分省份抗旱保供水工作中，要督促相关地区立足抗大旱、抗长旱，落实好抗旱责任，强化三峡等骨干工程水量调度，优化水资源配置；组织应急拉水送水确保群众饮水安全，同时全力保障工农业生产用水，最大程度减轻干旱影响和损失。

根据国家气候中心监测评估，综合考虑高温热浪事件的平均强度、影响范围和持续时间，从今年6月13日开始至今的区域性高温事件综合强度已达到1961年有完整气象观测记录以来最强。此次过程具有持续时间长、范围广、强度大、极端性强等特点。在今年夏天以来的高温事件中，川渝高温强度持续领跑全国。17日12时，中央气象台高温实况排行榜显示，川渝地区"包揽"了全国高温榜前十，最高气温突破40摄氏度。中央气象台首席预报员孙军介绍，川渝高温与江汉、江南等地高温成因一致，都深受副热带高压控制，副热带高压异常偏强导致高温持续时间长。川渝地区高温居前列，主要受地形地貌的影响，川渝地区被高原和山脉包围，地形封闭，不利于空气的扩散，特别是在副热带高压影响下，增温快、散热慢，更易导致气温升高。

记者从水利部获悉，8月份以来，水利部门已调度长江流域控制性水库群向中下游地区补水53亿立方米。当前长江流域水稻等秋粮作物正处于灌溉需水关键期，为遏制长江中下游干流水位快速下降趋势，确保沿线灌区和城镇取水，水利部决定实施"长江流域水库群抗旱保供水联合调度专项行动"，自16日12时起，调度以三峡水库为核心的长江上游梯级水库群、洞庭湖湘资沅澧"四水"水库群、鄱阳湖赣抚信饶修"五河"水库群加大出库流量为下游补水，计划补水14.8亿立方米。指导督促相关地区全力做好泵站、水闸等水工程调度，精准对接灌区、城乡供水取水口，多引、多提、多调，确保旱区群众饮水安全，保障秋粮作物灌溉用水。

17日6时24分，江西省气象台继续发布高温红色预警。自16日16时起，江西省防汛抗旱指挥部启动抗旱Ⅳ级应急响应，江西省应急厅、省水利厅同步启动抗旱Ⅳ级应急响应。贵州省防汛抗旱指挥部决定于16日14时针对遵义市、铜仁市、毕节市、黔东南苗族侗族自治州、黔南布依族苗族自治州启动抗旱Ⅳ级应急响应。目前，贵州省防指办公室、省应急厅已派出工作组赴铜仁、遵义等地指导帮助抗旱救灾工作。

（本文刊发于《人民日报》2022年08月18日 第14版）

多部门多地区积极行动
——保障生活生产用水 努力夺取秋粮丰收
（深阅读·切实做好抗旱工作）

高温少雨、庄稼缺水。"这几天水稻抽穗，正是需水的时候。"近1个月的干热，让江西省泰和县万合镇啸峰村村民肖顺发为晚稻生长担心，"村里正组织人员打井、协调从附近水库引水。水有保障了，心里才有底。"

近期，多地区多部门全力以赴、精准施策，保群众用水、保秋粮丰收。

国家防总8月22日维持对安徽、江西、湖北、湖南、重庆、四川等6省的抗旱Ⅳ级应急响应，针对江苏、河南、贵州、陕西等省份启动抗旱Ⅳ级应急响应。国家防总办公室、应急管理部继续组织防汛抗旱防台风专题视频会商调度，强调要加强防范应对，盯住保群众饮水安全和保秋粮灌溉这两个重中之重，加大对地方的指导支持力度，及时下拨救灾资金和物资装备，消防救援队伍要主动配合地方应急拉水、送水。

专项行动调度长江上游水库群等，向下游补水 19.6 亿立方米

水利部新闻发言人、水旱灾害防御司副司长王章立介绍，7 月以来，长江流域降水为 1961 年以来历史同期最少，长江干支流来水量较常年同期偏少二至八成。"预计 8 月底前，长江流域降水、来水总体仍将偏少；到 9 月份，中下游大部地区降水来水仍可能继续偏少，安徽、江西、湖北、湖南等地干旱情势可能进一步发展，长江上游水库群蓄水形势严峻。"水利部信息中心副主任刘志雨说。

水利部积极做好各项抗旱工作，密切关注长江流域雨情、水情、旱情，实时掌握旱情发展态势，及时发出干旱预警信息；统筹考虑防洪、抗旱、发电需求，8 月 16 日 12 时开始实施"长江流域水库群抗旱保供水联合调度专项行动"，调度长江上游水库群、洞庭湖水系湘资沅澧"四水"水库群和鄱阳湖水系赣抚信饶修"五河"水库群向下游补水 19.6 亿立方米，缓解长江中下游干流水位快速下降趋势。

记者从应急管理部获悉，8 月 22 日，国家减灾委、应急管理部针对四川、重庆等地近期较为严重的旱灾，启动国家 IV 级救灾应急响应，派出工作组赴灾区实地查看灾情，指导和协助地方做好受灾群众基本生活救助等救灾工作。

开辟水源、加强田管，保障供水安全

"我们指导受旱地区全面摸排农村群众饮水安全情况，做到不漏一户、不落一人。"水利部农村水利水电司副司长许德志介绍，各地相关部门采取了开辟新水源、分时供水、拉水送水等一系列举措，努力保障群众用水。水利部指导各地在县级和千吨万人水厂供水已有的应急预案基础上，对以山泉、溪沟、塘坝、浅井等为供水水源的小型供水工程编制应急供水预案，分区分类提出明确应对措施，储备应急物资。

当前，南方中稻陆续进入抽穗扬花期，夏玉米进入抽雄吐丝期，正是产量形成的关键期。高温叠加干旱将导致花粉活性下降，给秋粮生产带来挑战，抗旱夺丰收格外重要。

"南方水稻、玉米、大豆等作物正处在产量形成的关键阶段，也是对水、温度反应最敏感时期。持续高温干旱，会降低灌浆速率，不利于水稻、玉米等作物的灌浆结实，必须及时采取措施，减少不利影响。"全国农业技术推广服务中心

粮食作物技术处农艺师梁健介绍，"水稻要合理开展水分调控。抽穗时如遇持续超过35摄氏度的高温，田间务必保持8～10厘米水层，以水调温。"

农业农村部近期派出12支科技小分队，赴秋粮重点省份和高温干旱影响重点地区，实地调查评估灾害影响，开展巡回指导；组织专家、农技人员深入田间地头，查苗情、查墒情，动员群众广辟水源，开展抗旱浇灌；对未受灾田块，加强田间管理，做到重灾区少减产、轻灾区不减产、非灾区多增产。

农业农村部种植业管理司有关负责人介绍，对没有水源条件的受旱地区，采取打井、人工增雨等方式，千方百计开辟水源；有水源条件的受旱地区，充分利用现有水源和灌溉设施，千方百计增加灌溉面积。

目前，长江中下游多地的2 500多处大中型灌区已灌溉农田1亿多亩，基本保障农作物时令灌溉用水需求，为全面夺取秋粮丰收奠定了坚实的水利基础。

针对旱情发展态势，多地积极行动。四川省启动自然灾害Ⅲ级救助应急响应，周密制定供水保障方案；重庆市防指向受旱区县派出督导检查组蹲点指导，并调拨了大型应急抗旱储水设备应对旱情；湖北省水利部门通过鄂北地区水资源配置工程、引江济汉工程持续引水抗旱；江西省防指召开防汛抗旱会商会，决定将峡江水库、廖坊水库蓄水按照非汛期进行管理，积极应对旱情，截至8月21日16时，已减少农业因旱经济作物损失31.33亿元；湖南省防办派出工作组督导抗旱工作，全省累计出动116.4万人次抗旱；安徽省水利部门蓄引提调并举，保障大中型灌区3 000多万亩农田灌溉。

坚持"预"字当头，加强抗旱工程体系建设

水利工程是抗旱的重要保障。王章立介绍，水利部将进一步加强抗旱工程体系建设。接下来，加快实施国家水网重大工程，加快推进重点水源工程和水资源配置工程建设，加强国家重大水资源配置工程与区域重要水资源配置工程的互联互通，增强水资源统筹调配能力。

保障农村饮水安全，加强稳定水源建设是关键。许德志介绍，水利部门将优先利用已建大中型水库和引调水骨干水源工程作为农村供水水源，因地制宜建设一批中小型水库，加强应急备用水源建设。还将实施规模化供水工程建设，有条件的地区推进城乡一体化供水。此外，"十四五"期间，水利部规划在水土资源条件适宜、新增储备灌溉耕地潜力大的地区，新建30处现代化大型灌区，可以增加有效灌溉面积1 500万亩，改善灌溉面积980万亩；规划对124处大型灌区和1 000多处中型灌区实施现代化改造，可以增加有效灌溉面积1 900万亩，改

善灌溉面积约 1.2 亿亩。

水利部门将充分运用云计算、大数据、物联网等，进一步完善水文水资源监测站网，全面提升抗旱减灾决策支撑水平；继续推进全国旱情监测预警综合平台建设，在重要江河湖库开展旱警水位（流量）确定工作，特别是预案启动条件要关口前移，立足最不利形势，合理确定不同应急响应级别的启动条件，提高预案的针对性和可操作性。

宁夏盐池县：高效节水灌溉　让农田"喝饱"水

大风吹过马儿庄，蓄水池中波光粼粼，田中玉米叶沙沙作响。宁夏盐池县马儿庄位于毛乌素沙地南缘，没有想象中的黄沙漫天，在连绵起伏的沃土上，田中有水，田边有林，一派江南景象。

"别看现在喝到饱，早些年家家都为用水发愁。"马儿庄党支部书记关尚锋说，盐池县干旱少雨，平均降水量 280 毫米，蒸发量却高达 2 100 毫米。过去靠天吃饭，浇地用水漫灌，全村三分之一的地没水用，村民只能盼着夏秋降点雨水，缓解干旱、压压沙子。

今年高温天气来势汹汹，宁夏气象台共发布高温预警 13 次之多，盐池灌区旱情较上年提前约 20 天，抗旱保灌形势十分严峻。但是村民们不再为用水发愁，这得益于 2017 年该村实施的高效节水灌溉项目，新建泵站、测控一体化闸门、自动化控制系统，让万亩农田成了现代化生态灌区。

"咱这都是沙性土，水按滴给，少量多次，才能把地盘活了。"关尚锋说，灌溉用水由原来的每亩 500 立方米降到 215 立方米，节省下来的水还能改造剩下的荒地，再也不用盼天降水。

顺着马儿庄供水渠道一路东行，遇土扎根、似草如林的柠条像一道绿毯，延伸到盐环定扬黄工程八泵站，这里的黄河水以 4.9 立方米每秒的速度流淌，为这片土地源源不断的"供血"。

"今年天热，我们通过提前开闸放水，延期停机等措施，春灌增加引水量 1 415 万立方米，为缓解夏秋灌高峰期用水压力做充分准备。"盐环定扬水管理处副处长杨存介绍，依托盐环定扬水工程，盐池县 200 多万亩沙化土地全部得到有效治理，50 万亩流动沙丘基本固定，300 亩以上的明沙丘基本消除，林木保存面积达到 425 万亩，昔日的荒漠变成了阡陌纵横的绿洲，生态环境发生了人进沙退的根本性逆转。

"我们通过'长藤结瓜'模式，为群众用水做好准备。"杨存说，供水渠道是"藤"，扬水灌区的蓄水池就是"瓜"，农田需水时，可以随时输水灌溉，常年蓄水，不让水源白白流走浪费。

水资源匮乏是制约盐池县发展的主要"瓶颈"，缺水之地更要注重探索节水之道。除了不断挖掘"长藤结瓜"模式的潜力，盐池县还通过科学的田间用水管理，采取先下游、后上游，先高口、后低口，提前开灌、轮灌、错峰补灌等措施，削减灌溉用水高峰期供水压力。

此外，盐池还建成了扬黄灌区、库井灌区、旱作补灌区3大高效节水灌溉区，发展高效节水灌溉面积46万亩，占全县灌溉总面积的98%以上，逐步走出了一条农业节水增效、工程运行良好、灌区可持续发展的新路子。

盐池县高效节水灌溉只是宁夏用水的一个缩影。如今，宁夏加快推进清水河流域城乡供水，银川都市圈城乡西线、东线供水和"互联网＋城乡供水"示范省（区）建设等项目，建设银川都市圈中线、贺兰山东麓葡萄长廊、海原西安、西吉供水、抗旱调蓄水库等水源工程，全区水资源优化配置和调控保障能力不断增强，有力支撑黄河流域生态保护和高质量发展先行区建设用水需求。

人民网

水利部：截至7月底已开工农村供水工程万余处　2531万农村人口供水保障水平提升

人民网北京8月10日电（记者　余璐）　"截至7月底，全国各地共完成农村供水工程建设投资466亿元，是去年同期的2倍多；已开工农村供水工程10 905处，提升了2 531万农村人口供水保障水平；农村供水工程维修养护完成投资25.1亿元，维修养护工程6.7万处，服务农村人口1.3亿。"在水利部今天举行的水利基础设施建设进展和成效新闻发布会上，水利部副部长刘伟平如是说。

"水利是农业的命脉。农村水利是水利基础设施建设的重点领域。农村供水安全事关亿万民生福祉，大中型灌区是端牢中国人饭碗的基础设施保障，是国之大者。"刘伟平谈到，今年以来，水利部将农村供水、大中型灌区建设作为惠民生、稳经济、促增长、保就业，实施乡村振兴战略的重要工作，多措并举，全力推进。

一是强化部署推动。水利部多次专项部署加快推动农村供水工程建设、大中型灌区建设和现代化改造工作，将工作任务分解到省份、落实到项目，明确节点目标，层层压实责任，加强前期工作，尽快开工建设，指导各地全力推进工程建设进度和年度投资计划执行，力争早完工、早受益。

二是加大资金支持。联合财政部、国家乡村振兴局出台相关文件，支持脱贫地区积极利用乡村振兴有效衔接资金，补齐农村供水设施短板。各地统筹财政资金、地方政府专项债券、银行贷款、社会资本，落实农村供水工程建设资金743亿元。此外，安排农村供水工程维修养护中央补助资金30.7亿元。安排投资388亿元，用于24处在建大型灌区建设和505处大中型灌区现代化改造。

三是实行台账管理。分省份建立农村供水、大中型灌区建设改造项目台账，将工程建设任务分解到周，水利部和省、市、县各级专人盯办，上下联动，强化调度，在保障施工质量的前提下，以周保月、以月保季、以季保年，加快项目实施。

四是加强督促指导。定期通报投资完成和建设进展情况，对进度较慢的省份实行"一对一"联系督导，赴现场实地调研指导，帮助协调疏通堵点问题，特别是深入分析解决普遍存在的共性问题，有力推动工程建设。

刘伟平还介绍道，1—7月，全国大中型灌区建设改造已完成投资178亿元，国务院明确今年重点推进的6处新建大型灌区已开工3处，大中型灌区建设、改造项目开工455处。农村供水工程及大中型灌区建设和改造吸纳农村劳动力就业35.9万人，在保障粮食安全、提升农村供水保障水平、促进农民工就业方面发挥了重要作用。

"下一步，水利部将锚定年度目标，持续推进水利工程建设。同时，抓好农村供水、大中型灌区建设和改造项目实施，着力推动新阶段水利高质量发展，为保持经济运行在合理区间提供有力的水利支撑。"刘伟平说。

人民网

南水北调东、中线一期工程全线转入
正式运行阶段

人民网北京8月25日电（记者　余璐）　记者从水利部获悉，8月25日，南水北调中线穿黄工程通过水利部主持的设计单元完工验收。至此，南水北调东、中线一期工程全线 155 个设计单元工程全部通过水利部完工验收，其中东线一期工程 68 个，中线一期工程 87 个。这是南水北调东、中线一期工程继全线建成通水以来的又一个重大节点，标志着工程全线转入正式运行阶段，为完善工程建设程序，规范工程运行管理，顺利推进南水北调东、中线一期工程竣工验收及后续工程高质量发展奠定了基础。

水利部南水北调工程管理司相关负责人表示，南水北调东、中线一期工程建设规模大、时间跨度长、涉及行业地域多，为保证工程验收质量，在南水北调一期工程全面开工初期，国务院原南水北调工程建设委员会就明确了验收相关程序和要求，2006 年国务院原南水北调办制定了《南水北调工程验收管理规定》，明确南水北调一期工程竣工验收前，要对 155 个设计单元工程分别进行完工验收。设计单元完工验收前还需完成项目法人验收，通水阶段验收，环境保护、水土保持、征迁及移民安置、消防、工程档案等专项验收，以及完工财务决算。

中国南水北调集团相关负责人表示，2002 年 12 月南水北调工程开工建设，2014 年 12 月东、中线一期工程全线通水。通水以来工程运行安全平稳，水质持续达标，工程投资受控，累计调水超过 560 亿立方米，受益人口超过 1.5 亿，发挥了显著的经济、社会和生态效益。

据了解，此次通过验收的南水北调中线穿黄工程是南水北调的标志性、控制性工程，工程规模宏大，是我国首次运用大直径（9.0 米）盾构施工穿越大江大

南水北调中线穿黄工程。

河的工程，在黄河主河床下方（最小埋深 23 米）穿越黄河，工程单洞长 4 250 米，设计流量为 265 立方米每秒，加大流量为 320 立方米每秒。工程于 2005 年开工，攻克了饱和砂土地层超深竖井建造、高水压下盾构机分体始发、复杂地质条件下长距离盾构掘进、薄壁预应力混凝土内衬施工等一系列技术难题。经过 9 年建设、8 年运行，累计输水超过 348 亿立方米，工程各项监测指标显示，工程运行安全平稳。

"下一步，水利部将认真贯彻落实党中央、国务院关于南水北调后续工程高质量发展的工作部署，加快推进工程竣工验收各项准备工作，不断提升工程综合效益。"水利部南水北调工程管理司相关负责人说。

人民网

引水西江　造福粤西
环北部湾广东水资源配置工程开建

8 月 31 日 17 时，环北部湾广东水资源配置工程开工建设大会通过视频连线"云开工"方式，在北京、广州、茂名 3 个会场异地同步举行。广东省委书记李希出席活动并宣布工程开工，标志着这项广东省历史上引水流量最大、输水线路最长、建设条件最复杂、总投资最高的跨流域引调水工程进入实施阶段。

据了解，环北部湾广东水资源配置工程是国家水网骨干工程、国务院今年加快推进的 55 项重大水利工程之一，也是新中国成立以来广东省投资最大的水利工程。项目总投资超 600 亿元、全长约 500 公里，惠及粤西地区湛江、茂名、阳江、云浮 4 个市的 13 个县城区、112 个乡镇、9 个重点工业园供水，覆盖人口超过 1 800 万。

水利部部长李国英出席会议并指出："环北部湾广东水资源配置工程是粤西人民期盼已久的民生工程。"据悉，工程建成后，将进一步优化环北部湾城市群水资源配置格局，系统解决粤西地区特别是雷州半岛水资源短缺问题，提升区域供水安全保障能力，对支撑粤西地区经济社会发展具有十分重要的意义。

民心工程惠民生　"十年九旱"将成历史

"环北部湾广东水资源配置工程正式开工建设，是提高发展平衡性和协调性的重要举措，是粤西4市人民群众翘首企盼的大事喜事。"广东省委副书记、省长王伟中表示，广东将切实增强政治责任感和历史使命感，集中各方面资源力量，以时不我待的精神、只争朝夕的干劲、埋头苦干的作风，全力把这项事关长远发展的重大工程抓紧抓实抓好，努力打造新时代民生精品水利工程。

据了解，受地理环境的特殊性影响，湛江市水资源时空分布不均，资源性缺水和工程性缺水并存，干旱问题十分突出，雷州半岛干旱缺水情况较为严峻。人均水资源量仅为1 045立方米，相当于全国2 189立方米的47%。

"环北部湾广东水资源配置工程开工是我们期盼已久的大事！"徐闻县下桥镇北插村村委会书记郭朝栋难掩激动。他向记者介绍，长期缺水，村民饮用水安全与农业用水得不到保障，工程开工不仅能优化雷州半岛水资源配置，还能解决村里"十年九旱"的艰难困境，期待早日喝上优质的自来水，"预计我们种植的农作物可以增产20%。"

徐闻县下桥镇北山村村民黄堪学在接受记者采访时表示，"我们喝了几十年的地下水，因近年来气候干旱，地下水水量不稳定、水质不安全，给我们的日常生活和农作物灌溉带来很大影响，未来西江的优质水源能够流到我们家门口，我们喝水、用水都不用愁了，希望工程早日完工，大幅提高农作物有效灌溉面积。"

对于阳江市阳西县来说，近年来，由于各项发展项目驻扎地方，居民生活用水和工业用水量逐年增加，易在干旱季节出现缺水情况，严重制约各类重点项目落地，该县亟待新增水资源。

据了解，环北部湾广东水资源配置工程的实施既可以满足农业及生活用水需求，亦可有效改善水生态环境，特别是解决雷州、徐闻等地干旱缺水问题，推动工农业高质量发展，保障人民群众生产生活。

促经济、稳增长　润泽粤西经济社会高质量发展

环北部湾区域地处我国华南、西南和东盟经济圈的结合部，是我国沿海沿边开放的交汇地区，也是"21世纪海上丝绸之路"与"丝绸之路经济带"有机衔接的重要门户。环北部湾广东水资源配置工程位于广东省西南部，受水区是国家北部湾城市群、珠江—西江经济带的核心城市，也是广东省沿海经济带的重要组成部分，区位优势明显。

一直以来，粤西地区存在着水资源配置与区域经济社会高质量发展要求不相适应的矛盾，工程全部建设完成后，可基本解决长期以来困扰粤西的水资源时空分布不均问题，为该区域的经济社会高质量发展提供可靠的水安全保障。

工程从西江多年平均引水量为 16.32 亿立方米，结合当地水利设施增供，实现受水区多年平均供水量 20.79 亿立方米，其中城乡生活和工业供水 14.38 亿立方米，农业灌溉供水 6.41 亿立方米。

广东省水利厅副厅长申宏星表示，"环北部湾广东水资源配置工程是一宗跨流域、跨区域的重大水资源配置工程。工程建成后，将大幅度提高粤西地区特别是雷州半岛供水保障能力，可新增灌溉面积 185 万亩，助力乡村振兴，保障粮食安全；可退减超采地下水 5.66 亿立方米，退还被挤占的生态环境用水 1.85 亿立方米，为改善区域水生态环境创造条件……"

根据中国宏观经济研究院的研究成果，重大水利工程每投资 1 000 亿元可以带动 GDP 增长 0.15 个百分点，新增就业岗位 49 万个。初步估算，环北部湾水资源配置工程吸纳投资大、产业链长，可带动 GDP 增长 0.09 个百分点，新增就业岗位 30 万个，对于增强沿海经济带西翼综合承载能力、加快构建"一核一带一区"区域发展格局、促进经济稳定增长具有重要意义。

攻坚克难、压茬推进　造福世世代代粤西人

作为广东最大、国内居前、行业瞩目的国家重大水利工程，环北部湾广东水资源配置工程将面临哪些技术难点？中国工程院院士、环北部湾广东水资源配置工程咨询专家陈湘生认为，将面临至少六大行业性乃至世界级困难与挑战：一是复杂水情条件下江库水网构建与联合调度；二是云开地块多期次复杂蚀变风化带工程地质勘查与研究；三是复杂水文地质条件下高水压隧洞衬砌结构研究与设计；四是穿越复杂地质条件下长距离深埋隧洞多功能 TBM 研制与施工；五是大流量超大功率离心泵研发与应用；六是长距离深埋管道智慧运维与保障。

此外，在复杂水情条件下江库水网构建与联合调度方面，需要展开大范围、跨流域的江库联网联合调度研究，实现水资源高效优化配置。在云开地块多期次复杂蚀变风化带工程地质勘查与研究方面，需进行专门的工程地质研究，为工程设计及隧洞支护处理提供重要支撑。在复杂水文地质条件下高水压隧洞衬砌结构研究与设计方面，需开展隧洞围岩稳定与衬砌结构相关研究。

"针对设计、建设、运维各阶段的重点难点，我们编制了《环北部湾广东水资源配置工程科研纲要》，必将为工程顺利建设提供强大科技支撑。"环北部湾广东水资源配置工程项目设计总工程师刘元勋介绍说。目前，工程设计联合体组建了超 600 人的勘测设计专班，高效推进各项工作，系统论证调水总体布局，提出合理工程规模。同时，主动加强与水利部水规总院、中国水科院等审查评估单

位对接、沟通，及时取得重大设计方案的共识。

"要从建设生命线工程的高度，牢固树立'千年大计、质量第一'意识，加强环北部湾广东水资源配置工程建设的组织实施，创新工程建设管理体制机制，严格执行建设管理制度，强化安全生产管理和服务，积极推进技术创新，确保工程建设质量、安全、进度，努力打造经得起历史和实践检验的精品工程、安全工程、民心工程，让这一工程造福世世代代粤西人民。"李国英说。

人民日报海外版

《公民节约用水行为规范》主题宣传活动启动

本报北京3月22日电（记者　潘旭涛）　3月22日，在第三十届"世界水日"、第三十五届"中国水周"到来之际，水利部等10部门召开《公民节约用水行为规范》主题宣传活动启动会，并同时启动"节水中国　你我同行"联合行动、"节水在身边"全国短视频大赛等专项活动。举办主题宣传活动旨在让更多的人成为节约用水的传播者、实践者、示范者，加快形成节水型生产生活方式，助推生态文明建设和高质量发展。

据悉，2021年12月，水利部等10部门联合发布《公民节约用水行为规范》，从节水意识、用水行为、社会实践等不同层面，指引社会公众在日常生活中践行节约用水。

人民日报海外版

2021年我国用水总量
控制在6 100亿立方米以内

本报北京3月30日电（记者　潘旭涛）　节约用水工作部际协调机制2022年度全体会议于30日召开。记者从会议上了解到，2021年我国用水总量控制在6 100亿立方米以内，2021年万元GDP用水量比2015年下降32.2%，万元工业增加值用水量比2015年下降43.8%。

会议指出，2021年，节约用水工作部际协调机制各成员单位统筹推进用水总量和强度双控、农业节水增效、工业节水减排、城镇节水降损、重点地区节水开源、科技创新引领等六大重点行动，深化节水体制机制改革，协同推动节水工作取得重要进展。2022年是实施国家节水行动的关键节点，各成员单位要细化实化措施，全面完成阶段目标任务。据悉，《国家节水行动方案》要求，由水利部牵头，会同有关部门建立节约用水工作部际协调机制。

（本文刊发于《人民日报海外版》2022年第03月31日　第02版）

人民日报海外版

一季度全国完成水利投资超千亿元

本报北京4月18日电（记者　王浩）　近日，水利部会同有关部门和地方加快推进水利工程建设，积极扩大水利投资规模。

今年1—3月，全国完成水利投资1 077亿元，较去年同期增加280亿元，增长35%，一季度水利完成投资再创新高。广东、福建、山东、浙江等省份一季度完成投资超过100亿元。

水利基础设施建设作为扩大内需的重要领域，承担着稳投资、稳增长的重任。水利部提出，有关地方和单位要抓好今年重点推进的55项重大水利工程和6项新建大型灌区项目前期工作，提前做好开工各项准备，确保开工一批重大水利工程。

（本文刊发于《人民日报海外版》2022年04月19日　第04版）

人民日报海外版

四川12个重点水利工程集中开工

本报北京4月26日电（记者　王明峰）　近日，四川省集中开工12个重点水利工程，总投资为268亿元，涉及11个市（州）。工程建成后，总库容及年均供水能力7亿立方米，新增和改善灌溉面积154万亩，受益人口517万，对保障全省防汛抗旱安全、供水安全、粮食安全等具有重要意义。据介绍，本次集中开工的12个工程分为大型灌区1个、大中小型水库6个、乡村水务供水工程

3 个、其他工程 2 个，12 个工程总投资为 268 亿元。

今年，四川抢抓国家新一轮加大水利基础设施投入的重大机遇期和窗口期，以此次集中开工为契机，进一步强化水利工程建设力度，着力推动全省经济社会高质量发展。据统计，目前四川省在建大中型水利工程 55 个，总投资 794 亿元，累计完成投资 570 亿元。一季度，全省实施各类水利工程 590 个，落实水利投资 204 亿元，完成投资 110 亿元。

据悉，"十四五"时期，四川统筹保障生活、生产、生态用水，加快编制四川现代水网规划，科学布局大中小微水利工程建设。全省"十四五"时期共规划各类水利工程 6 000 多个，总投资约 6 400 亿元，预计完成投资 2 300 亿元。

（本文刊发于《人民日报海外版》2022 年 04 月 27 日　第 03 版）

人民日报海外版

4 380 处大中型灌区已灌溉耕地 1.86 亿亩

本报北京 5 月 2 日电（记者　王浩）　目前正值春灌关键期、高峰期，水利部全力做好春灌供水，夯实夏粮丰收基础。据统计，截至 4 月 28 日，全国已有 4 380 处大中型灌区开始春灌，累计供水超 256 亿立方米，灌溉耕地面积达 1.86 亿亩。

水利部门最大程度保障农业生产用水需求，继续强化供水保障，充分挖掘水利工程的调蓄能力和供水潜力，采取多蓄、多引、多提、多拦等综合措施，努力增加可供水量。灌区管理单位加强对泵站、渠系等工程设施的巡查看护，确保灌排体系输水顺畅。在灌溉用水管理上，各级水利部门密切跟踪春灌用水需求变化，统一调配地表水、地下水、本地水和外来水等各种水源，合理制定灌溉供水计划，加强水量调度，维护灌溉秩序，指导农民加强田间管理，确保灌溉正常开展。

据了解，经过多年努力，全国已建成大中型灌区 7 000 多处。大中型灌区已成为国家粮食和重要农产品生产的主阵地，粮食单产高于全国平均水平，产量约占全国总量的一半。今年，水利部加快推进大中型灌区建设与管理，针对农作物生长、汛期防洪、气候变化等，立足于早动手、早开工、早完工，确保年底前大型灌区改造项目完成中央投资 90% 以上、中型灌区改造项目完成中央投资 80% 以上的目标任务。

（本文刊发于《人民日报海外版》2022 年 05 月 03 日　第 03 版）

前4月各地完成水利建设投资1 958亿元

本报北京5月12日电（记者　王浩）　水利部加快推进重大水利工程开工建设，全力以赴推动项目审批立项和开工建设，今年以来，重大水利工程已开工9项，投资规模300多亿元，全年确保新开工30项以上。截至4月底，各地已完成水利建设投资1 958亿元，较去年同期增加45.5%。

水利部要求各级水利部门坚定目标不动摇，抢抓机遇，按照前期工作进度安排和开工时间节点要求，加快推进相关工作。实行清单化管理，逐项目细化实化前期工作和开工各环节的目标任务，压紧压实责任；做好与相关部门的沟通协调，加快用地预审、移民安置、环评等要件办理和可研审批；建立健全工作推进机制，加强台账管理，挂图作战，跟踪掌握项目进展情况，及时开展调度会商，加强对进度目标完成情况的督导。

（本文刊发于《人民日报海外版》2022年05月13日　第04版）

水利基础设施建设加快　发挥稳投资稳增长作用
今年中国水利建设投资预计超8 000亿元
将确保新开工重大水利工程30项以上

本报北京5月16日电（记者　潘旭涛、王浩）　记者从水利部获悉，5月16日，国家重大水利工程吴淞江整治工程（江苏段）开工。今年以来，水利工程尤其是重大水利工程建设有力推进，充分发挥了水利稳投资、稳增长的重要作用。据介绍，今年中国将确保新开工重大水利工程30项以上，预计完成水利建设投资8 000亿元以上。

吴淞江整治工程（江苏段）投资总额超150亿元，是"十四五"规划纲要确定的国家水网骨干工程之一，也是长三角一体化区域水网互联互通骨干工程之一。整治工程主要包括河道拓浚、瓜泾口枢纽扩建、堤防和护岸建设、堤顶道路修建等，计划施工工期为96个月，将为长三角一体化高质量发展提供有力的水安全保障。

吴淞江整治工程包括江苏段和上海段，匡算总投资达 831 亿元。

水利部党组书记、部长李国英表示，要全面加快推进水利基础设施建设，充分用足用好各项政策，推动重大水利基础设施项目尽早审批立项、开工建设，为稳定宏观经济大盘、实现全年经济社会发展预期目标做出水利贡献。

近日，水利部举行推动 2022 年重大水利工程开工建设专项调度会商，坚决落实"疫情要防住、经济要稳住、发展要安全"的要求，加快推进重大水利工程开工建设。目前，各项工作进展顺利，总投资 618 亿元的环北部湾广东水资源配置工程，环评报告批复时间较预期提前了 5 个月；总投资 598 亿元的南水北调引江补汉工程，完成了土地预审（规划选址）等其他要件办理，为加快项目审批奠定基础。

1—4 月，全国共完成水利建设投资 1 958 亿元，较去年同期增长 45.5%。目前已有 10 项重大水利工程开工建设。此外，农村供水工程建设资金完成约 200 亿元，提升了 666 万农村人口供水保障水平；今年安排大中型灌区续建配套与现代化改造投资近 190 亿元，预计将新增粮食生产能力 36 亿公斤，新增节水能力 35 亿立方米。

在水利建设资金筹措方面，水利部积极拓宽投资渠道，从地方政府专项债券、金融资金、社会资本等方面想办法增加投入。今年以来，已有 830 个水利项目落实地方政府专项债券 720 亿元，较去年同期增加 386 亿元，增长 115%。

水利部有关负责人介绍，重大水利工程吸纳投资大、产业链条长、创造就业多，水利投资持续发力，将促进拉动有效需求、稳定宏观经济。

人民日报海外版

南水北调工程累计调水超 530 亿立方米

本报北京 5 月 15 日电（记者　王浩）　记者从水利部获悉，目前南水北调东线和中线工程累计调水量达到 531 亿立方米，已成为北京、天津等 40 多座大中城市 280 多个县市区 1.4 亿多人的主力水源。南水北调东中线工程累计为沿线 50 多条河流实施生态补水 85 亿立方米，为受水区压减地下水超采量 50 多亿立方米，全面助力京杭大运河近百年来首次全线水流贯通。

水利部科学推进南水北调后续工程高质量发展，加快构建"系统完备、安全可靠、集约高效、绿色智能、循环通畅、调控有序"的国家水网。在优化东中线一期工程运用方案上，提升东中线一期工程供水效率和效益，扩大东线一期工程北延供水范围和规模；优化调度丹江口水库，增加中线工程可供水量，提高总干渠输水效率。在加快推进后续工程规划建设上，重点推进中线引江补汉工程前期工作，深化东线后续工程可研论证，推进西线工程规划，积极配合总体规划修编工作。

人民日报海外版

广西大藤峡水利枢纽灌区工程开工

本报北京 6 月 8 日电（记者　潘旭涛）　记者从水利部获悉，大藤峡水利枢纽灌区工程近日在广西壮族自治区贵港市开工建设。该项目是国务院部署实施的 150 项重大水利工程之一，总投资 80.08 亿元。

大藤峡水利枢纽灌区设计灌溉面积 100.1 万亩。工程利用已建的大型和中小型水库作为主要水源，利用正在建设的大藤峡水利枢纽库区自流引水和黔浔江提水作为补充水源，新建渠（管）道 652 公里，新建及恢复 13 座泵站装机容量 1.28 万千瓦。

工程建成后，可进一步发挥大藤峡水利枢纽的灌溉供水效益，有效解决贵港市、来宾市等桂中典型干旱区骨干水利工程缺乏、耕地灌溉保证率较低、村镇人畜用水困难等问题。

（本文刊发于《人民日报海外版》2022 年 06 月 09 日　第 02 版）

人民日报海外版

上半年全国累计开工重大水利工程 22 项
落实水利建设投资较去年同期提高 49.5%

据新华社北京 7 月 11 日电（记者　刘诗平）　水利部副部长魏山忠 11 日表示，今年上半年，我国新开工 22 项重大水利工程、投资规模 1 769 亿元，开工数量和完成投资均创历史新高。

魏山忠在 2022 年上半年水利基础设施建设进展和成效新闻发布会上说，水利部会同有关部门和地方，加快水利项目审查审批，着力畅通资金来源渠道，强化工程建设管理，加强督导检查，加快在建工程实施进度，推进新项目多开早开，上半年水利工程建设取得显著成效，项目开工明显加快，工程建设明显提速，投资强度明显增大。

统计显示，上半年我国新开工水利项目1.4万个、投资规模6 095亿元。其中，750个项目投资规模超过1亿元。上半年累计开工22项重大水利工程，投资规模1 769亿元。时间过半，年度开工目标和任务完成过半。

同时，一批重大水利工程实现重要节点目标。农村供水工程建设9 000余处，完工3 700余处，提升了1 688万农村人口供水保障水平。病险水库除险加固、中小河流治理、大中型灌区改造、中小型水库建设等项目建设进度加快。目前，我国在建水利项目2.88万个，施工吸纳就业人数130万。

投资方面，水利落实投资和完成投资均创历史新高。1—6月，全国落实水利建设投资7 480亿元，较去年同期提高49.5%，其中粤浙皖落实投资超过500亿元。地方政府专项债券方面，水利项目落实1 600亿元，较去年同期翻了近两番。水利建设投资完成4 449亿元，较去年同期提高59.5%，粤滇冀完成投资300亿元以上。

（本文刊发于《人民日报海外版》2022年07月12日 第02版）

人民日报海外版

黄河下游"十四五"防洪工程开工建设
治理878千米黄河河道

本报北京7月10日电（记者 王浩） 9日，黄河下游"十四五"防洪工程开工动员会在黄河郑州段保合寨控导工程举行。黄河下游"十四五"防洪工程是国务院部署实施的150项重大水利工程之一，也是今年重点推进的55项重大水利工程之一。工程建设范围为黄河干流河南省洛阳市孟津区白鹤镇至山东省东营市垦利区入海口，治理河道长度878千米，涉及山东、河南两省14个市42个县（区）。主要建设任务是在现有防洪工程基础上，开展控导工程续建，险工和控导工程改建加固，涝河河口堤防、黄河干流河口堤防工程达标建设，堤顶防汛路和险工控导工程管理路改建等。工程总投资31.85亿元，总工期36个月。

工程建成后，将进一步完善黄河下游防洪工程体系，有效改善游荡性河段河势，提高河道排洪输沙能力，对保障黄河长治久安、促进流域区域高质量发展具有重要意义。

（本文刊发于《人民日报海外版》2022年07月11日　第03版）

人民日报海外版

水利部门　积极应对黄河流域山陕区间暴雨洪水

本报北京8月10日电（记者　王浩）　记者从水利部获悉，8月6—9日，黄河流域山陕区间发生一次强降雨过程，部分地区降暴雨到大暴雨。受影响，黄河中游支流汾河上游、山陕区间三川河支流北川河发生超警戒流量以上洪水，其中汾河上游发生超保证流量洪水。目前，汾河上游和北川河流量已退至警戒以下，未发生工程险情。

水利部启动洪水防御IV级应急响应，以"一省一单"形式指导相关地区做好强降雨防范、中小水库和淤地坝安全度汛、中小河流洪水和山洪灾害防御等工作，派出2个工作组赴山西、陕西指导。水利部黄河水利委员会启动水旱灾害防御IV级应急响应，强化会商调度研判，向相关地方通报水雨情实况和预报成果，派出多个专家组指导山西、陕西两省强化工程巡查防守、受威胁区域群众撤离、涉河安全管理等工作，每日抽查降雨落区内中小水库和淤地坝责任人履职情况，强降雨期间共抽查13座水库和135座淤地坝。

陕西省水利厅提前启动陕北片区水旱灾害防御IV级应急响应，派出工作组赴榆林市一线指导防御工作；组织召开淤地坝专项防御工作调度会，细化安排淤地坝防御措施；"点对点"向强降雨区延安、榆林市发出4期山洪灾害气象预警。

（本文刊发于《人民日报海外版》2022年08月11日　第02版）

人民日报海外版

南水北调东、中线一期受益人口超过 1.5 亿

本报北京 8 月 25 日电（记者　潘旭涛）　记者从水利部获悉，南水北调中线穿黄工程 25 日通过水利部主持的设计单元完工验收。至此，南水北调东、中线一期工程全线 155 个设计单元工程全部通过水利部完工验收。这是南水北调东、中线一期工程继全线建成通水以来的又一个重大节点，标志着工程全线转入正式运行阶段，为顺利推进南水北调东、中线一期工程竣工验收及后续工程高质量发展奠定了基础。

南水北调东、中线一期工程建设规模大、时间跨度长、涉及行业地域多。2002 年 12 月南水北调工程开工建设，2014 年 12 月东、中线一期工程全线通水。通水以来工程运行安全平稳，水质持续达标，累计调水超过 560 亿立方米，受益人口超过 1.5 亿，发挥了显著的经济、社会和生态效益。

此次通过验收的中线穿黄工程是南水北调的标志性、控制性工程，工程规模宏大，是我国首次运用大直径（9.0 米）盾构施工穿越大江大河的工程，在黄河主河床下方（最小埋深 23 米）穿越黄河，工程单洞长 4 250 米，设计流量为 265 立方米每秒，加大流量为 320 立方米每秒。工程于 2005 年开工，攻克了饱和砂土地层超深竖井建造、高水压下盾构机分体始发、复杂地质条件下长距离盾构掘进、薄壁预应力混凝土内衬施工等一系列技术难题。经过 9 年建设、8 年运行，累计输水超过 348 亿立方米，工程各项监测指标显示，工程运行安全平稳。

（本文刊发于《人民日报海外版》2022 年 08 月 26 日　第 01 版）

水惠中国

XINHUA NEWS AGENCY

■水利部：打好黄河流域深度节水控水攻坚战

■南水北调东线加大向冀津供水

■水利部：加快推进涉及脱贫地区 32 处大型灌区建设

■今年约 8 000 亿元水利工程投资将怎样投？

⋯⋯

水利部：打好黄河流域深度节水控水攻坚战

新华社北京 3 月 14 日电（记者　刘诗平）　水利部部长李国英 14 日强调，坚持节水优先，严格节水指标管理，强化节水定额管理、水效标准监管，推进合同节水管理和节水认证工作，打好黄河流域深度节水控水攻坚战。

李国英在水利部举行的相关会议上说，要强化水资源刚性约束。严控水资源开发利用总量，严格生态流量监管和地下水水位管控，严格建设项目水资源论证，实行水资源用途管制。

与此同时，开展水资源承载能力动态监测预警，对水资源超载地区暂停新增取水许可，临界超载地区限制审批新增取水许可，推动形成节约水资源、保护水环境的空间格局、产业结构、生产方式、生活方式。

水利部黄河水利委员会主任汪安南表示，坚持"节水优先"方针，精打细算用好水资源，从严从细管好水资源，促进流域人口经济与资源环境"空间均衡"。

黄河水资源短缺，供需矛盾突出。与此同时，水资源节约集约利用水平有待进一步提高。

据了解，针对城市公共用水大户的高校，水利部、教育部、国家机关事务管理局近日联合印发了《黄河流域高校节水专项行动方案》（简称《方案》），启动黄河流域高校节水专项行动。

《方案》针对黄河流域部分高校在供水设施和用水管理等方面存在的问题，部署推进黄河流域高校节水工作，提高学校用水效率，培养师生树立节约用水理念，引领带动全国高校以及重点领域用水户节约用水，不断提升水资源节约集约利用能力。

《方案》提出，到 2023 年底，实现黄河流域高校计划用水管理全覆盖，超定额、超计划用水问题基本得到整治，50% 高校建成节水型高校；到 2025 年底，黄河流域高校用水全部达到定额要求，全面建成节水型高校。

南水北调东线加大向冀津供水

新华社北京 3 月 25 日电（记者　刘诗平）　南水北调东线北延应急供水工程 25 日正式启动向河北和天津的年度调水工作。其中，入河北境内约 1.45 亿立方米，入天津境内约 0.46 亿立方米，比原计划大幅增加。

此次调水，标志着南水北调东线北延应急供水工程进入常态化供水新阶段。

中国南水北调集团有限公司相关负责人表示，调水计划持续至 5 月 31 日，并将根据实际情况延长调水时间、增加调水量。加上同期实施的南水北调东线山东北段调水，此次总的调水量将超过 2.42 亿立方米，南水北调东线效益逐步提升。

华北地区水资源短缺严重，水资源供需矛盾突出。南水北调东线北延应急供水工程的建设运行，充分利用南水北调东线供水能力，加大向北方供水力度，是充分发挥南水北调工程效益的有效探索。

工程通过向河北、天津供水，置换农业用地下水，缓解地下水超采状况；视情况向衡水湖、南运河等河湖湿地补水，改善生态环境；可为向天津市、沧州市城市生活应急供水创造条件。

水利部相关负责人表示，为发挥北延应急供水工程综合效益，水利部组织南水北调集团、相关流域管理机构、沿线地方水行政主管部门进行研究，利用本年度南水北调东线来水好这一有利时机，加大北延应急供水工程调水。工程供水线路长、时间紧、任务重，相关地方和单位要按照责任分工和具体工作安排，主动做好各项工作。

水利部：加快推进涉及脱贫地区 32 处大型灌区建设

新华社北京 4 月 1 日电（记者　刘诗平） 当前农田灌溉正在全国大面积展开。水利部部长李国英 1 日表示，围绕产业兴旺和粮食安全，推进农田灌排工程建设，加快推进涉及脱贫地区的 32 处大型灌区和 132 处中型灌区续建配套和现代化改造。

李国英在水利部巩固拓展水利扶贫成果同乡村振兴水利保障有效衔接工作会议上说，积极规划一批大中型灌区，推动优先将大中型灌区有效灌溉面积建成高标准农田。

记者了解到，在 2022 年推进乡村振兴工作中，水利部强调，以粮食生产功能区、重要农产品生产保护区和特色农产品优势区为重点，在水土资源条件适宜的脱贫地区，积极推进符合条件的大中型灌区开展前期工作，力争开工建设湖北蕲水等大型灌区。

加快推进云南耿马灌区、广西百色灌区、青海引大济湟西干渠等涉及脱贫地区的现代化大型灌区建设。支持脱贫地区推进实施一批中型灌区建设。

推进涉及脱贫地区的安徽淠史杭、吉林白沙滩、新疆和田河等大型灌区和中型灌区续建配套与现代化改造。启动新一轮中型灌区续建配套与节水改造前期工作。

同时，深入推进灌区标准化规范化管理，完善灌区供水计量设施，深化农业水价综合改革，推进数字化灌区建设，推动优先将大中型灌区有效灌溉面积建成高标准农田。

江西省水利厅相关负责人在会上表示，总投资达 44 亿元的宁都梅江灌区已完成项目可研批复，拟争取今年中央预算内补助投资并开工建设，这是江西革命老区最大的灌区工程，将大大保障老区粮食生产安全。

今年约 8 000 亿元水利工程投资将怎样投？

新华社北京 4 月 8 日电（记者　刘诗平、潘洁） 近期召开的国务院常务会议指出，水利工程是民生工程、发展工程、安全工程。今年再开工一批已纳入规划、条件成熟的项目。全年水利工程和项目可完成投资约 8 000 亿元。

约 8 000 亿元水利工程投资会怎样投？今年将开工建设哪些重大水利工程？如何推进工程建设和扩大有效投资？在国务院新闻办公室 8 日举行的国务院政策例行吹风会上，水利部、国家发展改革委、财政部有关负责人回答了以上问题。

水利部：南水北调中线引江补汉等重大工程年内开工

2022 年，我国将重点推进 55 项重大引调水、流域骨干防洪减灾、重点水源、水生态治理修复、智慧水利等重大项目前期工作，年内开工建设南水北调中线引江补汉、淮河入海水道二期、环北部湾广东水资源配置等工程。

水利部副部长魏山忠说，重大引调水工程建设方面，今年重点做好两方面工作：一是推进南水北调后续工程高质量发展，二是统筹推进其他重大引调水工程。

大中型灌区是国家粮食安全的重要保障。魏山忠说，目前我国有 7 000 多处大中型灌区，有效灌溉面积 5.2 亿亩，是粮食和重要农产品的主要产区。今年将实施约 90 处大型灌区、480 多处中型灌区改造，新增恢复和改善灌溉面积 2 500

余万亩。同时，积极新建一批现代化灌区。

关于防汛备汛方面的水利工程建设，水利部规划计划司司长张祥伟说，主要抓好两方面工作：一是加快水毁水利设施修复，去年汛期造成的水毁工程修复率截至 3 月底已完成近 80%，主汛期前要基本完成；二是做好在建工程安全度汛。

张祥伟说，今年的水利工程建设聚焦"四个安全"，保障防洪安全、供水安全、粮食安全、生态安全。在推进重大水利工程建设中，高度重视生态环境保护。

国家发展改革委：三大举措推进重大水利工程项目建设

国家发展改革委农村经济司司长吴晓表示，国家发展改革委将把水利工程作为适度超前开展基础设施投资的重要领域。推进重大水利工程项目建设，主要有三方面举措：

——加快项目前期工作进度。加快推进重大水利工程项目前期工作，加强与有关部门和地方沟通协调，按照项目审批权限，加快项目审批的进度。

——加大投资支持力度。持续优化投资结构，进一步向重大水利工程建设方面倾斜。对其他水利项目，进一步优化支出结构，将水利工程作为政府投资的优先方向。同时，各地要充分发挥专项债券对扩大水利有效投资的重要作用。

——深化水利投融资改革。按照市场化、法治化的原则，深化投融资体制机制改革，充分释放水利市场化改革潜力和空间。

财政部：支持重点体现"三个聚焦"

水利工程建设离不开资金保障。财政部农业农村司负责人姜大峪表示，今年财政部通过一般公共预算安排 1 507 亿元，其中水利发展资金达到 606 亿元；通过政府性基金安排 572 亿元，为今年扩大水利投资创造了有利条件。同时，地方政府债券也加大对水利项目的支持力度。

在支持重点上，姜大峪说，坚持目标导向、结果导向，体现"三个聚焦"：

——聚焦短板弱项。加大小型水库除险加固和维修养护支持力度，支持相关地区提升小型水库安全监测能力。

——聚焦重点领域。积极支持南水北调后续工程。同时，加大新建小型水库支持力度，促进农村供水安全提档升级。此外，中央财政支持相关粮食主产省份加快中型灌区节水改造。

——聚焦重点区域。围绕推动长江经济带发展、推动黄河流域生态保护和高质量发展，支持相关地区加强水系连通及水美乡村建设、中小河流治理、河湖管护等重点工作。

姜大峪表示，下一步，财政部将抓紧下拨相关资金，支持地方加快推进水利项目建设，更好地发挥水利建设惠民生、促投资、稳增长的重要作用。

今年我国重点推进 55 项
重大水利项目前期工作

新华社北京 8 月 8 日电（记者　刘诗平、潘洁）　记者 8 日从国务院新闻办公室举行的国务院政策例行吹风会上了解到，2022 年我国将重点推进 55 项重大水利项目前期工作，年内开工建设南水北调中线引江补汉、淮河入海水道二期、环北部湾广东水资源配置等工程。

同时，实施 1 700 余座病险水库除险加固；实施约 570 处大中型灌区续建配套与现代化改造，新增改善灌溉面积 2 500 余万亩，在广西、海南、江西等地区开工新建一批大型灌区；治理主要支流和中小河流 1.2 万余公里，建设中小型水库 90 余座。

以上工程加上其他水利项目，预计 2022 年可完成投资约 8 000 亿元。

水利部副部长魏山忠说，我国水资源时空分布极不均衡。新中国成立以来，开展了大规模水利工程建设，特别是党的十八大以来，长江三峡、南水北调东中线一期工程、淮河出山店水库、江西峡江水利枢纽等一大批重大水利工程建成发挥效益，形成了世界上规模最大、范围最广、受益人口最多的水利基础设施体系。

目前，我国水利仍然存在流域防洪工程体系不完善、水资源统筹调配能力不足、水生态水环境治理任务重、水利基础设施系统化网络化智能化程度不高等突出问题。

魏山忠表示，水利部将会同有关部门和地方，以实施国家水网重大工程为重点，加快实施在建水利工程，对符合经济社会发展需要、前期技术论证基本成熟、省际间没有重大分歧、地方推动项目建设意愿较为强烈的重大水利项目，加快审查审批，推动工程尽早开工建设。

今年我国将对 3 500 多座病险水库除险加固

新华社北京 4 月 15 日电（记者　刘诗平）　水利部部长李国英 15 日在水利部 2022 年水库安全度汛视频会议上说，今年将加快病险水库除险加固，推进 100 余座大中型、3 400 余座小型病险水库除险加固，及时消除安全隐患，确保水库安全度汛。

据初步预测，今年我国气象水文年景总体偏差，北部、南部发生洪水的可能性较大，北部大于南部。松花江、嫩江、黑龙江、辽河、海河流域大部分水系、黄河中下游、淮河等可能发生较大洪水，长江、太湖、珠江流域西江等可能发生区域性暴雨洪水。

"我们必须时刻绷紧安全这根弦，狠抓责任落实，加强水库安全隐患排查整治，全力以赴做好水库安全度汛工作。"李国英说，当前，水库安全问题仍是防汛工作的"心腹之患"，必须增强风险意识、忧患意识、底线意识，全面提升水库安全管理和风险管控能力。

在防汛抗洪过程中，水库削减洪峰作用巨大，如果发生垮坝破坏性同样巨大，因此水库安全度汛至关重要。加快病险水库除险加固，主汛期病险水库原则上一律空库运行。按照有关部署，2025 年前我国将完成现有的 10 000 余座病险水库除险加固，新增病险水库及时除险加固。

李国英说，确保水库安全度汛，要细化汛前准备、汛期应对各项防范措施，落实预报、预警、预演、预案措施，加快病险水库除险加固，加快推进病险淤地坝除险加固。同时，健全水库运行管理机制，强化险情应对，严格监督问责。

据水利部统计，2021 年，全国大中型水库共投入调度运用 4 347 座次，拦蓄洪水 1 390 亿立方米，配合其他有效措施，减淹城镇 1 494 个次、减淹耕地面积 2 534 万亩，避免人员转移 1 525 万。

春灌迎高峰　我国 4 380 处大中型灌区开灌

新华社北京 4 月 29 日电　水利部 29 日公布的统计数据显示，截至 4 月 28 日，我国已有 4 380 处大中型灌区开始春灌，供水超过 256 亿立方米，灌溉耕地面积达 1.86 亿亩，处于春灌关键期和高峰期。

水利部副部长田学斌在当天举行的水利部相关视频会议上强调，各地要采取有力措施，最大程度保障农业生产用水需求。加强灌区建设与管理，夯实粮食安全水利基础。

目前，全国共建成大中型灌区 7 000 多处。这些灌区是国家粮食和重要农产品生产的主阵地，粮食单产高于全国平均水平，产量约占全国总量的一半。

田学斌说，各地要强化供水保障，充分挖掘水利工程的调蓄能力和供水潜力，努力增加可供水量；加强灌溉用水管理，密切跟踪春灌用水需求变化，统一调配各种水源，确保灌溉正常开展；及时处置群众反映的灌溉问题。

同时，各地要加快推进大中型灌区建设与管理，加快大中型灌区改造进度，加大改革创新力度。

前 4 月我国完成水利建设投资近 2 000 亿元，同比增长 45.5%

新华社北京 5 月 12 日电（记者　刘诗平）　记者 12 日从水利部了解到，今年前 4 个月我国共完成水利建设投资 1 958 亿元，较去年同期增长 45.5%。

水利部副部长魏山忠日前在主持推动 2022 年重大水利工程开工建设专项调度会商会上表示，加快推进重大水利工程开工建设，确保 2022 年新开工 30 项以上。

据了解，今年水利部设定的水利建设目标，是新开工重大水利工程 30 项，完成水利建设投资 8 000 亿元。

"重大水利工程前期工作推进难度大，水利建设资金筹措压力大。"水利部规划计划司有关负责人说，重大水利工程前期论证比较复杂，需要办理土地预审、规划选址、移民规划、项目环评等要件，涉及部门多，推进难度大。同时，水利项目公益性较强，市场化融资能力弱，长期以来主要以财政投入为主。

针对这些难点，水利部门与相关部门建立了日常性沟通会商机制，就项目前期工作相关问题会商；积极争取加大中央财政投入力度的同时，拓宽投资渠道，从地方政府专项债券、金融资金、社会资本等方面想办法增加投入。

据水利部统计，今年前 4 个月，我国重大水利工程开工 9 项。总投资达 618 亿元的环北部湾广东水资源配置工程、总投资 598 亿元的南水北调引江补汉工程，前期工作进展顺利。

统计同时显示，今年前 4 个月，水利项目落实地方政府专项债券 720 亿元，较去年同期增长 115%。

魏山忠强调，全面加强水利基础设施建设意义重大，各级水利部门要按照项目前期工作进度安排和开工时间节点要求，加快推进相关工作。提前落实好建设资金，做好开工前各项准备工作，具备条件后尽早开工建设。

水利部启动水旱灾害防御Ⅳ级应急响应

新华社北京 5 月 10 日电（记者　刘诗平）　针对广东和广西等地雨情水情，水利部 10 日 10 时启动水旱灾害防御Ⅳ级应急响应，派出工作组分赴广东、广西，指导做好相关防范应对工作。

据预测，10—11 日，广东大部、广西中部、江西和云南等地局部有暴雨到大暴雨，部分中小河流将发生超警以上洪水。

目前，当地正在开展各项暴雨洪水防御工作。水利部派往广东和广西的工作组，将督促指导地方做好监测预报预警、水工程调度、堤防和水库巡查防守、中小河流洪水和山洪灾害防御等相关工作。

福建 11 个重大水利项目集中开工

新华社北京 5 月 17 日电　国家 150 项重大水利工程之一——福建木兰溪下游水生态修复与治理工程 19 日开工建设。与这项工程同日开工的，还有福建省其他 10 个重大水利项目。

水利部副部长魏山忠表示，福建省 11 个重大水利项目开工建设，是充分发挥水利有效投资作用，切实担负稳定宏观经济责任的重要举措。

他说，福建省要以木兰溪下游水生态修复与治理等重大水利项目建设为契机，多渠道筹集水利建设资金，大力推动重大水利工程建设，全面提升水旱灾害防御、水资源集约节约利用、水资源优化配置和河湖生态保护治理等能力。强化工程建设管理，确保工程建设质量、安全和进度。

此次集中开工的 11 个重大水利项目，总投资 106 亿元，主要建设内容包括水生态修复与治理、城乡供水一体化、中型水库建设、河道岸线整治、海堤改造、水闸除险加固等。

投入 500 多亿元，这项工程对农村地区为何如此重要？

根据水利部提供的数据，我国今年将投入 500 多亿元建设农村供水工程。据不完全统计，今年全国已开工建设的农村供水工程达 5 000 余处。

这项在各地积极推进的工程，对农村地区有怎样重要的意义？资金从何而来？"新华视点"记者采访了相关部门。

预计今年底全国农村自来水普及率可达到 85%

5 月 17 日，在宁夏同心县和中卫市海兴开发区，200 多名施工人员正紧张地作业——总投资超过 23 亿元的清水河流域城乡供水工程，是全国 150 项重大水利项目之一，今年计划完成 10 亿元投资，完成全部管线建设，达到通水条件。

"工程建成后将惠及近 136 万人，其中覆盖农村人口超过 100 万。在解决了吃水难问题后，未来农村居民更多的用水需求将得到保障。"宁夏水利厅节水供水处副处长苏建华说。

据不完全统计，今年全国已开工建设的农村供水工程达 5 000 余处。

水利部农村水利水电司农村供水处处长胡孟说，今年一季度，全国完成农村供水工程建设投资 154 亿元，429 万农村居民供水保障水平得到提升。预计今年底全国农村自来水普及率可达到 85%，规模化供水工程将覆盖 54% 的农村人口。

"为实现巩固拓展脱贫攻坚成果同乡村振兴有效衔接，农村供水不仅要满足农村居民的饮水需求，还需要统筹考虑改厕、洗浴、环境卫生、乡村旅游和农村二三产业发展等用水需求。"胡孟说，今年农村供水工程建设投资预计将超过 500 亿元。

水利部农村水利水电司副司长许德志表示，推进农村饮水安全向农村供水保障转变，关键在于农村规模化供水工程建设和小型工程标准化改造，有条件的地区鼓励实行城乡一体化供水工程建设，实现城乡供水统筹发展。

家住高山之上的江西省德安县邹桥乡付山村村民，祖祖辈辈靠存储山泉水生活，一旦下暴雨，泉水浑浊无法饮用；大旱年份，则需启动应急供水。记者了解到，自来水输送工程启动后，从山脚下的自来水管网引管，穿越隧道铺设了 7 500 米长上山供水主管网，附近村落近 2 800 名村民首次喝上了自来水。

德安县水利局副局长陈则兵说，目前，全县城乡供水一体化主管网实现全覆盖，城乡集中供水覆盖率达到 98%，村民喝上放心水，用上安全水。

据江西省水利厅农村水利处副处长钟爱民介绍，两年来，江西全省城乡供水一体化进程提速，今年前 4 月落实建设资金近 39 亿元，开工工程达 100 余处。

在河南，2020 年以来，50 个县市区已启动"规模化、市场化、水源地表化、城乡一体化"的农村供水"四化"工程建设，以解决农村供水水量不足、水质不稳定问题。

在安徽，2021 年启动"皖北地区群众喝上引调水工程"，推进蚌埠等皖北 6 市地下水水源替换，让 3 000 万群众喝上更安全的饮用水。

在云南，从去年起实施农村供水保障 3 年专项行动，投资 208 亿元全力提升当地农村规模化供水水平。

"通过利用大水源、组建大管网、建设大水厂，推进规模化供水工程建设。"许德志说，充分利用现有水库、引调水工程等骨干水源作为农村供水工程水源，因地制宜建设一批中小型水库等水源工程，提升水源保证率；通过供水管网延伸、联网并网等方式，扩大供水范围；建设设施良好、管理规范、服务到位的规模水厂。

统计显示，2021 年底，我国规模化供水工程服务农村人口的比例为 52%。北京、天津、上海、江苏等地已基本实现城乡供水统筹发展，浙江、安徽、山东、宁夏、新疆等省（自治区）规模化供水人口比例超过 80%。

钱从哪儿来？专项债券、财政资金、银行信贷、社会资本广采博纳

记者了解到，今年逾 500 亿元农村供水工程投资，主要以地方政府专项债券、地方财政资金、银行信贷资金、社会资本等为主。

去年 11 月，水利部、国家开发银行曾联合印发通知，鼓励加强政银合作，创新农村供水项目市场化投融资机制，加大信贷支持力度。

今年 4 月，水利部召开会议，部署用好地方政府专项债券，推进农村供水等水利项目建设。同月，水利部、财政部、国家乡村振兴局联合印发通知，明确中央财政衔接推进乡村振兴补助资金支持脱贫地区加快补齐农村供水设施短板。

"钱从哪里来？我们发挥财政资金'四两拨千斤'的作用，以市县为单元打捆城乡供水项目，创新实行投资项目资本金制度，形成'政府投入项目资本金30%、专项债券和银行贷款70%的融资机制。"福建省水利厅农村水利水电处一级调研员黄敬光说。

黄敬光说，福建省把提高规模化供水作为主要目标，积极探索城乡供水一体化建设。2019年以来，福建省级统筹财政预算和一般债已安排21.5亿元，到位地方政府债券26.34亿元，使用银行贷款29.7亿元。2020年至2022年4月，福建省共完成投资145亿元，铺设管网超过1.5万公里，供水覆盖人口760多万。

缺人管、漏损大、水费收缴难，如何破解供水管网维护难题？

"村民居住分散，宁夏农村供水管网总长将近13万公里，存在缺人管、漏损大、水费收缴难等问题。"苏建华说，"我们以信息化建设和智慧化应用助力供水管理体系变革，破解管护难题。"

据苏建华介绍，宁夏一些市县对城乡供水实行从"源头"到"龙头"全过程数字化"监管＋服务"，实现城乡供水业务在线监测、自动控制、智能分析和数据集成，同时将管理服务平台与自治区网上政务服务平台对接，方便村民百姓。

许德志表示，水利部正在推动以数字化、网络化、智能化为主线，健全完善农村供水信息化管理平台，构建农村供水管理一张图，推进规模化供水工程水量、水质等关键参数的在线监测和水泵机组等设备的自动控制，改变人工现地管理的传统手段，提升预报、预警、预演、预案能力。

记者采访时了解到，在一些农村地区，有的供水工程超期服役，有的净化消毒设施设备缺失，有的小型供水工程分布在山区、牧区和高寒地区，建设标准低，工程管护薄弱，出现问题难以得到及时处理。

对此，许德志表示，水利部会同财政部安排农村供水工程维修养护补助资金，推动各地对早期工程建设标准低、管网漏损率高、冬季管网易冻损的农村供水工程和管网加强维修养护，力争"十四五"期间完成一次轮修。同时，组织开展农村饮水状况全面排查和动态监测，每年暗访150个县，紧盯问题整改。

支持各地安全度汛，5亿元资金已安排！

水利部21日发布消息称，财政部、水利部近日安排水利救灾资金5亿元，支持和引导全国各地做好安全度汛有关工作。

今年，我国入汛时间偏早，防汛备汛工作紧迫。财政部、水利部加大水利救灾资金补助支持力度，指导各地积极有序开展安全度汛工作。

水利部要求各级水利部门利用主汛期前的有限时间，抓紧补短板、堵漏洞、强弱项，全力做好防洪工程水毁修复、安全度汛隐患排查整改、防洪调度演练、防汛预案修订等汛前准备工作，切实保障防洪安全。

水利部门"三招"稳粮保收

新华社北京5月26日电（记者　刘诗平）　当前，粮食夏种夏管正在全国陆续展开。水利部副部长刘伟平26日表示，水利部门加强水旱灾害防御、加强灌溉用水管理、加快大中型灌区建设和改造，做好"三夏"农业生产水利保障，夯实粮食丰收基础。

"据预测，今年汛期涝旱并重，北部和南部可能发生洪涝，中部可能出现干旱，将会对'三夏'生产造成不利影响，需要立足抗灾夺丰收，抓好早稻和秋粮作物需水管理，疏通农田排水，狠抓措施落实，努力保持粮食生产稳定发展的好势头。"刘伟平说。

今年以来，我国水利部门加强水旱灾害防御，8 800多处水毁工程修复完成率目前达93%，开工建设了一批防汛抗旱水利提升工程。同时，启动新建25处大型灌区，实施101处大型灌区和485处中型灌区改造，灌区改造项目完成后，预计可新增恢复改善灌溉面积5 300多万亩，新增粮食生产能力36亿公斤。

水利部统计显示，截至5月中旬，大中型灌区春灌供水已超过364亿立方米，灌溉面积达到2.6亿亩。

刘伟平说，接下来，水利部门将从三个方面做好"三夏"农业生产水利保障工作。

——加强水旱灾害防御。加强雨情、水情、工情监测预警，精准调度运用各类水工程，发挥水利工程防洪效益；密切关注旱情发展动态，提早安排部署，努力保障灌溉排水需求；加快推进病险水库除险加固、中小河流治理、山洪灾害防治等防洪减灾项目建设。

——加强灌溉用水管理。根据"三夏"农业生产推进情况，科学制定灌区供水计划，合理调度水源，保障用水需求；加强旱情监测，动态完善水量调度预案和抗旱保供水预案，实施全流域水资源统一调度，加快抗旱应急工程建设。

——加快大中型灌区建设和改造。推进一批重点水源工程前期工作，提升农业用水水源保障能力；正在实施改造的 500 多处大中型灌区要加强工程建设和调度管理，已完成改造的大中型灌区要做好工程试运行、尽早发挥效益。

警惕山洪！两部门联合发布
橙色山洪灾害气象预警

水利部和中国气象局 5 月 29 日 18 时联合发布山洪灾害气象预警：预计 29 日 20 时至 30 日 20 时，浙江西南部、福建北部、江西东北部、新疆西部等地部分地区发生山洪灾害可能性较大（黄色预警），局部地区发生山洪灾害可能性大（橙色预警）。

我国即将全面进入汛期。水利部当日举行汛情会商会议，要求各地加强雨情、水情监测预报，特别是局部地区短历时强降雨和中小河流洪水监测预报，及时发出预警；各相关地区严格按要求落实山洪灾害监测预警、提请人员转移避险、信息报送等措施，最大限度保障人民群众生命安全。

水利部针对南方 7 省雨情
启动洪水防御Ⅳ级应急响应

新华社北京 5 月 28 日电　江西、浙江等南方 7 省据预测将发生新一轮较强降雨，水利部 28 日 10 时启动洪水防御Ⅳ级应急响应，并派工作组赴江西防御一线指导防范应对。

水利部发布的汛情通报显示，28—30 日，江西、浙江、安徽、福建、广东、湖南、贵州等地，据预测有一次较强降雨过程。江西饶河、信江、抚河，浙江钱塘江，安徽青弋江、水阳江，福建闽江，广东北江，湖南湘江，贵州北盘江，以上河流将出现明显涨水过程。暴雨区内部分中小河流可能发生超警以上洪水，山丘区发生山洪灾害的风险较大。

针对云南省部分中小河流发生洪水，水利部曾于 5 月 27 日启动洪水防御Ⅳ级应急响应，并派工作组赴云南指导。

水利部启动Ⅳ级应急响应应对多地暴雨洪水

端午假期期间，据预报我国多地将发生暴雨洪水，水利部6月3日14时发布洪水蓝色预警。同时，针对江西、湖南、广西、贵州四省区可能发生的汛情，启动洪水防御Ⅳ级应急响应。

水利部发布的汛情通报显示，端午假期期间，据预报南方多地将有一次强降雨过程，广西西江干流及其支流柳江、桂江、贺江，广东北江，湖南湘江、资水、沅江，江西抚河、修水、信江、饶河、赣江，浙江钱塘江，福建闽江，贵州乌江等河流将出现明显涨水过程。其中，西江中游干流及支流柳江、桂江、贺江，湘江、资水、沅江等江河的部分河段将发生超警洪水。

水利部发布洪水蓝色预警，提醒有关地区注意防范。同时，针对江西、湖南、广西、贵州四省区可能发生的汛情，启动洪水防御Ⅳ级应急响应，指导上述地区做好各项防御工作。

汛情通报同时显示，端午假期期间，我国东北中部、南部预计将有一次较强降雨过程，为入汛以来东北地区首次强降雨过程。牡丹江、松花江、辽河、浑河等江河可能出现涨水，暴雨区内部分中小河流可能超警，须有针对性地做好各项防范应对工作。

南水北调中线引江补汉工程将在本月开工建设

（记者　刘诗平）　记者6月10日从水利部了解到，南水北调中线引江补汉工程将在本月底之前开工建设。

引江补汉工程是从长江引水至汉江的大型输水工程，是推进南水北调后续工程首个拟开工项目。

作为南水北调中线工程的后续水源，引江补汉工程将对发挥中线工程输水潜力、增强汉江流域水资源调配能力、提高北方受水区的供水稳定性起到重要作用。

今年前5月我国新开工水利建设项目超过1万个

新华社北京6月10日电（记者　刘诗平）　水利部副部长魏山忠10日说，今年前5月，我国水利建设全面提速，新开工水利项目10 644个，投资规模4 144亿元，其中投资规模超过1亿元的项目609个。

魏山忠在水利部举行的加快水利基础设施建设有关情况的新闻发布会上说，今年前5月，吴淞江整治、福建木兰溪下游水生态修复与治理、雄安新区防洪治理、江西大坳灌区、广西大藤峡水利枢纽灌区等14项重大水利项目开工建设，投资规模达869亿元。

"云南滇中引水工程输水隧洞已开挖438公里，比计划工期提前半年；安徽引江济淮主体工程完成近九成，有望今年9月底试通水。"魏山忠说，南水北调中线引江补汉、淮河入海水道二期、广东环北部湾水资源配置等重大水利工程将在近期开工建设。

今年1—5月，水利部安排实施了3 500座病险水库除险加固，治理中小河流长度2 300多公里；加快493处大中型灌区现代化改造，可新增、恢复灌溉面积351万亩，改善灌溉面积2 343万亩；建设了6 474处农村供水工程，完工2 419处，提升了932万农村人口供水保障水平。

扩大建设投资方面，水利部门在争取加大财政投入的同时，多渠道筹集建设资金。今年前5月已完成投资3 108亿元，较去年同期增加1 090亿元，增长54%。

今年全国预计将完成水利建设投资8 000亿元以上。魏山忠说，下一步，水利部将进一步加强组织推动，采取更加有力的措施，确保完成年度建设任务，推动新阶段水利高质量发展，为保持经济运行在合理区间做出水利贡献。

水利基础设施PPP项目敲定重点

（记者　班娟娟）　《经济参考报》记者6月9日从水利部获悉，水利部日前召开推进水利基础设施PPP模式发展工作部署会议，部署推进水利基础设施PPP模式发展重点工作，强调在继续加大政府投入的同时，充分发挥市场机制作用，更多地吸引社会资本参与水利建设。

水利部副部长魏山忠强调，要根据当前及今后一个时期经济社会发展对水利的需求，聚焦国家水网重大工程、水资源集约节约利用、农村供水工程建设、流域防洪工程体系建设、河湖生态保护修复、智慧水利建设等重点领域，坚持政府主导、市场运作，坚持效益导向、分类施策，坚持改革创新、协同推进，坚持规范发展、阳光运行，积极吸引社会资本参与，推进水利基础设施PPP项目更好更快发展。

根据最新发布的《水利部关于推进水利基础设施政府和社会资本合作（PPP）模式发展的指导意见》，在合作方式上，将分类选择合作模式。

针对水利项目公益性强、投资规模大、建设周期长、投资回报率低的特点，结合项目实际情况，通过特许经营、购买服务、股权合作等方式，灵活采用建设－运营－移交（BOT）、建设－拥有－运营－移交（BOOT）、建设－拥有－运营（BOO）、移交－运营－移交（TOT）等模式推进水利基础设施建设运营。

其中，对水库大坝建设等涉及防洪的公益性模块，应以政府为主投资建设和运营管理；对水力发电、供水等经营性模块，可引入社会资本投资建设运营。

对于重点水源和引调水工程，通过向下游水厂等产业链延伸、合理确定供水价格等措施，保证社会资本合理收益。对于大中型灌区建设和节水改造，应合理划分骨干工程、田间工程和供水单元，完善计量设施，积极引入社会资本参与投资运营。

对于防洪治理项目和水生态修复项目，鼓励通过资产资源匹配、其他收益项目打捆、运行管护购买服务等方式，吸引社会资本参与建设运营。对于智慧水利建设，可采取政府购买服务、政府授权企业投资运营等方式。

在政策支持上，将加大政府投资引导力度。采取直接投资、投资补助、资本金注入、财政贴息、以奖代补、先建后补等多种方式，支持社会资本参与水利基础设施建设运营。

水利部表示，下一步将细化实化推进社会资本参与水利基础设施建设运营的政策措施，科学制定投融资对接项目清单，编制项目实施方案，强化项目实施监督，落实各项支持政策。

珠江流域再次发生流域性较大洪水

水利部 19 日发布汛情通报，受近期降雨影响，珠江流域西江发生 2022 年第 4 号洪水，北江发生 2022 年第 2 号洪水，珠江流域再次发生流域性较大洪水。

珠江流域上次发生流域性较大洪水是在 6 月 14 日，当时水利部将洪水防御应急响应由 Ⅳ 级提升至 Ⅲ 级。

水利部当日举行防汛会商会议，要求相关水利部门密切监视雨情、水情、汛情，科学调度运用水工程，有效减轻西江梧州段等重点河段的洪水防御压力，强化强降雨区水库安全度汛、中小河流洪水和山洪灾害防御。

目前，水利部维持广东、广西 2 省区洪水防御 Ⅲ 级应急响应，派出了 5 个工作组在广东、广西防御一线指导。

另据预报，受未来降雨影响，广西、广东、湖南、江西、安徽、浙江等省（自治区）的一些主要江河可能发生超警洪水，这些地方的暴雨区内部分中小河流可能发生较大洪水。

珠江流域可能发生流域性大洪水

新华社北京 6 月 18 日电 水利部 18 日发布汛情通报称：据预报，6 月 20 日西江可能再次发生编号洪水，珠江流域可能发生流域性大洪水，需做好流域性大洪水防御准备。

水利部在会商研判珠江流域汛情形势后，部署洪水防御工作，要求水利部门密切监视天气形势，滚动开展洪水预报，及时准确分析预判重要江河、重点断面水情；调度相关水库或全力拦洪、或有效错峰、或适时削峰，减轻西江下游干流防洪压力；及时发布预警，指导地方加强重点地区、薄弱堤段巡查抢护；做好中小河流洪水、山洪灾害防御和中小水库安全度汛。

目前，水利部维持广东、广西 2 省（自治区）水旱灾害防御 Ⅲ 级应急响应，维持福建、江西、湖南、贵州、云南 5 省 Ⅳ 级应急响应，同时在 18 日 19 时启动浙江、安徽 2 省 Ⅳ 级应急响应。水利部已经有 6 个工作组在地方一线指导防汛抗洪工作。

今年水利建设投资超 8 000 亿元
多路资金加速进入

（记者　班娟娟　北京报道）　6 月 17 日，《经济参考报》记者从水利部召开的推进"两手发力"助力水利高质量发展有关情况新闻发布会上获悉，今年全国要完成水利建设投资超过 8 000 亿元。"全面加强水利基础设施建设投资需求巨大，在加大政府投入的同时，必须更多运用改革的办法解决建设资金问题。"水利部副部长魏山忠介绍，要充分发挥市场机制作用，更多利用金融信贷资金和吸引社会资本参与水利建设，多渠道筹集建设资金，满足大规模水利建设的资金需求。

据悉，下一步，水利部将充分用好金融支持水利基础设施政策，推进水利基础设施 PPP 模式发展，积极稳妥推进水利基础设施投资信托基金（REITs）试点工作。

加大财政金融支持力度

大规模水利建设钱从哪来？主要是三个方面：第一是政府的财政资金，第二是金融信贷，第三是社会资本。

水利部规划计划司副司长乔建华表示，水利是扩大内需的重要领域，也是地方政府专项债券的重点支持领域。截至 5 月底，有 1 318 个水利项目已落实地方政府专项债券 1 110 亿元，较去年同期增加了 719 亿元，增长 184%。项目覆盖重大水利工程、病险水库除险加固等各类水利工程，有 9 个地区落实的规模超过 50 亿元。

"此外，还有一大批水利项目已进入地方政府专项债券项目库，具备发行的条件，我们下一步将指导各地督促地方加快沟通协调，尽快地发行。"乔建华说。

"金融支持在水利基础设施建设中长期发挥着重要的支撑作用。"魏山忠介绍，近期，水利部、中国人民银行联合召开金融支持水利基础设施建设推进工作电视电话会议，进一步加强银行、政府和水利企业、项目对接，共同推进加强金融支持服务水利工作，进一步深化全方位、多层次、宽领域的战略合作。

具体来讲，在加大政策优惠方面，推动相关金融机构加大对水利项目的信贷投放力度，在延长贷款期限、优惠贷款利率和降低项目资本金比例要求等方面给予信贷优惠支持。

在立足职能定位方面，推动政策性、开发性银行用好新增的 8 000 亿元信贷额度，抓好任务分解，强化考核激励，加大对国家重大水利项目的支持力度。在这个基础上还要充分发挥商业银行资金和网点优势，加大对商业可持续水利项目的信贷投放。

在创新服务模式方面，推动金融机构进一步拓宽水利贷款还款来源及担保方式，包括允许以水费收益权、生态价值权益等作为还款来源和抵押担保，并大力支持符合条件的水利企业扩大水利项目股权和债券融资规模。

水利部财务司司长介绍，今年以来，部行共同部署推进金融支持水利基础设施建设，不断扩大水利信贷规模。1—5 月，国开行、农发行、农业银行 3 家银行共发放水利贷款 1 576 亿元，贷款余额 15 133 亿元，较去年同期增长 9.33%，重点支持了国家重大水利工程、水资源配置、农村供水及城乡供水一体化、水生态保护治理等重点领域，充分发挥了金融信贷资金支持水利建设、稳定投资和保障民生的重要作用。

"下一步，水利部将在已有的工作基础上，进一步完善商业性金融服务水利建设模式。"魏山忠透露，近期还计划与中国农业银行签订全面战略合作协议，联合印发指导意见，并加大黄河流域水利基础设施建设合作力度，持续推进金融支持水利基础设施建设各项工作。

吸引社会资本积极参与

根据《全国 PPP 综合信息平台管理项目库 2021 年年报》，截至去年底，水利领域累计入库项目 450 个、占入库项目总数的 4.4%，投资额 3 940 亿元、占入库项目总投资额的 2.4%。累计签约落地的水利建设项目 329 个、占落地项目数的 4.3%，投资额 2 972 亿元、占落地项目总投资的 2.3%。

为深入推进水利基础设施 PPP 模式规范发展、阳光运行，最近水利部制定出台了《关于推进水利基础设施政府和社会资本合作（PPP）模式发展的指导意见》，聚焦国家水网重大工程、水资源集约节约利用、农村供水工程建设、流域防洪工程体系建设、河湖生态保护修复和智慧水利建设等六大领域，采取投资补助、合理定价等有效措施，吸引社会资本参与，拓宽水利建设长期的资金筹措渠道。

乔建华表示，下一步将重点做好三方面工作。

一是积极谋划合作项目。组织地方根据相关规划，及时梳理具有投融资对接意愿的水利项目，通过项目对接会、公开发布等多种形式搭建有利于各方沟通衔接的平台，向社会资本等投资机构推介重点项目，争取融资支持。

二是引导社会资本参与。通过加大政策、资金等方面的支持力度，推动项目建立合理回报机制，吸引社会资本参与。充分发挥政府投资的引导带动作用，采取直接投资、投资补助等多种形式支持水利 PPP 项目。建立健全水利 PPP 项目水价形成机制，科学核定定价成本，鼓励有条件的地区实现供需双方协商定价。同时，支持社会资本方参与节水供水工程的建设和运营，通过转让节约的水权来获得合理的收益。

三是强化项目的服务监管。深化放管服改革，持续提升社会资本参与水利基础设施投资和建设的便利度。指导有关地方加强水利 PPP 项目的全过程管理和水利工程全生命周期管理，强化政府和社会资本履约监管，项目建设运营的质量安全监管，建立健全绩效评价制度，促进水利 PPP 项目规范发展、阳光运行。

推进水利基础设施 REITs 试点

水利基础设施作为国民经济的基础设施，长期大规模的建设形成了十分庞大的水利资产。乔建华介绍，这些水利资产总体上看都是公益性的，但也有许多项目具有一定的经营收入，可以通过 REITs 方式来有效盘活，扩大水利的有效投资，拓宽社会资本投资渠道，形成存量资产和新增投资的良性循环，从而激发水利发展的活力。

为充分调动地方的积极性，推动水利基础设施 REITs 试点工作，水利部印发了《关于推进水利基础设施投资信托基金（REITs）试点工作的指导意见》，下一步将重点抓好落实工作。

乔建华指出，基础设施 REITs 试点工作启动以来，中国证监会、国家发展改革委出台了一系列的政策，下一步要对这些政策进行深入的研究，同时结合其他行业已经发行成功的案例来分析推进水利基础设施 REITs 试点工作的难点问题，加强与国家发展改革委、中国证监会等有关部门的沟通，针对水利基础设施资产规模大、公益性强、建运周期长等特点，来谋划水利基础设施 REITs 的推进方式。

此外，还要梳理存量资产。组织各地水利部门要按照 REITs 申报的要求，梳理和盘点水利基础设施资产，根据资产的现状、规模、收益水平、相关企业的意愿，提出拟推进试点的意向项目，加强对意向项目的跟踪指导，推动项目开展前期论证。

另外，在推动试点工作上，建立水利基础设施 REITs 的试点项目台账，对于具备一定条件的项目，指导有关地方在确保水利基础设施公益作用充分发挥的前提下，开展资产的筛选、剥离和整合等工作，组织编制项目申报材料，同时也积极协调有关证券交易机构开展专项辅导，推动解决项目在申报过程中遇到的困难和问题。

"下一步，水利部将形成上下联动、左右协调、协同推进的工作格局，鼓励各地积极探索，先行先试，拓宽水利基础设施长期资金筹措渠道，为加快构建现代化水利基础设施体系、全面提升国家水安全保障能力提供有力支撑。"魏山忠说。

防汛抗旱　积极应对
——当前南涝北旱一线扫描

新华社北京 6 月 21 日电（记者　刘诗平、于文静、黄垚） 水利部 21 日发布汛情通报，珠江流域北江今年第 2 号洪水将发展成特大洪水，西江今年第 4 号洪水正在演进，水位继续上涨并将较长时间维持高水位运行，珠江防汛抗旱总指挥部 21 日 22 时将防汛 Ⅱ 级应急响应提升至 Ⅰ 级。

20 日 12 时至 21 日 12 时，珠江流域西江中下游、广东北江、湖南湘江、江西乐安河、浙江钱塘江、福建建溪等 113 条河流发生超警以上洪水。

21 日 18 时，中央气象台继续发布高温橙色预警：预计 22 日白天，河北南部、山东中西部、河南、安徽中北部、江苏西北部等地有 35 ~ 36 摄氏度高温天气，局地可达 40 摄氏度以上。

强降雨连日来"盘踞"南方，高温则持续"烧烤"北方。面对南涝北旱在全国一些省区市发生，各地各部门防洪抗旱工作积极作为、加强应对，将损失和影响减至最低。

南涝北旱：390 条河流发生超警以上洪水，部分地区旱情露头并快速发展

"入汛以来，全国共发生 17 次强降雨过程，较常年同期偏多 5 次，其中华南东部和北部、江南东部和南部、西南中部和西南部、东北中部等地偏多三至七成，21 个省区 390 条河流发生超警以上洪水。"水利部水旱灾害防御司处长王为说，汛情主要发生在南方，其中广东北江、江西乐安河等 14 条河流发生了有实测资

料以来最大洪水。

5月下旬以来，珠江流域发生2次流域性较大洪水，西江发生4次编号洪水，北江发生2次编号洪水，韩江发生1次编号洪水。汛情呈现强降水过程多、大江大河编号洪水集中且频次高、中小河流洪水多发等特点。

国家气候中心数据显示，华南入汛以来，闽粤桂琼四省区平均降水量818.4毫米，较常年同期偏多32.7%。强降水致珠江流域多条河流超警戒水位，给交通及农业生产等带来不利影响。

与南方河流水位上涨不同，热浪成为连日来北方天气的"主旋律"，尤其在华北、黄淮、西北一带多地出现同期少见的酷热天气。受持续性高温少雨天气影响，部分地区旱情露头并快速发展。

水利部统计显示，从全国来看，旱情较常年同期偏轻。但内蒙古、河南、陕西等部分省区旱情较重。

据农业农村部消息，今年以来，我国农业气象条件总体较好，灾情明显轻于常年。进入主汛期，农业气象灾害呈现"南涝北旱"特点。

全力应对：各地各部门形成合力有效应对水旱灾情

20日，国家防办、应急管理部就南方汛情继续召开防汛专题视频会商调度，与中国气象局、水利部、自然资源部会商研判，视频连线浙江、安徽、江西、湖南、广东、广西、贵州等地防办，研判汛情，调度部署珠江和长江中下游流域防汛救灾工作。水利部多次视频连线广东省人民政府、水利厅和水利部珠江水利委员会，研究部署西江、北江洪水防御工作。

近日，河南正值夏播关键期，高温抗旱抢种刻不容缓。气象部门加强与农业农村、水利、应急管理等部门会商，及时了解抗旱抢种进展和气象服务需求，有针对性提出生产建议，指导科学调度水源，确保旱区用水。

面对南涝北旱的不利自然天气，受影响的地区积极行动起来，各地各部门联动，形成合力，做好水旱灾害防御工作。

王为表示，入汛以来，水利部7次发布洪水预警，与中国气象局联合发送山洪灾害气象预警44期。长江、珠江、太湖流域1 479座（次）大中型水库共拦蓄洪水377亿立方米。

在出现大范围持续高温天气的黄淮海地区，农业农村部近日派出3个工作组并组织专家科技小分队，赴河北、山东、河南受旱地区，指导地方落实科学抗旱关键措施，完成夏播任务和推进夏管。

事预则立：打防汛抗旱有准备之仗，防范"旱涝急转"

珠江流域正在经历第二轮流域性较大洪水，长江流域一些河流依然超警。未来这些地区汛情会如何发展？

据了解，目前，西江干流武宣至桂平、龙圩至德庆江段，北江干流韶关至三水江段，广西柳江、桂江，湖南湘江上游，江西鄱阳湖湖区及乐安河、信江、修水等60条河流发生超警以上洪水。

王为说，当前珠江、长江流域部分江河水位较高，且还将持续一段时间。下一步，水利部将重点做好雨情、水情、汛情监测预报预警，科学调度运用流域防洪工程体系，指导做好江河堤防防守，保障水库度汛安全，做好中小河流洪水和山洪灾害防御。

针对北方旱情，王为表示，当前旱情主要影响农业生产和局部山丘区农村供水。虽然北方地区大中型水库蓄水情况总体较好，但仍需防范局地干旱造成的不利影响。

农业农村部种植业管理司有关负责人表示，针对今年农业防灾减灾形势，农业农村部及早部署安排，加强监测调度，搞好物资储备，指导科学抗灾，加大救灾支持。

天气情况直接关系到汛情和旱情的防御。据国家气候中心预测，预计22—30日，北方多降雨过程，华南、江南降雨减弱；7月，东北中部和南部、华北东部和南部、华中北部、华东北部等地降水较常年同期偏多。

专家指出，针对气象部门预计后期北方降雨偏多的情况，需要密切关注天气变化，抗旱的同时做好防汛物资储备和技术准备，防范"旱涝急转"。

珠江防总将防汛应急响应提升至 I 级

新华社北京6月21日电 水利部21日发布的汛情通报显示，珠江流域北江今年第2号洪水将发展成特大洪水，西江今年第4号洪水正在演进，水位继续上涨并将较长时间维持高水位运行，珠江防汛抗旱总指挥部21日22时将防汛 II 级应急响应提升至 I 级。

珠江防总向广东省人民政府发出通知，要求进一步落实防汛责任，加密监测预报预警，精细调度水工程，科学安排蓄洪、滞洪、分洪等措施，强化水库安全度汛、堤防巡查防守和山洪灾害防御，全力做好受威胁地区人员转移避险和抢险救援工作，确保人民群众生命财产安全，确保西江、北江重要堤防和珠江三角洲城市群防洪安全。

水利部针对四省区旱情
启动干旱防御Ⅳ级应急响应

水利部发布的旱情通报显示，针对内蒙古、河南、陕西、甘肃四省区旱情，水利部6月25日16时启动干旱防御Ⅳ级应急响应。

通报指出，今年4月份以来，江淮大部，黄淮，华北大部，西北东部、中部等地降雨，较常年同期偏少三至七成。受其影响，北方部分地区旱情露头并快速发展。

据预测，未来一段时间，西北东部及华北局部降雨仍然偏少，内蒙古、河南、陕西、甘肃等省区旱情可能持续或发展。

水利部针对四省区旱情启动干旱防御Ⅳ级应急响应，同时发出通知，相关地区要密切监视雨情、水情、旱情，科学调度水利工程，强化各项抗旱措施，全力确保群众饮水安全，努力保障农业灌溉用水需求，尽可能减轻干旱影响和损失。

目前，水利部已派出工作组赴内蒙古自治区指导地方做好抗旱工作。

我国多项重大水利工程同日开工

新华社北京6月25日电（记者 刘诗平） 黄河下游引黄涵闸改建工程、湖南大兴寨水库工程、安徽包浍河治理工程25日开工建设，它们均为国务院部署实施的150项重大水利工程之一，也都是今年重点推进的55项重大水利工程之一。

黄河下游引黄涵闸承担着引黄灌区农业引水和一些跨流域调水的任务。总投资达20亿元的改建工程涉及鲁豫21个县（区）37座涵闸，总工期预计36个月。工程建成后，将进一步提高引黄灌区的供水保障率，改善沿线地区城镇生活、工业及生态供水条件。

湖南大兴寨水库以防洪为主，结合供水、灌溉，兼顾生态补水。总投资达51亿元的大兴寨水库工程设计灌溉面积 2.47 万亩，总工期预计 36 个月。工程建成后，将全面提升湘西州府吉首市的城市防洪能力和供水保障能力，改善吉首市农业产业灌溉条件和当地生态环境。

安徽包浍河治理工程包括疏浚河道、加固堤防、建设涵闸、兴修防汛道路等建设内容，涉及安徽省亳州、淮北、宿州、蚌埠等地市。总投资达 25 亿元的包浍河治理工程总工期预计 36 个月。工程建成后，将进一步完善包浍河流域防洪除涝工程体系，提高包浍河防洪排涝标准，恢复涵闸蓄水灌溉等功能。

水利部相关负责人表示，今年全国要完成水利建设投资超过 8 000 亿元，同时将确保新开工建设重大水利工程 30 项以上。在加大政府投入的同时，将充分发挥市场机制作用，多渠道筹集建设资金，满足大规模水利建设的资金需求。

当前我国防汛抗旱四大关注点解析
——访水利部水旱灾害防御司司长

新华社北京 6 月 28 日电（记者　刘诗平） 近期我国南方和北方一些地区分别发生了洪水和旱情。目前南方汛情和北方旱情如何？未来一段时期全国汛情和旱情会怎样？如何做好当前的防汛抗旱工作？ 28 日，新华社记者就以上问题采访了水利部水旱灾害防御司司长姚文广。

关注一：珠江流域部分中小河流近期可能再次发生超警洪水

问：珠江流域今年为何发生较严重汛情？接下来会有哪些变化？

姚文广：5 月下旬至 6 月中旬，珠江流域连续出现 7 次强降雨过程，雨区相对集中重叠，暴雨强度大、累积降雨量大。受强降雨影响，珠江先后发生两次流域性较大洪水，西江、北江出现 6 次编号洪水，北江发生特大洪水，累计 227 条河流发生了超警戒水位以上洪水。

通过一系列防汛抗洪措施，目前珠江流域西江、北江水位已全线退至警戒水位以下，汛情平稳。预计 6 月 28—30 日，珠江流域西江上中游仍可能有较强降雨，广西西江干流及支流柳江、桂江、郁江可能再次出现涨水过程，暴雨区部分中小河流可能再次超警。

接下来，珠江流域将进入台风多发季节，需重点防范台风引发的区域性暴雨洪水。

关注二：长江、松花江七八月可能发生区域性暴雨洪水

问：与往年相比，今年全国雨情、水情总体情况如何？哪些流域需要被重点关注？

姚文广：今年我国3月17日入汛，较常年早15天。入汛以来，全国降雨量总体偏多，江河洪水多发频发。有21个省区市417条河流发生超警以上洪水，较1998年以来同期均值偏多八成，珠江流域河流反复超警。

据预测，7—8月，我国极端天气事件偏多，区域性汛情和旱情较常年偏重。在此期间，以北方多雨为主，黄河中下游、海河、淮河、辽河、长江流域汉江等可能发生较大洪水，长江、珠江、松花江、太湖流域可能发生区域性暴雨洪水。与此同时，华中南部、西南东南部、西北西部北部等地可能出现阶段性旱情。

关注三：防汛还须解决一些薄弱环节和风险点

问：对北方地区而言，"七下八上"（7月下半月至8月上半月）防汛最关键时期还在后头，防汛还存在哪些薄弱环节和风险点？

姚文广：目前全国的防汛工作存在一些薄弱环节和风险点，如一些江河缺乏防洪控制性工程，部分河流堤防未达到设计标准；病险水库安全度汛压力大，部分中小水库泄洪能力不足；局部地区短时极端暴雨预报准确率不高，一些北方河流洪水预报难度大；部分基层干部群众对暴雨洪水的突发性和致灾性认识不足、警惕性不够；北方地区部分基层干部缺乏应对大洪水的经验，一些群众自救互救能力不足比较突出。

问：如何解决这些防汛薄弱环节和风险点？

姚文广：首先是提升防御能力。加快完善以河道及堤防、水库、蓄滞洪区为主要组成的流域防洪工程体系。实施大江大河主要支流和中小河流治理，保持河道畅通。加快小型水库雨情、水情测报和大坝安全监测设施建设。

同时，强化预报、预警、预演、预案措施。加强流域水利工程联合调度，加强江河堤防巡查防守。

保障水库度汛安全，病险水库主汛期原则上一律空库运行，坚决避免水库垮坝。做好中小河流洪水和山洪灾害防御，加强雨情、水情信息监测，及时发布预

警，努力实现"测得准，报得出，叫得应"，及时果断组织危险区人员转移避险。

加大教育培训力度，加快推进基层防汛人员业务能力提升。加强科普宣传，提升群众防灾避险和自救互救能力。

关注四：北方局部地区旱情可能持续

问：目前，我国北方旱情如何，未来一段时间会否加重？

姚文广：目前，我国北方部分地区旱情露头并快速发展，主要集中在内蒙古、河南、陕西、甘肃等省区。针对四省区旱情，水利部于 6 月 25 日启动干旱防御Ⅳ级应急响应，派出 3 个工作组赴内蒙古、陕西、甘肃旱区一线，协助指导抗旱。

同时，精细调度黄河小浪底、龙羊峡、刘家峡等骨干工程，为沿河城市和灌区引水提供便利条件。组织旱区各地加强对江、河、湖、库等水源的科学管理和抗旱调度，为群众生活和农业生产提供水源保障，确保群众饮水安全。

近日，河南等地出现明显降雨过程，对旱情缓解十分有利。未来一段时间，内蒙古西部、陕西中北部、甘肃等地降雨量总体不大，旱情可能持续或发展。

下一步，水利部将继续密切关注北方地区旱情发展形势，科学调度水利工程，强化各项抗旱措施，全力确保群众饮水安全，努力保障农业灌溉用水需求。

推进南水北调后续工程高质量发展
——写在引江补汉工程开工建设之际

7 月 7 日，引江补汉工程正式开工。

从长江三峡水库库区取水，穿山引水 194.8 公里，抵达丹江口水库下游的汉江安乐河口，引江补汉工程连接起三峡工程与南水北调工程两大"国之重器"，进一步打通长江向北方输水通道。

引江补汉工程开工，标志着南水北调后续工程建设拉开帷幕，国家水网建设迈出重要一步。

引江补汉工程开工：南水北调后续工程建设启幕

7 月 7 日上午 10 时 28 分，丹江口水库下游约 5 公里处的汉江右岸安乐河口，工地上的挖掘机、渣土车等大型机械开始穿梭轰鸣。

由中国南水北调集团负责建设运营的引江补汉工程，是南水北调后续工程的首个开工项目，可研批复静态总投资 582.35 亿元，设计施工总工期 9 年。

"引江补汉工程是南水北调中线工程的后续水源，从长江三峡库区引水入汉江，输水线路总长 194.8 公里，其中输水隧洞长 194.3 公里，为有压单洞自流输水。"南水北调集团董事长蒋旭光说，工程建成后，将增加南水北调中线工程北调水量，同时可向汉江中下游、引汉济渭工程及沿线补水。

引江补汉工程由输水总干线工程和汉江影响河段综合整治工程组成。由于引江补汉工程的出水口在丹江口水库坝下，三峡库区的水并非直接北调，而是通过提高汉江流域的水资源调配能力，增加中线北调水量。汉江影响河段综合整治工程，主要便是对丹江口水库坝下约 5 公里河段进行整治。

对于引江补汉工程，中国工程院院士、长江设计集团有限公司董事长钮新强列举了 6 个"最"：我国在建长度最长的有压引调水隧洞；我国在建洞径最大的长距离引调水隧洞，等效洞径 10.2 米；我国在建引流量最大的长距离有压引调水隧洞，最大引水流量 212 立方米每秒；我国在建一次性投入超大直径隧道掘进机施工最多的隧洞；我国在建单洞开挖工程量最大的引调水隧洞；我国在建综合难度最大的长距离引调水隧洞，最大埋深 1 182 米。

"工程输水总干线沿线地质条件复杂，施工难度大，是我国调水工程建设极具挑战性的项目之一，工程将促进我国重大基础设施技术创新能力的提升。"钮新强说。

"工程区地处山区，沟壑纵横，山高林密，工程野外勘测克服了许多难以想象的困难，最终找到了最佳线路通道，最大限度地避开了极易导致隧洞灾害的强岩溶区和规模巨大断裂带。"长江设计集团高级工程师贾建红说。

引江补汉工程项目法人、南水北调集团江汉水网建设开发有限公司董事长高必华表示，为应对这些工程技术难题，南水北调集团江汉水网公司开展了广泛的工程调研，积极组织科研攻关，加强技术装备研究，加强超前地质预报研究，为提前处理风险隐患提供保障，

这是湖北省丹江口市丹江口水库景色（2021年5月20日摄，无人机照片）。

（新华社记者　才扬　摄）

开展灌浆材料和工艺研究，化解大埋深、高水压带来的风险，推进安全建设。

水利部南水北调工程管理司司长李勇表示，水利部将督促指导项目法人建立完善质量管理体系，保证工程建设质量，深入推行施工过程标准化管理，切实把引江补汉工程建成安全、放心、优质工程。

"大水盆"联手"大水缸"：
连接三峡工程与南水北调工程两大"国之重器"

引江补汉工程为何此时开工建设？钮新强告诉记者，南水北调中线工程通水以来，取得了显著的经济、社会和生态效益。随着京津冀协同发展、雄安新区建设、中原城市群发展等的推进，以及华北地区地下水超采综合治理持续深入开展，受水区供水水源结构不尽合理、区域水资

这是7月7日拍摄的引江补汉工程开工现场。

（新华社记者　伍志尊　摄）

这是 7 月 7 日拍摄的引江补汉工程隧洞出口。

（新华社记者　伍志尊　摄）

源统筹调配能力相对不足的矛盾将进一步凸显。

与此同时，受上游来水形势变化及汉江流域用水需求增长的影响，南水北调中线一期工程稳定供水的能力亟待提升。引江补汉工程作为南水北调中线工程后续水源，将连通三峡水库"大水缸"和丹江口水库"大水盆"，把三峡工程与南水北调工程两大"国之重器"紧密相联。

长江三峡水库是我国的战略水源地，也是长江流域的"大水缸"，多年平均入库水量超 4 000 亿立方米，正常蓄水位 175 米相应库容 393 亿立方米，防洪库容 221.5 亿立方米，水量充沛且稳定。

丹江口水库是汉江流域的控制性骨干工程，是我国跨流域调水工程的重要水源地，更是汉江流域的"大水盆"，多年平均入库水量达 374 亿立方米，总库容 295 亿立方米，正常蓄水位 170 米以下调节库容 161.2 亿立方米，是南水北调中线一期工程的唯一

这是在湖北省宜昌市秭归县拍摄的三峡水利枢纽工程（2022 年 6 月 8 日摄，无人机照片）。

（新华社记者　王罡　摄）

水源地。

"引江补汉工程实施后，中线北调水量可由一期工程规划的多年平均95亿立方米增加至115.1亿立方米。两大水库联合构成我国重要的战略水源地，可连通长江、汉江流域与华北地区，加快构建国家水网主骨架和大动脉，进一步优化我国水资源配置格局。"李勇说。

在河北省石家庄市正定县以北的于家庄村附近，南水北调中线干渠与高铁、公路交织（2021年5月24日摄，无人机照片）。
（新华社记者　才扬　摄）

与此同时，引江补汉工程还将为引汉济渭实现远期调水规模创造条件。汉江上游引汉济渭工程年均引水量可由近期的10亿立方米增加至15亿立方米，有效保障关中平原供水安全。

此外，引江补汉工程实施后，每年可向汉江中下游补水6.1亿立方米，工程输水沿线补水3亿立方米，大幅提高汉江流域及区域水资源调配能力。

生态优先，人水和谐：打造绿色调水工程"名片"

在引江补汉工程建设过程中，如何减少对环境的影响？蒋旭光表示，南水北调集团将积极采取各种措施，减缓或消除对生态环境的不利影响，力争把这一工程打造成绿色调水工程的"名片"。

在规划设计阶段，已明确输水总干线以隧洞形式下穿自然保护区、森林公园等生态敏感区，尽可能减少对生态敏感区的影响。同时，研究提出优化施工方式、生境修复、优化调度、水环境治理等各种环境保护措施。

在工程建设阶段，建立生态环境管理体系，将严格执行环境保护措施与主体工程同时设计、同时施工、同时投产使用的环境保护制度，并对各项环保措施的有效性开展跟踪监测，推进各项生态环境保护举措落实。

钮新强认为，引江补汉工程建成后，有利于进一步发挥南水北调中线工程的效益，增加北调水量，提高中线受水区供水保障能力，缓解京津冀等华北平原水资源短缺与经济社会发展、生态环境保护之间的矛盾。

建设中的引汉济渭工程黄金峡水利枢纽（2022年4月19日摄，无人机照片）。

（新华社记者　邵瑞　摄）

"引江补汉工程建成后，每年可向汉江补水6.1亿立方米，将改善汉江水资源条件，缓解汉江中下游面临的生态环境压力。"水利部长江水利委员会副主任胡甲均说。

水利部规划计划司司长张祥伟表示，引江补汉工程是南水北调后续工程的首个开工项目，南水北调工程下一步将继续深化东线、西线工程前期工作，推动工程开工建设。通过南水北调后续工程规划建设，进一步打通南北输水通道，筑牢国家水网主骨架、大动脉，全面增强国家水资源宏观配置调度的能力和水平。

据了解，按照党中央、国务院决策部署，在推进南水北调后续工程高质量发展领导小组的统一领导下，经各方深入研究论证，南水北调后续规划建设总体思路进一步明确。有关方面正在稳步推进相关工作落实，加快构建国家水网主骨架和大动脉，为全面建设社会主义现代化国家提供坚实的水安全保障。

小暑：即将步入"三伏天"和防汛关键期

"倏忽温风至，因循小暑来。竹喧先觉雨，山暗已闻雷。"

7月7日，二十四节气中的第十一个节气——小暑，将如期而至。小暑节气的到来，意味着全国大部分地区即将步入一年中最热的"三伏天"，也将迎来"七下八上"的防汛关键期。

热风与炎夏：即将步入"三伏天"

小暑是夏季的第五个节气。从7月7日至22日的15天，小暑"三候"这样写道："一候温风至，二候蟋蟀居宇，三候鹰始鸷。"意思是说，进入小暑，凉风变成了热风；再过五日，蟋蟀热得去阴凉处避暑；再过五日，老鹰因地面温度高而盘旋于凉爽的高空。

常言道"热在三伏""节到小暑进伏天"。今年从7月16日开始入伏，进入"三伏"的初伏。

国家气候中心预测，7—8月，预计全国大部地区气温接近常年同期到偏高。其中，新疆、西北地区西部、华东、华中、华南东部等地高温天数较常年同期偏多，将出现阶段性高温热浪。

小暑过，一日热三分。紧随小暑之后的，是更热的大暑节气。"小暑接大暑，热得无处躲"，意味着全国大部分地区进入炎热季节。

炎炎盛夏气温攀升，暑热难耐。不过，气候学家说，在滚滚热浪中，有着一个生机勃勃的世界，荷花盛放、流萤飞舞、蝉鸣声声……雨热同期助力万物生长，万物繁盛礼赞生命的美好。

在防暑降温、消暑降燥的同时，还需要人们调整出良好的精神状态，迎接炎炎盛夏的到来。

暴雨与洪水：进入防汛关键期

小暑时节，将步入一年中最热的"三伏天"，也将迎来"七下八上"（7月下半月至8月上半月）的防汛关键期。

专家指出，小暑是全年降水最多的一个节气，尤其是南方各地进入雷暴最多的时段。热带气旋活动频繁，7—8月台风北上影响我国的可能性大。

国家气候中心预计，今年7—8月，东北东部和南部、华北、华东北部和南部、华中北部、华南、西北地区东部、西南地区南部和东北部、西藏南部，降水较常年同期偏多。

据水利部预测，7—8月，预计我国极端天气事件偏多，区域性洪旱较常年偏重。汛期以北方多雨为主，黄河中下游、海河、辽河、珠江等可能发生较大洪水，长江上游干流和汉江、淮河、松花江、太湖流域可能发生区域性暴雨洪水。

暴雨增多，防汛抗洪迎来重要时期，正所谓"小暑雨涟涟，防汛最当先"。专家强调，防汛须以"防"为先，加强监测预报预警，强化防汛应急准备和值守，科学实施水工程防洪调度，确保大江大河安澜，保障水库安全度汛，做好中小河流洪水、山洪灾害防御和城市防洪排涝。

农忙与经济：迎来发展好势头

小暑时节，也是粮食生产的关键时期。阳光强烈、高温多雨，雨热同期利于农作物生长，因此农谚有"伏天的雨，锅里的米"之说。

在江西省瑞昌市范镇，一些农民在田间辛勤地给中稻施肥；在山西省新绛县古交镇，一些村民在忙着给玉米苗喷洒除草剂；在甘肃省酒泉市三墩镇，一些村民同样在打药除草、施肥扶苗，做好夏季田间管理。

祖国南北，各地农民都在抢抓农时，开展农事生产。

专家指出，小暑前后，全国多数地区农业生产主要是忙于田间管理。小暑期间的天气状况，是开展病虫防治等田间作业的有利时机。

在田间地头，农民们正在抢抓农时忙农管，确保粮食丰收。在工厂车间和工程场地，工人们在为巩固经济恢复态势而紧张忙碌，各地各项重大工程建设如火如荼地展开。

在江西省九江市，长江干流江西段崩岸应急治理工程正在加紧施工。工程完工后，将与长江干堤已建护岸工程构成完整的防洪工程体系，为江西筑起牢固的防洪安全屏障。

在湖南、湖北、河南与山东等地，一批重大水利工程项目近期集中开工，起着更好发挥基建投资稳增长的作用。

专家指出，当前各地各部门统筹疫情防控和经济社会发展，积极推动一系列稳增长、惠民生政策措施落地见效，复工复产快速推进，经济恢复态势正在持续巩固。

火热的盛夏，人们用火一般的热情，克服困难，坚定信心，聚精会神抓建设，凝心聚力谋发展。

水利部门全力应对"七下八上"防汛关键期

新华社北京7月14日电（记者　刘诗平）　从7月15日开始，我国进入"七下八上"（7月下半月至8月上半月）防汛关键期，水利部门正全力做好各项防汛应对准备，确保人民群众生命财产安全。

国家防总副总指挥、水利部部长李国英强调，面对防汛关键期到来，坚持"预"字当先、"实"字托底，提前做好各项应对准备。

据预测，14—17日，受降雨影响，黄河中游干流及支流汾河、无定河、泾河、北洛河、渭河、沁河，海河南系漳卫河、滏阳河，淮河流域南四湖、沂河、沭河等河流将出现明显涨水过程。其中，汾河、沁河、卫河等河流可能超警，部分中小河流可能发生较大洪水。

东北地区多条河流超警。其中，14日14时，辽河干流部分河段超警，预计超警时间可能持续至8月初；黑龙江干流部分江段超警，预计7月20日前后全线退至警戒水位以下。

就7—8月汛情而言，据预测，我国气候状况总体偏差，极端天气事件偏多，洪水干旱情势偏重；珠江、汉江、黄河、海河、辽河、松花江可能发生较大洪水。

李国英要求，各级水利部门要全面进入主汛期工作状态，以流域为单元，提前做好防御预案，要科学调度各流域骨干水库，做好蓄滞洪区运用准备；深入排查、全面清除河道行洪障碍，加强堤防管理和巡查防守；做好中小河流洪水和山洪灾害防御；紧盯小型水库、病险水库、淤地坝安全度汛；依法依规分解落实防御责任，做到守土尽责。

我国拨付水利救灾资金 4.68 亿元
支持地方水毁修复

新华社北京 7 月 18 日电 水利部 18 日发布消息称，财政部、水利部近日拨付水利救灾资金 4.68 亿元，支持广东等 10 个省区市做好水毁工程设施修复工作，保障防洪安全。

今年入汛以来，我国强降雨过程多，珠江发生流域性较大洪水，北江发生特大洪水，西江发生 4 次编号洪水，长江流域湘江、赣江也相继发生编号洪水，四川发生两次 6 级以上强震，这些洪水和地震使得水利工程水毁震损严重，防汛形势严峻。

财政部、水利部调度各地受灾情况，研究救灾资金分配方案，下达了水利救灾资金用于支持受灾地区水利工程设施修复等救灾工作，及时恢复防洪功能，切实保障防洪安全。

淮河入海水道二期工程开工

新华社北京 7 月 30 日电 淮河入海水道二期工程 30 日正式开工建设。工程建成后，将扩大淮河下游洪水出路、打通淮河流域泄洪通道、减轻淮河干流防洪除涝压力。

水利部部长李国英在工程开工动员会上说，淮河入海水道二期工程建设是淮河流域防洪工程体系的标志性、战略性工程。要严格执行建设管理制度，高标准、高质量推进工程建设，力争早日建成发挥效益。

淮河入海水道位于江苏省境内。二期工程总投资 438 亿元，被列入国务院今年重点推进的 55 项重大水利工程清单，主要是在一期工程基础上，扩挖全线深槽，加高加固两岸堤防，扩建工程沿线 5 座枢纽建筑物。

水利部：全力做好"八上"关键期水旱灾害防御

新华社北京 7 月 31 日电 国家防总副总指挥、水利部部长李国英 31 日主持专题会商，研判"八上"（8 月上半月）防汛关键期洪涝和干旱形势，部署水旱灾害防御工作。

据预报，"八上"防汛关键期，我国局部地区洪涝和干旱并存：松辽流域松花江、松花江、辽河、浑河、太子河，海河流域北系和滦河，黄河中游北干流，珠江流域北江和东江下游等河流，可能发生洪水；长江中下游地区可能发生干旱。

李国英要求，各级水利部门要继续保持"打硬仗、打赢仗"的精神状态和奋斗姿态，将各项应对准备工作做在洪水干旱前面，提前做好防洪应对准备、防台风准备和冰川堰塞湖溃决洪水防御准备，提前做好抗旱准备。

水利部派出 5 个工作组赴冀津晋陕一线指导洪水防御

新华社北京 8 月 7 日电 水利部 7 日发布汛情通报，针对北方地区雨情、水情、汛情形势，派出 5 个工作组分赴河北、天津、山西、陕西一线指导暴雨洪水防范。

据预报，8 月 7—10 日，西北东北部、华北中部南部、黄淮北部等地将有大到暴雨，局地大暴雨；海河流域大清河、永定河、漳卫河，黄河流域中游干流及支流汾河、山陕区间部分支流、下游大汶河，淮河流域山东小清河，松辽流域浑河、松花江等河流将出现涨水过程，暴雨区部分河流可能发生超警洪水。

水利部当天组织防汛会商会议，分析研判北方地区雨情、水情、汛情形势，要求加强监测预报预警，强化中小水库、病险水库和淤地坝防洪保安，有效防御中小河流洪水和山洪灾害，做好南水北调中线工程及交叉河道的巡查防守，确保人民群众生命财产安全和重要工程安全。

水利部针对北方 8 省份
启动洪水防御IV级应急响应

新华社北京 8 月 6 日电　水利部 6 日 12 时针对北京、天津、河北、山西、内蒙古、山东、河南、陕西等 8 省份启动洪水防御IV级应急响应。

水利部发布的汛情通报显示，据预报，6—10 日，北京、天津、河北、山西、内蒙古、山东、河南、陕西等 8 省份将出现强降雨过程，海河流域大清河、子牙河、永定河、北三河、滦河，黄河流域中游干流及支流汾河、山陕区间皇甫川、窟野河、无定河、秃尾河、湫水河、下游大汶河，淮河流域山东小清河等河流将出现明显涨水过程，暴雨区部分河流可能发生超警洪水。

水利部发出通知，要求相关地区水利部门和水利部黄河、淮河、海河水利委员会密切关注雨情水情变化，加强监测预报、会商分析和值班值守，重点做好水库、淤地坝和在建工程安全度汛、中小河流洪水和山洪灾害防御等工作，确保群众生命安全。

水利部信息中心发布洪水蓝色预警，提醒有关地区和社会公众注意防范。

水利部：4 大流域须做好防洪准备

新华社北京 8 月 5 日电　水利部 5 日发布汛情通报指出，据预报，8 月上半月期间，松辽流域、海河、黄河和珠江流域部分河段或支流可能发生洪水，须提前做好防洪准备。

国家防总副总指挥、水利部部长李国英当天主持召开会商会议，研判"八上"期间汛情、旱情形势。据预报，"八上"期间，我国主要降雨区呈"一南一北"分布。松辽流域松花江、浑河、太子河、辽河及其支流绕阳河，海河流域滦河、北三河、大清河、子牙河，黄河北干流上段，珠江流域北江、东江、韩江，可能发生洪水。长江流域气温偏高、降水偏少，大部分地区将发生干旱。

李国英要求，相关流域要提前做好防洪准备：

——松辽流域控制性水库抓住降雨间歇期腾库迎汛，做好拦洪准备，加强堤防巡查防守，及时清除河道内阻水障碍等，抓紧做好绕阳河堤防溃口堵复，防范后续洪水。

——海河流域上游水库全力拦蓄，及时清除河道行洪障碍，充分发挥河道泄流、分流作用。

——黄河中游地区要加强淤地坝巡查值守，及时发布预警，提前转移危险区域群众。

——珠江流域要针对前期降雨多、土壤饱和等情况，落实各项防御措施，科学调度流域骨干水库。

与此同时，落实强降雨区中小水库、病险水库防汛责任和防垮坝措施，确保水库不垮坝；严密防范山洪灾害，重点关注海河流域太行山东麓、松辽和珠江流域山丘区，及时发布预警，提前转移群众。

抗旱准备方面，预筹抗旱水资源，科学调度长江三峡水库及长江上中游水库群和洞庭湖、鄱阳湖水系水库群，千方百计确保旱区群众饮水安全、保障秋粮作物灌溉用水。

水利部针对长江流域旱情
启动干旱防御Ⅳ级应急响应

新华社北京8月11日电（记者　刘诗平）　水利部11日发布旱情通报称，长江流域旱情快速发展，水利部针对安徽、江西、湖北、湖南、重庆、四川6省市启动干旱防御Ⅳ级应急响应。

当前，长江干流及洞庭湖、鄱阳湖水位较常年同期偏低4.7米至5.7米，均为有实测记录以来同期最低。同时，部分地区小型水库蓄水严重不足。

旱情通报称，长江流域旱情快速发展，安徽、江西、湖北、湖南、重庆、四川 6 省市耕地受旱面积 967 万亩，有 83 万人因旱供水受到影响。目前，长江流域大中型灌区水源可得到有效保障，部分灌区末端区域和"望天田"受旱较重；部分以小型水库或山泉水、溪流水作为水源的分散供水工程缺水，群众供水受到一定影响，一些群众需要拉水送水保障生活用水。

国家防总副总指挥、水利部部长李国英要求，科学调度水利工程，落实各地抗旱预案和兜底措施，确保群众饮水安全，保障大牲畜饮水和农作物时令灌溉用水需求。

旱情通报称，水利部密切关注长江流域雨情、水情、旱情，及时发布干旱预警信息；向相关省市水利部门发出通知，要求提早采取抗旱措施，减轻干旱影响和损失。同时，组织编制长江流域应急水量调度方案，针对重点旱区逐流域提出调度措施，并提前谋划三峡、丹江口等 51 座主要水库调度，为抗旱储备水源。受旱省市因地制宜、分类施策，全力做好抗旱保饮水保灌溉工作。

前 7 月我国完成水利建设投资同比增加 71.4%

新华社北京 8 月 10 日电（记者　刘诗平）　水利部副部长刘伟平 10 日表示，今年以来我国水利基础设施建设取得重要进展。截至 7 月底，完成水利建设投资 5 675 亿元，较去年同期增加 71.4%。

刘伟平在水利部举行的水利基础设施建设进展和成效新闻发布会上说，截至 7 月底，新开工重大水利工程 25 项；在建水利项目 3.18 万个，投资规模 1.7 万亿元；水利工程施工吸纳就业人数 161 万。

"农村水利是水利基础设施建设的重点领域，农村供水安全事关亿万民生福祉，大中型灌区是端牢中国人饭碗的基础设施保障。"刘伟平说，今年以来，水利部强化部署推动、加大资金支持、实行台账管理、加强督促指导，全力推进农村供水、大中型灌区建设和现代化改造。

统计显示，截至 7 月底，各地共完成农村供水工程建设投资 466 亿元，是去年同期的两倍多；已开工农村供水工程 10 905 处，提升了 2 531 万农村人口供水保障水平；农村供水工程维修养护完成投资 25.1 亿元，维修养护工程 6.7 万处，服务农村人口 1.3 亿。

大中型灌区方面，建设改造完成投资 178 亿元，国务院明确今年重点推进的 6 处新建大型灌区已开工 3 处，大中型灌区建设、改造项目开工 455 处。

刘伟平表示，下一步，水利部将锚定年度目标，持续推进水利工程建设。同时，抓好农村供水、大中型灌区建设和改造项目实施，为保持经济运行在合理区间提供有力的水利支撑。

新疆塔里木河发生超警洪水

新华社北京 8 月 12 日电（记者　刘诗平）　水利部 12 日发布汛情通报称，8 月 9—11 日，新疆维吾尔自治区西部普降小到中雨。受降雨及高温融雪影响，塔里木河干流及其支流叶尔羌河、阿克苏河、渭干河等 21 条河流发生超警戒流量以上洪水。

12 日 12 时，塔里木河干流的阿拉尔河段、英巴扎至乌斯满河段仍超警戒流量。

汛情通报称，水利部密切关注新疆雨情、水情、汛情，已向新疆维吾尔自治区水利厅发出做好强降雨防范通知，同时联合中国气象局发布山洪灾害气象预警。

新疆维吾尔自治区水利厅启动了洪水防御Ⅳ级应急响应。同时，发挥控制性水利工程的防洪调洪作用，最大限度减轻下游防洪压力。塔里木河沿线各市州采取各种措施抗洪抢险，有效保障河道堤防和群众生命财产安全。新疆生产建设兵团水利局派出多个工作组赴现场督导检查，做好各项防御工作。

长江流域水库群抗旱保供水联合调度
专项行动实施

新华社北京 8 月 17 日电（记者　刘诗平）　水利部副部长刘伟平 17 日表示，长江流域水库群抗旱保供水联合调度专项行动自 8 月 16 日 12 时起实施，调度上中游水库群，加大出库流量为下游补水，计划补水 14.8 亿立方米。

刘伟平在水利部长江流域抗旱保供水保秋粮丰收有关情况新闻发布会上说，当前，长江流域水稻等秋粮作物正处于灌溉需水关键期，为遏制长江中下游干流水位快速下降趋势，确保沿线灌区和城镇取水，水利部决定实施专项行动，调度以三峡水库为核心的长江上游梯级水库群，洞庭湖湘、资、沅、澧"四水"水库群，鄱阳湖赣、抚、信、饶、修"五河"水库群，加大出库流量为下游补水。

"8月以来，水利部门已调度长江流域控制性水库群向中下游地区补水53亿立方米。"刘伟平说，目前，长江流域大中型水库蓄水情况总体较好，蓄水量较去年同期仅偏少一成。受旱省市蓄水量较常年同期总体持平。

7月以来，长江流域大部分地区持续高温少雨，降雨量较常年同期偏少四成五。长江及洞庭湖、鄱阳湖水系来水量较常年同期偏少二至八成。当前，长江干流及洞庭湖、鄱阳湖水位较常年同期偏低4.85米至6.13米，创有实测记录以来同期最低。部分地区中小型水库蓄水不足。

水利部统计显示，四川、重庆、湖北、湖南、江西、安徽6省市耕地受旱面积1 232万亩，83万人、16万头大牲畜因旱供水受到影响。

"目前，大中型灌区的灌溉水源和城乡供水是有保障的，受旱耕地主要是分布在灌区末端和没有灌溉设施的'望天田'。"刘伟平说，供水受影响的主要是以小型水库或山泉、溪流作为水源的分散供水工程。

在保障农村供水安全方面，刘伟平表示，全面摸排旱区农村供水情况，对以山泉、溪沟、塘坝、浅井等为供水水源的小型供水工程，编制应急供水预案，分区分类明确应对措施，千方百计确保群众饮水安全。

据预测，长江流域未来一周仍将维持高温少雨，8月降雨、来水也总体偏少，旱情可能持续发展。水利部门需要密切关注长江流域旱情发展，继续做好抗旱保供水保秋粮丰收工作。

努力减轻旱情的不利影响

——长江流域部分省份抗旱保灌工作扫描

新华社长沙8月16日电　今年6月中旬以来，长江流域降水由偏多转为偏少，8月上旬长江流域降水量较多年同期均值偏少60%以上。受持续高温少雨天气影响，长江中下游干流水位较历史同期大幅偏低，沿江多地出现不同程度旱情。记者深入湖南、湖北、江西等抗旱保灌一线了解到，各地因地制宜，通过积极实施人工增雨作业、加强引水保灌溉、做好水资源管理，减轻干旱天气带来的不利影响。

"给群众带来'及时雨'"

"干旱已造成全省 100 多万人受灾，农作物受灾面积正在进一步统计中。通过对比历史数据，2022 年成为 1951 年有记录以来鄱阳湖最早进入枯水期的年份。"江西省应急管理厅有关负责人介绍说。

记者从长江水利委员会了解到，长江流域 7 月的降水量较多年同期均值偏少 30% 以上，尤其是长江下游干流及鄱阳湖水系偏少 50% 左右，为近 10 年来同期最少，湖南、湖北、江西、安徽、重庆、四川等地先后出现不同程度旱情，多地已启动相应级别的抗旱应急响应应对。

抓住有利条件，积极开展人工增雨作业，成为各地的共同选择。

这些天来，湖南省岳阳市平江县气象局人工增雨外场作业小队一直在"追云"。

队长喻莎说，7 月 8 日以来，平江县区域性高温天气已持续 36 天，气象干旱快速蔓延，按气象干旱综合指数评估，平江当前为中旱。

"我们要跟着云跑，抓住有利条件，给群众带来'及时雨'。"喻莎告诉记者，作业小队在各乡镇蹲守，县气象台的值班员根据气象雷达实时监测，分析县域内哪个区域的上空有对流天气开始发展，云层开始加厚，就马上通过电话指挥作业小队前往开展人工增雨。

据了解，截至 8 月 16 日，喻莎和同事们已开展人工增雨作业 4 次，人影烟炉作业 5 次，降下中到大雨 4 次，一定程度上缓解了平江县的干旱。

"政府引来了'抗旱水'"

作为全国主要的双季稻产区，长江中下游地区的晚稻栽插已经完成，晚稻正处于需水高峰期，目前是粮食生产保产、稳产的关键时期。湖南、江西、湖北各地通过加强引水保灌溉、科学管理用好水，努力减少旱情带来的损失，保障粮食丰收。

看着清水流进稻田，江西省宜春市袁州区辽市镇丰林村的种粮大户彭小兵高兴地说："幸亏政府引来了'抗旱水'，不然我这十几亩缺水的晚稻就完了。"

彭小兵今年流转了 660 亩田种水稻。高温少雨天气持续，眼看稻田就要开裂，他急得像热锅上的蚂蚁。村干部了解情况后，经过现场勘查，马上将情况报给镇政府。镇里先调度山塘和小水库的水进行灌溉，发现水量不足，又跟飞剑潭水库管理局联系放水。针对地势高的稻田，镇里还调来了抽水机，全力解决农作物用水需求。

8月13日，湖北省十堰市竹山县出现44.6摄氏度的高温，刷新了湖北有气象记录以来的最高气温纪录。竹山县多个乡镇出现不同程度的用水困难现象，竹山县消防救援大队迅速出动，为800余户3500位村民送水110立方米。

湖北省消防救援总队有关负责人介绍，连日来，全省消防部门已累计出动消防车辆88台次，为26个乡镇、180余个村庄送去生活用水2000余吨，有效缓解6900余人次的用水难问题。

"不浪费每一滴水"

据水文、气象部门最新预测，8月中下旬长江流域降水仍偏少。预计未来一周，长江流域除局部有小雨或中雨外，绝大部分地区仍将维持高温少雨天气，流域发生较大范围干旱的风险持续增加。

长江水利委员会的专家建议，要科学精细调度控制性水库群，强化与电力部门沟通协调，科学优化细化调度方案，充分利用好每一方水资源，全力发挥流域水库群综合效益，有针对性地做好抗旱指导工作。

"干旱天气维持，水资源紧缺，更要加强科学管理，不浪费每一滴水。"湖南省岳阳市水旱灾害防御事务中心主任曹伟东说。

今年夏天，为避免村民争水引发矛盾，导致水浪费，湖南省临湘市坦渡镇实行"一把锄头管水"，全镇26座水库均配备"水管家"，由德高望重的老党员担任，统筹调度水资源，力保每一亩农田都能及时"喝"到水。

在江西省鹰潭市余江区平定乡蓝田村的高标准农田里，村民潘国发正忙着对喷灌管道逐一检修。因为有了喷灌设施，农田里的晚稻在高温少雨天气里依然吸足水分，长势茁壮。

"喷灌设施水的利用率可达95%以上，不仅节约了水资源，还可与施肥喷药相结合，节省人工、提高效率。"余江区白塔渠管理局党总支书记陈国有说，通过不断加大节水设施、节水技术的推广力度，提高水资源综合利用效率，能积极有效应对当前的旱情。

"七下八上"关键期后防汛抗旱形势如何？

新华社北京8月16日电（记者　刘诗平）　走出"七下八上"（7月下半月8月上半月）防汛关键期，我国防汛抗旱情况及走势如何？水利部水旱灾害防御司相关负责人16日表示，近期黄河流域、海河流域、松辽流域暴雨区内部分河流可能发生超警洪水。同时，长江中下游及洞庭湖、鄱阳湖、太湖水位将持续偏低，长江流域旱情可能持续发展。

水利部信息中心在分析未来数天雨情、水情趋势时预计，8月16日至21日，全国降雨主要位于西北中部东部、华北、黄淮、东北中部和南部等地。受其影响，黑龙江中游干流部分江段可能超警，塔里木河、辽河支流绕阳河将维持超警，黄河、海河、松辽流域暴雨区内部分河流可能发生超警洪水。

同时，长江中下游及洞庭湖、鄱阳湖、太湖水位将持续偏低。根据水文气象预测，未来一周长江流域大部分地区将维持高温少雨天气，8月长江流域降雨总体偏少，长江流域旱情可能持续发展，干旱防御形势依然严峻。

水利部统计显示，7月以来，长江流域降雨量较常年同期偏少四成，为1961年以来同期最少。长江干流及中游洞庭湖、鄱阳湖水系来水较常年偏少二至八成。当前，长江干流及洞庭湖、鄱阳湖水位较常年同期偏低4.5～6米，为有实测记录以来同期最低。

受降雨偏少和持续高温共同影响，长江流域旱情发展迅速，四川、重庆、湖北、湖南、安徽、江西等6省市耕地受旱面积967万亩，有83万人、16万头大牲畜因旱供水受到影响。

水利部水旱灾害防御司相关负责人表示，针对当前旱情，水利部表示以精准范围、精准目标、精准措施应对，范围主要是长江流域等受旱地区，目标重点关注人饮和秋粮作物灌溉用水。通过有针对性的措施，有效保障旱区群众饮水安全，满足旱区秋粮作物时令灌溉用水需求。

针对黄河、海河、松辽等流域汛情，以中小河流洪水和山洪灾害防御为重点，细化实化暴雨洪水防御工作，保障人民群众生命财产安全。

水利部针对广东等5省区
启动洪水防御Ⅳ级应急响应

第9号台风"马鞍"将影响珠江流域，水利部23日12时针对广东、广西、海南、贵州、云南5省区启动洪水防御Ⅳ级应急响应。

水利部发布的汛情通报显示，受第9号台风"马鞍"影响，8月24—26日珠江流域将有一次强降雨过程，西江、郁江、桂南粤西沿海诸河、珠江三角洲、南渡江等将出现涨水过程，暴雨区部分中小河流可能发生超警洪水。

国家防总副总指挥、水利部部长李国英要求相关水利部门，密切关注台风发展态势，有针对性地落实暴雨洪水防御措施。

水利部向广东等相关省级水利部门和水利部珠江水利委员会发出通知，要求强化应急值守和预报预警，落实山洪灾害和中小河流洪水防御措施，确保人民群众生命安全；在保证水库防洪安全的前提下，抓好后汛期水库蓄水工作，为城乡供水和工农业用水储备水源。

水利部已派出2个工作组分赴广东、广西，协助指导地方做好台风强降雨防御工作。

水利部：秋季长江中下游旱情
预计将持续发展

新华社北京9月5日电 水利部5日发布汛旱情通报，秋季长江中下游和洞庭湖、鄱阳湖地区旱情预计将持续发展，须继续抓好秋季抗旱工作。同时，须做好其他地区的秋汛防御，以及台风引发强降雨洪水的防范工作。

据预测，秋季长江中下游和洞庭湖、鄱阳湖地区旱情将持续发展，长江流域嘉陵江、汉江和黄河流域渭河、泾河、北洛河、伊洛河等可能发生秋汛，还会有台风登陆影响我国东部沿海地区。

国家防总副总指挥、水利部部长李国英在水利部秋季抗旱防汛工作专题会商会议上强调，要以强化预报、预警、预演、预案措施为重点，提前做好秋季抗旱防汛各项应对准备，有效应对长江中下游及洞庭湖、鄱阳湖地区的旱情，做好秋汛防御工作，以及做好台风引发强降雨洪水的防范工作。

三部门联合印发指导意见推进用水权改革

新华社北京 9 月 1 日电 记者 1 日从水利部了解到，水利部、国家发展改革委、财政部近日联合印发《关于推进用水权改革的指导意见》，对当前和今后一个时期的用水权改革工作做出总体安排和部署。到 2025 年，用水权初始分配制度基本建立，全国统一的用水权交易市场初步建立。

在实践中，用水权主要表现为 4 种类型——区域水权、取用水户的取水权、灌溉用水户水权和公共供水管网用户的用水权。指导意见指出，近年来，我国用水权改革探索取得了积极进展，但仍存在用水权归属不够清晰、市场发育不充分、交易不活跃等问题。

指导意见提出，进一步推进用水权改革，加快用水权初始分配，推进用水权市场化交易，健全完善水权交易平台，加强用水权交易监管。到 2025 年，用水权初始分配制度基本建立，区域水权、取用水户取水权基本明晰，用水权交易机制进一步完善，用水权市场化交易趋于活跃，交易监管全面加强，全国统一的用水权交易市场初步建立；到 2035 年，归属清晰、权责明确、流转顺畅、监管有效的用水权制度体系全面建立，用水权改革促进水资源优化配置和集约节约安全利用的作用全面发挥。

指导意见要求，加快推进区域水权分配，明晰取用水户的取水权和灌溉用水户水权，探索明晰公共供水管网用户的用水权；推进区域水权、取水权、灌溉用水户水权的交易，创新水权交易措施。

同时，完善水权交易平台，建立健全水权交易系统，推进用水权相对集中交易；强化监测计量和监管，强化取用水监测计量，强化水资源用途管制，强化用水权交易监管。

水利部水资源管理司负责人表示，将加强跟踪指导，把用水权改革纳入水资源管理考核。

环北部湾广东水资源配置工程开工

环北部湾广东水资源配置工程 8 月 31 日正式开工。这标志着广东省历史上输水线路最长、建设条件最复杂、总投资最高的跨流域引调水工程进入实施阶段。

记者从水利部了解到，这项位于广东省西南部的跨流域引调水工程，由水源工程、输水干线工程、输水分干线工程等组成，输水线路总长约 499.9 公里。工程从广东省云浮市西江干流地心村河段取水，通过泵站加压提水，穿过云开大山，调水至雷州半岛，供水范围包括云浮、茂名、阳江、湛江四市，覆盖人口超过 1 800 万。

水利部规划计划司副司长乔建华说，这项工程是国务院确定的今年加快推进的 55 项重大水利工程之一，也是国家水网的重要组成部分。工程估算静态总投资 606.43 亿元、总工期 96 个月。工程建成后，可解决粤西地区水资源承载能力与经济发展布局不匹配问题，大幅提高区域供水安全保障能力。

环北部湾广东水资源配置工程项目设计总工程师刘元勋表示，这项工程在规划和建设中有许多需要重点解决的课题，复杂水情条件下江库水网构建与联合调度、复杂水文地质条件下高水压隧洞衬砌结构研究与设计、长距离深埋管道智慧运行与保障等，将依靠科技创新，应用新工艺、新技术、新方法加以解决。

据水利部珠江水利委员会副主任易越涛介绍，工程主要为城乡生活和工业生产供水，兼顾农业灌溉，同时为改善水生态环境创造条件。工程建成后，受水区预计增供水量 20.79 亿立方米。其中，城乡生活和工业供水 14.38 亿立方米，农业灌溉供水 6.41 亿立方米。

广东省水利厅副厅长申宏星表示，将加快推进工程建设，力争尽早发挥工程效益，切实提升粤西地区水安全保障能力。

防御水旱灾害　建设幸福河湖

——"中国这十年"系列主题新闻发布会聚焦新时代水利发展成就

新华社北京 9 月 13 日电　党的十八大以来，习近平总书记提出"节水优先、空间均衡、系统治理、两手发力"治水思路，确立国家"江河战略"，解决了许多长期想解决而没有解决的水利难题，办成了许多事关战略全局、事关长远发展、事关民生福祉的水利大事，我国水利事业发生了历史性变革。

中共中央宣传部 13 日举行"中国这十年"系列主题新闻发布会，聚焦新时代水利发展成就。

水旱灾害防御能力实现整体性跃升

"近十年我国洪涝灾害年均损失占 GDP 的比例，由上一个十年的 0.57% 降至 0.31%。"水利部部长李国英说，十年来，我国不断完善流域防洪工程体系，强化预报、预警、预演、预案措施，科学精细调度水利工程，成功战胜黄河、长江、淮河、海河、珠江、松花江和辽河、太湖等大江大河大湖严重洪涝灾害。

水利部水旱灾害防御司司长姚文广说，十年来，我国大江大河基本形成了以河道及堤防、水库、蓄滞洪区等组成的流域防洪工程体系；监测预报预警能力显著提升，全国各类水情站点由 2012 年的 7 万多处增加到 2021 年的 12 万处，南、北方主要河流洪水预报精准度分别提升到 90% 和 70% 以上。

今年 7 月以来，长江流域发生 1961 年以来最严重旱情。对此，水利部门积极应对，实施"长江流域水库群抗旱保供水联合调度专项行动"，保障了 1 385 万群众饮水安全和 2 856 万亩秋粮作物灌溉用水需求。

水资源利用方式实现深层次变革

节水与生产、生活息息相关。水利部农村水利水电司司长陈明忠说，2021 年，全国用水总量控制在 6 100 亿立方米以内，万元国内生产总值用水量 51.8 立方米、万元工业增加值用水量 28.2 立方米，比 2012 年分别下降 45% 和 55%；农田灌溉水有效利用系数从 2012 年的 0.516 提高至 2021 年的 0.568。

李国英表示，我国坚持"节水优先"方针，实施国家节水行动，强化水资源刚性约束，推动用水方式由粗放低效向集约节约转变，十年来水资源利用方式实现了深层次变革。

十年来，水资源配置格局也实现了全局性优化。统计显示，全国水利工程供水能力从 2012 年的 7 000 亿立方米提高到了 2021 年的 8 900 亿立方米。

"十年来，我国建设了南水北调中、东线一期工程等跨流域、跨区域引调水工程 54 处，设计年调水量 647.9 亿立方米，我国的水资源统筹调配能力得到显著提升。"水利部规划计划司司长张祥伟说，今年以来，淮河入海水道二期、南水北调中线引江补汉、环北部湾广东水资源配置等一批具有战略意义的重大项目顺利开工建设，这些项目都是论证已久、多年想干而没有干的重大水利基础设施。

江河湖泊面貌实现根本性改善

河湖长制是党的十八大以来我国进行的一项重大制度创新。目前，我国省、市、县、乡、村五级共有 120 万名河长、湖长上岗履职，每一条河流、每一个湖泊基本上都有人管护。

李国英说，各地充分发挥河湖长制的制度优势，面对河湖存在的水灾害、水资源、水生态、水环境等突出问题，重拳治理河湖乱象，依法管控河湖空间，严格保护水资源，加快修复水生态，大力治理水污染，河湖面貌发生了历史性改变，越来越多的河流恢复"生命"，越来越多的流域重现生机，越来越多的河湖成为造福人民的幸福河湖。

华北地区地下水超采问题备受社会关注。李国英说，通过采取"节、控、换、补、管"等措施，这几年华北地区地下水水位总体回升，2021 年治理区浅层地下水、深层承压水较 2018 年平均回升 1.89 米、4.65 米。同时，白洋淀水生态得到恢复，永定河等一大批断流多年的河流恢复全线通水。

统计显示，十年来，我国共治理水土流失面积 58 万平方公里，全国水土流失面积和强度实现"双下降"。

"这十年是我国水土流失治理力度最大、速度最快、效益最好的十年。"姚文广说，甘肃定西土豆、江西赣南脐橙、陕北苹果等特色产业在水土流失治理过程中培育发展，全国累计 1 000 多万名贫困群众通过水土流失治理受益。

李国英表示，迈入新征程，水利部门将锚定全面提升国家水安全保障能力总体目标，扎实推动新阶段水利高质量发展。

我国在建水利工程投资超过 1.8 万亿元创历史新高

截至 8 月底，在建水利工程投资的总规模超过 1.8 万亿元，创历史新高；落实水利建设投资 9 776 亿元，同比增长 50.9%；完成水利投资达 7 036 亿元，同比增长 63.9%……这是水利部 9 月 14 日公布的最新水利投资成绩单。

在当天水利部举行的 2022 年水利基础设施建设进展和成效系列新闻发布会上，水利部副部长刘伟平介绍，在 1—7 月水利建设取得明显进展的基础上，8 月以来，水利部持续加强水利基础设施建设，积极释放水利建设拉动经济的效能。在项目开工、资金落实、投资完成、建设进度、促进就业等方面，不断取得新进展、新成效，为稳定经济大盘、增强发展后劲做出积极贡献。

第一，开工项目多。截至 8 月底，新开工水利项目 1.9 万个，较 7 月底增加 3 412 个；重大水利工程开工 31 项，8 月，环北部湾广东水资源配置工程、广西龙云灌区顺利开工建设。近日，又新开工了海南牛路岭灌区。

第二，投资规模大。截至 8 月底，在建水利工程投资的总规模超过 1.8 万亿元，创历史新高，其中 8 月增加 1 730 亿元。落实水利建设投资 9 776 亿元，这也是历史同期最高，较去年同期增加 3 296 亿元、同比增长 50.9%。在落实投资方面，推动水利投融资改革政策落地见效，1—8 月，水利项目落实地方政府专项债券 1 877 亿元、同比增长 143%；落实银行贷款和社会资本 2 388 亿元、同比增长 69.6%。

截至 8 月底，完成水利投资达 7 036 亿元，这也是历史同期最高，同比增长 63.9%。8 月当月完成投资 1 361 亿元，创造了单月完成投资纪录。有 11 个地区完成投资超过 300 亿元，特别是广东、云南两省完成投资都超过 500 亿元，都是历史同期最高水平。

第三，建设进度快。一批重大水利工程实现重要节点目标。安徽引江济淮主体工程已经完成近九成，年内有望试通航、试通水；珠江三角洲水资源配置工程隧洞开挖完成 97.5%，年内有望全线贯通；滇中引水工程完成投资、建设进度双过半。与此同时，一批事关防洪安全、供水安全、粮食安全的项目在全面加快推进。完成中小河流治理 6 800 多公里，建成农村供水工程 8 173 处，改造大中型灌区 505 处。

第四，吸纳就业广。水利工程点多、面广、量大，产业链条长，大规模的水利建设为稳增长、稳就业发挥了重要作用。1—8 月，水利建设累计吸纳就业人数 191 万，其中农村劳动力 153 万，较 7 月末新增就业 30 万人。

水利部规划计划司二级巡视员张世伟表示，当前是完成全年水利建设目标任务的一个关键期，下一步要继续加把劲，争取 9 月底之前再新开工一批重大水利工程。比如重庆的藻渡水库和向阳水库、黑龙江的林海水库、湖南的洞庭湖重点堤防整治，还有鄂北地区水资源配置二期工程、安徽巢湖流域水生态治理工程等。到四季度，再力争推进新开工一批重大水利工程。

截至 8 月底全国新开工水利项目 1.9 万个

新华社北京 9 月 14 日电（记者 黄垚、刘诗平） 水利部副部长刘伟平 14 日表示，截至 8 月底，全国新开工水利项目 1.9 万个，较 7 月底增加 3 412 个，在建水利工程投资规模超过 1.8 万亿元，重大水利工程开工 31 项。

刘伟平在水利部当天举行的水利基础设施建设进展和成效新闻发布会上说，8 月份，环北部湾广东水资源配置工程、广西龙云灌区工程顺利开工建设。截至 8 月底，共落实水利建设投资 9 776 亿元，较去年同期增加 3 296 亿元，同比增长 50.9%。

据介绍，建设进度方面，一批重大水利工程实现重要节点目标。安徽引江济淮主体工程完成近九成，年内有望试通水、试通航；珠江三角洲水资源配置工程隧洞开挖完成 97.5%，年内有望全线贯通。同时，一批事关防洪安全、供水安全和粮食安全的项目加快推进。完成中小河流治理 6 800 多公里，建成农村供水工程 8 173 处，改造大中型灌区 505 处。

刘伟平表示，当前正值水利建设的黄金季节，水利部将在继续抓好长江流域抗旱和防御秋汛工作的同时，毫不松懈地抓好水利基础设施建设。

水利部：科学调度水利工程
保障灌溉用水需求

"9 月中旬是长江中下游晚稻、中稻等农作物灌溉用水高峰期、关键期，农业灌溉用水需求量大且集中。从供水能力看，仅仅靠天然流量是明显不够的，水利工程是防汛抗旱的'重器'，科学调度水利工程是抗旱的有效手段，也是关键措施。"在 9 月 13 日水利部召开的长江流域抗旱保供水保秋粮丰收有关情况新闻发布会上，水利部副部长刘伟平在回答《经济参考报》记者提问时表示。

经过科学论证，水利部决定，自 9 月 12 日 8 时开始，启动新一轮长江流域水库群抗旱保供水联合调度专项行动。

第一，精准范围。本次专项行动，主要是针对长江中下游、洞庭湖流域、鄱阳湖流域旱区，即"一江两湖"旱区。

第二，精准对象。专项行动在确保人民群众饮水安全的同时，重点是保障"一江两湖"旱区 356 座大中型灌区、1 460 万亩中稻和晚稻灌溉用水需求，除此之外还包括众多小型灌区秋粮用水需求。

第三，精准措施。一是科学制定调度专项行动方案。针对 9 月中旬长江中下游秋粮灌溉用水需求，水利部组织长江水利委员会和江西省水利厅、湖南省水利厅，统筹长江上游水库群和洞庭湖、鄱阳湖上游水库群各水库蓄水、下游引水设施以及用水需求等，科学制定调度方案。二是实施抗旱保供水联合调度。9 月 12 日 8 时起，调度三个水库群，即以三峡水库为核心的长江上游水库群、洞庭湖水系水库群、鄱阳湖水系水库群，计划为下游补水 17.8 亿立方米以上。三是强化用水管理。指导督促下游旱区，抓住上游补水有利时机，精准对接每一个灌区、城乡供水取水口，多引、多提、多调，精打细算用好每一立方米的水，为秋粮丰收和城乡供水提供水源保障。

水利部：长江流域旱情形势依然严峻

9 月 13 日，水利部召开长江流域抗旱保供水保秋粮丰收有关情况新闻发布会。《经济参考报》记者从会上获悉，7 月以来，长江流域高温少雨，来水偏枯，江湖水位持续走低，长江流域发生严重夏秋连旱。通过科学有效应对，前一阶段长江流域抗旱工作取得明显成效。9 月中下旬长江流域降雨、来水仍然偏少，旱情形势依然严峻。水利部将努力增加水库蓄水，科学调度水利工程，保障长江流域供水安全、航运安全。

水利部副部长刘伟平指出，国务院常务会议专题部署抗旱工作，并动用中央预备费 100 亿元支持抗旱减灾，其中用于水利救灾资金 65 亿元。针对长江流域严重旱情，水利部实施"长江流域水库群抗旱保供水联合调度"专项行动，调度长江上游水库群、洞庭湖水系水库群、鄱阳湖水系水库群，为下游累计补水 35.7 亿立方米。湖北、湖南、江西、安徽、江苏等 5 省共引水超过 26 亿立方米，农村供水受益人口 1 385 万，保障了 356 处大中型灌区灌溉农田 2 856 万亩。

此外，水利部商财政部下达中央水利救灾资金 65 亿元，支持旱区打井、修建抗旱应急水源工程、建设蓄引提调等抗旱应急工程、添置提水运水设备、补助补贴抗旱用油用电。

值得注意的是，水利部信息中心副主任刘志雨介绍，目前长江中下游地区旱情仍在进一步发展，并主要呈现"两少一低一旱"的特点。即降雨少、来水少、水位低、枯水早。预计 9 月中下旬长江流域降雨将继续偏少，其中长江中下游及洞庭湖、鄱阳湖地区较常年同期偏少二至五成，江河来水持续偏少，河湖水位继续走低，汛末水库蓄水压力较大。展望 10 月，长江中下游降雨量仍明显偏少，江西、湖南、湖北、安徽等地可能出现夏秋连旱，长江流域抗旱形势依然严峻。

"水利部将做好抗大旱、抗长旱的准备，统筹当前和后期抗旱用水需求，努力增加水库蓄水，科学调度水利工程，保障长江流域供水安全、航运安全。"刘伟平说。

新疆塔里木河干流历时 80 天的洪水过程结束

新华社北京 9 月 24 日电（记者　刘诗平）　记者 24 日从水利部了解到，新疆塔里木河最后一个超警站点恰拉龙口站流量于 9 月 22 日 20 时降至警戒以下，标志着塔里木河干流历时 80 天的洪水过程结束。

今年 5 月以来，受高温融雪及降雨影响，塔里木河干支流 25 条河流发生超警戒流量以上洪水，其中 7 条河流超保证流量。

水利部发布的汛情通报显示，本次洪水发生早、历时长，洪水总量大、洪峰量值高。同时，洪水场次多、多型洪水齐发，流域内发生暴雨洪水、融雪洪水、冰川溃决洪水，有时并发叠加。

面对洪水，各级水利部门积极应对。洪水期间，塔里木河干支流沿线未发生较大险情和灾情，相关水库、水闸、堤防等水利工程运行正常。

汛情通报同时显示，通过洪水资源化利用，塔里木河沿线灌区农作物得到充分灌溉，增加灌溉面积 63.06 万亩；河道沿岸胡杨林生态补水效果明显，增加引洪补水面积 133.5 万亩，较往年增加五成；向孔雀河调水 3.09 亿立方米，超额完成调水任务。

大藤峡水利枢纽工程通过正常蓄水位验收

9 月 28 日，广西大藤峡水利枢纽工程通过水利部主持的二期蓄水验收，标志着工程将可蓄水至 61 米正常蓄水位，全面发挥综合效益。

图为大藤峡水利枢纽工程。

（水利部　供图）

　　记者从水利部了解到，工程验收委员会认为，大藤峡工程已具备二期蓄水至61米水位条件，各项已完工程验收质量合格，同意通过二期蓄水阶段验收，可在满足航运、发电、生态用水需求下，逐步抬高蓄水位至61米高程。

　　大藤峡工程是国务院确定的172项节水供水重大水利工程之一，是珠江流域防洪控制性工程和水资源配置骨干工程。工程总投资357.36亿元，总库容34.79亿立方米，正常蓄水位61米。2014年，工程开工建设；2020年，左岸工程投入运行并发挥初期效益。

　　据大藤峡水利枢纽开发有限责任公司相关负责人介绍，根据上游来水情况，大藤峡工程计划逐步蓄水至61米高程。届时，工程的防洪、航运、发电、水资源配置、灌溉等综合效益将可得到充分发挥。

新华社《经济参考报》

全国非常规水源利用量2025年将显著提高

　　《经济参考报》记者3月16日从水利部获悉，近日，水利部、国家发展改革委联合发布《关于印发"十四五"用水总量和强度双控目标的通知》（简称

《通知》），明确了各省、自治区、直辖市"十四五"用水总量和强度双控目标。确保到 2025 年，全国非常规水源利用量超过 170 亿立方米，预计比 2020 年增加 33%。

水资源消耗总量和强度双控制度是"十三五"期间实行的一项用水管理制度。自实施以来，我国基本构建了覆盖省、市、县 3 级行政区的用水总量和强度控制指标体系，全国用水效率明显提高，用水总量有效控制，为经济社会发展提供了有力水安全保障。"十三五"期间，全国万元国内生产总值用水量、万元工业增加值用水量分别下降 28.0%、39.6%，农田灌溉水有效利用系数提高到 0.565。

《中华人民共和国国民经济和社会发展第十四个五年规划和 2035 年远景目标纲要》《"十四五"节水型社会建设规划》对"十四五"期间全国用水总量和强度双控目标提出明确要求，到 2025 年，全国年用水总量控制在 6 400 亿立方米以内，万元国内生产总值用水量、万元工业增加值用水量分别比 2020 年降低 16% 左右和 16%，农田灌溉水有效利用系数提高到 0.58 以上，非常规水源利用量超过 170 亿立方米。

《通知》进一步将全国"十四五"用水总量和强度双控目标分解下达到各省、自治区、直辖市。《通知》首次将非常规水源最低利用量作为控制目标分解下达到各省、自治区、直辖市，确保到 2025 年，全国非常规水源利用量超过 170 亿立方米，预计比 2020 年增加 33%，对促进非常规水源开发利用，缓解水资源供需矛盾具有重要意义。

水利部相关负责人表示，持续实施水资源消耗总量和强度双控行动，对提高水资源集约节约能力，促进高质量发展，为经济社会发展提供水安全保障具有重要作用。下一步，水利部将抓好《通知》的落实，组织各地进一步将"十四五"用水总量和强度双控目标分解明确到市、县，建立健全省、市、县 3 级行政区用水总量和强度双控指标体系。

新华社《经济参考报》
南水北调东线北延工程年度调水正式启动

3 月 25 日 14 时，位于山东省德州市武城县的六五河节制闸缓缓开启，南水北调东线一期工程北延应急供水工程（简称东线北延应急供水工程）正式启动向河北、天津年度调水工作。

根据水利部组织中国南水北调集团公司等单位制定的供水实施方案，计划通过北延应急供水工程向黄河以北供水 1.83 亿立方米，其中入河北境内约 1.45 亿立方米，入天津境内约 0.46 亿立方米，比原有计划大幅增加。调水计划持续至 5 月 31 日，并将根据工情、水雨情等实际情况，相机延长调水时间，增加调水量。加上同期实施的东线一期鲁北段调水，此次总的调水量将超过 2.42 亿立方米。

华北地区是我国水资源短缺最严重的地区之一，水资源供需矛盾十分突出，经济社会发展长期以过度开采地下水、挤占生态用水为代价，导致区域水生态与环境恶化，湖泊、湿地面积萎缩。东线北延应急供水工程的建设运行，充分利用东线一期工程供水能力，加大向北方供水力度，缓解华北地区地下水超采，改善沿线河湖湿地生态环境。工程通过向河北、天津供水，置换农业用地下水，缓解地下水超采状况；相机向衡水湖、南运河、南大港、北大港等河湖湿地补水，改善生态环境；还可为向天津市、沧州市城市生活应急供水创造条件。

据悉，为做好此次东线北延应急供水工程加大供水工作，水利部 24 日专门组织召开"加大东线北延应急供水工作启动会"，对做好加大供水工作做出安排部署并提出明确要求。中国南水北调集团多次召开会议专题研究。经与山东、河北、天津有关单位以及黄河水利委员会、海河水利委员会多次沟通协商，提前制定加大供水实施方案，对调水目标、原则、线路、水量、时间和任务分工等进行了明确。

此次调水，标志着东线北延应急供水工程进入了常态化供水的新阶段。水利部表示，下一步将通过科学管理、精准调度，进一步实现多调水、调好水的目标，充分发挥南水北调工程综合效益，进一步提高受水区群众的获得感、幸福感和安全感。

新华社《经济参考报》

2022 年迎关键节点
实施国家节水行动这么干

《经济参考报》记者 3 月 30 日从节约用水工作部际协调机制 2022 年度全体会议获悉，2022 年是实施国家节水行动的关键节点，将深化落实国家节水行动，精打细算用好水资源，从严从细管好水资源，以水资源的可持续利用支撑经济社会持续健康发展。

2021 年我国用水总量控制在 6 100 亿立方米以内，2021 年万元 GDP 用水量比 2015 年下降 32.2%，万元工业增加值用水量比 2015 年下降 43.8%……

这组成绩单的背后离不开各方努力。据协调机制召集人、水利部部长李国英介绍，实施国家节水行动是党的十九大确定的一项重要任务，是统领和指导当前和今后一个时期全国节水工作的重要依据。2021 年节约用水工作部际协调机制各成员单位立足自身职能，发挥专业优势，统筹推进用水总量和强度双控、农业节水增效、工业节水减排、城镇节水降损、重点地区节水开源、科技创新引领等六大重点行动，深化节水体制机制改革，协同推动节水工作取得重要进展，圆满完成年度工作任务，全社会节水意识明显增强、节水成效明显提升。

2022 年是实施国家节水行动的关键节点。《国家节水行动方案》明确要求，到 2022 年，节水型生产和生活方式初步建立，节水产业初具规模，非常规水利用占比进一步增大，用水效率和效益显著提高，全社会节水意识明显增强；万元国内生产总值用水量、万元工业增加值用水量较 2015 年分别降低 30% 和 28%，农田灌溉水有效利用系数提高到 0.56 以上。《国家节水行动方案》还明确提出了，到 2022 年北方 50% 以上、南方 30% 以上县（区）级行政区达到节水型社会标准等 15 项具体工作目标。

李国英强调，各成员单位要锚定国家节水行动方案明确的 2022 年总体目标和具体行动目标，聚焦协调机制 2022 年工作要点明确的重点工作，紧扣时间节点，细化实化措施，全面完成阶段目标任务。要进一步健全节水激励约束机制，建立健全节水制度政策，强化体制机制法治管理，促使用水主体从"要我节水"向"我要节水"转变。要充分发挥协调机制平台作用，各成员单位共同建好用好协调机制，强化沟通协调和信息共享，凝聚智慧和力量，推动解决重大问题、做好重点工作，共同推进议定事项落地生根、开花结果。

当天会议总结了国家节水行动方案 2021 年度工作进展情况，审议通过了 2022 年度工作要点。节约用水工作部际协调机制成员单位相关负责人参加会议。

新华社《经济参考报》

8 000 亿元水利工程投资敲定
多路资金组合发力

新华社北京 4 月 11 日电　《经济参考报》4 月 11 日刊发记者班娟娟采写的

文章《8 000 亿元水利工程投资敲定多路资金组合发力》。文章称，"重大水利工程每投资 1 000 亿元，可以带动 GDP 增长 0.15 个百分点，新增就业岗位 49 万个。今年完成 8 000 亿元的水利投资，会对做好'六稳''六保'工作、稳定宏观经济大盘发挥重大作用。"在日前举行的 2022 年水利工程建设情况国务院政策例行吹风会上，水利部副部长魏山忠表示。

《经济参考报》记者获悉，今年在中央预算内水利投资、中央财政水利发展资金继续倾斜支持的同时，将尽可能多地争取地方政府专项债券用于水利工程建设。在水利项目利用金融资金、水利领域不动产的投资信托基金 REITs 试点等方面，将酝酿相关支持举措。此外，将积极吸引社会资本参与水利工程建设运营。

"水利部将会同有关部门和地方，以实施国家水网重大工程为重点，加快实施在建水利工程，对符合经济社会发展需要、前期技术论证基本成熟、省际没有重大分歧、地方推动项目建设意愿较为强烈的重大水利项目，加快审查审批，推动工程尽早开工建设。"魏山忠表示。

据魏山忠介绍，在重大引调水工程建设方面，今年重点做好两方面工作：一是推进南水北调后续工程高质量发展，二是统筹推进其他重大引调水工程。在灌区建设和改造等工程方面，今年将实施约 90 处大型灌区、480 多处中型灌区改造，新增恢复和改善灌溉面积 2 500 余万亩，同时积极新建一批现代化灌区。

国家发展改革委农村经济司司长吴晓介绍说，将把水利工程作为适度超前开展基础设施投资的重要领域，多措并举扩大水利工程投资力度。将加快推进重大水利工程项目前期工作，按照项目审批权限，加快项目审批进度。促进项目尽快开工建设，确保中央投资一经下达即可形成实物工作量和有效投资，从而形成储备一批、开工一批、建设一批、竣工一批的滚动接续机制。

水利建设资金需求大，需要充分发挥政府和市场作用。财政部农业农村司负责人姜大峪表示，今年通过一般公共预算安排了 1 507 亿元，其中水利发展资金达到 606 亿元；政府性基金安排 572 亿元，为今年扩大水利投资创造了有利条件。

吴晓表示，今年将在保证中央预算内水利投资合理支出强度的基础上，持续优化投资结构，进一步对重大水利工程建设给予倾斜，重点保障跨流域跨行政区域、支撑国家重大战略实施、防洪减灾和保障国家粮食安全等方面的重大项目。各地要充分发挥专项债券对扩大水利有效投资的重要作用，用足用好地方政府专项债券可作为水利工程项目资本金的政策。

此外，吴晓称，要深化投融资体制机制改革，充分释放水利市场化改革潜力和空间。鼓励支持地方依托项目供水、发电等经营性收益建立合理的回报机制，积极引导社会资本依法合规参与工程建设和运营，扩大股权和债权融资规模；对符合条件的水利项目，积极稳妥开展基础设施领域不动产投资信托基金试点，促进形成投资的良性循环。

新华社《经济参考报》

三部门发文助力农村供水基础设施补短板

《经济参考报》记者 4 月 18 日从水利部获悉，水利部、财政部、国家乡村振兴局近日联合印发《关于支持巩固拓展农村供水脱贫攻坚成果的通知》（简称《通知》），旨在通过建立长效投入机制，强化农村供水工程建设和管理，提升农村供水保障水平，巩固拓展农村供水脱贫攻坚成果。其中，《通知》明确中央财政衔接推进乡村振兴补助资金用于支持补齐必要的农村供水基础设施短板。

农村供水工程是农村重要的基础设施，涉及全部农村人口，是一项重大民生工程。水利部官网发布的数据显示，截至 2021 年底，全国共建成农村供水工程 827 万处，农村自来水普及率达到 84%，农村供水取得了突出成效。但由于我国国情水情复杂，区域发展不平衡不充分，部分地区仍有一些薄弱环节。

《通知》要求，省级水行政主管部门要组织对脱贫地区和脱贫人口饮水状况进行全面排查和动态监测，切实做到早发现、早干预、早帮扶，及时发现和解决问题，守住农村供水安全底线。要以县为单元，建立在建农村小型水源和供水工程项目清单台账，加快农村供水工程标准化建设，加强工程质量管理，确保建一处、成一处、发挥效益一处。

《通知》强调，脱贫地区要用好涉农资金统筹整合政策，依法依规利用农村供水工程维修养护补助资金等水利发展资金，做好农村小型水源和供水工程维修养护工作。明确中央财政衔接推进乡村振兴补助资金用于支持补齐必要的农村供水基础设施短板。统筹利用现有公益性岗位，优先支持防止返贫监测对象和脱贫人口参与农村供水工程管护。对供水服务人口少、运行成本高、水费等收入难以覆盖成本的农村供水工程，要安排维修养护补助等资金予以支持，确保工程在设计年限内正常运行。

《通知》指出，省级水行政主管部门要会同财政、乡村振兴等相关部门坚持目标导向、问题导向，聚焦短板弱项，把加强脱贫地区农村供水基础设施建设作为巩固拓展脱贫攻坚成果同乡村振兴有效衔接的一项重要任务，压实责任，加强组织摸排，层层抓好落实，切实提升脱贫地区农村供水保障水平。

新华社《经济参考报》

今年重大水利工程确保新开工三十项以上

《经济参考报》记者从水利部获悉，水利部日前举行推动 2022 年重大水利工程开工建设专项调度会商，强调加快推进重大水利工程开工建设，确保 2022 年新开工三十项以上。

今年以来，水利工程投资提速推进。今年 1—3 月，全国完成水利投资 1 077 亿元，同比增长 35%。4 月 26 日召开的中央财经委员会第十一次会议强调，要加强交通、能源、水利等网络型基础设施建设，把联网、补网、强链作为建设的重点，着力提升网络效益。加快构建国家水网主骨架和大动脉，推进重点水源、灌区、蓄滞洪区建设和现代化改造。

水利部表示，2022 年可完成水利工程投资约 8 000 亿元。将重点推进 55 项重大水利项目前期工作，实施 1 700 余座病险水库除险加固，实施约 570 处大中型灌区续建配套与现代化改造。

"全面加强水利基础设施建设，对保障国家安全，畅通国内大循环、促进国内国际双循环，扩大内需，推动高质量发展，稳住宏观经济基本盘具有重大意义。"水利部副部长魏山忠在此次调度会商上强调。

魏山忠表示，各级水利部门要全力以赴推动项目审批立项和开工建设。坚定目标不动摇，抢抓机遇，按照前期工作进度安排和开工时间节点要求，加快推进相关工作，力争提前完成、超额完成。要制订具体工作方案，实行清单化管理，细化实化前期工作和开工各环节的目标任务，压紧压实责任。要做好与相关部门的沟通协调，着力解决前期工作中的突出矛盾和难点问题，加快用地预审、移民安置、环评等要件办理和可研审批。

此外，要建立健全工作推进机制，加强台账管理，构建矩阵，挂图作战，跟踪掌握项目进展情况，及时开展调度会商，加强对进度目标完成情况的督导。要提前落实好建设资金，做好开工前各项准备工作，具备条件后尽早开工建设。

新华社《经济参考报》

农村供水工程提速开建　已落实投资 516 亿元

　　《经济参考报》记者 6 月 7 日从水利部获悉，水利部指导督促各地充分利用地方政府专项债券、银行信贷和社会资本等，多渠道落实农村供水工程建设资金，全力推进农村供水工程开工建设进度，切实提高农村供水保障水平。截至 5 月底，各地农村供水工程已开工 6 474 处，完工 2 419 处，提升了 932 万农村人口供水保障水平。

　　近段时间，水利部加强研究部署，要求地方统筹疫情防控和水利工程建设，加快工程建设进度和年度投资计划执行，尽快形成实物工作量，早完工早受益。在按月调度基础上，5 月 24 日以来实行按周调度，上下联动，及时协调解决存在的问题，加快工程进度。

　　此外，水利部、财政部、国家乡村振兴局联合印发文件，支持脱贫地区利用中央财政衔接推进乡村振兴补助资金，补齐必要的农村供水基础设施短板。鼓励各地利用地方政府专项债券推动农村规模化供水工程建设。与国家开发银行、农业发展银行签订合作协议，明确信贷优惠政策，支持各地农村供水工程建设。截至 5 月底，各地农村供水工程已落实投资 516 亿元，其中地方政府专项债券 214 亿元，银行贷款 94 亿元。

　　其中，云南省开展农村供水保障 3 年专项行动。今年省级财政落实 15 亿元资本金，通过国家开发银行融资 166.94 亿元。截至 5 月底，全省 115 个县（市、区）已开工建设 1 100 个工程，完成投资 47.86 亿元，受益人口 11.6 万，预计年底可完成投资 150 亿元以上。

　　江西省 2022 年起开展城乡供水一体化先行县建设行动，吸引多家大型水务企业作为实施主体参与建设。截至 5 月底，全省落实城乡供水一体化建设资金 39.4 亿元，其中地方政府专项债券 21.1 亿元，开工城乡供水一体化工程 147 处。

　　宁夏回族自治区依托骨干水源工程建设，初步形成"覆盖全域、城乡一体、多源互补、丰枯互济"的城乡供水现代水网体系。目前全区骨干水源工程建设累计完成投资 62.1 亿元，投资完成率为 74.7%。

　　福建省积极推动农村规模化供水工程建设。全省有任务的 73 个县（市、区）中，49 个县（市、区）已开工建设。截至 5 月底，已落实资金 35.8 亿元，启动 157 个规模化水厂建设。

　　安徽省实施"皖北地区群众喝上引调水工程"，皖北 6 市 25 个县（区）今年计划新建工程 35 处，截至 5 月底，15 处已开工，完成投资 8.4 亿元。淮河以南各地持续提升农村供水保障水平，已完成投资 6.3 亿元。

河南省积极推动农村供水"规模化、市场化、水源地表化、城乡一体化"的"四化"工程建设，截至 5 月底，已落实建设资金 11.67 亿元，15 个县已经开工建设。

水利部表示，下一步，将继续加大工作推进力度，加快农村供水工程建设进度，发挥好农村供水工程点多量大面广的优势，采取以工代赈等方式积极吸纳农村劳动力参与工程建设，继续为稳经济、稳增长、稳就业做出应有的贡献。

新华社《经济参考报》
提速开工！重大水利工程建设刷新"进度条"

6 月 6 日，大藤峡水利枢纽灌区工程开工建设。该项目是国务院部署实施的 150 项重大水利工程之一，也是国务院常务会议确定的今年重点推进开工建设的 6 大灌区之一，总投资 80.08 亿元。大藤峡水利枢纽灌区设计灌溉面积 100.1 万亩，建设总工期为 60 个月。

据悉，该工程建成后，可进一步发挥大藤峡水利枢纽的灌溉供水效益，有效解决贵港市、来宾市等桂中典型干旱区骨干水利工程缺乏、耕地灌溉保证率较低、旱灾频繁、村镇人畜用水困难等问题，保证项目区粮食生产安全和村镇供水安全，为当地打造优质特色粮食、高产高糖甘蔗等"两高一优"农产品基地创造条件，促进民族地区乡村振兴和经济社会发展。

今年以来，重大水利工程建设刷新"进度条"。水利部会同有关部门和地方重点推进 55 项重大水利工程，截至目前，已开工 12 项，包括赣江抚河下游尾闾综合整治工程、西藏帕孜水利枢纽工程、山西七河五湖水生态治理、湖北十堰市中心城区水资源配置工程、闽西南水资源配置工程、四川青峪口水库、吴淞江整治工程（江苏段）等。

此外，水利部日前召开专题会议，加快推进一批论证成熟的水利工程项目。

"要紧盯畅通水利投融资渠道、重大引调水、骨干防洪减灾、病险水库除险加固、灌区建设和改造、农村供水、河流治理等工程，细化项目台账，实施动态管理，建立健全调度机制，协调推动并优化工作流程，锚定节点目标，逐项督导推进，使项目早开工、早建设、早生效，切实提高水资源保障和防洪减灾能力。"

水利部党组书记、部长李国英强调。

记者了解到，为了进一步扩大水利投资，水利部在积极争取加大中央财政投入力度的同时，深入研究政策措施，指导地方创新工作思路，拓宽投资渠道，从地方政府专项债券、金融资金、社会资本等方面想办法增加投入，保障水利基础设施建设资金需求。

新华社《经济参考报》

水利部答《经济参考报》：
南水北调东线一期工程效益显著

在 6 月 28 日水利部举行的京杭大运河全线贯通补水有关情况新闻发布会上，水利部南水北调工程管理司司长李勇在回答《经济参考报》记者提问时表示，南水北调东线一期工程是南水北调总体规划中的东、中、西 3 条线首先开工的项目，2013 年 11 月 15 日正式通水，也是首先正式通水的南水北调项目。通水以来，总计向山东省调水 52.88 亿立方米，加上东线一期北延应急供水工程，改善了沿线江苏、山东、河北、天津等受水区的水资源状况，沿线总的受益人口超过了 6 700 万。

"我们不仅要看向山东调水的数据，还要看到这个数据背后东线一期工程实际上在治污环保、修复生态、航运、防洪排涝、灌溉等方面也都发挥了综合的效益。所以说东线一期工程发挥了良好的社会效益、经济效益和生态效益。"李勇说。

华北地区的水资源供需矛盾十分突出，特别是京津冀地区，经济社会用水量大大超过水资源承载能力，长期大规模开采地下水造成地下水严重超采，导致地下水位下降、河湖水面萎缩、地面沉降等生态环境问题。

李勇介绍，2019 年水利部等四部委联合印发的《华北地区地下水超采综合治理行动方案》中，将南水北调东线一期北延应急供水工程列入地下水压采重点替代水源工程。北延工程可增加向天津、河北地区的供水能力 4.9 亿立方米，置换河北和天津深层地下水超采区的农业用水，压减深层地下水的开采量，并相机向南运河、北大港、南大港等河湖湿地补水，在改善水生态的同时回补地下水。

同时北延工程还可为天津、沧州城市生活应急供水创造条件。2019 年 4 月，北延工程进行的应急试通水，验证了北延应急供水的可行性。工程于 2019 年 11 月正式开工建设，到去年 3 月份通过水利部组织的通水阶段验收并具备通水条件。

李勇表示，北延工程的建设运行是充分发挥南水北调工程特别是东线一期工程效益的有益探索。北延工程利用东线一期工程的调度潜力，抽引长江水向北调水，用于生态补水，为华北地区的河湖生态修复和地下水超采治理提供了有力支撑。

李勇指出，此次京杭大运河全线贯通补水方案中，东线北延工程是补水的重要水源之一。此次调度中的北延供水也是多水源的，水源包括抽引长江水、抽引南四湖上级湖以及东平湖的水。黄河以南段，北延工程利用东线一期工程，从江苏省扬州市附近的长江干流附近引水，经过南水北调东线一期工程江苏境内的 6 个泵站和山东境内的 7 个泵站抽水；黄河以北段是利用东线一期工程的鲁北段工程与小运河共用河道输水，过小运河后经六分干、七一河、六五河过四女寺枢纽后进入南运河，此后利用南运河河道输水至天津九宣闸。

据介绍，此次北延应急补水从 3 月 25 日开始至 5 月 31 日结束，实际完成补水 1.89 亿立方米，超过计划 1.83 亿立方米的 3%。扣除输水损失后，此次累计调入南运河的水量是 1.59 亿立方米，发挥了较好的工程效益，改善了大运河河道水系的水资源条件，为京杭大运河今年的全线贯通提供了有力的水源保障，同时也为下一步推动实现大运河的全年有水积累了经验。

新华社《经济参考报》

多地重大水利工程建设按下快进键

重大水利工程吸纳投资大、产业链条长、创造就业机会多。据测算，重大水利工程每投资 1 000 亿元，可以带动 GDP 增长 0.15 个百分点，新增就业岗位 49 万个，为促进经济稳定增长发挥重要作用。

按照计划，今年全国要完成水利建设投资超过 8 000 亿元。今年以来，水利建设全面提速。截至 2022 年 5 月底，各地已完成水利建设投资 3 108 亿元，同比增加 54%。

《经济参考报》记者注意到，进入 6 月，各地重大、重点水利工程集中开工，不断刷新水利投资进度条，同时，不少水利工程取得重要突破。这些工程投资规模有多大，工程效益有哪些？记者梳理了相关情况，带你看看"进度图"。

6月30日，安徽省长江芜湖河段整治工程开工建设。

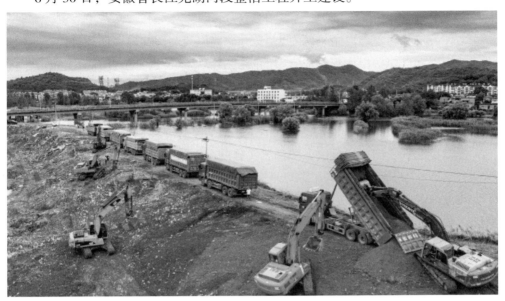

投资情况——该项目是国务院部署实施的 150 项重大水利工程之一，也是今年重点推进的 55 项重大水利工程之一，总投资 10.9 亿元，工程总工期 36 个月。

建设内容——工程治理河段上起芜湖市繁昌区庆大圩，下至大拐，河道全长51.8 公里。工程主要建设内容为加固长江芜湖河段南岸的庆大圩、芦南圩、荷花

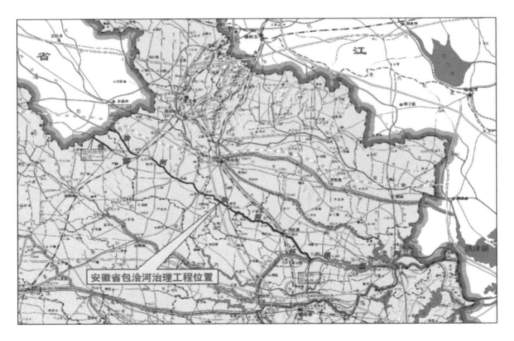

安徽省包浍河治理工程位置

圩，加固堤防 12.1 公里，拆除重建 6 座穿堤排涝建筑物，建设 4 段护岸工程，总长度 27.2 公里。

工程效益——工程以防洪保安为主，并兼顾岸线利用和环境保护等综合效益，将长江干堤和已建护岸工程构成完整的防洪工程体系，进一步提升防洪能力，防止河床发生沿程冲刷，有效改善保护区的生态环境，有力促进沿岸地区经济社会高质量发展。

6 月 25 日，安徽省包浍河治理工程开工建设。

投资情况——该项目是国务院部署实施的 150 项重大水利工程之一，也是今年重点推进的 55 项重大水利工程之一，总投资 25.57 亿元，总工期 36 个月。

建设内容——疏浚河道 132.39 公里，加固固镇县城浍河右岸堤防 2.57 公里，实施南坪闸、包河闸除险加固，拆除重建沟口涵闸 11 座、新建 25 座，新建护岸 22 处、10.04 公里，兴建防汛道路 157.34 公里。

工程效益——工程建成后，将进一步完善包浍河流域防洪除涝工程体系，提高包浍河防洪排涝标准，恢复涵闸蓄水灌溉功能，畅通沿河防汛道路，提升水旱灾害防御能力，有力促进区域经济社会持续健康发展。

6 月 25 日，湖南大兴寨水库工程开工建设。

投资情况——该项目是国务院部署实施的 150 项重大水利工程之一，也是今年重点推进的 55 项重大水利工程之一，总投资 51.14 亿元，总工期 36 个月。

建设内容——大兴寨水库以防洪功能为主，结合供水、灌溉，兼顾生态补水，主要建设内容包括枢纽、供水和灌区3个部分，为Ⅱ等大（2）型水库工程。

工程效益——工程建成后，将全面提升湘西州府吉首市城市防洪能力和供水保障能力，改善吉首市农业产业灌溉条件，防洪能力由10年一遇提高到50年一遇，同时还将进一步丰富旅游资源，改善峒河流域生态环境，促进民族地区乡村振兴和经济社会高质量发展。

6月25日，黄河下游引黄涵闸改建工程开工建设。

投资情况——该工程是国务院部署实施的150项重大水利工程之一，也是今年重点推进的55项重大水利工程之一，总投资20.70亿元。

建设内容——黄河下游引黄涵闸承担了灌区农业引水以及引黄入卫、引黄济津、引黄济青、引黄入冀补淀等跨流域调水任务。该工程涉及山东、河南两省11个市21个县（区）37座涵闸，总工期36个月。

工程效益——工程建成后，作为我国重要粮食主产区和农业生产基地的引黄灌区的供水保障率将进一步提高，还将改善沿线地区城镇生活、工业及生态供水条件，有效支撑华北地区经济社会高质量发展。

6月21日，滇中引水工程龙泉倒虹吸顺利贯通，标志着滇中引水工程建设取得重大进展。

　　投资情况——滇中引水工程是国务院确定的 172 项节水供水重大水利工程中的标志性工程，也是中国西南地区投资规模最大、建设难度最高的水资源配置工程。

　　工程效益——工程建成后，可从水量相对充沛的金沙江干流引水至滇中地区，有效缓解滇中地区城镇生产、生活用水矛盾，改善区内河道、高原湖泊的生态及水环境状况，惠及人口 1 112 万，将有力地促进云南经济社会可持续发展。

6月6日，广西大藤峡水利枢纽灌区工程在广西壮族自治区贵港市开工建设。

投资情况——这是国务院部署实施的150项重大水利工程之一，也是2022年国务院第167次常务会议确定的今年重点推进开工建设的6大灌区之一。总投资80.08亿元。

建设内容——工程设计灌溉面积100.1万亩，建设渠（管）道652公里，新建及恢复泵站装机容量1.28万千瓦，总工期60个月。

工程效益——工程建成后，将有效解决贵港市、来宾市等桂中典型干旱区耕地灌溉、城乡供水等方面存在的突出问题，为打造广西优质特色粮食、高产高糖甘蔗等"两高一优"农产品基地、促进民族地区乡村振兴和经济社会发展奠定坚实基础，为保障国家粮食安全做出积极贡献。

在广东，珠江三角洲水资源配置工程、湛江市引调水工程等一大批重大水利工程正加足马力加快建设；在内蒙古，国家水网骨干工程——引绰济辽工程高效推进，实现投资、建设进度双过半；在新疆，172项国家重大节水供水工程之一——奎屯河引水工程正在争分夺秒抢工期，预计7月中旬对将军庙水库大坝进行填筑，年底完成大坝填筑目标任务。

近日，水利部海河水利委员会漳河石梁、下交漳至观台河段控导治理工程可行性研究报告获国家发展改革委批复，标志着作为国家"十四五"规划102项重大工程水利重点任务之一、海委直属又一重大水利工程正式立项。

······

除上述外，不少地方重点水利工程同样在加速推进。

《经济参考报》记者从水利部获悉，6月29日，汉山水库工程开工动员会在河南省南阳市举行，至此，计划于6月下旬集中开工的7项重点水利工程全部开工建设。7项重点水利工程总投资576亿元，包括汉山水库工程、前坪水库灌区汝阳供水工程、黄河三门峡水库清淤试点工程、大型灌区续建配套与现代化改造工程、农村供水四化试点县项目、黄河下游引黄涵闸改建工程、新乡市四县一区南水北调配套工程东线项目等。

这7项重点水利工程，既有洪水控制、水源调蓄的重大节点工程，又有城乡供水、引水灌溉的输配水工程，都是配置水源、连通水系、构建水网的重要工程，建成后可恢复和提升供水能力13.3亿立方米，发展和改善灌溉面积855万亩，年新增粮食10.5亿公斤，增加生态补水能力1.8亿立方米。

新华社《经济参考报》

南水北调后续工程首个项目引江补汉工程开工

《经济参考报》记者从水利部获悉，7月7日，湖北省丹江口市三官殿街道，备受瞩目的引江补汉工程正式拉开建设帷幕。

引江补汉工程是南水北调后续工程首个开工项目，是全面推进南水北调后续工程高质量发展、加快构建国家水网主骨架和大动脉的重要标志性工程。工程全长 194.8 公里，施工总工期 9 年，静态总投资 582.35 亿元。据测算，工程建成后，南水北调中线多年平均北调水量将由 95 亿立方米增加至 115.1 亿立方米。

"南方水多，北方水少，如有可能，借点水来也是可以的。"

1952 年提出的这一"南水北调"的伟大构想，在历经半个多世纪的论证、勘测、规划、设计、建设后照进现实。2014 年 12 月，南水北调东、中线一期工程实现全面通水。7 年多来，累计调水 540 多亿立方米，受益人口超 1.4 亿。

北上的一渠清水，极大地缓解了北方受水地区供用水矛盾，也在悄然间改变着当地的用水格局。原本规划设计作为补充水源的中线工程已经成为受水区的主力水源。以北京为例，人们每喝的 10 杯水中，就有约 7 杯来自南水。

与此同时，水源区汉江生态经济带的建设，也对汉江流域水资源的保障能力提出了新的要求。专家指出，一旦遭遇汉江特枯年份，丹江口水库来水量少，在不影响汉江中下游基本用水的前提下，难以充分满足向北方调水的需求。

面对新形势新任务，"开源"摆上了推进南水北调后续工程高质量发展的重要议事日程。人们将目光投向了位于长江干流的三峡水库。

如果将多年平均入库水量达374亿立方米、总库容339亿立方米、调节库容190.5亿立方米的丹江口水库比作汉江流域的"大水盆"，那么多年平均入库水量超4 000亿立方米、总库容450亿立方米、调节库容221.5亿立方米的三峡水库可以看作是长江流域"大水缸"，而且是一个水量充沛且稳定的"大水缸"。

"通过实施引江补汉工程，连通南水北调与三峡工程两大国之重器，对保障国家水安全、促进经济社会发展、服务构建新发展格局将发挥重要作用。"水利部南水北调司司长李勇表示，实施引江补汉工程，将进一步打通长江向北方输水新通道，完善国家骨干水网格局，为汉江流域和京津冀豫地区提供更好的水源保障，实现南北两利。

历经90天奋斗，一个千米钻孔诞生，深1 105.1米……今年5月，引江补汉工程勘察现场再次传来捷报。据介绍，该钻孔是引江补汉工程勘察现场打出的第

4个千米深孔，其深度在中国水利水电行业排名第2。

线路长、埋深大，沿线山高谷深，断层褶皱发育，软质岩及可溶岩广泛分布，

地形地质条件十分复杂，岩爆、岩溶、软岩大变形等工程地质问题突出，是引江补汉工程开展前期可行性研究过程中面临的现实挑战。

中国工程院院士、长江设计集团董事长钮新强带领团队，开展地质勘查、规模论证、线路比选等工作，综合考虑地形地质、取水条件、社会环境等因素，力求找到最优解决方案。

在野外现场，勘查工作紧锣密鼓，尽快将获取的基础成果送达后方，以便迅速开展分析研判。在后方，规划、水工、施工等多领域专业人员加班加点进行工程规模论证、工程布局研究，将需要重点勘查内容及时告知现场作业人员。

前后方并肩作战，上千位工程师采用航测、常规钻探、复合定向钻探、大地

电磁等传统加高科技手段，对工程区 8 000 多平方千米，相当于 1.5 个上海市的面积进行了全面"体检"，为最大限度地避开极易导致隧洞灾害的强岩溶区和规模巨大断裂带，寻找最佳线路打下了坚实的基础。

通过技术、经济综合比选，引江补汉工程从长江三峡水库库区左岸龙潭溪取水，经湖北省宜昌市、襄阳市和十堰市，输水至丹江口水库大坝下游汉江右岸安乐河口，采用有压单洞自流输水，是我国在建综合难度最大的长距离引调水隧洞工程。

高峰期，引江补汉工程勘察设计项目现场工作人员达 1 500 余人，钻探机等仪器设备达 80 多台套。大家奔波在山间田野，行走在茂密丛林，经历着炙热与雨水的考验，只为"工期不落、目标不改"。

同样星夜兼程的还有水利部规划计划等部门。为了加快引江补汉工程前期工作，他们细化工程用地预审、项目环评、可研批复、开工时间等项目推进全链条的关键节点，明确责任分工、工作措施和时间表、路线图，实现台账管理。

今年 4 月 11 日，水利部会同国家发展改革委、生态环境部在京联合召开南水北调中线引江补汉工程前期工作专题视频调度会，研究推进可研前置要件办理和开工准备有关工作，推进引江补汉工程前期工作再提速。

今年 4 月召开的中央财经委员会第十一次会议强调，要加强交通、能源、水利等网络型基础设施建设，把联网、补网、强链作为建设的重点，着力提升网络效益。

南水北调工程规划提出构建"四横三纵、南北调配、东西互济"的格局，即建设东、中、西三条调水线路，沟通长江、淮河、黄河、海河水系。与规划目标相比，南水北调目前仅东中线一期工程建成运行，需要继续联网补网，进一步提升调配南水水资源的能力。

"引江补汉工程的开工，标志着南水北调后续工程建设拉开序幕，国家水网的主骨架、主动脉将更加坚实、强劲。"水利部规划计划司司长张祥伟表示，下一步将深化东线后续工程可研论证，推进西线工程规划，积极配合总体规划修编工作。充分发挥南水北调工程优化水资源配置、保障群众饮水安全、复苏河湖生态环境、畅通南北经济循环的生命线作用。

今年 1—6 月，全国水利建设全面提速，取得了明显成效。重大水利工程具有吸纳投资大、产业链条长、创造就业多的优势。研究表明，重大水利工程每投资 1 000 亿元，可以带动 GDP 增长 0.15 个百分点，新增就业岗位 49 万个。在织密国家水网的同时，以引江补汉工程为代表的一批重大水利工程近期陆续开工，在提振信心、稳定社会预期和稳增长促就业惠民生方面发挥着积极作用。

随着以引江补汉为代表的多项重大水利工程陆续开工，水利基础设施建设步伐不断加速，一张"系统完备、安全可靠，集约高效、绿色智能，循环通畅、调控有序"的国家水网正徐徐展开。

新华社《经济参考报》

稳投资　惠民生

——病险水库除险加固实践观察

"以前进入 5 月，只要一下大雨，我就害怕，时不时自己也会去水库大坝上看看情况，生怕水库大坝会垮塌。现在好了，对水库进行了除险加固，水库也不漏水了，进入汛期也不害怕了。"住在广德口水库下游的吴老伯激动地说。

安徽省池州市青阳县广德口水库 2021 年实施除险加固，完善了下游贴坡排水、坝顶道路、右坝肩及溢洪道帷幕灌浆等。除险加固工程完工后，水库保坝能力大大提升，防洪、调蓄能力明显增强，保障了下游 1.4 万亩的农田灌溉。

广德口水库从百姓的"心腹大患"蜕变成安全保障和民生福祉，这只是神州大地上病险水库除险加固壮阔实践中的一个缩影。随着中国病险水库的逐年"摘帽"，水利工程安全状况不断改善，社会经济效益更加凸显。

——水库除险加固强化顶层设计

据水利部运行管理司有关负责人介绍，我国水库大坝总量多，现有 9.8 万座水库星罗棋布在中国大地上，是世界上水库大坝最多的国家，其中约 95% 的水库是小型水库。我国病险水库多，虽然已经开展几轮大规模除险加固工作，但目前仍有大量病险水库存在。我国土石坝多、老旧坝多，约 92% 的水库大坝是土石坝，约 80% 的水库建于 20 世纪 50—70 年代，始建标准低。我国高坝数量多，在世界排名第一，200 米以上的高坝已建 20 座、在建 15 座。

总体数量多、病险水库多、土石坝多、老旧坝多叠加，加之近年来超强暴雨等极端天气频发，给水库安全带来严峻风险和挑战。水库大坝安全事关人民群众生命财产安全，事关公共安全，水库安全问题一直备受社会关注。

党的十九届五中全会明确，统筹发展和安全，建设更高水平的平安中国，要把保护人民群众生命安全放在首位，加快病险水库除险加固，维护现有水利重大基础设施的安全。

水利部联合国家发展改革委、财政部印发《"十四五"水库除险加固实施方案》（简称《方案》），进一步明确了"十四五"病险水库除险加固、监测预警设施建设、以县域为单元深化小型水库管理体制改革、健全长效运行管护机制等重点任务。《方案》要求，到"十四五"末，全部完成现有及新增的约 1.94 万座病险水库除险加固；实施 55 370 座小型水库雨水情测报设施和 47 284 座小型水库大坝安全监测设施建设；对分散管理的 48 226 座小型水库全面实行专业化管护模式；推进水库管理规范化标准化。

今年以来，水利部先后召开水库除险加固工作推进会、水利工程运行管理工作会、水库安全度汛视频会议，对水库除险加固工作做出部署。

——各地迅速响应加快落实落地

山东将水库除险加固和运行管护工作纳入省水利发展"十四五"规划统筹谋划实施。将小型病险水库除险加固纳入省政府重点水利工程建设联席会议重点工作，成立小型水库专班，对小型水库除险加固项目实施专门调度管理。截至 6 月 30 日，山东现有 165 座小型病险水库除险加固项目全部通过蓄水验收投入运行，标志着山东在全国率先完成 2022 年度小型病险水库除险加固任务。至此，山东现有存量小型病险水库实现"全面清零"。

广东将水库除险加固等工作作为防洪安全网和防洪能力提升工程的重要内容，纳入"851"水利高质量发展蓝图整体部署、一体推进，并将年度小型病险水库除险加固工作纳入"省十件民生实事"重点推进。截至 6 月 20 日，广东 1 730 座病险水库已实施 894 座，主体工程完工 472 座，为 2023 年"清零"攻坚战奠定良好基础。

江西印发《切实加强全省水库除险加固和运行管护工作实施方案》，明确了"十四五"期间水库除险加固和运行管护工作的目标任务、工作举措和保障机制。江西省总河（湖）长令中提出水库除险加固和运行管护五年任务三年完成的更高目标，并要求各级河（湖）长将推进水库除险加固工作纳入巡河工作内容。2022年 3 月，江西省水利厅印发"十四五"期间江西省病险水库除险加固的年度目标任务，提速建设进度。

安徽出台了《安徽省加强水库除险加固和运行管护工作方案》，明确了全省水库安全管理的总体思路，即坚持问题导向、系统分类施策，集中消除存量、及时解决增量，政府投入主导、分级落实责任。同时，编制了《安徽省"十四五"病险水库除险加固实施方案》，规划到 2025 年末全省实施小型病险水库除险加固 730 余座。

从江南水乡到南粤大地，从赣鄱流域到三湘四水，一场病险水库除险加固的攻坚战在如火如荼地展开……

全国 29 个省份印发了落实《国务院办公厅关于切实加强水库除险加固和运行管护的通知》（国办发 8 号）的实施意见，将水库除险加固和运行管护纳入河（湖）长制考核体系，构建起省负总责、市县抓落实的水库除险加固和运行管护责任体系，协调落实地方资金，编制"十四五"实施方案，纳入区域发展总体规划。省级水利部门加强与发展改革、财政等部门的沟通协调，加大对市县政府和水利部门的监督检查，扎实推进水库除险加固。

在湖南省水利厅防汛大楼 14 楼会议室的墙上挂满了项目进度表，病险水库除险加固、小型水库雨水情测报和大坝安全监测设施建设等各项进度一目了然。时间紧、任务重，而且单项投资小、组织协调难，各种困难接踵而来。针对项目特点，湖南从压实责任、简化程序、创新模式等方面入手，加快项目建设进度、确保建设质量。湖南强化属地管理责任，将小型水库除险加固纳入市、县两级"十四五"水安全保障规划、河长制考核内容，推动市县抓落实。

广东压实市县政府责任，地级以上市人民政府对辖区所属水库除险加固工作负总责，县级政府是县级及以下管理水库除险加固工作的责任主体，负责统一组织辖区病险水库除险加固。水库除险加固工作列入省政府重点督办事项、省级河湖长制考核事项和政府质量考核事项，省级和市级水利部门还加大加重对参建企业失信行为处罚力度。建立健全暗访督导机制，开展明察暗访和专项督导，全面强化水库除险加固任务推进滞后、工作不力和工程质量、资金使用的监督考核。

为有效激励小型水库除险加固项目实施，山东建立督办落实机制，将水库除险加固工作纳入对各市高质量发展综合考核，并以省河长办名义采用提醒函、约谈、挂牌督办等方式进行督办落实。健全暗访督导机制，成立"一线工作法"暗访专项组和省级核查组，对除险加固项目实施两周一次精准督导，对项目推进实行全过程的跟踪、检查和督导，确保按期保质保量完成建设任务。

——多渠道落实资金支持

2021 年以来，水利部协调财政部，多渠道筹集资金约 216 亿元，支持各地实施小型水库除险加固。各地在抓好资金配套，推进除险加固项目方面也采取了行之有效的措施。

为有效推进小型水库除险加固工作，山东明确除险加固资金由省、市、县共同承担，其中省财政按照每座小（1）型、小（2）型水库150万元、57万元的标准予以补助，有效保障了除险加固项目的推进。

安徽"十四五"小型病险水库除险加固资金实行单座定额控制、县级总体平衡。除已纳入中央财政补助支持范围的水库外，对其余小型病险水库除险加固，投资按照小（1）型500万元/座、小（2）型190万元/座的定额标准，省财政补助50%，市、县级人民政府统筹财政预算资金和地方政府一般债券资金保障建设需求。合肥市结合"三达标一美丽"项目建设，2021年安排市、县级财政资金2 866万元，实施了30座小型病险水库除险加固建设。

广东创新水库除险加固和运行管护经费筹措机制，充分发挥各级财政资金引导作用，明确各级财政资金筹措分工，积极争取中央财政支持，省级财政给予适当补助。通过加强水费收缴优先用于工程管护、引入社会资本参与经营分担管护费用、捆绑非经营性与经营性的水库一体管护等方式，多元化筹措除险加固和运行管护经费。同时2021年以来，合计投入水库除险加固和运行管护资金约48亿元。

湖南对小型水库除险加固省级以上补助资金实行总额控制和项目调剂，资金跟着项目走，项目跟着规划走，规划跟着需求走。对项目完工并通过竣工决算审批后核定的结余资金，由同级水利部门商财政部门统筹用于其他急需水库除险加固和运行管护项目。2021年，湖南实施小型水库除险加固549座，共下达项目资金12.9亿元，其中中央资金4.3亿元、地方政府一般债券资金8.6亿元。

——水库除险加固惠及民生

今年端午节期间，湖南省发生长达5天的入汛以来最强降雨过程，部分江河水位猛涨。位于麻阳苗族自治县高村镇陶伊村的团结水库，24小时降雨299毫米，洪水翻过坝顶，出现最为凶险的漫坝险情。但由于团结水库实施了高质量的除险加固，水库大坝经受住了超标准洪水最严苛的考验，最终化险为夷。

同样，在应对今年以来最强暴雨时，位于山东济南市莱芜区大王庄镇的照咀2号水库也发挥了应有的作用。"以前顶着'病险水库'的帽子，汛期必须空库运行。经历了这轮强降雨，水库不仅充分拦洪削峰，还蓄了满满一水库的水。"济南市莱芜区水利局副局长李金锋说，"这是水库除险加固后最直接的效益。"

如今，众多小型水库不再是心头之患，而成了大地丰收的保障。

在湖南省岳阳市，已有76座小型水库摘去病险帽子，恢复和改善灌溉面积

13 万亩，新增供水受益人口 18.9 万。

2021 年以来，水利部多渠道筹集资金 216 亿元，全力推进 7 695 座小型水库除险加固，截至目前主体工程完工 4 586 座。协调财政部新增地方政府一般债券额度 64.38 亿元，全力推进 31 013 座小型水库雨水情测报设施和 23 217 座小型水库大坝安全监测设施建设。另外，协调财政部安排中央财政补助资金 9 亿元，开展 2022 年小型水库安全监测能力提升试点项目建设，为提高预报预警预演预案能力提供支撑。

水利部运行管理司有关负责人表示，下一步，将继续会同财政部，督促各地加强资金保障、加快项目实施、强化监督指导，确保完成"十四五"水库除险加固任务，保障小型水库安全运行和效益充分发挥，推动水库管理再上新台阶。

新华社《经济参考报》
多项指标创历史新高　水利稳投资"快马加鞭"

新华社北京 7 月 12 日电　《经济参考报》7 月 12 日刊发文章《多项指标创历史新高　水利稳投资"快马加鞭"》。文章称，1—6 月，新开工水利项目 1.4 万个、投资规模 6 095 亿元；新开工 22 项重大水利工程，投资规模 1 769 亿元；全国落实水利建设投资 7 480 亿元，较去年同期提高 49.5%；水利建设投资完成 4 449 亿元，较去年同期提高 59.5%……《经济参考报》记者从 7 月 11 日水利部举行的 2022 年上半年水利基础设施建设进展和成效新闻发布会上获悉，上半年，我国重大水利工程新开工数量、落实投资和完成投资规模创历史新高。

水利部副部长魏山忠在会上介绍，为充分发挥水利有效投资对拉动经济增长、增加就业岗位、增进民生福祉等方面的重要作用，水利部会同有关部门和地方，加快项目审查审批，畅通资金来源渠道，强化工程建设管理，加强督导检查，以超常规工作力度，加快在建工程实施进度，推进新开项目早开多开。"今年上半年，水利工程建设取得显著成效，新开工重大水利工程项目和完成投资均创历史新高。"

项目开工明显加快。上半年，新开工水利项目 1.4 万个、投资规模 6 095 亿元，其中，投资规模超过 1 亿元的项目有 750 个。在重大水利工程开工方面，在 1—5 月开工 14 项的基础上，6 月又开工 8 项工程，上半年累计开工数量达 22 项，投资规模 1 769 亿元，对照年度开工目标，时间过半，任务完成过半。

工程建设明显提速。一批重大水利工程实现重要节点目标，完成投资大幅增加，重庆渝西、广东珠三角水资源配置等工程较计划工期提前。农村供水工程建设 9 000 余处，完工 3 700 余处，提升了 1 688 万农村人口供水保障水平。病险水库除险加固、中小河流治理、大中型灌区改造、中小型水库建设等项目建设进度加快。目前，在建水利项目 2.88 万个，施工吸纳就业人数 130 万，其中农民工 95.7 万。

投资强度明显增大。坚持政府和市场两手发力，在加大政府投入的同时，地方政府债券持续增加，金融支持、水利 PPP 模式、水利 REITs 试点"三管"齐下，投资保障力度明显增强。1—6 月，全国落实水利建设投资 7 480 亿元，较去年同期提高 49.5%，其中广东、浙江、安徽 3 省落实投资超过 500 亿元。地方政府专项债券方面，水利项目落实 1 600 亿元，较去年同期翻了近两番。水利建设投资完成 4 449 亿元，较去年同期提高 59.5%，广东、云南、河北 3 省完成投资 300 亿元以上。上半年，水利落实投资和完成投资均创历史新高。

从投资投向来看，一是聚焦保障防洪安全，加快流域防洪工程体系建设，完成投资 1 313 亿元；二是聚焦保障供水安全和粮食安全，实施国家水网重大工程，完成投资 1 898 亿元；三是聚焦保障生态安全，复苏河湖生态环境，完成投资 835 亿元；四是其他水利项目完成投资 403 亿元。

魏山忠表示，下一步，水利部将进一步加大组织推动力度，做好工程安全度汛，抓好安全生产，强化质量控制，确保完成年度水利建设各项目标任务，为保持经济运行在合理区间作出水利贡献。

新华社《经济参考报》
水利部部署做好农村供水应对洪旱灾害工作

《经济参考报》记者 8 月 2 日从水利部获悉，当前我国正处于"七下八上"防汛关键期和高温伏旱天气。据预测，未来一些地区还可能出现洪涝灾害和阶段性旱情，对农村供水保障造成风险挑战。近日，水利部办公厅印发通知，部署做好农村供水应对洪旱灾害工作。

通知强调，相关地区要切实提高政治站位，全面落实农村供水保障地方人民政府主体责任、水行政主管部门行业监管责任、供水单位运行管理责任等"三个责任"，树牢风险意识、底线思维，采取妥善防范和应对措施，千方百计确保农村饮水安全。

通知明确，地方各级水利部门要加强与相关部门沟通，实时掌握雨情水情汛情旱情信息；综合考虑水源水量、农村供水工程运行状况等因素，开展农村供水洪旱风险研判，绘制农村供水风险图，提出针对性强的应对措施。对以山泉、溪沟、塘坝、浅井等水源为供水水源的小型分散供水工程，要强化指导督促，坚持问题导向，编制应急供水预案，分区分类提出明确的应对措施。加强应急演练，储备应急物资，配备应急水源或储水蓄水装置，做好提前筹备和有序应对。

通知要求，受洪旱灾害影响的地区，要立即组织摸排农村供水工程受损状况和群众饮水安全情况，做到不漏一户、不落一人。对排查出的饮水安全问题要全部建立台账，及时妥善解决，确保动态清零。农村供水工程发生水毁后，要全力抢修，尽快恢复供水。因旱发生饮水安全问题的，要因地制宜采取延伸管网、新开辟水源、分时供水、拉水送水等措施，确保农村群众饮水安全，保障规模化养殖牲畜基本饮水需求。

通知指出，近年来受洪旱灾害影响频繁的地区，要多渠道筹集资金，因地制宜新建一批中小型水库等稳定水源工程，依托大中型水库和引调水等骨干水源工程，大力推进农村规模化供水工程建设，实施小型供水工程标准化改造，补齐农村供水水源和工程设施短板，不断提升农村供水保障水平和抵御自然灾害的能力。要加强信息报送，与相关部门实现信息互通共享，确保数据准确一致。

新华社《经济参考报》

稳增长扩投资　地方水利项目建设提速

"1—7月全省水利项目建设总体情况好于预期。"山东省水利厅党组副书记、副厅长马承新8月3日在山东省水利工程建设情况新闻发布会上介绍，截至7月31日，全省已完成水利投资322.13亿元，占全年计划完成投资的63.5%。今年，新建项目313个、年度计划完成投资376.34亿元，续建项目114个、年度计划完成投资130.91亿元，新建项目无论从数量上看，还是从计划完成投资额度上看，都占年度实施项目的70%以上，远超前几年。

《经济参考报》记者注意到，近日，多地密集披露最新水利投资"成绩单"，投资数额大、新建项目占比高、项目建设进度快等成为普遍特点。

根据地方水利厅数据，上半年，福建省完成水利投资 230.79 亿元，超序时进度 5.21 个百分点；新开工 113 个重大水利项目，占年度计划 81.3%，同比增长 113%。

上半年，浙江省水利项目完成投资 332.9 亿元，再创新高。截至 6 月底，已完成重大项目投资 154.4 亿元，同比增长 18.6%。今年 45 项新开工项目中，已开工 30 项，开工率 66.7%。

上半年，四川省落实水利投资 387 亿元，较去年同期增加 157 亿元，增幅 68%；已完成水利投资 175 亿元，较去年同期增加 75 亿元，增幅 75%。

重大水利工程吸纳投资大、产业链条长、创造就业机会多。据测算，重大水利工程每投资 1 000 亿元，可以带动 GDP 增长 0.15 个百分点，新增就业岗位 49 万个，为促进经济稳定增长发挥重要作用。

不少地方正加快工程建设进度，抓好项目调整储备，加强多元投入，确保尽早发挥工程效益，助稳经济大盘。

同时，不少地方也频频部署全面加快水利基础设施建设，全力提速投资计划执行，确保完成年度投资目标。

比如，浙江省提出抢抓施工高峰期，对新开工项目多开作业面，全面推进主体工程建设。以 4 项省主导重大项目为牵引，重点对"45+118"项重大项目开展超前服务、专家组团服务等，加快促成重大项目落地实施。山东省强调，督促各市新建项目具备开工条件的立即开工，在建项目在确保质量和安全的前提下全面加快建设进度，尚未完成项目前期工作的项目后续各环节工作压茬推进，全面加快水利工程建设进度。

在项目调整储备方面，山东还提出对下半年清单项目认真梳理，抓紧推动项目前期工作，按照"成熟一个、入库一个"的原则，加快论证提出 2023 年水利建设项目，为明年完成水利建设投资目标任务做好储备。

水利工程建设离不开资金保障。多地强调，充分发挥市场机制作用，多渠道筹集建设资金，满足大规模水利建设的资金需求。

新华社《经济参考报》

前7月完成水利建设投资5 675亿元
同比增加超七成

截至7月底，新开工重大水利工程25项，南水北调中线引江补汉工程、淮河入海水道二期工程等标志性重大水利工程相继按期开工建设；在建水利项目达3.18万个，投资规模1.7万亿元；完成水利建设投资5 675亿元，较去年同期增加71.4%；水利工程施工吸纳就业人数161万，其中农民工123.3万……这是《经济参考报》记者8月10日从水利部举行的水利基础设施建设进展和成效新闻发布会上获悉的最新一组水利基建"成绩单"。

在当天的发布会上，水利部副部长刘伟平表示，今年以来，水利部全力推进水利基础设施建设。在上半年水利建设取得重要进展的基础上，水利部会同地方再接再厉，继续扩大水利投资，优质高效推进水利建设，不断取得新成效。

农村水利是水利基础设施建设的重点领域。刘伟平表示，农村供水安全事关亿万民生福祉、大中型灌区是端牢中国人饭碗的基础设施保障。今年以来，水利部多次专题部署加快推动农村供水工程建设、大中型灌区建设和现代化改造工作，将工作任务分解到省、落实到项目，明确节点目标，层层压实责任，加强前期工作，尽快开工建设，指导各地全力推进工程建设进度和年度投资计划执行，力争早完工、早受益。

在加大资金支持方面，水利部联合财政部、国家乡村振兴局出台文件，支持脱贫地区积极利用乡村振兴有效衔接资金，补齐农村供水设施短板；各地统筹财政资金、地方政府专项债券、银行贷款、社会资本，落实农村供水工程建设资金743亿元。此外，安排农村供水工程维修养护中央补助资金30.7亿元。安排投资388亿元，用于24处在建大型灌区建设和505处大中型灌区现代化改造。

数据显示，截至7月底，各地共完成农村供水工程建设投资466亿元，是去年同期的2倍多；已开工农村供水工程10 905处，提升了2 531万农村人口供水保障水平；农村供水工程维修养护完成投资25.1亿元，维修养护工程6.7万处，服务农村人口1.3亿。大中型灌区建设改造完成投资178亿元。国务院明确今年重点推进的6处新建大型灌区已开工3处，大中型灌区建设、改造项目开工455处。农村供水工程及大中型灌区建设和改造吸纳农村劳动力就业35.9万人，在保障粮食安全、提升农村供水保障水平、促进农民工就业方面发挥了重要作用。

刘伟平表示，下一步，水利部将锚定年度目标，持续推进水利工程建设。同时，抓好农村供水、大中型灌区建设和改造项目实施，着力推动新阶段水利高质量发展，为保持经济运行在合理区间提供有力的水利支撑。

新华社《经济参考报》

农村供水工程建设　前 7 月投资额同比翻倍

截至 7 月底，新开工重大水利工程 25 项，南水北调中线引江补汉工程、淮河入海水道二期工程等标志性重大水利工程相继按期开工建设；在建水利项目达 3.18 万个，投资规模 1.7 万亿元；完成水利建设投资 5 675 亿元，较去年同期增加 71.4%；水利工程施工吸纳就业人数 161 万，其中农民工 123.3 万；各地共完成农村供水工程建设投资 466 亿元，是去年同期的 2 倍多……这是《经济参考报》记者 8 月 10 日从水利部举行的水利基础设施建设进展和成效新闻发布会上获悉的一组水利基建"成绩单"。

在当天的发布会上，水利部副部长刘伟平表示，今年以来，水利部全力推进水利基础设施建设。在上半年水利建设取得重要进展的基础上，水利部会同地方再接再厉，继续扩大水利投资，优质高效推进水利建设，不断取得新成效。

农村水利是水利基础设施建设的重点领域。刘伟平表示，农村供水安全事关亿万民生福祉、大中型灌区是端牢中国人饭碗的基础设施保障。今年以来，水利部多次专题部署加快推动农村供水工程建设、大中型灌区建设和现代化改造工作，指导各地全力推进工程建设进度和年度投资计划执行，力争早完工、早受益。

数据显示，截至 7 月底，各地共完成农村供水工程建设投资 466 亿元，是去年同期的 2 倍多；已开工农村供水工程 10 905 处，提升了 2 531 万农村人口供水保障水平；农村供水工程维修养护完成投资 25.1 亿元，维修养护工程 6.7 万处，服务农村人口 1.3 亿。大中型灌区建设改造完成投资 178 亿元。国务院明确今年重点推进的 6 处新建大型灌区已开工 3 处，大中型灌区建设、改造项目开工 455 处。农村供水工程及大中型灌区建设和改造吸纳农村劳动力就业 35.9 万人，在保障粮食安全、提升农村供水保障水平、促进农民工就业方面发挥了重要作用。

在加大资金支持方面，水利部联合财政部、国家乡村振兴局出台文件，支持脱贫地区积极利用乡村振兴有效衔接资金，补齐农村供水设施短板；各地统筹财政资金、地方政府专项债券、银行贷款、社会资本，落实农村供水工程建设资金

743 亿元。此外，安排农村供水工程维修养护中央补助资金 30.7 亿元。安排投资 388 亿元，用于 24 处在建大型灌区建设和 505 处大中型灌区现代化改造。

新华每日电讯

新华关注·各地　防汛抗旱，积极应对：
当前南涝北旱一线扫描

水利部 21 日发布汛情通报，珠江流域北江今年第 2 号洪水将发展成特大洪水，西江今年第 4 号洪水正在演进，水位继续上涨并将较长时间维持高水位运行，珠江防汛抗旱总指挥部 21 日 22 时将防汛 II 级应急响应提升至 I 级。

20 日 12 时至 21 日 12 时，珠江流域西江中下游、广东北江、湖南湘江、江西乐安河、浙江钱塘江、福建建溪等 113 条河流发生超警以上洪水。

21 日 18 时，中央气象台继续发布高温橙色预警：预计 22 日白天，河北南部、山东中西部、河南、安徽中北部、江苏西北部等地有 35 ～ 36 摄氏度高温天气，局地可达 40 摄氏度以上。

强降雨连日来"盘踞"南方，高温则持续"烧烤"北方。面对南涝北旱在全国一些省区市发生，各地各部门防洪抗旱工作积极作为、加强应对，将损失和影响减至最低。

南涝北旱：390 条河流发生超警以上洪水，
部分地区旱情露头并快速发展

"入汛以来，全国共发生 17 次强降雨过程，较常年同期偏多 5 次，其中华南东部和北部、江南东部和南部、西南中部和西南部、东北中部等地偏多三至七成，21 个省区市 390 条河流发生超警以上洪水。"水利部水旱灾害防御司处长王为说，汛情主要发生在南方，其中广东北江、江西乐安河等 14 条河流发生了有实测资料以来最大洪水。

5 月下旬以来，珠江流域发生 2 次流域性较大洪水，西江发生 4 次编号洪水，北江发生 2 次编号洪水，韩江发生 1 次编号洪水。汛情呈现强降水过程多、大江大河编号洪水集中且频次高、中小河流洪水多发等特点。

国家气候中心数据显示，华南入汛以来，闽粤桂琼四省区平均降水量 818.4

毫米，较常年同期偏多 32.7%。强降水致珠江流域多条河流超警戒水位，给交通及农业生产等带来不利影响。

与南方河流水位上涨不同，热浪成为连日来北方天气的"主旋律"，尤其在华北、黄淮、西北一带多地出现同期少见的酷热天气。受持续性高温少雨天气影响，部分地区旱情露头并快速发展。

水利部统计显示，从全国来看，旱情较常年同期偏轻。但内蒙古、河南、陕西等部分省区旱情较重。

据农业农村部消息，今年以来，我国农业气象条件总体较好，灾情明显轻于常年。进入主汛期，农业气象灾害呈现"南涝北旱"特点。

全力应对：各地各部门形成合力有效应对水旱灾情

20 日，国家防办、应急管理部就南方汛情继续召开防汛专题视频会商调度，与中国气象局、水利部、自然资源部会商研判，视频连线浙江、安徽、江西、湖南、广东、广西、贵州等地防办，研判汛情，调度部署珠江和长江中下游流域防汛救灾工作。水利部多次视频连线广东省人民政府、水利厅和水利部珠江水利委员会，研究部署西江、北江洪水防御工作。

近日，河南正值夏播关键期，高温抗旱抢种刻不容缓。气象部门加强与农业农村、水利、应急管理等部门会商，及时了解抗旱抢种进展和气象服务需求，有针对性提出生产建议，指导科学调度水源，确保旱区用水。

面对南涝北旱的不利自然天气，受影响的地区积极行动起来，各地各部门联动，形成合力，做好水旱灾害防御工作。

王为表示，入汛以来，水利部 7 次发布洪水预警，与中国气象局联合发送山洪灾害气象预警 44 期。长江、珠江、太湖流域 1 479 座（次）大中型水库共拦蓄洪水 377 亿立方米。

在出现大范围持续高温天气的黄淮海地区，农业农村部近日派出 3 个工作组并组织专家科技小分队，赴河北、山东、河南受旱地区，指导地方落实科学抗旱关键措施，完成夏播任务和推进夏管。

事预则立：打防汛抗旱有准备之仗，防范"旱涝急转"

珠江流域正在经历第二轮流域性较大洪水，长江流域一些河流依然超警。未来这些地区汛情会如何发展？

据了解，目前，西江干流武宣至桂平、龙圩至德庆江段，北江干流韶关至三水江段，广西柳江、桂江，湖南湘江上游，江西鄱阳湖湖区及乐安河、信江、修水等 60 条河流发生超警以上洪水。

王为说，当前珠江、长江流域部分江河水位较高，且还将持续一段时间。下一步，水利部将重点做好雨情、水情、汛情监测预报预警，科学调度运用流域防洪工程体系，指导做好江河堤防防守，保障水库度汛安全，做好中小河流洪水和山洪灾害防御。

针对北方旱情，王为表示，当前旱情主要影响农业生产和局部山丘区农村供水。虽然北方地区大中型水库蓄水情况总体较好，但仍需防范局地干旱造成的不利影响。

农业农村部种植业管理司有关负责人表示，针对今年农业防灾减灾形势，农业农村部及早部署安排，加强监测调度，搞好物资储备，指导科学抗灾，加大救灾支持。

天气情况直接关系到汛情和旱情的防御。据国家气候中心预测，预计 22—30 日，北方多降雨过程，华南、江南降雨减弱；7 月，东北中部和南部、华北东部和南部、华中北部、华东北部等地降水较常年同期偏多。

专家指出，针对气象部门预计后期北方降雨偏多的情况，需要密切关注天气变化，抗旱的同时做好防汛物资储备和技术准备，防范"旱涝急转"。

新华每日电讯

当前我国防汛抗旱四大关注点解析
访水利部水旱灾害防御司司长

新华社北京 6 月 28 日电（记者　刘诗平）　目前南方汛情和北方旱情如何？未来一段时期全国汛情和旱情会怎样？如何做好当前的防汛抗旱工作？ 28 日，新华社记者就以上问题采访了水利部水旱灾害防御司司长姚文广。

珠江流域部分中小河流近期可能再次发生超警洪水

问：珠江流域今年为何发生较严重汛情？接下来会有哪些变化？

姚文广：5 月下旬至 6 月中旬，珠江流域连续出现 7 次强降雨过程，雨区相对集中重叠，暴雨强度大、累积降雨量大。受强降雨影响，珠江先后发生两次流域性较大洪水，西江、北江出现 6 次编号洪水，北江发生特大洪水，累计 227 条河流发生了超警戒水位以上洪水。

通过一系列防汛抗洪措施，目前珠江流域西江、北江水位已全线退至警戒水位以下，汛情平稳。预计 6 月 28—30 日，珠江流域西江上中游仍可能有较强降雨，广西西江干流及支流柳江、桂江、郁江可能再次出现涨水过程，暴雨区部分中小河流可能再次超警。

接下来，珠江流域将进入台风多发季节，需重点防范台风引发的区域性暴雨洪水。

长江、松花江七八月可能发生区域性暴雨洪水

问： 与往年相比，今年全国雨情、水情总体情况如何？哪些流域需要被重点关注？

姚文广： 今年我国 3 月 17 日入汛，较常年早 15 天。入汛以来，全国降雨量总体偏多，江河洪水多发频发。有 21 个省区市 417 条河流发生超警以上洪水，较 1998 年以来同期均值偏多八成，珠江流域河流反复超警。

据预测，7—8 月，我国极端天气事件偏多，区域性汛情和旱情较常年偏重。在此期间，以北方多雨为主，黄河中下游、海河、淮河、辽河、长江流域汉江等可能发生较大洪水，长江、珠江、松花江、太湖流域可能发生区域性暴雨洪水。与此同时，华中南部、西南东南部、西北西部北部等地可能出现阶段性旱情。

防汛还须解决一些薄弱环节和风险点

问： 对北方地区而言，"七下八上"（7 月下半月至 8 月上半月）防汛最关键时期还在后头，防汛还存在哪些薄弱环节和风险点？

姚文广： 目前全国的防汛工作存在一些薄弱环节和风险点：一些江河缺乏防洪控制性工程，部分河流堤防未达到设计标准；病险水库安全度汛压力大，部分中小水库泄洪能力不足；局部地区短时极端暴雨预报准确率不高，一些北方河流洪水预报难度大；部分基层干部群众对暴雨洪水的突发性和致灾性认识不足、警惕性不够；北方地区部分基层干部缺乏应对大洪水的经验，一些群众自救互救能力不足比较突出。

问： 如何解决这些防汛薄弱环节和风险点？

姚文广： 首先是提升防御能力。加快完善以河道及堤防、水库、蓄滞洪区为

主要组成的流域防洪工程体系。实施大江大河主要支流和中小河流治理，保持河道畅通。加快小型水库雨情、水情测报和大坝安全监测设施建设。

同时，强化预报、预警、预演、预案措施。加强流域水利工程联合调度，加强江河堤防巡查防守。

保障水库度汛安全，病险水库主汛期原则上一律空库运行，坚决避免水库垮坝。做好中小河流洪水和山洪灾害防御，加强雨情、水情信息监测，及时发布预警，努力实现"测得准，报得出，叫得应"，及时果断组织危险区人员转移避险。

加大教育培训力度，加快推进基层防汛人员业务能力提升。加强科普宣传，提升群众防灾避险和自救互救能力。

北方局部地区旱情可能持续

问：目前，我国北方旱情如何，未来一段时间会否加重？

姚文广：目前，我国北方部分地区旱情露头并快速发展，主要集中在内蒙古、河南、陕西、甘肃等省区。针对 4 省区旱情，水利部于 6 月 25 日启动干旱防御Ⅳ级应急响应，派出 3 个工作组赴内蒙古、陕西、甘肃旱区一线，协助指导抗旱。

同时，精细调度黄河小浪底、龙羊峡、刘家峡等骨干工程，为沿河城市和灌区引水提供便利条件。组织旱区各地加强对江、河、湖、库等水源的科学管理和抗旱调度，为群众生活和农业生产提供水源保障，确保群众饮水安全。

近日，河南等地出现明显降雨过程，对旱情缓解十分有利。未来一段时间，内蒙古西部、陕西中北部、甘肃等地降雨量总体不大，旱情可能持续或发展。

下一步，水利部将继续密切关注北方地区旱情发展形势，科学调度水利工程，强化各项抗旱措施，全力确保群众饮水安全，努力保障农业灌溉用水需求。

新华每日电讯

上半年我国重大水利工程新开工数量和投资规模创历史新高

新华社北京 7 月 11 日电（记者　刘诗平）　水利部副部长魏山忠 11 日表示，今年上半年，我国新开工 22 项重大水利工程、投资规模 1 769 亿元，开工数量和完成投资均创历史新高。

魏山忠在 2022 年上半年水利基础设施建设进展和成效新闻发布会上说，水利部会同有关部门和地方，加快水利项目审查审批，着力畅通资金来源渠道，强化工程建设管理，加强督导检查，加快在建工程实施进度，推进新项目多开早开，上半年水利工程建设取得显著成效，项目开工明显加快，工程建设明显提速，投资强度明显增大。

统计显示，上半年我国新开工水利项目 1.4 万个、投资规模 6 095 亿元。其中，750 个项目投资规模超过 1 亿元。上半年累计开工 22 项重大水利工程，投资规模 1 769 亿元。时间过半，年度开工目标和任务完成过半。

同时，一批重大水利工程实现重要节点目标。农村供水工程建设 9 000 余处，完工 3 700 余处，提升了 1 688 万农村人口供水保障水平。病险水库除险加固、中小河流治理、大中型灌区改造、中小型水库建设等项目建设进度加快。目前，我国在建水利项目 2.88 万个，施工吸纳就业人数 130 万。

投资方面，水利落实投资和完成投资均创历史新高。1—6 月，全国落实水利建设投资 7 480 亿元，较去年同期提高 49.5%，其中粤浙皖落实投资超过 500亿元。地方政府专项债券方面，水利项目落实 1 600 亿元，较去年同期翻了近两番。水利建设投资完成 4 449 亿元，较去年同期提高 59.5%，粤滇冀完成投资 300 亿元以上。

魏山忠表示，下一步，水利部将进一步加大组织推动力度，做好工程安全度汛，抓好安全生产，强化质量控制，确保完成年度水利建设各项目标任务。

新华每日电讯

水利部派出 5 个工作组
赴冀津晋陕一线指导防洪

新华社北京 8 月 7 日电 水利部 7 日发布汛情通报，针对北方地区雨情、水情、汛情形势，派出 5 个工作组分赴河北、天津、山西、陕西一线指导暴雨洪水防范。

据预报，8 月 7—10 日，西北东北部、华北中部南部、黄淮北部等地将有大到暴雨，局地大暴雨；海河流域大清河、永定河、漳卫河、黄河流域中游干流及支流汾河、山陕区间部分支流、下游大汶河，淮河流域山东小清河，松辽流域浑河、松花江等河流将出现涨水过程，暴雨区部分河流可能发生超警洪水。

水利部当天组织防汛会商会议，分析研判北方地区雨情、水情、汛情形势，要求加强监测预报预警，强化中小水库、病险水库和淤地坝防洪保安，有效防御中小河流洪水和山洪灾害，做好南水北调中线工程及交叉河道的巡查防守，确保人民群众生命财产安全和重要工程安全。

新华每日电讯

保供水·保丰收·防旱涝急转
来自防汛抗旱部门关于长江流域抗旱的最新讯息

新华社北京 8 月 23 日电（记者　刘诗平、于文静、刘夏村）　今年 7 月以来，长江流域持续高温少雨，旱情快速发展。当前，抗旱工作有哪些新进展？如何做好旱涝急转防范准备？记者 23 日采访了水利部、农业农村部、应急管理部等部门，了解长江流域旱情及抗旱工作的最新讯息。

3 大水库群向下游补"救急水"19.6 亿立方米

水利部统计显示，截至 8 月 22 日，长江流域 10 省市耕地受旱面积 4 848 万亩，有 340 万人、58 万头大牲畜因旱供水受到影响，主要分布在四川、重庆、湖北、湖南、安徽、江西、江苏等地。

据水利部水旱灾害防御司处长王为介绍，面对持续发展的旱情，水利部从 8 月 16 日 12 时开始实施"长江流域水库群抗旱保供水联合调度专项行动"，累计调度长江上游水库群、洞庭湖水系水库群和鄱阳湖水系水库群向下游补水 19.6 亿立方米。

长江流域上中游 3 大水库群的应急供水，有效缓解了长江中下游干流水位快速下降的趋势，湖北、湖南、江西、安徽、江苏 5 省累计引水灌溉耕地 5 158 万亩，农村供水工程受益人口 1 300 多万。

科学抗旱保秋粮丰收

据中央气象台预报，8 月 24 日起，南方地区高温天气将自北向南逐步缓解，但四川盆地到长江中下游降水仍将偏少。

高温干旱已经成为影响长江流域秋粮丰收的最大威胁。江西是全国 13 个粮食主产省之一，地处赣北的九江市为应对旱情，水利等部门实行"抗旱蓄水""工程保水""应急供水",积极打好防旱抗旱主动战。

农业农村部、水利部、应急管理部、中国气象局4部门8月22日印发紧急通知,要求有关地区毫不放松抓好防灾减灾工作,全力以赴打赢抗高温干旱夺秋粮丰收保卫战。

通知强调,水利部门要加强对江、河、湖、库等水源的科学调度管理,努力保障农业灌溉用水需求;因地制宜采取应急调水、新辟水源、临时架泵、错峰轮灌等措施。应急部门要及时启动调整应急响应,组织开展拉水送水和受灾群众生活救助。气象部门要向干旱重灾区及时调运作业飞机,备足增雨火箭弹等物资。

农业农村部有关负责人表示,当前正值秋粮产量形成的关键期,长江中下游流域持续高温干旱对秋粮形成严重威胁,要紧抓近期抗灾减损窗口期,把防范高温干旱保秋粮丰收作为首要任务,发挥各级各方面农业科技人员作用,强化灾情调度,分区评估灾害影响,分类落实救灾措施,最大程度减轻灾害损失。

据介绍,如今在丘陵岗地和"望天田"等缺乏灌溉条件的地区,一些地方在千方百计调度抗旱水源。在有灌溉条件的地区,则抓住水稻抽穗扬花关键阶段,通过小水勤灌、以水调温、喷施叶面肥等措施,促进中稻正常结实、晚稻正常孕穗,努力稳产稳收。

做好旱涝急转应对准备

国家防总办公室、应急管理部要求,盯住保群众饮水安全和保秋粮灌溉,及时下拨救灾资金和物资装备,消防救援队伍要主动配合地方应急拉水、送水。同时,预报近期有降雨过程的部分地区要密切监视天气变化,严防旱涝急转。

长江防总8月22日会商分析,根据水文气象预测,23日,长江流域基本无降雨过程;24—25日,嘉陵江上游及汉江石泉以上有中雨;26日,金沙江下游有中雨、局部地区大雨;27—28日,嘉岷流域及汉江上游有中到大雨、局部地区暴雨的降雨过程。

考虑预见期降雨及水库调度,预计三峡水库在28日以后将有一次涨水过程,丹江口水库在27日以后也将有一次涨水过程。

会商会议指出,当前流域干旱形势仍在持续发展,但预报26日前后将有一次明显降雨过程,要密切关注流域水情、雨情变化趋势,加强风险研判和预报预警,做好旱涝急转和局地山洪灾害防范应对,做到防汛抗旱两手抓。

应对伏秋连旱 防范旱涝急转
来自长江流域防汛抗旱的最新情况

新华社北京 8 月 30 日电（记者 刘诗平） 今年 7 月以来，长江流域持续高温少雨，江河水位走低，旱情快速发展。记者 30 日采访水利部和长江流域相关省市时了解到，各地积极应对旱情，保供水、保丰收，部分地区旱情得到缓解。

据预测，9 月长江上游降雨较常年同期总体偏多，对旱情缓解有利，但部分重旱区旱情仍可能持续；长江中下游及洞庭湖、鄱阳湖地区降雨较常年同期偏少，旱情可能进一步发展，仍需立足抗大旱、抗久旱，部分降雨地区则需防范旱涝急转引发次生灾害风险。

积极应对"汛期反枯"：部分地区旱情缓解

"在这次旱情中，江西省有 44 条流域面积 10 平方公里以上的河流断流，鄱阳湖出现 1951 年有记录以来同期最低水位。8 月 29 日，鄱阳湖湖区面积 465 平方公里，仅为历史同期的 1/6；1 734 座水库在'死水位'以下，4.02 万座山塘干涸。"江西省水利厅相关负责人说。

江西省旱情是长江流域各省市旱情的一个缩影。7 月以来，"汛期反枯"一词成为长江流域众多河流和水库的写照，长江干支流来水量较常年同期偏少二至八成，多处河流水位创有记录以来同期最低，一些水库水位跌至"死水位"，洞庭湖、鄱阳湖提前"入枯"，高温干旱对一些地区群众饮水和秋粮生长造成影响。

面对近年来罕见旱情，长江流域各相关省市和水利部等相关部门积极防旱抗旱，力求将损失减至最小。

江苏省水利厅相关负责人说，据统计，截至 8 月 29 日 15 时，干旱造成江苏省农作物受灾面积 3.7 万公顷。由于水利供水保障有力，全省秋粮生产特别是水稻受干旱影响较小。

长江流域各相关省市和相关部门全力防旱抗旱，以及从 8 月 26 日以来西南、江淮等地出现降雨过程，使得四川、湖北、江苏、安徽等省旱情有所缓解。

水利部统计显示，8 月 25 日旱情高峰时，长江流域耕地受旱面积达 6 632 万亩，有 499 万人、92 万头大牲畜因旱供水受到影响。8 月 30 日，长江流域耕地受旱面积减至 4 324 万亩，有 473 万人、71 万头大牲畜因旱供水受到影响。

严防旱涝急转：近期长江上游局地出现强降雨

四川省水利厅相关负责人说，四川省今年遭遇了近10年来最重夏伏旱，旱情持续40多天，无有效降雨。四川省发挥大型灌区骨干工程"挑大梁"作用，强化水资源精准调度和科学配置，7月以来全省水库工程供水累计抗旱浇灌面积378.52万亩，解决了146万人因旱饮水受影响问题。

"8月25日以来，全省大部陆续出现明显降雨过程，除遂宁、内江、泸州等旱区还未出现有效降雨、旱情持续外，其他地区大部旱情有明显缓解。"四川省水利厅相关负责人说，据预测，未来10天盆地西北部、中部、南部、西南部及攀西地区有中到大雨，其余地区有小雨，水田作物旱情将基本得到缓解，因旱饮水困难区域预计将在9月中旬水源得到充分补充以及管网延伸等应急措施完工后得到根本缓解。

专家指出，对四川、重庆等旱情严重省市而言，除了需要继续防旱抗旱，还需严防旱涝急转可能造成的次生灾害风险。

水利部水旱灾害防御司副司长王章立表示，针对近期长江上游金沙江、大渡河、渠江、汉江等流域的局地强降雨，水利部将指导相关地区严密防范旱涝急转，加强中小河流洪水和山洪灾害防御工作，确保群众生命安全。

应对伏秋连旱：长江中下游旱情可能进一步发展

"水利部通过实施'长江流域水库群抗旱保供水联合调度专项行动'等措施抗旱减灾，目前大中型灌区的灌溉水源和城镇供水总体可得到有效保障，局部山丘区供水受影响群众通过采取应急措施可保障生活用水需求。"王章立说。

自8月16日12时起，水利部调度长江上游水库群、洞庭湖水系水库群和鄱阳湖水系水库群为下游补水，已累计补水31.7亿立方米。湖北、湖南、江西、安徽、江苏等省农村供水工程受益人口1 385万，353处大中型灌区灌溉农田2 856万亩。

水利部30日发布汛情通报，据预测，9月长江中下游及洞庭湖、鄱阳湖地区降雨量较常年同期偏少二至五成，旱情可能进一步发展，抗旱形势依然严峻。

水利部长江水利委员会相关负责人说，根据预测，8月31日至9月5日长江中下游无明显降雨过程，至10月降水量偏少。长江水利委员会将继续做好旱情监测预警、制订上游水库群蓄水计划、完善抗旱水源准备、为抗旱提供技术支撑。

王章立表示，下一步，水利部将立足抗长旱、抗大旱，强化旱情分析研判、精准调度水利工程、精细用水管理、抓紧建设抗旱应急工程、加强抗旱工作技术指导，提升抗旱供水保障能力。

新华每日电讯

我国今年第 6 处新建大型灌区开工

新华社北京 9 月 22 日电（记者　刘诗平）　总投资达 104 亿元的安徽省怀洪新河灌区工程 22 日开工建设。至此，国务院今年重点推进的 6 处新建大型灌区工程已全部开工。

建设工期 48 个月的怀洪新河灌区设计灌溉面积 343 万亩，其中改善灌溉面积 171 万亩，新增灌溉面积 172 万亩。灌区工程以农业灌溉排涝为主，兼顾城镇供水和改善水生态环境。

国务院今年重点推进的 6 处新建大型灌区工程，分别是江西大坳灌区、江西梅江灌区、广西大藤峡灌区、广西龙云灌区、海南牛路岭灌区和安徽怀洪新河灌区。

水利部农村水利水电司相关负责人表示，这些新建大型灌区工程顺利开工建设，将在保障国家粮食安全、提高农民收益、充分发挥水利基础设施建设稳经济大盘作用等方面起到重要作用。

新华社《瞭望》周刊

水利部：将水利基础设施空间布局
纳入国土空间规划"一张图"

近日，水利部召开 2022 年水利规划计划工作座谈会，副部长魏山忠在会上全面总结 2021 年水利规划计划工作，分析当前面临的新形势新要求，对 2022 年重点工作进行全面部署。

总结 2021：重点推进 150 项重大工程，
目前已批复 68 项，开工 63 项

2021 年，水利规划计划部门深入贯彻落实党中央、国务院决策部署，积极

践行"节水优先、空间均衡、系统治理、两手发力"治水思路，认真落实部党组工作部署，履职尽责，担当作为，水利规划计划圆满完成各项任务，取得丰硕成果。

一是新阶段水利高质量发展规划体系不断完善。全年国家层面完成水利规划审批38项。印发实施"十四五"水安全保障规划，出台解决防洪排涝薄弱环节、重大农业节水供水工程、农村供水保障、水库除险加固、水土保持等多项专项规划或实施方案，形成了"1+N"的"十四五"水安全保障规划体系；开展国家水网建设顶层设计研究，科学谋划"纲""目""结"工程布局；印发完善流域防洪工程体系、实施国家水网重大工程的指导意见和实施方案。

二是水利基础设施建设不断加快。重点推进150项重大工程，目前已批复68项，开工63项。流域防洪体系不断完善，加快推进长江中下游河势控制和蓄滞洪区建设、黄河下游防洪和滩区综合治理、淮河中游行蓄洪区调整建设、海河骨干河道整治等重大工程建设进度，提高大江大河防洪能力。加快防汛抗旱水利提升工程建设进度，实施病险水库除险加固8 000余座，治理中小河流3万余公里、山洪沟400余条，农村基层预警预报体系进一步完善，洪涝灾害防御能力不断提升。水资源配置体系不断优化，完成南水北调后续工程重大问题研究、中线引江补汉工程可研等重点工作，加快引江济淮、引汉济渭、珠三角水资源配置等重大引调水工程，以及贵州凤山等骨干水源工程建设，完成广东环北部湾水资源配置、滇中引水二期等重大工程可研审查。水生态治理保护加快实施，启动黄河粗泥沙集中来源区拦沙工程一期工程，加快推进黄河流域水土保持重点工程建设。持续推进华北地区地下水超采综合治理、永定河综合治理与生态修复，治理区地下水位总体回升，永定河实现26年以来首次全线通水，潮白河实现22年以来首次贯通入海，白洋淀生态环境明显好转，滹沱河、子牙河等多年断流河道全线贯通。第一批55个水美乡村试点县建设任务基本完成，治理农村河道3 800多公里、湖塘1 300多个，受益村庄3 300多个，乡村河湖面貌焕然一新，人居环境明显改善。

三是水利建设投资持续保持较高水平。各级水利部门努力争取预算内和财政水利投入，积极利用金融资金、地方政府专项债券和社会资本，不断扩大水利建设投资规模。2021年全国落实水利建设投资8 028亿元，较上年增长4.2%。投资结构不断优化，中央水利投资中，水资源配置和流域防洪减灾体系建设投资占比超过85%，继续向中西部地区、革命老区等特殊地区倾斜，安排西部地区中央水利投资达到46.2%。克服新冠肺炎疫情持续等影响，全年投资计划完成率达到

92%，为做好"六稳""六保"工作、稳定宏观经济大盘做出了水利贡献。

四是重点领域改革取得新进展。 水利投融资改革稳步推进，推动水利领域不动产投资信托基金（REITs）试点工作。各地积极利用银行贷款、债券和社会资本，拓宽融资渠道。推动将水流生态保护补偿纳入生态保护补偿条例，会同国家发展改革委、财政部等部门，建立健全长江、黄河，以及太湖、洞庭湖、鄱阳湖等重要江河湖泊生态保护补偿机制，开展试点工作。

五是国家重大战略水利支撑保障能力进一步增强。 支撑保障国家重大战略，京津冀及雄安新区、长江经济带、黄河流域生态保护和高质量发展等重点流域区域防洪、供水、水生态保护修复重大项目加快实施。推动实施乡村振兴战略，以"三区三州"原深度贫困地区为重点，持续加大对脱贫地区水利投资倾斜支持，落实中央水利投资 592 亿元，整合利用其他渠道中央投资 120 亿元；指导各地推广农村水利基础设施建设以工代赈，吸纳农村劳动力就近就地就业 41.64 万人，实现就业增收 26.68 亿元；加快推进新疆玉龙喀什、库尔干、西藏湘河水利枢纽等重大水利工程建设。

部署 2022：努力扩大水利投资规模

魏山忠副部长指出，当前，我国经济发展已由高速增长阶段转向高质量发展阶段。推动新阶段水利高质量发展，对水利规划计划工作提出了新的更高要求。贯彻落实"三新一高"，要求我们在水利规划编制、项目前期论证、改革举措制定等工作中，要坚持生态优先、绿色发展，要树立系统观念，统筹发展和安全。服务实施扩大内需战略，要求我们要准确理解和把握实施扩大内需战略的时代背景、深刻内涵和重大意义，积极推进水利基础设施建设，努力扩大水利投资规模，增加水利高质量产品和服务供给，更好地发挥水利促进经济循环的支撑作用。

总之，新形势要求水利规划计划工作，必须加强前瞻性思考、全局性谋划、战略性布局、整体性推进。

第一，规划引领，抓好重点水利规划编制实施。 扎实推进国家"十四五"规划纲要和"十四五"水安全保障规划实施，做好任务分解，明确责任分工，确保年度任务如期完成。从战略和全局高度，加快研究谋划国家水网建设规划布局，制定出台省级水网建设指导意见，鼓励地方积极性高、基础条件好、代表性强的地区，开展先行先试，打造省级水网建设样板。全面启动七大流域防洪规划修编，为完善流域防洪减灾体系提供规划基础。做好水利规划与国土空间规划的衔接协调，切实维护河湖行洪、蓄洪、输水、供水、生态等功能，突出水资源承载力刚性约束，落实"四水四定"要求，将水利基础设施空间布局纳入国土空间规划"一张图"，为水利基础设施建设预留用地空间。印发黄河流域生态保护和高质量发展水安全保障规划、成渝地区双城经济圈水安全保障规划，抓紧推进主要支流综合规划、河口综合治理规划编制工作。

第二，织密国家水网，加快推进重大水利工程建设。推进南水北调后续工程前期工作，争取中线引江补汉工程、东线后续工程尽早开工建设。以 150 项重大工程为重点，今年全力推进古贤水利枢纽、淮河入海水道二期、广西长塘水利枢纽、四川青峪口水库等一批重大项目前期工作，争取尽早开工建设；加快实施一批智慧水利项目，推进数字孪生流域、数字孪生工程建设；做好项目储备，对于150 项重大工程之外，已列入"十四五"水安全保障规划的重点项目，要扎实做好项目前期，力争早审批早开工。

第三，落实"江河战略"，推进水生态系统保护治理。要深入贯彻习近平总书记亲自擘画的国家"江河战略"，努力打造江河保护和治理的标杆。加强中华民族母亲河长江、黄河保护治理，狠抓生态环境突出问题水利整改，确保"清存量、遏增量"。持续抓好长江大保护，加强通江湖泊系统治理，加快安澜长江建设；系统推进黄河流域上游水源涵养、中游水土保持、下游滩区治理和湿地保护，进一步完善水沙调控体系。持续推进华北地下水超采综合治理，按照"一减、一增"的治理思路，采取"节、控、调、管"综合治理措施，全力推进行动方案实施，不折不扣完成行动方案确定的近期治理目标任务。统筹推进其他重点河湖保护治理，推动实施新一轮太湖流域水环境综合治理，统筹流域防洪、水资源配置和水生态修复，协调推进骨干引排通道建设，强化饮用水源保障，共同谱写太湖治理新篇章；加快京津冀"六河五湖"（滦河、潮白河、北运河、永定河、大清河、南运河六条重点河流和白洋淀、衡水湖、七里海、南大港、北大港五大重点湖泊）、福建木兰溪、安徽巢湖、吉林查干湖，以及三峡、丹江口水库库区等"十四五"规划水生态治理修复项目实施；持续推进水美乡村建设，及时总结推广第一批 55 个试点县的经验做法，加快推动第二批、第三批试点县建设，确保按期完成建设任务，助力乡村振兴。

完成 2022 年水利规划计划各项任务，需要投入的支撑和改革的驱动。

一是努力扩大投资规模。要力争今年水利投资规模超过 8 000 亿元，必须按照"两手发力"要求，多渠道加大投入。各地要加强与发展改革、财政等部门沟通，努力争取加大财政投入，千方百计增加使用地方政府债券。同时，要争取银行贷款、吸引社会资本投入水利。近期，水利部将会同有关部门、金融机构，研究制定金融支持重大水利工程建设、推进水利领域不动产投资信托基金（REITs）试点工作的文件，各地要开拓思路、主动作为，扩大投资渠道。

二是深化水利重点领域改革。要加强改革统筹协调和组织推动，深入研究体制机制重大问题，注重改革经验的挖掘、提炼和总结推广。推动重大改革措施及时出台，今年加快推动建立水资源刚性约束制度，制定强化河湖长制、加强河湖水域岸线管控、加强水土保持等方面的意见。发挥市场机制作用，推动用水权、水价、投融资等方面的改革，研究提出相关举措，争取有所突破。

新华社《瞭望》周刊

水利部副部长刘伟平：
有力应对今年偏重汛情

今年入汛以来，我国降雨量总体偏多，主要江河编号洪水和中小河流洪水多发。

坚持人民至上、生命至上，锚定"人员不伤亡、水库不垮坝、重要堤防不决口、重要基础设施不受冲击"目标，全力做好各项防范应对工作。

在防御珠江流域西江洪水过程中，正在建设中的大藤峡水利枢纽提前预泄腾出 7 亿立方米库容，减轻下游防洪压力。

（水利部　供图）

今年入汛以来，我国降雨量总体偏多，主要江河编号洪水和中小河流洪水多发。截至6月30日，已有21个省（自治区、直辖市）425条河流发生超警以上洪水，较1998年以来同期均值偏多八成，其中40条河流超保、13条河流发生有实测资料以来最大洪水，特别是珠江流域河流反复超警。

水利部门预计，7—8月，我国极端天气事件偏多，区域性洪旱较常年偏重。汛期以北方多雨为主，黄河中下游、海河、辽河、珠江等可能发生较大洪水，长江上游干流和汉江、淮河、松花江、太湖流域可能发生区域性暴雨洪水。华东、华中、西南东北部、西北西部北部等地可能出现阶段性旱情。

面对汛情，水利部门采取了哪些有力措施？目前我国防洪抗旱体系还存在着哪些短板和薄弱环节？……带着这一系列问题，《瞭望》新闻周刊记者专访了水利部副部长刘伟平。

全国汛情形势总体偏重

《瞭望》：近期我国部分地区发生了洪涝灾害，特别是珠江发生流域性洪水，请问今年入汛以来我国汛情总体情况怎么样？

刘伟平：今年入汛以来，我国降雨量总体偏多，主要江河编号洪水和中小河流洪水多发。汛情主要有以下特点：

一是入汛时间偏早，降雨总体偏多。我国于3月17日入汛，较常年早15天。入汛以来全国面平均降雨量252毫米，较常年同期多10%，其中华南北部、江南东部南部、西南中部、东北中部南部、黄淮东北部等地偏多三至七成。共发生19次强降雨过程，比1998年以来同期多5次。5月下旬至6月中旬，珠江流域北江、西江中游累积降雨量分别为常年同期的2.4倍、1.8倍，均列1961年有完整资料以来第一位。

二是主要江河编号洪水多且分布集中。入汛以来，全国主要江河共发生8次编号洪水，为1998年以来同期最多。其中珠江流域西江发生4次编号洪水、北江发生2次编号洪水，与1994年并列为新中国成立以来最多；韩江发生1次编号洪水。

三是洪水量级大。受持续强降雨影响，珠江流域连续发生2次流域性较大洪水，其中北江发生特大洪水，北江英德站洪峰水位35.97米，超过1951年有实测资料以来最高水位1.46米，飞来峡水库入库洪峰流量19 900立方米每秒，为1915年以来最大。与此同时，江西鄱阳湖水系乐安河上游香屯站和中游虎山站水位、流量分别列1956年和1953年有实测资料以来第一位。

四是中小河流洪水多发频发。入汛以来有 21 个省（自治区、直辖市）425 条河流发生超警以上洪水，较 1998 年以来同期均值偏多八成，大部分为中小河流，其中 40 条河流超保、13 条河流发生有实测资料以来最大洪水，特别是珠江流域河流反复超警。

《瞭望》：针对今年汛情，水利部采取了哪些措施应对？

刘伟平：水利部坚持人民至上、生命至上，锚定"人员不伤亡、水库不垮坝、重要堤防不决口、重要基础设施不受冲击"目标，全力做好各项防范应对工作。国家防总副总指挥、水利部部长李国英多次主持召开会议或专题会商，研究部署水旱灾害防御工作，珠江流域防汛关键期视频连线水利部珠江水利委员会和广东省人民政府、水利厅，并赴广东、广西防汛抗洪一线指挥调度，对大藤峡、飞来峡、潖江蓄滞洪区等流域关键性工程调度运用提出明确要求，有力保障西江北江大堤和珠江三角洲防洪安全。

水利部加强应急值守，密切监视雨情水情汛情，滚动分析研判珠江等流域汛情形势，对洪水调度和防御工作作出具体安排，针对重点省份汛情启动 1 次水旱灾害防御Ⅲ级应急响应、8 次Ⅳ级应急响应，8 次发布洪水预警，先后派出 22 个工作组赴福建、江西、山东、湖南、广东、广西、云南等地防汛一线指导。综合考虑洪水总量、洪峰、过程等要素，指导各级水利部门科学精细调度防洪工程，充分发挥流域防洪工程体系防洪减灾效益。截至 6 月 30 日，长江、淮河、珠江、松辽、太湖流域调度运用 2 160 座（次）大中型水库拦蓄洪水 537 亿立方米，初步统计减淹城镇 910 个（次）、减淹耕地 808 万亩、避免人员转移 506 万。会同中国气象局发送山洪灾害气象预警 52 期，其中红色预警 1 期、橙色预警 14 期，各地水利部门累计发布 11.6 万次县级山洪灾害预警，向 302.4 万名相关防汛责任人发送预警短信 2 563 万条，向社会公众发布预警短信 10.1 亿条，为做好山洪灾害防御，及时转移避险提供了有力支撑。

筑牢水旱灾害防御"安全堤"

《瞭望》：我国已进入主汛期，水旱灾害防御形势日趋紧张。为筑牢水旱灾害防御"安全堤"，水利部将重点做好哪些工作？

刘伟平：水利部将重点从以下几方面做好水旱灾害防御工作：

一是严密监视超前部署。强化 24 小时值班值守，紧盯雨情、水情、汛情、工情、灾情，加强滚动会商和分析研判，及时启动应急响应，发布洪水预警信息，科学实施水工程调度，派出工作组赴防汛一线，协助指导有关地区做好暴雨洪水防范应对，为抗洪抢险提供技术支撑。

二是强化"四预"措施。 强化预报、预警、预演、预案"四预"措施，针对洪水防御过程中"降雨—产流—汇流—演进、总量—洪峰—过程—调度、流域—干流—支流—断面、技术—料物—队伍—组织"四个链条，精准管控全过程、各环节。聚焦洪水各要素，滚动分析演算洪水情况，根据洪水演进和水工程蓄泄预演结果，系统考虑上下游、左右岸、干支流，科学调控江河重点断面洪水，在重点地区、重要工程预置巡查人员、技术专家、抢险力量，牢牢把握洪水防御的主动权。

三是科学防御江河洪水。 科学精准调度运用河道及堤防、水库、蓄滞洪区等各类水工程，综合采取"拦、分、蓄、滞、排"等措施，减轻江河防洪压力，充分发挥流域水工程体系防洪减灾效益。强化水工程防洪调度运用监管，确保调度指令执行到位。加强江河堤防巡查防守，发现险情及时有效处置，做到抢早抢小抢住，保障防洪安全。

四是保障水库度汛安全。 强化大中型水库调度运用监管，严禁违规超汛限水位运行。督促小型水库行政、技术、巡查"三个责任人"上岗到位，预警信息直达相关责任人。提前做好洪水漫坝防范准备，落实放空水库、畅通溢洪道、防护坝顶坝坡、开挖临时泄洪通道等措施。病险水库主汛期原则上一律空库运行，确实难以空库运行的，逐一落实防漫坝溃坝措施，坚决避免水库垮坝。

五是做好中小河流洪水和山洪灾害防御。 贯通纵向到底、横向到边的责任链条，落细落实中小河流洪水和山洪灾害防御各项措施。加强雨水情信息监测，及时向低洼地带和山洪灾害危险区相关防汛责任人和群众发布预警，确保预警信息直达一线、到户到人，及时果断组织危险区人员转移避险，保障人民群众生命安全。

六是持续开展隐患排查整治。 针对防汛过程中暴露出的违法侵占河道妨碍行洪、阻塞水库溢洪道、水工程度汛管理和措施落实不到位等突出问题以及山洪风险隐患持续开展排查整治，依法依规处理侵占河道、湖泊等行为，及时清除水库泄洪障碍，全面清理山区沟道妨碍行洪隐患，确保河道行洪和水库泄洪通道畅通，强化安全度汛管理，消除风险隐患。

七是统筹做好旱灾防御工作。 加强旱情监测预报，及时发布干旱预警，完善应急水量调度预案和抗旱预案，组织各级水利部门加强对江、河、湖、库等水源的科学管理和抗旱调度，综合运用"引、提、调"等措施，保障城乡供水安全。针对受旱严重地区群众饮水困难情况，制订完善群众生活用水保障方案，强化供水保障措施，确保群众饮水安全。

不断提升水旱灾害防御能力

《瞭望》：近年来，我国在加强水旱灾害防御体系建设方面取得了哪些成效？

刘伟平：我国是世界上水旱灾害最频繁、最严重，防御难度最大的国家之一。水利部门始终坚持人民至上、生命至上，坚决贯彻"两个坚持、三个转变"防灾减灾救灾理念，不断完善流域防洪工程体系。近年来，大江大河骨干工程体系基本形成，主要支流和中小河流治理取得重要进展，病险水库除险加固等防洪弱项加快建设，监测预警体系精准调度能力得到加强，水旱灾害防御能力明显提升，有力保障了人民群众生命财产安全和经济社会的稳定运行。

同时，我国水利防洪减灾体系也暴露出一些短板和薄弱环节。"十四五"时期，水利部将聚焦防洪薄弱环节，按照"消隐患、提标准、控风险"的思路，加快病险水库除险加固，推进堤防、控制性枢纽和蓄滞洪区等工程建设，提升防洪工程标准，完善流域防洪减灾体系。

一是加强顶层设计。针对流域防洪面临的新形势和新要求，以七大流域防洪规划修编为重点，开展新一轮防洪规划编制，研究提出新阶段流域防洪减灾总体方略和目标任务。

二是提高河道泄洪能力。加快大江大河大湖综合治理，保持河道畅通和河势稳定。继续实施大江大河主要支流、独流入海和内陆河流系统治理，确保重点河段达到规划确定的防洪标准。加快实施中小河流治理，持续推进河湖"清四乱"（乱占、乱采、乱堆、乱建）常态化规范化，确保防洪安全和行洪畅通。

三是增强洪水调蓄能力。加快对提高流域和重点区域洪水调控能力有重要作用的控制性枢纽工程建设。建立健全水库水闸常态化安全鉴定、除险加固机制，加快推进现有病险水库水闸除险加固。强化流域防洪统一调度，完善流域防洪、水沙调度体系，加强流域水工程联合调度，发挥防洪工程体系整体优势。

四是确保分蓄洪区分蓄洪功能。以长江、淮河、海河等流域为重点，加强蓄滞洪区布局优化调整和建设，确保蓄滞洪区遇流域大洪水时"分得进、蓄得住、退得出"，在关键时刻能发挥关键作用。分类治理和管理洲滩民垸，确保有序进洪运用和居民生命财产安全。

五是补齐防洪短板弱项。加强山洪灾害防治，因地制宜推进山洪沟治理，优化山洪灾害自动监测站网布局。依托流域防洪工程体系和区域防潮体系，加快实施城市防洪工程建设，完善城市防洪排涝体系。实施河湖水系保护与治理修复，保护城市行洪蓄洪排涝空间。加强沿海防台防潮能力建设，对标准偏低、毁损严重的海堤进行治理。

六是加强洪水风险管理。 以物理流域为单元、数字地形为基础、干支流水系为骨干、水利工程为重要节点，加快推进数字孪生流域、数字孪生水利工程建设，逐步实现数字化场景、智慧化模拟、精准化决策。加强智慧水利流域防洪业务体系建设，强化预报、预警、预演、预案"四预"措施，全面提升流域防洪调度智能化水平。

七是提升抗旱减灾能力。 立足流域整体和水资源空间均衡配置，实施国家水网重大工程，加快推进重点水源工程和水资源配置工程建设。推进省级水网建设，加强国家重大水资源配置工程与区域重要水资源配置工程的互联互通。加快推进全国旱情监测预警综合平台建设、旱警水位确定等基础工作，提升抗旱工作管理水平。

新华社《瞭望》周刊

一滴水里的改革
——云南恨虎坝打通农田水利"最后一公里"

恨虎坝中型灌区引入社会资本和市场主体，让村民既是用水户也是"项目投资方"，解决了农田水利工程"一年建、两年用、三年坏，有人用、无人管"的"最后一公里"难题。

面对农田水利工程由政府一家负责，实际工作中存在重建轻管、效益低下等

2022年6月7日，云南省陆良县小百户镇一位村民展示他家的农业水权证。

（浦超　摄／本刊）

"最后一公里"问题，云南陆良县恨虎坝中型灌区引入社会资本和市场主体，让农田水利工作从政府"独奏"转变为政府、社会资本、群众"合奏"。

记者了解到，项目试点可解决群众用水难、用水成本高等难题，还可发挥社会资本作用，有效提升水利工程管护

水平，走出一条山区水改新路。

从"独奏"到"合奏"

恨虎坝中型灌区位于陆良县小百户镇炒铁村，地处浅丘缓坡地带，雨季（5—10月）降水量占全年86.2%。项目区有农户1 050户，灌溉面积1.008万亩，主水源为807万立方米的

2022年6月7日，云南省陆良县小百户镇一位村民正在察看地里的喷灌设施。

（浦超　摄／本刊）

恨虎坝水库，已建干渠10.8公里。试点前无支渠等配套设施，群众拉水灌溉成本高，水库每年有350多万立方米水用不出去，大家望水兴叹。

2014年，陆良县恨虎坝中型灌区作为全国试点，探索社会资本参与农田水利设施建设、运营和管理，以期激发市场和群众活力，改变政府一家负责的建管模式。

陆良县水务局局长平俊林说，陆良县全面放开社会资本参与范围和准入条件，以农田水利设施产权和水权分配制度改革为基础，以群众全程参与为前提，以良好政策环境和优质服务为保障，充分发挥农业水价的杠杆作用。

恨虎坝中型灌区2014年发布招商公告后，经过招商现场答疑、招商比选，经过严格程序确定中选企业——甘肃省大禹节水集团。

大禹节水集团与陆良县政府签订协议，并采取"企业＋合作社"模式，由企业和合作社（炒铁为民用水专业合作社）按7∶3的比例出资组建陆良大禹节水农业科技有限公司，成为农田水利投资、建设、管理主体。合作社社员多的几十股、少的几股，每股500元，共筹资193万元入股，在管护用好工程的同时，收益按7∶3比例分红。

试点项目区主要供水水源为恨虎坝水库，项目总投资2 711.71万元，通过各级政府配套、社会融资、群众自筹3种途径筹措。主干管和泵站由政府投资，田间支管和配水管等配套设施靠引入社会投资646万元。其中，引入大禹节水集团投资452万元。

项目新建泵站2座，铺设干支管道243公里，田间管网1 111公里，配套用

水自动化控制系统和田间计量设施 548 套，实施微灌高效节水灌溉面积 1.008 万亩。

陆良大禹节水农业科技有限公司负责人赵康师介绍，项目建立政府与投资企业风险共担机制，在不可抗拒的自然因素情况下，投资企业资本收益和折旧之和低于 7.8% 时，由政府补足相应缺口部分资金，降低企业投资风险。

"出了小钱成本低"

"打开开关就来水，想什么时候用就能什么时候用，旱季也不怕了。" 49 岁的炒铁村村民高月华说。

据了解，高月华家水田和旱地共约 20 亩，过去浇地只能到三四公里外的永清河拉水，往返一趟需 3 小时，一次能拉 700 多公斤。以烤烟种植期为例，那时河里的水也很少，还要 "抢水"。虽然浇地不花钱，但拉水的成本在每亩 200 元以上。现在水 0.79 元每立方米，每年用 100 立方米水成本还不到 80 元，花费大幅降低。

炒铁村村委会主任、合作社理事长钱建祥说，过去只能抽水、运水、田间水池蓄水，再浇地，用水的人工和成本太大。现在由于用水有保证，土地种植作物可达两三季，收入是过去的两三倍。

因灌溉条件改善，这里的土地也成了 "香饽饽"——每亩地租金超过 2 000 元。小百户镇镇长赵路见介绍，通过水价改革，群众用水方便，提升了土地的复种指数，村民种植作物丰富起来，并减少了单一作物产生的病虫害问题，土地租赁价格提升。"过去有地都难租出去，现在土地租金价格比周边高 1 000 多元。"

"这样的模式得到村民肯定。为此，在初始水权分配、合理水价形成上，我们积极建立机制。" 平俊林说。

玉米 25 立方米每亩、烤烟 30 立方米每亩……灌区农作物年灌溉用水有定额，设立水资源总量控制红线和用水效率红线，建立实施初始水权分配机制。

"按就低不就高原则，我们确定项目区用水总量控制线。" 钱建祥说，分解到项目区用水总量指标 350 万立方米，经测算，实际用水需求总量定为 323.38 万立方米。这为水价形成机制等提供依据，粗放用水变为精细用水管理。

从重建轻管到管护到位

"改革前，管护经费缺少保障，管护责任难以落实，用水管理比较粗放，灌溉水利用系数仅 0.4。"平俊林说。

据平俊林介绍，过去水源工程由陆良县灌区管理局恨虎坝水库管理所管护，管理所向用水户按 0.04 元每立方米收取原水水费。由于价格过低，水费收入难以保障水库良性运行。同时，渠道设施由村集体管护，不收取任何费用，但也因为经费短缺，一些水利设施建成两三年就不得不"晒太阳"。

陆良在水价改革中建立田间工程管护机制，明晰田间工程产权和管理责任主体为陆良大禹节水农业科技有限公司，把运行维护成本摊入执行水价，在收取的水费中列支，改变以往只建不管、有人用无钱修的困局，确保田间工程良性运行。

同时，当地制定《田间工程管护办法》，明确田间工程管护范围、管护职责、管护人员数量、报酬标准、维修养护经费，各项费用供水成本，从水费收入中列支；明确具体经费支付方式、考核办法；明确企业、政府、群众各方职责，确保田间工程管得住、管得好、长受益。

为使公司与农户有效合作，村民自愿组建用水专业合作社，参与水利工程建设管理和运营。村民既是用水户也是"项目投资方"，更能发挥主人翁精神参与工程管护，有利于长期管护好、利用好水利设施。

记者看到，灌区玉米等农作物长势好，喷灌软管正均匀出水浇地。"哪里水管不通了、喷头有问题，群众自己就会解决。"钱建祥说。

改革也给企业带来收益。据了解，项目采取特许经营模式，特许经营期 20 年。经测算，正常年景社会资本回收期 7 年，20 年运行期公司累计可计提折旧和收益 1 911.8 万元。

赵路见说，这种模式下，灌溉水利用系数可提高到 0.85 以上，解决了水利工程"一年建、两年用、三年坏，有人用、无人管"的难题。

"通过建立水权分配、合理水价、社会资本和合作社参与等 7 项机制，有效破解农田水利'最后一公里'问题。"陆良县委书记刘吉飞说，试点初步实现农田水利设施完善、工程良性运行、供水有效保障、产业快速发展和农民持续增收等改革预期目标，形成社会资本参与农田水利设施建管的新模式，初步实现群众、企业、政府三方共赢。

新华社《瞭望》周刊

三峡后续工作让水清业兴人富

（《瞭望》新闻周刊记者　贾雯静）　丰都县探索构建"市级河长主督、县级河长主治、镇级河长主巡"的"一河三长"分级责任体系，在党委、政府领导担任河长的基础上，由人大、政协领导担任督导长，公安领导担任警长，形成执行、监督、执法三位一体综合治理格局。

三峡库区柑橘种植加工技术推广示范基地建设项目，新增就业岗位180个，受益总人口达5 000，其中移民受益人口达3 000，促进人均增收350元，累计带动柑农增收175万元。

三峡工程是迄今为止世界上规模最大的水利枢纽工程，2020年，三峡工程完成整体竣工验收。继续科学安排好各项后续工作，对于确保三峡工程长期安全运行，发挥综合效益意义重大。

党的十八大以来，水利部围绕三峡后续工作规划目标任务，对接长江经济带发展、乡村振兴等战略，积极推动库区经济社会发展、移民安稳致富。截至目前，中央财政累计安排三峡后续工作转移支付资金931.76亿元、项目6 661个，三峡工程综合效益持续释放，人民群众的获得感、幸福感、安全感进一步增强。

河湖颜值焕新

"我们世世代代都生活在这里，过去这里的水泥厂污染较重，现在生态环境好了，心情也舒畅了。"采访中，重庆市丰都县花园社区一位村民告诉《瞭望》新闻周刊记者。

村民所说的"过去这里"，是三峡库区长江上游右岸一级支流——龙河丰都段。过去，工厂沿河而建，如今这里成了美丽的湿地公园。

丰都县水利局水生态科副科长黄山介绍，龙河丰都段流域人口多、工矿企业多、车流物流多、畜禽养殖量大，生态环境曾受到影响，约23.6公里的河道一度断流22年。

守护好这条"母亲河"对丰都十分重要。2019年底，龙河丰都段被水利部列为全国首批17条示范河湖建设名录，投入三峡后续资金7 997万元。丰都县针对河库乱建、乱占、乱养等问题展开专项整治，先后实施多项生态修复工程，为龙河丰都段旧貌换新颜。

示范河湖建设验收专家称，龙河丰都段全国示范河湖建设成效显著，亮点在于创造了河长制深化落地新体系和网格化管理新模式，为重庆市乃至全国其他地区的河湖管理提供了示范。

黄山介绍，丰都县探索构建"市级河长主督、县级河长主治、镇级河长主巡"的"一河三长"分级责任体系，在党委、政府领导担任河长的基础上，由人大、政协领导担任督导长，公安领导担任警长，形成执行、监督、执法三位一体综合治理格局。

权责明晰后，按照实际工作量把龙河河道管护划分为网格片，选聘镇村社Ⅲ级网格管护员103名，按照每月不少于22次的要求，对责任网格开展巡河护河、日常管护、问题排查等工作，夯实河道管护"最后一公里"。

同时，人机协作，启动"智慧河长"建设，建成水质监测站3个、视频监测站9个，水位站1个，负氧离子监测站1个，并利用卫星遥感巡河。

通过系统治理，如今的龙河丰都段焕然一新，汇入长江水质总体稳定在Ⅱ类标准，野生猕猴、鸳鸯等一批国家级保护动物时隔20年后再现龙河流域。

特色产业振兴

"我们秭归一年四季都产橙子。"湖北省秭归县西陵峡村村民郑胜英说。

秭归县是三峡工程移民库区之一，独特的地理位置和自然条件，造就了秭归脐橙的独特品质。结合当地自然资源特点和农村产业基础，秭归县抓住中央优先建设长江上中游柑橘带和重点支持三峡库区经济社会发展的契机，开展三峡库区柑橘种植加工技术推广示范基地建设项目。

该项目位于秭归经济开发区西楚工业园屈姑公司园区内，是秭归县产业结构调整及发展扶持类的重点，项目业主为秭归县屈姑食品有限公司，总投资1.3亿元，后续规划补助资金3 929万元。公司负责人李正伦介绍，目前项目已完工，试运行情况较好，成效显著。

——优势转化，产业实现抱团发展。年柑橘加工生产能力突破5万吨。在柑橘加工产业带动下，包装、物流、服务业共同进步。

——促进就业，农民实现安稳致富。项目新增就业岗位180个，受益总人口达5 000，其中移民受益人口达3 000，促进人均增收350元，累计带动柑农增收175万元。

——企业壮大，产业实现转型升级。形成"企业＋农户＋专业合作社＋基地＋科研单位＋互联网"六位一体循环经济产业链发展模式。

——保护生态，库区实现可持续发展。不断扩大的柑橘种植业，增加了三峡库区的森林覆盖率，消减泥沙进入三峡库区，保护了库区环境。

在该项目的带动下，2021 年秭归县种植柑橘达 40 万亩，年产量 70 万吨，综合产值超 85 亿元。

目前，秭归县已经形成以脐橙为主导的产业融合发展格局。坚持"红色、绿色、橙色、特色"四色发展理念，以四季脐橙全产业链条为内在支撑，大力发展集旅游民俗、乡村客栈、特色餐饮、休闲娱乐、商贸物流于一体的商业集群，培育市场主体 2 000 多家，发展特色餐饮、酒店民宿、电商物流 300 余家，产业融合发展增强了全县经济韧性。

移民生活安稳

"以前种地收入不高，我大部分时间都在城里打工。"重庆市涪陵区二渡村村民周庆勇说："过去我们家年收入 2 万 ~ 3 万元，现在村里精准帮扶政策力度大，收入能达到 10 万余元。"

二渡村位于涪陵区长江下游北岸，当初三峡工程移民搬迁，二渡村被淹没土地 60 余亩，安置移民 180 余户、650 余人。为使安置区移民过上幸福生活，地方水利部门实施二渡村农村移民安置区精准帮扶项目，周庆勇就是该项目的受益者之一。

精准帮扶的直观体现之一是通过科技下乡等活动，开展技术培训、现场示范、答疑解惑，科技特派员手把手教、面对面问，把最实用的技术、最需要的知识送给了农民。

"原来我们都用土方法种植，现在每年村里组织技术培训，提供免费的种子和技术，榨菜亩产提高了 2 000 公斤左右。"周庆勇说，不仅收成好了，生活的方方面面都好起来了，老百姓的精气神越来越足。

据二渡村党委书记潘晓江介绍，二渡村农村移民安置区精准帮扶项目投入资金 4 670 万元，现已基本完工，多层次提高村民生活品质。

服务更细致。新建便民服务、游客接待、培训会议、新时代文明实践和文化活动广场五大中心，分类提供民生服务。其中培训中心建成后，可以同时容纳 300 余人全天候培训，目前已与 10 余家单位达成合作意向。

生产更安全。新建村道路 6 条，近 5 公里，修建农村生产便道 30 余条，近 8 公里，同时新建半山榨菜及水果种植区给水灌溉管网，安装水管 4.5 公里，修建拦沙坝共 7 处，能够对近 1 000 亩耕地进行全季灌溉保障，缓解庄稼每年被大水冲毁的问题。

环境更宜居。修建公共厕所、安装太阳能路灯 70 盏、新建排洪沟近 400 米、雨水收集池 1 座，既方便村民，又完善了乡村旅游的必备条件。

新华社微博

我国进入汛期较往常偏早 15 天

据水利部 17 日发布的汛情通报，今年我国入汛日期为 3 月 17 日，较多年平均入汛日期（4 月 1 日）偏早 15 天。

3 月 14 日以来，我国南方部分地区出现持续降雨，14 日 8—17 日 8 时，累积降水量 50 毫米以上雨区的覆盖面积达 16.2 万平方公里。受降雨影响，长江下游沿江支流秋浦河、黄溢河发生超警洪水。

水利部相关负责人表示，已于 17 日启动 24 小时水旱灾害防御值班，进入汛期工作状态。

新华社客户端

浇好"第一桶"丰收水
——农村水网夯实粮食安全后盾

春天过半，农田灌溉相继迎来高潮。大江南北，水网汨汨作响，缓缓流入充满希望的田野。截至目前，全国已有 2 040 处大中型灌区开始春灌，累计灌溉 6 170 万亩，供水超过 79 亿立方米。

粮食生产根本在耕地，命脉在水利。记者近期奔赴各地调研春耕生产了解到，农村水网为"把中国人的饭碗牢牢端在自己手中"奠定了坚实的基础。

引水：万千水网入良田

粮食生产的关键之一，在于耕地灌溉面积。在占全国耕地面积 54% 的灌溉面积上，生产了全国总量 75% 的粮食。

拓展灌溉面积，水利设施建设先行。

站在乌蒙山区纳雍县六冲河畔，只见一道大坝横亘河上，水流蓄积形成一座大型水库。水库之下，648 公里输水管网由西蜿蜒向东，给干渴的乌蒙山区带来新的生机。这是夹岩水利枢纽工程，贵州历史上最大的水利枢纽工程。

夹岩水利枢纽工程公司有关负责人谢金才说，这个工程构建起以大型水利枢纽为支撑的水资源保障体系，将从根本上解决黔西北地区工程性缺水问题，为附近90万亩耕地、267万人口提供水源保障。

湖北枣阳市曾是有名的"旱包子"。鄂北地区水资源配置工程去年全线通

这是在位于乌蒙山区的贵州省纳雍县六冲河畔拍摄的夹岩水利枢纽工程（3月17日摄，无人机照片）。

（新华社记者　陶亮　摄）

水，丹江口水库的水沿着干渠，顺着畅通的农田水网，流进了数百万亩农田。去年，枣阳市种粮大户张心海的500亩地，第一次为他带来30多万元收入。

鄂北地区水资源配置工程为湖北省枣阳市境内的农田灌溉送水（3月2日摄，无人机照片）。

（新华社记者　钟华　摄）

"水有了稳定保障，今年小麦亩产应该比去年高点。"张心海说，以前年份为了找水，往往要拉上几百米的管子从堰塘抽水，也尝试挖过150米的深井取水，算下来每年每亩地灌溉的花销就有上百元。

另一些地方，通过渠道疏浚、设施维修，扩充了耕地有效灌溉面积。

"我有12亩地，过去水从河里流到地里得20分钟，浇一遍得五六个小时，现在两三个小时就能完成！"近日，正在麦田进行春灌的河南省原阳县太平镇陈庄村村民陈怀勖高兴地说。

为确保农民春灌河渠顺畅，原阳县清淤疏浚河道26条400余公里。陈庄村党支部书记陈国军说，从干渠到支渠再到斗渠，全部都进行了硬化，河渠淤堵阻

鄂北地区水资源配置工程为湖北省枣阳市境内的农田灌溉送水（3月2日摄，无人机照片）。

（新华社记者　钟华　摄）

水问题得到了彻底解决。

近年来，甘肃疏勒河灌区改造干支渠507公里、配套渠系建筑物1 576座，渠道总衬砌率98%以上，形成了蓄、调、灌、排完善的灌溉系统。

"斗渠实现硬化、支渠被改造成直径1.5米管道，极大改善了渠道跑冒渗漏、淤堵现象。"甘肃省酒泉市瓜州县河东镇六道沟村党总支书记焦扬说，冬灌已经用上疏勒河水，全村1.4万亩耕地用水不再紧张。

水利部的统计数据显示，2012年以来，我国耕地灌溉面积由9.37亿亩增加到2020年底的10.37亿亩。与此同时，全国粮食总产量由1.18万亿斤增加到2020年的1.34万亿斤。

2020年，全国13个粮食主产省份的粮食总产量1.05

这是3月15日在甘肃省酒泉市疏勒河灌区拍摄的昌马总干渠开灌引水。

（甘肃省疏勒河流域水资源利用中心　供图）

万亿斤，占全国的78%，较2012年的0.89万亿斤增加0.16万亿斤；亩均粮食产量由每亩747斤提高到了每亩796斤。

节水：一滴水当成两滴用

近30年来，我国农业灌溉年均用水量基本维持在约3 400亿立方米，占全社会用水总量的56%左右。在灌溉面积扩大、粮食总产量稳步增加的情况下，农业用水总量基本维持稳定，节水灌溉功不可没。

这是3月15日在甘肃省酒泉市疏勒河灌区拍摄的昌马水库。
（甘肃省疏勒河流域水资源利用中心　供图）

从大水漫灌到刷卡取水，提高水资源利用效率，在贵州省龙里县湾滩河灌区已成现实。看到灌溉条件改善，湾滩河镇湾寨社区居民刘志海立即拓展水稻种植面积，从10亩增加到了40亩。

"田边有水桩，要用多少水，就放多少水，有智能设备精准计量。"刘志海说，以前农田用水不稳定，亩产稻谷最多800斤，如今智能灌溉，节约了30%的水，降低了用水成本，而且亩产达到了1 200斤。

水利信息化建设在湖北漳河灌区同样发挥了重要作用。沿着漳河灌区总干渠渠道行走，几步之遥就有许多测、视、控一体化设备。正是这些设备对每一条渠道、每一片农田精准"把脉"，对水资源实现在线监测、动态模拟、合理调配管理。

"以前得在各个村组跑，安排灌溉用水，通过信息化改造后，开闸放水可以用手机或者电脑远程控制。"湖北省漳河工程管理局工作

贵州省龙里县湾滩河镇的巡河人员在沿湾滩河两岸巡查（3月15日摄）。
（新华社记者　陶亮　摄）

人员杨长宇说，通过高效节水灌溉技术，漳河水更迅速、低耗、高效地输送给漳河灌区260万亩农田。

不少地区还将节约用水与节约用工、用肥一体推进。

在河南省部分小麦种植区，冬小麦目前进入返青拔节期。辉县市新乡

贵州省龙里县湾滩河镇湾寨社区的工作人员用水桩放水（3月15日摄）。

（新华社记者　陶亮　摄）

五丰农业专业合作社引入水肥一体化滴灌技术，该合作社负责人孙绍臣刚把流转的200亩小麦浇完。

"以前一人一天最多浇4~5亩地，自从用了滴灌技术，只用5天就能全部浇完。节水超25%，节肥超20%。"孙绍臣说。

类似的情况也发生在甘肃的饮马农场。"过去冬季大水漫灌，一亩田平均需要灌溉350立方米水，水资源利用效率不高。"饮马农场副场长赵富强说。

近年来，饮马农场先后建设了12个高效节水项目，高效节水农田面积已超过7万亩。"高效节水膜下滴灌和水肥一体化技术应用后，与过去大水漫灌相比，可节水40%～50%，水肥利用率由

在河南省周口市商水县张庄乡高标准农田示范区，水肥一体机在为麦田浇灌（3月22日摄，无人机照片）。

（新华社记者　张浩然　摄）

以往 40% 提升至 90%，小麦亩均产量提升 120 公斤左右。"赵富强说。

水利部农村水利水电司有关负责人说，近年来，严格实行农业灌溉用水总量控制和定额管理，健全节水奖惩机制，形成节水政策激励倒逼机制。同时结合高标准农田建设，大力推广高效节水灌溉技术，加强计量设施建设，推进灌溉信息化建设，持续提高了农田灌溉水有效利用系数。

在河南省鹤壁市浚县 30 万亩高标准农田示范方内，施工人员在修复去年水毁的沟渠（2 月 24 日摄）。

（新华社记者　张浩然　摄）

据水利部统计，2012 年以来，我国节水灌溉面积已由 4.68 亿亩增加到 2020 年的 5.67 亿亩，高效节水灌溉面积由 2.12 亿亩增加到 2020 年的 3.48 亿亩，全国农田灌溉水有效利用系数由 0.516 提高到 2021 年的 0.568。

防水：导水护田更护粮

2021 年，我国水旱灾害多发重发。水库、河道及堤防、蓄滞洪区等防洪工程体系，成为暴雨洪水来临时保障农田安全的一面盾牌。

"人在地上走，船在天上行。"蜿蜒在江汉平原的长江荆江河段似一条"地上悬河"，时常威胁着江边的沃土良田。作为长江中下游防洪体系的重要组成部分，洪湖东分块蓄洪工程守护着江汉平原的安宁。

在洪湖东分块蓄洪工程建设单体最大工程——腰口隔堤建设工地上，施工人员繁忙作业，机器轰鸣声不绝于耳……这个工程建成后，将与洪湖监利长江干堤、东荆河堤及洪湖主隔堤形成总长 167 公里的封闭圈，可承担 60 亿立方米的分蓄洪任务。

2020 年夏，洪湖市遭遇严重汛情，洪湖东分块蓄洪工程的高潭口二站投入

工人在贵州省惠水县雅水镇修建农村水渠（3月16日摄）。

（新华社记者　陶亮　摄）

应急运行，31天排涝2.2亿立方米，有力守护了农田安全。

从南方到北方，众多水利工程守护着农田的安全。

去年7月，河南省封丘县遭遇前所未有的大暴雨，受上游来水影响，县域主要排涝河道水位一度超保险水位，封丘县迅速启动Ⅰ级响应，在各部门通力协作下，实现了"有惊无险"。

阳春三月，乍暖还寒。封丘县文岩渠治理工程堤防加固现场，30台大型施工机械干得热火朝天。为了"旱能浇、涝能排"，封丘县的13个农田水利项目正在加快建设。

封丘县水利局副局长侯发远说："除涝工程5月底前可全部竣工。县内文岩渠除涝标准由不足3年提高到5年，防洪标准提高到20年一遇。"

从平原到山区，农村水利设施为粮食安全保驾护航。

3月下旬，在贵州惠水县坝王河摆金镇清水苑村河段，记者看到不少村民穿着胶鞋在水田里除草。该河段治理前，附近的田地经常被淹，水稻减产、绝收的现象比较常见。

"后来河道拓宽了一倍，新建6公里河堤，完成河道清淤，再也不用担心稻田被淹没。"正在田间除草的村民说。

水利部的统计数据显示，2021年汛期，4 347座（次）大中型水库投入拦洪运用，拦洪量1 390亿立方米；11个国家蓄滞洪区投入分蓄洪运用、分蓄洪水13.28亿立方米，减淹城镇1 494个次，减淹耕地2 534万亩，避免人员转移1 525万，最大程度保障了人民群众生命财产安全。2012年以来，年均完成抗旱浇地面积28 176万亩，年均挽回粮食损失2 655万吨、经济作物损失220亿元。

一年之计在于春 补好短板保丰收

——来自水润沃野的一线报道

早春三月，河北邱县韩东固村村民胡保民的麦田里，渠水汩汩流入，300多亩承包田里的麦苗，一天之内"喝"了个饱。县里今年补上了灌溉用水这块短板，让他喜出望外。

补好水短板，丰年更可期。记者连日来在田间地头调研农业生产时看到，各地

图为广昌县水渠管护人员正在田间清理渠道。

（广昌县委宣传部　供图）

或兴工程之利、走出"靠天吃饭"困局，或解春苗之渴、疏通农田灌溉"最后一公里"，让更多的活水浇灌充满希望的田野。

舒农田之困：疏通灌溉"最后一公里"

"以前一到浇地就犯愁，铺管子、接电、引水等费时费力不说，还要排队，每天能浇30亩就不错，300多亩承包田要10多天才能完成，但农时不等人，常常急得直跺脚。"胡保民说。

胡保民今年不再发愁。他告诉记者，县里修建水网工程，今年春耕全村都能方便用水，他一天就浇完了承包田，而且水源由井水改成地表水，浇水成本由原来的每亩每次60元减至不到10元。

邱县农业农村局局长曹金朝说，通过挖新渠、修旧渠、整治坑塘，邱县大力推进水网建设工程，引江河、水库水源，灌溉面积已从15万亩增至45万亩，占全县耕地面积90%以上。

北方的小麦解春苗之渴，南方的水稻同样得灌溉之利。

在湖南汨罗市罗江村村头，修葺一新的水渠格外引人瞩目，汨汨清水流向田间。不远处，村民正在忙着育秧。

图为湖南汨罗市罗江村新修的水渠。

"这几年推广一季稻改双季稻，因为灌溉问题，动员工作很难做。"罗江村党总支书记周艳告诉记者，今年不一样，这片农田会有 95% 种双季稻。

罗江村位于汨罗江北岸，水资源充沛，但不少灌渠建设年头久，渗漏严重，致使部分农田灌溉面临"最后一公里"难题。去年秋冬修水利，在汨罗江灌区续建配套和节水改造项目支持下，罗江村改造了 3 800 多米灌溉渠道，受益农田达 3 000 多亩。

图为宜黄县农村的"水管家"在进行水渠清淤工作。

"灌溉问题解决了，田好种了，当然愿意种双季稻。"罗江村种粮大户周顺龙说。

行走在农业大省江西，同样处处可见在田间维修和管护水渠的人们。记者近日来到宜黄县邹坊村，村党支部书记邓全发正带领村民清理水渠，清澈的河水通过清理后的水渠流向稻田。

"往年村民用水困难，农业水价综合改革后，政府每亩补贴 22 元水费，村民每亩只出 7 元，水渠有人管，用水更方便。"邓全发说。

作为农业大县，宜黄县的农田灌溉主要靠小型水源工程，农田水利设施管理粗放、维修养护无序让村民头痛不已。从 2019 年开始，当地通过与中国农业银行抚州分行合作，推进农业水价综合改革，对全县农田水利设施开展日常养护、冬修和应急维修。

同时，田间水利工程的维修养护主体落实到村组或新型农业经营主体，建成全域覆盖的维养体系。用水方便了，农民种粮的积极性更高了。

解春苗之渴：灌区变革引村民赋诗点赞

时下，农田灌溉在全国大面积展开，大中型灌区是春灌主战场。

"我国已有 2 000 多处大中型灌区开始春灌，累计灌溉 6 200 多万亩，供水 80 多亿立方米。"水利部农村水利水电司灌溉节水处处长王欢说。

图为山东平原县桃园街道办事处赵岳村麦田，指针式喷灌机与地埋式喷灌机结合作业开展春灌。

（平原县委宣传部　供图）

在山东夏津县的引黄灌区"吨半粮"建设示范区，小麦灌溉正在进行中。张官屯村种粮大户姜荣波此时比往年轻松了不少，他租种的 100 亩麦田正好位于示范区内，用上了今年新配套的自走式平移喷灌机。

"原本一人要干 20 天的活，现在不到两天就把麦田浇完了。原来仅电费成本就要 2 000 多元，现在电费加雇工费统共也才花了 760 元，而且节水达 60%。"姜荣波说。

夏津县水利局局长孙家滨告诉记者，随着引黄灌区农业节水工程建设项目的开展，水利部门建设相关干渠配套建筑物，对相关水闸进行智能化改造。同时，利用当地河流水源充沛的时机，及时提闸供水，为小麦春灌提供了水源保障。

与夏津县引黄灌区一样，全国越来越多的灌区用喷灌、滴灌取代了传统地面灌溉。

面对麦田里一排排喷灌设备射出的银色水线，河北邯郸市邯山区苗庄村村民王金贵喜不自禁，赋诗点赞："地埋管线机井连，喷灌滴灌设施全。润育千顷禾苗绿，喜看麦田展新颜。"

邯山区农业农村局副局长闫波祥说，邯山区今年种植小麦9万余亩，实施高标准农田建设，用管灌、喷灌、滴灌取代传统地面灌溉，目前已完成管灌面积7万余亩，喷灌、滴灌1万余亩。

"全国各地抢抓春灌前施工有利时机，已基本完成大中型灌区改造年度建设任务，正陆续在农田灌溉中发挥效益。"王欢说。

补工程之短：加快水毁工程修复

我国现有水库9.8万座，其中95%是小型水库，同时存在病险水库。提高小型水库的防洪和灌溉能力，保障小型病险水库除险加固到位和安全运行备受关注。对此，各地持续发力，为病险水库除险加固装上"安全阀"。

在江西，广昌县投资9 600多万元完成了全县所有病险水库除险加固，信丰县通过发地方专债等方式将全县17座中小型水库全部列入除险加固计划，浮梁县及时修复因山洪暴发堵塞的锦溪水库溢洪道，宜春市袁州区飞剑潭水库除险加固工程下闸蓄水，资溪县江家源水库除险加固后使当地农户受益。

在山东，潍坊市41座小型水库除险加固工程正在全力推进，目前已完成工程量的50%。潍坊市水利局负责人表示，将力争在4月底之前完成主体工程建设。

2021年，我国水旱灾害多发重发，尤其北方一些省份遭遇极端强降水天

图为工人正在涉县青塔水库施工，灌区水毁修复项目全力推进。
（涉县县委宣传部　供图）

气，秋汛严重、持续时间长，部分大中型灌区灌溉设施受到影响，水毁工程修复事不宜迟。

运砖送料、挑砖拌沙、浆砌抹灰……河北涉县青塔水库灌区施工标段机械轰鸣，灌区水毁修复项目正在全力推进。

"我们正在全力以赴，保质保量高效推进工程建设。"青塔水库灌区负责人席文龙说。

"就全国而言，各地抓住冬春有利时机，抓紧恢复灌区水毁工程灌排功能。"王欢说，截至目前，8 700 多处工程项目修复率超过 70%，3 749 座小型病险水库除险加固项目已开工建设，大中型灌区因灾受损灌溉设施基本修复完成。

在春耕生产由南向北陆续展开之际，水利作为农业的命脉，正在释放水能量，畅通春耕"经脉"，为夏粮丰收保驾护航。

新华社《中国证券报》

上半年我国重大水利工程
新开工数量和投资规模创历史新高

水利部副部长魏山忠 7 月 11 日表示，今年上半年，我国新开工 22 项重大水利工程、投资规模 1 769 亿元，开工数量和完成投资均创历史新高。

魏山忠在 2022 年上半年水利基础设施建设进展和成效新闻发布会上说，水利部会同有关部门和地方，上半年水利工程建设取得显著成效，项目开工明显加快，工程建设明显提速，投资强度明显增大。

水利建设全面加快

今年上半年，水利基础设施建设全面加快。1—6 月，全国完成水利建设投资 4 449 亿元，与去年同期相比增加 1 659 亿元，有 11 个省份完成投资均超过 200 亿元。

水利投资投向多个领域。一是聚焦保障防洪安全，加快流域防洪工程体系建设，完成投资 1 313 亿元。重点推进西江大藤峡水利枢纽、广东湛江蓄滞洪区、四川青峪口水库等重点防洪工程，以及中小河流治理、病险水库除险加固、涝区治理等防洪排涝薄弱环节建设。二是聚焦保障供水安全和粮食安全，实施国家水网重大工程，完成投资 1 898 亿元。重点推进引江济淮、云南滇中引水、珠江三角洲水资源配置、湖南犬木塘水库、贵州凤山水库等重大水资源配置和重点水源工程，以及灌区新建和改造、农村供水、中小型水库等项目建设。三是聚焦保障生态安全，复苏河湖生态环境，完成投资 835 亿元，重点推进永定河、吉林查干湖、福建木兰溪等重要河湖综合治理与生态修复、农村水系综合整治、坡耕地水土流失治理、地下水超采区综合治理等项目建设。四是其他水利项目完成投资 403 亿元。

一批重大水利工程实现重要节点目标，完成投资大幅增加，重庆渝西、广东珠三角水资源配置等工程较计划工期提前。农村供水工程建设 9 000 余处，完工 3 700 余处，提升了 1 688 万农村人口供水保障水平。病险水库除险加固、中小河流治理、大中型灌区改造、中小型水库建设等项目建设进度加快。目前在建水利项目 2.88 万个，施工吸纳就业人数 130 万，其中农民工 95.7 万。

在项目开工方面，上半年，新开工水利项目 1.4 万个，投资规模 6 095 亿元，其中投资规模超过 1 亿元的项目有 750 个。上半年重大水利工程累计开工数量达 22 项，投资规模 1 769 亿元，对照年度开工目标，任务完成过半。

两手发力提升投资强度

今年以来，水利建设投资强度明显增大。水利部坚持政府和市场两手发力，在加大政府投入的同时，地方政府债券持续增加，金融支持、水利 PPP 模式、水利 REITs 试点"三管"齐下，投资保障力度明显加大。

1—6 月，全国落实水利建设投资 7 480 亿元，较去年同期提高 49.5%，广东、浙江、安徽 3 省落实投资均超过 500 亿元。在地方政府专项债券方面，水利项目落实 1 600 亿元，较去年同期翻了近两番。水利建设投资完成 4 449 亿元，较去年同期提高 59.5%，广东、云南、河北 3 省完成投资均在 300 亿元以上。

北京大学国民经济研究中心主任苏剑表示，水利投资规模巨大，对经济发展促进作用较大，并通过乘数效应，未来还可能衍生出新的消费、投资，有望拉动经济增速上行。

国开行日前发布数据显示，上半年国开行加大力度支持水利基础设施建设，发放水利贷款 534 亿元，保持水利信贷投放稳定增长。其中，5 月和 6 月共发放贷款 264 亿元，占上半年发放量的近 50%。

兴业证券认为，水利建设信贷支持力度持续加大，全年水利投资有望超年初预期，成为今年稳增长的重要支撑。

东北证券发布的研报指出，我国防洪工程需求大。此外，在"双碳"目标下，抽水蓄能需求提升，抽蓄建设市场有望迎来飞跃式发展。预计"十四五"期间水电投资将达 5 000 亿元，较"十三五"期间增长 30%。

水惠中国

■抢农时　提品质　春管春播有力推进

■今年我国将完成水利建设投资约 8 000 亿元

■我国规模化供水工程年内将覆盖 54% 农村人口

■ 1 到 4 月我国完成水利建设投资实现大幅增长

……

抢农时　提品质　春管春播有力推进

今年我国将完成水利建设投资约 8 000 亿元

中央广播电视总台央视 [新闻联播]

我国规模化供水工程年内将覆盖 54% 农村人口

中央广播电视总台央视 [新闻联播]

1 到 4 月我国完成水利建设投资实现大幅增长

中央广播电视总台央视 [新闻联播]

全国大中型灌区春灌进度过六成

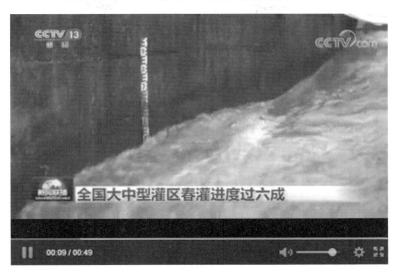

中央广播电视总台央视 [新闻联播]

福建莆田木兰溪下游水生态修复与治理工程启动

中央广播电视总台央视 [新闻联播]

国家重大水利工程吴淞江整治工程今日开工

中央广播电视总台央视 [新闻联播]

广西大藤峡水利枢纽灌区工程开工建设

我国加速推动水利工程建设

1 到 5 月我国完成水利建设投资 3 108 亿元

中央广播电视总台央视［新闻联播］

甘肃中部生态移民扶贫开发供水工程东干渠全线贯通通水

中央广播电视总台央视［新闻联播］

青海引大济湟工程主体建设进入收官阶段

南方强降雨持续　防汛工作有序展开

2022 年黄河汛前调水调沙启动

中央广播电视总台央视［新闻联播］

三项水利工程今天开工建设

中央广播电视总台央视［新闻联播］

南水北调后续工程中线引江补汉工程开工动员大会举行

全国水库除险加固主体工程已完工 4 586 座

上半年我国水利工程建设取得显著成效

中央广播电视总台央视 [新闻联播]

黄河下游"十四五"防洪工程开工建设

中央广播电视总台央视 [新闻联播]

南水北调中线一期工程累计输水 500 亿立方米

淮河入海水道二期工程开工建设

前 7 个月水利建设完成投资创历史新高

中央广播电视总台央视［新闻联播］

水利部联合调度长江流域水库群抗旱保供水

中央广播电视总台央视［新闻联播］

广西玉林龙云灌区工程开工建设

中央广播电视总台央视［新闻联播］

各地科学抗旱　全力以赴保生产保民生

中央广播电视总台央视［新闻联播］

各地多措并举抗高温保民生

中央广播电视总台

245

科学精准落实各项措施　全力应对旱情

中央广播电视总台央视 [新闻联播]

各地全力抗旱保供水

南水北调东中线一期工程通过完工验收

中央广播电视总台央视 [新闻联播]

多措并举增水源　全力以赴稳生产保民生

中央广播电视总台央视［新闻联播］

环北部湾广东水资源配置工程开工建设

中央广播电视总台央视［新闻联播］

鄂北水资源配置二期工程开工

大藤峡水利枢纽工程通过正常蓄水位验收

前三季度我国水利建设完成投资 8 236 亿元

中央广播电视总台央视【部长通道】

今年我国汛情如何？水利部部长李国英介绍趋势性研判

中央广播电视总台央视 [朝闻天下]

"部长通道" 再次开启·水利部部长李国英　今年汛期
北部南部发生洪水可能性较大

"部长通道"再次开启·水利部部长李国英
全国水库去年拦蓄洪水量 1 390 亿立方米

水利部　珠江流域旱情基本解除

水
惠
中国
SHUI HUI ZHONGGUO

252

南水北调东线北延工程年度调水正式启动

中央广播电视总台央视［朝闻天下］

水利部　多措并举抓好防汛备汛工作

水利部　国家发展改革委　财政部
我国水利建设投资结构将持续优化

水利部　继续推进大中型灌区建设和现代化改造

水利部　今年水库安全度汛面临较大考验

中央广播电视总台央视 [朝闻天下]

水利部珠江委　今年珠江流域汛情可能偏重

水利部　今年以来　大中型灌区现代化改造进展顺利

水利部　全国大中型灌区春灌进度过六成

中央广播电视总台央视［朝闻天下］

前 4 月我国完成水利建设投资近 2 000 亿元

中央广播电视总台央视［朝闻天下］

江西　多措并举保春灌　夯实粮食丰产基础

水利部　黑龙江干流全线开江

水利部　中国气象局联合发布
浙江福建江西等地发生山洪灾害可能性大

中央广播电视总台

257

中央广播电视总台央视［朝闻天下］

迎难而上　主动作为
扩大有效投资　加强基础设施建设

中央广播电视总台央视［朝闻天下］

迎难而上　主动作为
一线调研：打通卡点堵点　保工期保进度

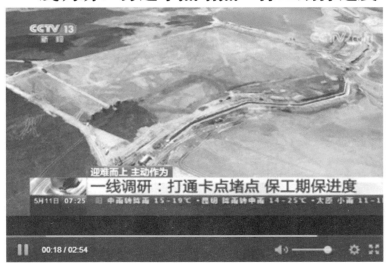

中央广播电视总台央视［朝闻天下］

迎难而上　主动作为
一批重大基础设施建设正有序推进

中央广播电视总台央视［朝闻天下］

水利部　中国气象局
联合发布橙色山洪灾害气象预警

中央广播电视总台央视［朝闻天下］

水利部　今天起我国全面入汛

中央广播电视总台央视［朝闻天下］

水利部·截至今年5月底
农村供水工程已开工建设6 474处

全国在建重大水利工程有力推进

水利工程建设稳投资　促就业成效明显

水利部　对浙闽粤滇 4 省启动洪水防御IV级应急响应

中央广播电视总台央视［朝闻天下］

全国在建重大水利工程有力推进

在建重大水利工程投资规模超一万亿元

中央广播电视总台央视［朝闻天下］

水利部　出台 19 项举措　推动水利项目加快建设

全国在建重大水利工程有力推进

广西大藤峡水利枢纽灌区工程开工建设

关注南方强降雨·6 月 19 日 12 时至 20 日 12 时

全国有 85 条河流发生超警以上洪水

中央广播电视总台央视 [朝闻天下]

关注南方强降雨　珠江防总启动防汛 Ⅱ 级应急响应

中央广播电视总台央视 [朝闻天下]

水利部研判　珠江流域再次发生流域性较大洪水

水利部　明日西江可能再次发生编号洪水

珠江防总　昨 22 时将防汛 II 级应急响应提升至 I 级

中央广播电视总台央视［朝闻天下］

今年水利建设投资落实全面提速
水利工程建设带动增加就业岗位

中央广播电视总台央视［朝闻天下］

今年水利建设投资落实全面提速
投融资渠道扩大　全力推进水利建设

中央广播电视总台央视 [朝闻天下]

水利部　今年水利建设投资落实全面提速

中央广播电视总台央视 [朝闻天下]

三项重大水利工程昨天开工建设

南水北调中线引江补汉工程开工建设 · 新闻链接
南水北调促进北方地区持续协调健康发展

南水北调中线引江补汉工程开工建设
新闻链接：极具挑战性的工程项目

黄淮海地区旱情基本解除

中国经济半年报
上半年水利建设投资重点投向三大领域

水利部　对北方五省启动水旱灾害防御Ⅳ级应急响应

中央广播电视总台央视 [朝闻天下]

水利部　辽河发生 2022 年第 1 号洪水

广东 珠三角水资源配置工程
隧洞掘进 145 公里 接近完成

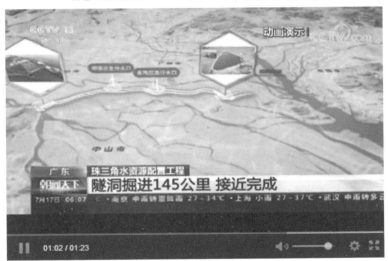

水利部 辽宁绕阳河发生有实测资料以来最大洪水

水利部　四大流域须做好防洪准备

中央广播电视总台央视 [朝闻天下]

中国经济的信心缘自哪儿？
今年上半年　水利稳投资力度持续加大

中国经济的信心缘自哪儿？
记者调研：水利工程如何优化经济发展格局？

中国经济的信心缘自哪儿？
记者调研：水利建设高效率如何实现？

中央广播电视总台央视 [朝闻天下]

水利部　四项措施推动灌区高质量发展

中央广播电视总台央视 [朝闻天下]

水利部　1—7 月完成水利建设投资 5 675 亿元　创新高

水利部松辽委 辽河部分河段超警状态将延续到8月下旬

重庆 各地积极抗旱保产保供水

中央广播电视总台央视［朝闻天下］

湖南　精准调度水源　应对旱情保灌溉

中央广播电视总台央视［朝闻天下］

四川　多措并举抗旱保灌　确保秋粮稳产

水利部　长江流域旱情可能持续发展

湖南郴州　精准对接　确保农田灌溉用水

中央广播电视总台央视 [朝闻天下]

水利部　新疆塔里木河发生超警洪水

中央广播电视总台央视 [朝闻天下]

我国多地持续高温干旱天气
三峡水库加大下泄　向长江中下游补水

湖北 我国多地持续高温干旱天气
鄂北水资源配置工程应急调水抗旱

水利部 未来几天长江流域旱情仍将持续

中央广播电视总台央视 [朝闻天下]

江西南昌　多地高温干旱持续
一河一策　多级河长联动抗旱保丰收

中央广播电视总台央视 [朝闻天下]

水利部　针对五省区启动洪水防御Ⅳ级应急响应

环北部湾广东水资源配置工程开工建设

工程线路长　规模大　技术难点高

环北部湾广东水资源配置工程开工建设

将有效解决粤西多年缺水问题

中央广播电视总台

281

中央广播电视总台央视［朝闻天下］

环北部湾广东水资源配置工程开工建设

中央广播电视总台央视［朝闻天下］

水利部　长江流域部分地区旱情缓解　形势仍严峻

海南省牛路岭灌区工程正式开工建设

湖北　鄂北水资源配置二期工程开工建设

中央广播电视总台央视 ［朝闻天下］

安徽　怀洪新河灌区工程开工建设

中央广播电视总台央视 ［朝闻天下］

水利部　秋季长江中下游降雨仍偏少　旱情将持续

内蒙古　黄河内蒙古段开河加速
防汛部门应急分凌

安全度汛　多地水库开闸泄洪·专家解读
泄洪按照什么顺序？泄掉的洪水去哪了？

安全度汛　多地水库开闸泄洪·专家解读
为什么汛期来临水库泄洪"非泄不可"？

中央广播电视总台央视［共同关注］

安全度汛　多地水库开闸泄洪·新闻链接
在什么情况下需要泄洪？

华南江南等地强降雨持续　珠江流域现超警水位·广西梧州

西江 3 号洪峰过境　本周将有新一轮强降雨

关注上半年经济数据

水利部：上半年水利建设投资重点投向三大领域

中央广播电视总台央视 [新闻直播间]

黄河内蒙古河段全线开河

中央广播电视总台央视 [新闻直播间]

水利部　珠江流域旱情基本解除

水利部　全年将完成水利建设投资约 8 000 亿元

中央广播电视总台央视 [新闻直播间]

水利部淮河水利委员会
今年淮河流域局部或发生较重洪涝灾害

中央广播电视总台央视 [新闻直播间]

广西　大藤峡水利枢纽
通过挡水验收　今年汛期将开启防洪运用

中央广播电视总台央视 [新闻直播间]

长江防总　今年汛期长江流域或出现旱涝并存局面

中央广播电视总台央视 [新闻直播间]

水利部　赣湘桂黔等地部分中小河流或超警

中央广播电视总台央视 [新闻直播间]

水利部启动水旱灾害防御Ⅳ级响应

中央广播电视总台央视［新闻直播间］

水利部　针对多省启动水旱灾害防御Ⅳ级应急响应

中央广播电视总台央视［新闻直播间］

雄安新区起步区西北围堤正式开工建设

中央广播电视总台央视［新闻直播间］

水利部　终止水旱灾害防御IV级应急响应

中央广播电视总台央视［新闻直播间］

水利部　启动水旱灾害防御IV级应急响应

中央广播电视总台央视 [新闻直播间]

水利部　珠江流域韩江发生 2022 年第 1 号洪水

中央广播电视总台央视 [新闻直播间]

水利部　昨日 12 时至今日 12 时
全国 65 条河流发生超警以上洪水

水利部珠江委　提升水旱灾害防御应急响应至Ⅲ级

中央广播电视总台央视［新闻直播间］

水利部　4省区51条河流发生超警戒水位洪水

中央广播电视总台央视 [新闻直播间]

水利部 六省区 80 条河流发生超警戒水位洪水

中央广播电视总台央视 [新闻直播间]

水利部 入汛以来 全国汛情形势总体偏重

水利部　提升水旱灾害防御应急响应至Ⅲ级

中央广播电视总台央视 [新闻直播间]

水利部　入汛以来　全国汛情形势总体偏重

中央广播电视总台央视 [新闻直播间]

水利部　北江发生 2022 年第 1 号洪水

中央广播电视总台央视 [新闻直播间]

珠江防总启动防汛 II 级应急响应

中央广播电视总台央视 [新闻直播间]

水利部　昨天 12 时至今天 12 时
全国有 85 条河流发生超警以上洪水

中央广播电视总台央视 [新闻直播间]

水利部　18 日以来新一轮降雨影响
珠江流域再次形成流域性较大洪水

中央广播电视总台央视 [新闻直播间]

黄河启动 2022 年汛前调水调沙

中央广播电视总台央视 [新闻直播间]

水利部　珠江流域西江北江再次发生编号洪水

水利部珠江委　珠江流域可能发生流域性大洪水

中央广播电视总台央视 [新闻直播间]

水利部　多渠道筹集建设资金　推动水利建设

中央广播电视总台央视［新闻直播间］
水利部　中国气象局　联合发布黄色山洪灾害气象预警

中央广播电视总台央视［新闻直播间］
水利部　粤桂湘赣四省区
59 条河流及湖泊发生超警戒水位洪水

水利部　昨日 12 时到今日 12 时
全国 99 条河流发生超警以上洪水

水利部　昨日 12 时至今日 12 时
全国 113 条河流发生超警以上洪水

珠江流域多条河流发生超警洪水

中央广播电视总台央视［新闻直播间］

水利部　沭河发生 2022 年第 1 号洪水

中央广播电视总台央视［新闻直播间］
水利部　建设投资向农村、民生项目倾斜

中央广播电视总台央视［新闻直播间］
水利部　昨天 12 时至今天 12 时
30 条河流发生超警戒水位洪水

中央广播电视总台央视 [新闻直播间]

水利部　桂湘赣三省区 41 条河流发生超警洪水

中央广播电视总台央视 [新闻直播间]

水利部　中国气象局

4 日 18 时联合发布山洪灾害气象预警

新闻背景　南水北调中线引江补汉工程开工建设
南水北调促进北方地区持续协调健康发展

南水北调中线引江补汉工程开工建设

中央广播电视总台央视 [新闻直播间]

南水北调中线引江补汉工程开工建设

新闻链接：引江补汉工程建设有多难？

中央广播电视总台央视 [新闻直播间]

南水北调中线引江补汉工程开工建设

连通两大库区　构建新水网格局

中央广播电视总台央视 [新闻直播间]

南水北调中线引江补汉工程开工建设

中央广播电视总台央视 [新闻直播间]

水利部　中国经济半年报

上半年落实水利建设投资 7 480 亿元

中央广播电视总台央视［新闻直播间］

水利部　中国经济半年报

1—6 月完成水利建设投资 4 449 亿元　创新高

中央广播电视总台央视［新闻直播间］

淮河入海水道二期工程开工建设

162.3 公里入海水道如何扩建？

江苏淮安　淮河入海水道二期工程关键节点工程之一
淮安水利枢纽大运河立交工程

江苏盐城　淮河入海水道二期工程先导工程之一
张家河闸站改造工程

中央广播电视总台央视 [新闻直播间]

淮河入海水道二期工程开工建设

中央广播电视总台央视 [新闻直播间]

新闻链接　淮河入海水道二期工程开工建设
扩大洪水外排出路　保障流域防洪安全

水利部　工作组在辽宁一线协助指导洪水防御工作

中央广播电视总台央视 [新闻直播间]

水利部派工作组赴冀津晋陕指导洪水防御

中央广播电视总台央视 [新闻直播间]

北方八省区市将有强降雨
水利部启动水旱灾害防御四级应急响应

中央广播电视总台央视 [新闻直播间]

江西奉新　持续高温致农作物受旱　当地积极应对

中央广播电视总台央视 [新闻直播间]

湖北　引调水工程全线发力　保生产生活用水

中央广播电视总台央视 [新闻直播间]

湖北　蓄水保水科学调度　努力满足用水需求

中央广播电视总台央视 [新闻直播间]

水利部　确保旱区群众饮水安全　保障秋粮作物灌溉

中央广播电视总台央视 [新闻直播间]

水利部长江委联合调度水库群
向下游补水 53 亿立方米

　　水利部长江水利委员会今天发布，7 月以来，长江流域大部分地区出现持续高温少雨天气，部分省市先后出现不同程度旱情。面对持续发展的旱情，水利部长江水利委员会科学调度流域控制性水库群，统筹抗旱用水和高温保供电需求，有序向中下游地区补水。

　　据统计，8 月 1—15 日，流域控制性水库群总体补水 53 亿立方米。

广西玉林　龙云灌区工程今天开工建设

环北部湾广东水资源配置工程开工建设

"中国这十年"系列主题新闻发布会
全国已建成万亩以上大中型灌区 7 330 处

"中国这十年"系列主题新闻发布会
我国用水效率得到明显提升

中央广播电视总台央视 [新闻直播间]

"中国这十年" 系列主题新闻发布会
十年累计解决 2.8 亿农村居民饮水安全问题

中央广播电视总台央视 [新闻直播间]

"中国这十年" 系列主题新闻发布会
十年来水利建设投资达 6.66 万亿元

湖北　鄂北水资源配置二期工程开工建设

大藤峡水利枢纽工程通过正常蓄水位验收

中央广播电视总台央视 [新闻直播间]

2022 年世界灌溉工程遗产名录公布
我国再添 4 处世界灌溉工程遗产

中央广播电视总台央视 [新闻直播间]

水利部对北方五省启动水旱灾害防御Ⅳ级应急响应

中央广播电视总台央视

投资强度增大、项目开工加快……
上半年水利工程建设取得显著成效

水利部今天上午举行新闻发布会，相关负责人表示，今年上半年，水利工程建设取得显著成效。

项目开工明显加快。上半年，新开工水利项目 1.4 万个、投资规模 6 095 亿元，其中，投资规模超过 1 亿元的项目有 750 个。在重大水利工程开工方面，在 1—5 月开工 14 项的基础上，6 月份又开工 8 项工程，上半年累计开工数量达 22 项，投资规模 1 769 亿元，对照年度开工目标，时间过半，任务完成过半。

工程建设明显提速。一批重大水利工程实现重要节点目标，完成投资大幅增加，重庆渝西、广东珠三角水资源配置等工程较计划工期提前。农村供水工程建设 9 000 余处，完工 3 700 余处，提升了 1 688 万农村人口供水保障水平。病险水库除险加固、中小河流治理、大中型灌区改造、中小型水库建设等项目建设进度加快。目前，在建水利项目 2.88 万个，施工吸纳就业人数 130 万，其中农民工 95.7 万。

投资强度明显增大。坚持政府和市场两手发力，在加大政府投入的同时，地方政府债券持续增加，金融支持、水利 PPP 模式、水利 REITs 试点"三管"齐下，投资保障力度明显增强。1—6 月，全国落实水利建设投资 7 480 亿元，较去年同期提高 49.5%，其中广东、浙江、安徽 3 省落实投资超过 500 亿元。在地方政府专项债券方面，水利项目落实 1 600 亿元，较去年同期翻了近两番。水利建设投资完成 4 449 亿元，较去年同期提高 59.5%，广东、云南、河北 3 省完成投资 300 亿元以上。上半年，水利落实投资和完成投资均创历史新高。

中央广播电视总台央视

水利部针对北方四省区启动干旱防御Ⅳ级应急响应

4 月以来，江淮大部、黄淮、华北大部、西北东部中部等地降雨较常年同期偏少三至七成。受其影响，北方部分地区旱情露头并快速发展。据预测，未来一段时间，西北东部及华北局部降雨仍然偏少，内蒙古、河南、陕西、甘肃等省（自治区）旱情可能持续或发展。

根据《水利部水旱灾害防御应急响应工作规程》，水利部 6 月 25 日 16 时针对内蒙古、河南、陕西、甘肃四省区旱情启动干旱防御Ⅳ级应急响应，并发出通知，指导相关地区密切监视雨情、水情、旱情，科学调度水利工程，强化各项抗旱措施，全力确保群众饮水安全，努力保障农业灌溉用水需求，尽可能减轻干旱影响和损失。水利部已派出工作组赴内蒙古自治区指导地方做好抗旱工作。

中央广播电视总台央视
水利部：多措并举确保南水北调中线工程安全、供水安全、水质安全

水利部今天上午举行新闻发布会，相关负责人介绍，为做好南水北调中线工程防汛安全风险隐患处置和供水保障工作，水利部于今年 1 月研究印发南水北调中线工程防汛安全风险隐患处置分工方案，重点对左岸水库、交叉河道等涉及中线工程的安全风险隐患进行排查整治，并建立完善清单管理机制，动态管理工作台账，全力以赴推动落实各项工作任务。4 月，会同国家发展改革委组织召开南水北调中线工程防洪保障工作视频会并联合印发《南水北调中线工程防洪安全保障工作方案》，多措并举确保南水北调中线工程安全、供水安全、水质安全。具体开展了以下工作：

一是制订《南水北调中线工程安全风险评估工作实施大纲》，针对 21 项安全风险组织开展"12+1"项风险评估工作，相关评估工作已于 3 月 31 日前按计划全部启动，并按照 10 月底前完成 12 个单项风险评估、12 月底前完成综合风险评估的目标有序推进。

二是聚焦中线工程"头顶悬水"，组织完成工程左岸影响范围内 1 301 座水库基本情况摸排，建立并完善了水库台账；推进左岸水库除险加固，督促有关省市加快除险加固进度，汛前未完成除险加固的病险水库，主汛期一律空库运行；加强左岸水库安全管理和隐患排查，目前左岸水库已全部落实水库大坝安全责任人和小型水库防汛"三个责任人"。

三是聚焦中线工程沿线可能影响工程防洪安全的交叉河流，组织各有关省市

抓紧复核中线工程交叉河流现状行洪能力，地方已提交摸排成果；对以倒虹吸、渡槽、暗渠等型式与中线工程交叉的河道（上游 1 公里至下游 3 公里）开展妨碍河道行洪问题全面排查，各地按要求排查出问题 62 项并全部完成整改，目前正在组织对整改情况进行复核。对中线总干渠 175 个河渠交叉建筑物中的 46 座防汛预案进行专项抽查，对发现的问题已要求迅速落实整改。

四是建立水毁防洪加固项目修复处理责任制，实行销号制度、清单管理，完成一项销号一项，涉及 2022 年安全度汛的 21 项防洪加固项目，已全部按期完成主体工程建设，具备安全度汛条件。

中央广播电视总台央视

上半年水利投资聚焦防洪、供水、粮食、生态等多领域

今年上半年，水利部会同有关部门和地方，努力克服新冠肺炎疫情、洪涝灾害等不利因素影响，积极主动作为，采取有力有效措施，推动水利基础设施建设全面加快。1—6 月，全国完成水利建设投资 4 449 亿元，与去年同期相比增加了 1 659 亿元，有 11 个省份完成投资超过 200 亿元，完成投资占全国的 68%。

从投资投向来看。一是聚焦保障防洪安全，加快流域防洪工程体系建设，完成投资 1 313 亿元。重点推进西江大藤峡水利枢纽、广东港江蓄滞洪区、四川青峪口水库等重点防洪工程，以及中小河流治理、病险水库除险加固、涝区治理等防洪排涝薄弱环节建设。

二是聚焦保障供水安全和粮食安全，实施国家水网重大工程，完成投资 1 898 亿元。重点推进引江济淮、云南滇中引水、珠江三角洲水资源配置、湖南犬木塘水库、贵州凤山水库等重大水资源配置和重点水源工程，以及灌区新建和改造、农村供水、中小型水库等项目建设。

三是聚焦保障生态安全，复苏河湖生态环境，完成投资 835 亿元，重点推进永定河、吉林查干湖、福建木兰溪等重要河湖综合治理与生态修复、农村水系综合整治、坡耕地水土流失治理、地下水超采区综合治理等项目建设。

四是其他水利项目完成投资 403 亿元。

千里淮河安澜入海：淮河入海水道二期工程开工

7月30日，今年国家重点推进的55项重大水利项目之一淮河入海水道二期工程开工建设。淮河入海水道位于江苏省淮安市、盐城市境内，西起洪泽湖二河闸，东至滨海县扁担港，全长162.3公里，淮河入海水道二期工程主要建设内容为在一期工程基础上，按设计行洪流量7 000立方米每秒标准，扩挖全线深槽，加高加固两岸堤防，扩建工程沿线5座枢纽建筑物，计划工期约为7年，总投资约438亿元。

淮河发源于河南省桐柏山区，原是一条独流入海的河流，滋润良田、泽被两岸。然而，自12世纪黄河南迁、夺淮入海以来，淮河旱涝灾害日趋频繁，一度被称为"中国最难治理的河流"。彻底打通淮河入海水道，破解尾闾不畅的痛点，是一代代水利人接续奋斗的目标。淮河入海水道二期工程开工，将大幅度提升淮河入海能力。

入海水道二期工程实施后，可使洪泽湖防洪标准由现状100年一遇提高到300年一遇，同时减轻淮河中游防洪除涝压力，减少洪泽湖周边滞洪区启用，改善苏北灌溉总渠以北地区排涝条件，并为今后洪泽湖周边滞洪区调整创造条件，对保障流域经济社会发展具有重大意义。

提升入海能力　保障流域防洪安全

淮河是新中国第一条全面系统治理的大河。1951年江苏新辟苏北灌溉总渠、分淮入沂水道，兴建三河闸、高良涧闸，加固整治淮河入江水道、洪泽湖大堤等，有效改变了淮河洪水泛滥危害的局面。

1953年7月26日，三河闸建成放水。1991年大水后，以国务院作出《关于进一步治理淮河和太湖的决定》为标志，治淮进入了新一轮建设高潮。淮河水系形成了洪泽湖调蓄，入江、入海、相机入沂出海三路外排的防洪格局，洪泽湖及下游防洪标准接近100年一遇。淮河入海水道一期工程总投资41亿元，结束了淮河800多年无独立排水入海通道的历史，具有防洪、排涝等综合利用功能。

2003年7月4日，刚刚建成通水仅一周的入海水道紧急启用，连续泄洪33天，最大行洪流量1870立方米每秒，泄洪总量44亿立方米，降低洪泽湖水位0.4米，减灾效益达27亿元。2007年7月淮河入海水道工程再次使用，行洪23天，最大流量达2 080立方米每秒，下泄洪水36亿立方米。

淮河流域人口稠密，在我国经济社会发展大局中地位突出，但气候多变、水旱灾害频繁，治淮一直是国家治水的重中之重。

2003年7月，淮河入海水道首次启用行洪。

70年来，淮河治理取得显著成效，淮河流域洪涝灾害防御能力显著增强。其中，通过建设淮河入海水道一期工程等项目，淮河下游的排洪能力由不足8 000立方米每秒扩大到15 270～18 270立方米每秒，洪泽湖及下游防洪保护区达到100年一遇的防洪标准。

淮河下游洪水入江、入海能力得到巩固提升的同时，洪水出路规模依然不够，洪泽湖中低水位泄流能力偏小仍是淮河下游防洪面临的主要瓶颈。

水利部规划计划司副司长乔建华介绍，由于淮河下游入海通道泄流能力不足，在利用洪泽湖周边滞洪区滞洪的情况下，洪泽湖现状防洪标准才能达到100年一遇，尚达不到国家防洪标准规定的300年一遇的要求。目前，淮河下游入江、入海的设计泄洪能力要在洪泽湖水位较高时才能达到，洪泽湖中低水位时，入江、入海、入沂的泄流能力较小，洪水出路严重不足。

"因此，加快建设淮河入海水道二期工程，扩大淮河下游排洪出路，提高洪泽湖及下游防洪保护区的防洪标准，减轻淮河中游防洪除涝压力，显得尤为迫切和必要。"乔建华指出，开工建设淮河入海水道二期工程，是实现淮河安澜的重大举措。

据江苏省水利厅规划计划处处长喻君杰介绍，淮河入海水道一期工程2003

年建成通水，设计行洪流量 2 270 立方米每秒。二期工程是在一期工程已经确定并形成的河道范围内，通过挖宽挖深泓道、培高加固堤防、扩建控制枢纽，使设计行洪流量扩大到 7 000 立方米每秒。二期工程建成后，将进一步扩大淮河下游洪水出路，可使洪泽湖防洪标准达到 300 年一遇，提高洪泽湖的洪水调蓄能力，加快淮河中游洪水下泄、减轻淮河中游防洪压力。

减少滞洪区启用 支撑经济社会发展

淮河上中游洪水主要通过洪泽湖调蓄后入江、入海。作为淮河中下游结合部的巨型综合利用平原水库，洪泽湖承泄淮河上中游 15.8 万平方千米面积的洪水。

洪泽湖大堤保护区面积为 2.7 万平方千米，涉及耕地 1 951 万亩，人口 1 800 万，包括扬州、淮安、盐城、泰州等 10 多座大中型城市，是我国重要的商品粮棉基地之一，也是我国经济发展程度较高地区之一。

目前，洪泽湖防洪标准为 100 年一遇，如发生 100 年一遇以上洪水，需要采用非常分洪措施，下游地区将受到不同程度的洪水灾害。如遇 300 年一遇洪水，洪泽湖最大入湖流量为 25 700 立方米每秒，超过现状总泄流能力的 41%，非常分洪量将达 38.3 亿立方米，苏北灌溉总渠以北、白宝湖、里下河等地区将面临受淹风险，当地数十年来建设的基础设施和积累的巨额财富或将毁于一旦，直接经济损失据估算将达 2 700 亿元。

"可以说，如果没有淮河入海水道二期工程，洪泽湖一旦发生 300 年一遇洪水，给下游造成的经济社会损失将是难以承受的"，中水淮河规划设计研究有限公司规划一处副处长何夕龙指出。

淮河·淮安枢纽。

不仅可帮助下游地区抵御特大洪水、减少灾害损失，对于洪泽湖周边滞洪区而言，淮河入海水道二期工程建成后，将减少该地区进洪风险，可以

中央广播电视总台

327

局部使用或不用滞洪区，为滞洪区调整创造了条件。

洪泽湖周边滞洪区是淮河流域防洪体系中的重要组成部分，洪泽湖目前设计防洪标准要在利用洪泽湖周边滞洪区滞洪的情况下才能达到。

据测算，入海水道二期工程建成后，一旦发生 100 年一遇洪水，洪泽湖最高洪水位 14.71 米，比现状降低 0.77 米，洪泽湖周边滞洪区减少滞洪量 6.6 亿立方米、滞洪面积 440 平方千米，受影响人口也大为减少。一旦发生 1954 年量级洪水，洪泽湖最高洪水位 14.19 米，比现状降低 0.31 米，不需要启用洪泽湖周边滞洪区滞洪。

为通航创造条件　助力淮河生态经济带建设

淮河中上游是我国重要矿产资源产地，煤炭、铁矿石、水泥灰岩储量丰富。江苏省沿海中部地区港口目前处于起步阶段，未来发展空间较大。从长远发展看，淮河沿线河南、安徽和江苏三省水运需求具有较大增长空间。

有专家指出，结合入海水道二期工程的建设开通淮河下游段航道，实现与海港的有效衔接，将显著完善和提升淮河流域的航运功能，促进淮河沿线地区统筹协调发展，也可为淮河生态经济带建设提供重要支撑。

淮河·滨海枢纽。

据介绍，目前淮河出海航道在洪泽湖南线段现状基本达Ⅲ级标准；苏北灌溉总渠（高良涧船闸至京杭运河）段现状基本达Ⅲ级标准；京杭运河至六垛段达Ⅴ级标准；通榆运河段为Ⅲ～Ⅳ级航道；灌河段为Ⅲ级及以上航道；淮河入海水道段目前不通航。

"淮河入海水道二期工程项目在江苏、效益在全流域。江苏将秉承团结治水的精神，坚持流域协同治理，将入海水道二期工程打造成为淮河流域的安全水道、江淮平原的生态绿道、苏北振兴的黄金航道"，江苏省水利厅厅长陈杰表示，淮河入海水道二期工程实施后，河道水域宽阔，水深条件优良，适当浚深，改扩建沿线枢纽和跨河桥梁可满足Ⅱ级航道通航要求，为提高淮河出海航道等级、增加运输能力创造了条件，对促进淮河流域沿线经济社会发展具有重要意义。

中央广播电视总台央视

北方八省区市将有强降雨
水利部启动水旱灾害防御Ⅳ级应急响应

据水利部的消息：据预报，今天（6日）至10日，北京、天津、河北、山西、内蒙古、山东、河南、陕西等地将出现强降雨过程，海河流域大清河、子牙河、永定河、北三河、滦河；黄河流域中游干流及支流汾河、山陕区间皇甫川、窟野河、无定河、秃尾河、湫水河、下游大汶河；淮河流域山东小清河等河流将出现明显涨水过程，暴雨区部分河流可能发生超警洪水。水利部于今天12时，针对北方八省区市启动水旱灾害防御Ⅳ级应急响应。

中央广播电视总台央视

水利部：4大流域须做好防洪准备

水利部5日发布汛情通报指出，据预报，8月上半月期间，松辽流域、海河、黄河和珠江流域部分河段或支流可能发生洪水，须提前做好防洪准备。

国家防总副总指挥、水利部部长李国英当天主持召开会商会议，研判"八上"期间汛情、旱情形势。据预报，"八上"期间，我国主要降雨区呈"一南一北"分布。松辽流域松花江、浑河、太子河、辽河及其支流绕阳河，海河流域滦河、北三河、大清河、子牙河，黄河北干流上段，珠江流域北江、东江、韩江，可能发生洪水。长江流域气温偏高、降水偏少，大部分地区将发生干旱。

李国英要求，相关流域要提前做好防洪准备：

——松辽流域控制性水库抓住降雨间歇期腾库迎汛，做好拦洪准备，加强堤防巡查防守，及时清除河道内阻水障碍等，抓紧做好绕阳河堤防溃口堵复，防范后续洪水。

——海河流域上游水库全力拦蓄，及时清除河道行洪障碍，充分发挥河道泄流、分流作用。

——黄河中游地区要加强淤地坝巡查值守，及时发布预警，提前转移危险区域群众。

——珠江流域要针对前期降雨多、土壤饱和等情况，落实各项防御措施，科学调度流域骨干水库。

与此同时，落实强降雨区中小水库、病险水库防汛责任和防垮坝措施，确保水库不垮坝；严密防范山洪灾害，重点关注海河流域太行山东麓、松辽和珠江流域山丘区，及时发布预警，提前转移群众。

抗旱准备方面，预筹抗旱水资源，科学调度长江三峡水库及长江上中游水库群和洞庭湖、鄱阳湖水系水库群，千方百计确保旱区群众饮水安全、保障秋粮作物灌溉用水。

中央广播电视总台央视
水利部：新疆塔里木河发生超警洪水

水利部昨天（12日）发布汛情通报称，受近期降雨及高温融雪影响，新疆塔里木河干流及其支流叶尔羌河、阿克苏河、渭干河等21条河流发生超警戒流量以上洪水。昨天（12日）12时，塔里木河干流的阿拉尔河段、英巴扎至乌斯满河段仍超警戒流量。新疆维吾尔自治区水利厅启动了洪水防御Ⅳ级应急响应。

长江流域六省市旱情或持续发展
水利部发布会介绍长江流域本轮旱情特点

中央广播电视总台央视

云南滇中引水二期工程全面启动

8月26日，云南滇中引水二期工程全面建设现场动员大会在昆明、大理、楚雄、玉溪、红河五地同步召开，吹响了全面建设滇中引水二期工程的进军号。

滇中引水二期工程是滇中引水工程的重要组成部分，是将一期干线水源输往各受水区的关键工程。二期工程线路总长 1 883 公里，共布置各级干支线线路170 条，涉及新建扩建调蓄水库 5 座，泵站 55 座，直接供水范围面积达 2.88 万平方公里，涉及 6 州（市）36 个县（市、区），供水水厂 112 座，穿跨铁路、公路、天然气管道等工程的交叉 760 余处。二期工程总工期 70 个月，工程总投资约 440 亿元。滇中引水工程建成后，每年可引调 34 亿立方米优质水，惠及国土面积 3.7 万平方公里，从根本上解决滇中地区水资源空间分配不均的难题。

中央广播电视总台央视

世界第一灌溉大国，怎样给农田"解渴"？

人的命脉在田，田的命脉在水

人类逐水而居，文明因水而兴

当我们站在都江堰灌区

纵横交错的灌溉系统

滋养着 1 131.6 万亩良田

造就了"天府粮仓"的传奇

当我们置身青铜峡灌区

蛛网密布的河流渠道

灌溉着 500 多万亩农田

留下了"塞上江南"的美誉

而当我们放眼全中国

这样的工程并不罕见

作为世界第一灌溉大国

我国共有面积超过 1 万亩的

大中型灌区 7 000 多处

耕地灌溉面积 10.37 亿亩

千年流淌，农以渠昌

农田灌溉

正在改变着这个

自古水旱灾害多发的国家

四川："天府粮仓"里的老旱区

2 200 多年前
堪称"世界水利文化鼻祖"的
都江堰建成
蜀地从此成为鱼米之乡

天不下雨 田就无水可浇

"水旱从人，不知饥馑
时无荒年，天下谓之天府也"
然而，鲜为人知的是
即使在水肥土沃的天府之国
仍然有一片十年九旱的地区——
川中老旱区

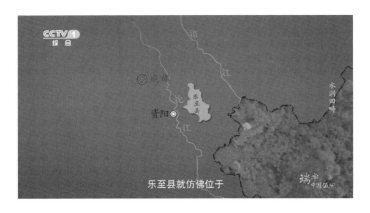

乐至县就仿佛位于

乐至县就位于这片老旱区里

因涪江、沱江从两侧流过

乐至县仿佛位于

"鱼之脊背"之上，存不住水

境内长期极度缺水

为从根本上解决水资源短缺问题

国家累计投入 80.78 亿元

在都江堰灌区内

兴修毗河供水一期工程

旱区地形复杂

近 200 名工程师

一万多名建设者

历时整整 7 年

打造了一条总长 156.18 公里的

"人工天河"

川中地区近 225 万人

从此无缺水之患

安徽："长藤结瓜"为农田"解渴"

2022 年 6 月，已进入汛期

淠史杭灌区却迟迟没有降水

一场夏旱悄然而至

田间地头

许多身影在忙碌着

这是灌区的工作人员在测量土壤含水量

各地数据收集汇总上报

同时，灌区各大型水库监控室

也持续关注着水库最低水位

经过数据分析

针对今年缺水地区

灌区及时进行了调水灌溉

正在不断

改造升级的淠史杭灌区

以 6 座大型水库为主水源

以 3 大渠首为枢纽

串联起 1 200 多座中小水库

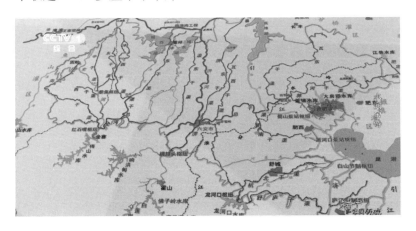

6 万多座各类渠系建筑物

20 多万座塘堰

形成了独特的"长藤结瓜"式灌溉系统

整个灌溉网犹如人体血管系统

不计其数的渠道

是遍布灌区的毛细血管

最终引水到每一片农田

淠史杭灌区

是中国推进农田水利建设的一个缩影

"十四五"期间

我国还将新建 30 处大型灌区

新增恢复灌溉面积 3 400 多万亩

改善灌溉面积近 1 亿多亩

宁夏：地头算起"节水账"

"水从门前过

不淌都有错

过去我们灌溉的时候

想怎么淌就怎么淌"

"这样就是说淌多淌少

反正大家均摊了？"

"对对"

在宁夏回族自治区吴忠市渠口村

水利服务中心主任杨自健

给村民杨宗仁算了一笔账：

通过专业仪器精准测量

杨宗仁的耕地面积为 4 亩

按当地 500 立方米每亩的灌溉用水

他一年总用水指标为 2 000 立方米

过去每亩地

杨宗仁每年要均摊水费 70 元

经过定量配水后

每亩地每年水费最多 50 元

这样的用水量

既能保证收成，还节省了水费

杨宗仁看到了实惠

也就同意了

2021 年开始

我国在宁夏全面启动用水权改革

改变过去粗放式的灌溉方式

根据国家每年分配的黄河总用水量

宁夏结合各地作物种类

土壤特质、灌溉面积等标准

按固定指标分配水量

既保证了农作物需要

又避免过量分配造成浪费

河南：浇地里的"赛博黑科技"

天上无人机搭载光谱相机飞翔
地下大型自走式喷灌机进行灌溉
光谱相机在庄稼地上飞一趟
就能知道要浇多少水、施多少肥
犹如一位"将军"
自动生成"作战计划"
而地下的大型自走式喷灌机

就像"智慧小兵"
接到"作战计划"同时开始浇灌
全程智慧操作

地中渗透仪
智慧灌溉系统
……

如今，越来越多

由中国自主研发的高新科技手段

在广袤的田野乡间

编织着中国农田灌溉的智慧未来

引一渠清水

润一方良田

勤劳智慧的民族

举煌煌中华之力

建生态治水系统

助推粮食丰收

端牢中国饭碗

中央广播电视总台央视

中央气象台已连续 11 天发布干旱橙色预警·水利部 长江流域部分地区旱情缓解　形势仍严峻

广西大藤峡水利枢纽工程通过二期阶段验收

今天（9月28日）上午，广西大藤峡水利枢纽工程通过二期61米蓄水高程阶段验收。

大藤峡水利枢纽工程是国务院确定的172项节水供水重大水利工程的标志性工程，也是珠江流域防洪控制性工程和水资源配置骨干工程，防洪、航运、发电、水资源配置、灌溉等综合效益显著，对提升流域水安全保障能力、促进地方经济社会高质量发展具有重要作用。工程总投资357.36亿元，总工期9年，分左右岸两期建设。2015年9月一期主体工程开工，2019年5月二期主体工程开工。

2020年3月一期工程陆续投入使用，并于9月蓄水至52米高程。工程一期蓄水后，大藤峡工程作为流域控制性工程的作用已经显现，初步发挥了防洪、水资源配置、航运、发电等效益，特别是在应对2021年珠江流域严重旱情和防御2022年西江多次编号洪水过程中发挥了重要作用。

二期蓄水将根据水库来水情况，在满足航运、发电、生态需水要求下，分2阶段逐步抬高蓄水位至61米高程。蓄水后大藤峡工程将进入正常蓄水位运用，全面发挥经济效益、社会效益、生态效益等综合效益。

蓄水位达到61米高程后，国家重点防洪城市梧州市防洪标准可从50年一遇提高至100年一遇，珠江三角洲重点防洪保护对象防洪标准可从50年一遇提高至100～200年一遇；有效解决120.6万亩耕地和138.4万人干旱缺水问题，改善下游沿江地区和珠江三角洲城乡供水条件；西江干流航运能力将进一步提高，2 500吨级船舶可到达柳州，3 000吨级船舶可直抵来宾；区域能源安全的保障能力也进一步提高，每年可提供超60亿千瓦时的清洁能源；同时，珠江口防潮压咸也将得到更为有效的保障。

我国再添 4 处世界灌溉工程遗产
我国的世界灌溉工程遗产类型丰富分布广泛

中央广播电视总台央视 [新闻 30 分]

部长通道再次开启·水利部部长李国英
介绍今年我国汛情趋势性研判

中央广播电视总台央视 [新闻 30 分]

水利部　南方强降雨可能导致部分河流超警

中央广播电视总台央视 [新闻 30 分]

水利部　北江发生 2022 年第 3 号洪水

中央广播电视总台央视［新闻30分］

引江补汉工程开工
南水北调中线引江补汉工程开工建设

中央广播电视总台央视［新闻30分］

江苏 淮河入海水道二期工程开工建设

中央广播电视总台央视 [晚间新闻]

长江防总　今年长江流域发生旱涝并存可能性较大

中央广播电视总台央视 [晚间新闻]

水利部　南方降雨已导致 18 条河流超警

水利部　59 条河流及湖泊发生超警戒水位洪水

一批重大工程建设有序推进

中央广播电视总台央视［晚间新闻］

大藤峡水利枢纽工程通过正常蓄水位验收

中央广播电视总台央视［焦点访谈］

迎战"龙舟水"

中央广播电视总台央视 [焦点访谈]

全力以赴　应对"烤"验

中央广播电视总台央视 [新闻1+1]

高温 + 干旱，"烤问"应对之策

图文　评论

央视新闻　　　　　　　　　　　　　　　　　　08-15

根据世界气象组织发布的最新报告，刚刚过去的7月已成为全球范围内，有气象记录以来最热的三个7月之一。破纪录的高温，从七月"烧"到了八月。8月12日，中央气象台发布今年首个高温红色预警，这是我国高温最高级别预警。高温之下，旱情已现，高温会持续到何时？《新闻1+1》今晚关注：高温+干旱，"烤问"应对之策。

中央广播电视总台央视［中国新闻］

中国水利部：黄河全线平稳开河　未发生险情灾情

中央广播电视总台央视［中国新闻］

2022 年中国用水总量控制在 6 100 亿立方米以内

中央广播电视总台央视 [中国新闻]

新闻观察　南水北调中线引江补汉工程开工建设

中央广播电视总台央视 [农业农村]

振兴路上　水利灌区春灌忙

中央广播电视总台央视 [中国三农报道]

水利部召开巩固拓展水利扶贫

成果同乡村振兴水利保障有效衔接工作会议

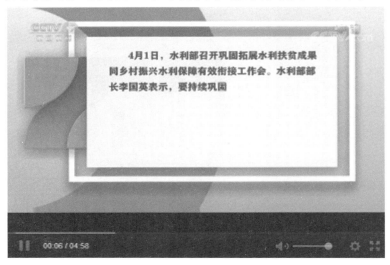

中央广播电视总台央视 [中国三农报道]

三农绿厅　总台发布

水利部：坚持"预"字当先　科学防控洪水

中央广播电视总台央视 [中国三农报道]

水利部　长江流域保供水行动启动

保障城乡供水和秋粮灌溉

中央广播电视总台央视 [经济信息联播]

水利部：珠江流域 60 年来最严重旱情基本解除

中央广播电视总台

351

中央广播电视总台央视 [经济信息联播]

全国水利建设全面提速　今年投资将超 8 000 亿元

中央广播电视总台央视 [经济信息联播]

关注上半年经济数据

水利部：上半年完成水利建设投资 4 449 亿元　创历史新高

中央广播电视总台央视［经济信息联播］

抗干旱　保供水　水利部：6省市
耕地受旱1 232万亩　实施抗旱保供水专项行动

中央广播电视总台央视［经济信息联播］

广西大藤峡水利枢纽工程通过二期阶段验收

中央广播电视总台央视 [经济半小时]

水利建设按下"快进键"

中央广播电视总台央视 [经济半小时]

水利建设托起丰收梦

中央广播电视总台央视 [正点财经]

水利部：开展水旱灾害防御等科技攻关
推进实施重大科技计划项目

中央广播电视总台央视 [奋斗成就梦想]

新疆　玉龙喀什水利枢纽工程正加紧建设

中央广播电视总台央视［东方时空］

辽河发生 2022 年第 1 号洪水

中央广播电视总台央视［东方时空］

中国底气·稳投资

水利投融资政策落地　工程建设明显提速

中国底气·稳投资

中央广播电视总台央视 [东方时空]

中国底气·稳投资 一个水利工程"打包员"的新探索

中央广播电视总台央视［东方时空］

大藤峡水利枢纽工程通过正常蓄水位验收

中央广播电视总台央视［央视财经］

6省市耕地受旱1 232万亩！水利部：
实施抗旱保供水专项行动，计划补水14.8亿立方米

　　（央视财经《经济信息联播》）水利部今天（8月17日）表示，目前长江流域旱情发展迅速，四川、重庆等6省市耕地受旱面积1 232万亩，水利部决定实施"长江流域水库抗旱保供水联合调度专项行动"。

　　据介绍，7月以来，长江流域大部持续高温少雨，降雨量较常年同期偏少四点五成；长江及洞庭湖、鄱阳湖水系来水量较

常年同期偏少二至八成，长江流域旱情发展迅速，四川、重庆、湖北、湖南、江西、安徽6省市耕地受旱面积1232万亩，83万人、16万头大牲畜因旱供水受到影响。

水利部副部长刘伟平：受旱耕地主要分布在灌区末端和没有灌溉设施条件的望天田，供水受影响的主要是以小型水库或山泉、溪流作为水源的分散供水工程。

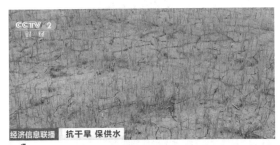

刘伟平表示，当前长江流域水稻等秋粮作物正处于灌溉需水关键期，为遏制长江中下游干流水位快速下降趋势，确保沿线灌区和城镇取水，水利部决定自8月16日12时起，实施"长江流域水库群抗旱保供水联合调度专项行动"。

水利部副部长刘伟平：调度以三峡水库为核心的长江上游梯级水库群、洞庭湖"四水"水库群、鄱阳湖"五河"水库群，加大出库流量为下游补水，计划补水14.8亿立方米，确保旱区群众饮水安全，保障秋粮作物灌溉用水需求。

中央广播电视总台央视 [央视财经评论]

农村水利建设再提速　强基建　惠民生

央视新闻客户端

我国今日入汛　较多年平均入汛日期偏早 15 天

　　3 月 14 日以来，我国南方部分地区出现持续降雨，14 日 8 时至 17 日 8 时，累计降水量 50 毫米以上雨区的覆盖面积达 16.2 万平方公里，最大点雨量安徽滁州红丰 183 毫米。受降雨影响，长江下游沿江支流秋浦河、黄湓河发生超警洪水。依据我国入汛日期确定的有关规定，今年我国入汛日期为 3 月 17 日，较多年平均入汛日期（4 月 1 日）偏早 15 天。

　　水利部密切监视雨情、水情，会商研判汛情形势，提醒相关流域和地区加强值班值守，以防御中小河流洪水和山洪灾害、保障中小型水库防洪安全为重点，做好暴雨洪水防御工作。水利部已于 17 日启动 24 小时水旱灾害防御值班，进入汛期工作状态。

水利部：今年水库安全度汛面临较大考验

昨天（15日），水利部进行视频会商，安排部署全国水库安全度汛工作。

今年水库安全度汛面临较大考验

据初步预测，今年我国气象水文年景总体上偏差，北部、南部发生洪水的可能性较大。松花江、嫩江、黑龙江、辽河、海河流域大部分水系、黄河中下游、淮河等可能发生较大洪水，长江、太湖、珠江流域西江等可能发生区域性暴雨洪水。今年水库安全度汛仍面临重大考验。

水利部要求各地各部门加快病险水库除险加固，提高小型水库溃坝险情防范和快速应对能力，千方百计采取措施解决水库泄洪能力不足问题，坚决杜绝垮坝事故发生。

水利部水旱灾害防御司技术信息处处长王为：今年要大力推进100余座大中型、3400余座小型病险水库除险加固，要逐库落实病险水库限制运用措施，主汛期病险水库原则上一律空库运行。

今年珠江流域汛情可能偏重

水利部珠江水利委员会昨天（15日）发布，预计今年汛期，珠江流域汛情可能偏重，防汛形势不容乐观。

珠江流域已于3月17日入汛，入汛比常年提早15天。今年一季度，珠江流域面平均降雨量与往年同期相比偏多近六成。流域已出现4次强降雨过程。

水利部珠江水利委员会副主任胥加仕：受强降雨影响，今年以来共有8条河流出现超警洪水，最大超警达到0.42米。今年，西江、北江可能发生较大洪水，中小河流可能出现暴雨洪涝灾害，今年登陆的台风个数可能（较去年4个）略偏多。

目前，水利部珠江委锚定"人员不伤亡、水库不垮坝、重要堤防不决口、重要基础设施不受冲击"目标，强化预报、预警、预演、预案"四预"措施，全力做好迎战流域洪水准备。

央视新闻客户端

财政部、水利部拨付5亿元水利救灾资金
支持各地安全度汛工作

近日，财政部、水利部安排水利救灾资金5亿元，支持和引导各省（自治区、直辖市）和新疆生产建设兵团做好安全度汛有关工作。

我国今年入汛时间偏早，防汛备汛工作十分紧迫。财政部、水利部认真贯彻落实党中央、国务院领导关于防汛抗旱工作重要指示批示精神和全国防汛抗旱工作电视电话会议工作部署，加大水利救灾资金补助支持力度，指导各地积极有序开展安全度汛工作。水利部要求各级水利部门利用主汛期前有限时间，抓紧补短板、堵漏洞、强弱项，全力做好防洪工程水毁修复、安全度汛隐患排查整改、防洪调度演练、防汛预案修订等各项汛前准备工作，切实保障防洪安全。

央视新闻客户端

中国经济的信心缘自哪？
记者调研：水利建设高效率如何实现？

今年的政府工作报告提出，要积极扩大有效投资。围绕国家重大战略部署和"十四五"规划，适度超前开展基础设施投资。建设重点水利工程、综合立体交通网、重要能源基地和设施。其中在水利建设领域，上半年，从中央到地方采取了超常超强举措，水利完成投资、重大工程开工数量均创历史新高。今天的《中

国经济的信心缘自哪儿？》系列报道，我们来关注稳投资。

记者调研：水利建设高效率如何实现？

今年以来，水利部会同有关部门和地方，打破常规工作方式，按下了水利工程建设前期工作的"快进键"，让更多项目加快上马。具体是如何做到的？来看记者调研。

正在进行的是水利部一场重大水利工程的视频调度会，针对各个省市各项工程的不同问题，水利部规划计划司二级巡视员王九大逐项提出了自己的意见和办法。今年以来，像这样的会，每周都要开好几次。

水利部规划计划司二级巡视员王九大：今天我们会上进行调度的这些项目多多少少存在一些问题，需要我们去协调、去衔接、去推进，所以我们就把它列为重点，每一期都不一样，每一次调度都不太一样。

今年国家部署推进 55 项重大水利工程，而王九大就是这些工程前期工作的主要负责人之一。开工建设离不开用地预审、环评、移民安置规划、可行性研究报告审批等前期工作的推进，如何压缩这些工作的办理时间，成了王九大和同事们的心里的头等大事。

水利部规划计划司二级巡视员王九大：每一个项目我们都要按照它前期工作的要求，来办理大概接近 20 项要件和可研的审批以后才能正式开工。那么这 20 个要件由相关不同的部门来履行程序，办理的周期是比较长的。

为了打破常规，水利部今年主动作为，探索打通与其他相关部委的沟通协调机制，把原本要逐项办理的事项，采取了同步办、立即办、会商办的方式，提高了推进速度。正是得益于这种工作方式的改变，今年以来，王九大和他的团队主抓的重大水利工程建设取得显著成效。55 项重大水利工程，上半年共开工 19 项，其中引江补汉工程提前 5 个月达到开工条件。为扩大有效投资、稳定宏观经济大盘做出水利贡献。

记者调研：水利建设高效率如何实现？

记者调研：水利工程如何优化经济发展格局？

今年上半年，水利建设在高效率推进的同时，也给地方带来了更高质量的发展。那么这些重大水利工程是如何优化发展格局的？让我们以广东省为样本来看一看。

广东省上半年完成水利建设投资456.9亿元，居全国第一。重大水利工程建设正在推动广东打破区域水资源瓶颈，打开广阔发展空间。

作为粤港澳大湾区的重大基础性工程，上半年，珠三角水资源配置工程加快建设，根据最新进展，工程隧洞掘进接近完成，预计于下半年实现全线贯通，力争明年底建成通水。

就在珠三角水资源配置工程加快推进的同时，瞄准未来用水新格局，不少企业的布局随之发生变化。

广州市南沙区的这家生物医药企业主体结构已建设完成，明年上半年投入使用后，达产年产值可达140亿元。企业负责人告诉记者，在项目落地之前他们从营商环境、区位优势等多方面进行了考量，其中用水是最为重要的一个考量指标。

生物医药企业生产中心负责人黄翔： 我们企业大概每天要用4 500吨水，如果因为咸潮这些原因出现供水不足的情况，我们每天的损失可能要好几百万元。所以，供水的稳定性对于我们企业是特别重要。

广州市的南沙区处于粤港澳大湾区几何中心，交通便捷，区位优势明显。但又因其地处珠江最下游的出海口，在枯水期供水易受咸潮上溯影响。目前南沙用水主要由位于黄阁镇的自来水厂提供，每天供水量在40万吨，基本处于满负荷运作。用水成为持续发展的瓶颈。

而珠三角水资源配置工程建成通水后，将实现从西江向珠三角东部地区供水，解决广州、深圳、东莞生活生产缺水问题。其中，它将为南沙每年新增供水5.31

亿吨。

广东省水利厅副厅长申宏星： 工程建成后，南沙新区从单一水源变为多水源，供水更加有保障。

而吸引众多企业提前落地布局的，还有未来供水水质的提升。

生物医药企业生产中心负责人黄翔： 我们比较关注水中的钙镁离子以及氯离子，因为这个直接关系到我们水处理的成本。那么西江水的引入，水质质量将从三类提高到二类，我们预估水处理的成本将下降 15% 到 20%。

用水格局即将迎来大幅优化，随之带来的不仅是高新技术产业相继落地，还有各类人才的加速集聚。根据南沙区"十四五"规划，常住人口将从现在的 90 万增长至 120 万。而珠三角水资源配置工程就能够满足南沙未来 20 年的发展需求。

为了实现更高质量的发展，如今，广东正在全省推进建设"五纵五横"的水资源配置骨干网。

广东省水利厅副厅长申宏星： 这些工程全部建成后，预计年供水量新增 95 亿立方米，受益人口 7 600 万，为广东经济社会高质量发展提供可持续的水资源保障。

记者调研：补短板　一"管"到底的背后

今年上半年国家在加速推进水利工程建设的同时，也在持续加大补短板的力度，着力解决好区域发展不平衡的问题。而在水利投资领域，上半年完成投资增加最多的就是农村供水工程。再来看记者的调研。

贵州省龙里县龙山镇地处山间腹地，地形复杂多变，山高坡陡，丛林繁密。今年，当地推进农村供水保障向集中化、规模化发展，对现有工程进行改造升级。眼下，总长 4 300 多米的输水管网正在大山里面紧张铺设。

刘仕幸，是龙里县龙山镇水场片区供水改扩建工程的负责人。每天，他和工友们都要徒步两公里山路到达施工现场。

贵州龙里县龙山镇水场片区供水改扩建工程负责人刘仕幸： 像咱们这山比较多，基本上都没有什么路。像这样的路，都是咱自己辟出来的，方便咱进入施工现场。

为了取水方便，改扩建工程的起始位置选在了当地龙滩水库上游的河湖边上。但弯曲的河道，陡峭的地势给管道铺设带来了不小的挑战。

贵州龙里县龙山镇水场片区供水改扩建工程负责人刘仕幸： 像比较陡峭的地方，一节 6 米长 150 斤重左右的管道。一般采用人工搬运到施工现场。

为了保障项目建设完成后，管道供水的质量和流量，施工团队选用了承压能力更强的内外涂

塑管道，施工时也严把每一处细节。

贵州龙里县龙山镇水场片区供水改扩建工程负责人刘仕幸： 我们在焊的时候，因为都是钢管处的焊接，一定要注意焊缝处的外观要均匀饱满。没有漏焊、缺焊的地方。可以避免日后接口处漏水。

有了水，也要实现长效管护。作为没有平原的省份，贵州农村供水工程点多面广，不仅铺建管道不易，维护起来更考验管理能力。

龙山镇水场片区的这个供水改扩建工程今年年底也就要正式使用了，为了防止建而不管、管而不善的问题出现，当地政府推进专业化队伍进行管护，提升供水保障水平。

陈永富是龙里县红岩村人，是一名专职管水员。眼下，他又有了一个新任务，

就是对那些有意愿成为护水员的村民进行培训。

管水员陈永富：今天讲的内容比较简单，教他们怎么样发现哪里漏水，能够及时处理，怎么去处理。

此外，为了科学管护供水工程，龙里县还推出了数字管理系统，实时更新辖区内居民用水及各供水管网情况。一旦有环节出现异常，系统就会发出预警。管水员半小时内就能抵达现场进行维修。

有了云计算、大数据等技术，数字管理系统还可以对净水厂的水质和流量进行 24 小时远程监管，有效降低运行维护成本。

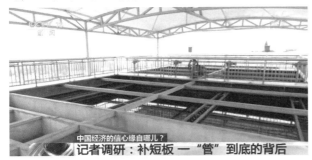

龙里水利局副局长张忠荣：截至目前，我县城乡供水市场化、专业化覆盖人口由原来的 56% 提高至 75%，预计 2023 年我们将达到 95% 以上。

对农村饮水一"管"到底的背后，是国家加快补齐农村发展短板的决心。上半年，我国共建设农村供水工程 9 000 多处，完工 3 700 多处，提升了 1 688 万农村人口供水保障水平。预计到今年底，农村自来水普及率可达 85%，规模化供水工程覆盖农村人口的比例可达 54%。

今年上半年　水利稳投资力度持续加大

今年上半年，我国多措并举扩大水利建设资金筹措渠道，持续加大投资力度，工程建设取得显著成效。

今年以来，各地坚持政府和市场两手发力，在加大政府投入的同时，地方政府债券持续增加，金融支持、水利 PPP 模式、水利 REITs（不动产投资信托基金）试点"三管"齐下，投资保障力度明显增强。在地方政府专项债券方面，水利项目落实 1 600 亿元，同比增加 293%。银行的贷款和社会资本等渠道落实 1 392 亿元，同比增加 29.4%。

1—6 月，全国完成水利建设投资 4 449 亿元，同比增长 59.5%，创历史新高。目前，水利工程在建项目达 2.88 万个，投资规模超过 1.6 万亿元。上半年，通过有效投资拉动，水利建设累计吸纳就业人口 130 万，农民工 95.7 万，占比达 73.5%，充分发挥了稳增长、保就业的重要作用。

上半年，全国基础设施投资同比增长 7.1%。我国稳投资力度持续加大，成为中国经济保持平稳增长、迈向高质量发展的关键支撑。

积极扩大有效投资　加强社会民生领域建设

积极扩大有效投资，正在发挥出稳增长的关键作用。有关方面正在加快推进重大项目建设，包括交通、能源、水利等网络型基础设施，产业升级基础设施，城市基础设施，农业农村基础设施，国家安全基础设施等的建设。

很多重大投资项目，其实就在广大公众身边。比如"十四五"规划中的 102 项重大工程中，包括了国家医学中心、县级医院建设，全民健身场地建设，与"一老一小"相关的特殊困难家庭适老化改造、社区居家养老服务网络建设、普惠托育服务等。

今天的有效投资，不是"大水漫灌"，特别强调精准有效；要加快推进速度，又要避免"萝卜快了不洗泥"。今天的有效投资，社会投资占大头。政府投资主要起引导和撬动作用，充分调动社会投资积极性，成为稳投资的重要着力点。

央视新闻客户端

广西大藤峡水利枢纽工程通过二期阶段验收

今天（9 月 28 日）上午，广西大藤峡水利枢纽工程通过二期 61 米蓄水高程阶段验收。

大藤峡水利枢纽工程是国务院确定的 172 项节水供水重大水利工程的标志性工程，也是珠江流域防洪控制性工程和水资源配置骨干工程，防洪、航运、发电、水资源配置、灌溉等综合效益显著，对提升流域水安全保障能力、促进地方经济社会高质量发展具有重要作用。工程总投资 357.36 亿元，总工期 9 年，分左右岸两期建设。2015 年 9 月一期主体工程开工，2019 年 5 月二期主体工程开工。

2020 年 3 月一期工程陆续投入使用，并于 9 月蓄水至 52m 高程。工程一期蓄水后，大藤峡工程作为流域控制性工程的作用已经显现，初步发挥了防洪、水资源配置、航运、发电等效益，特别是在应对 2021 年珠江流域严重旱情和防御 2022 年西江多次编号洪水过程中发挥了重要作用。

二期蓄水将根据水库来水情况，在满足航运、发电、生态需水要求下，分 2 阶段逐步抬高蓄水位至 61 米高程。蓄水后大藤峡工程将进入正常蓄水位运用，全面发挥经济效益、社会效益、生态效益等综合效益。

蓄水位达到 61 米高程后，国家重点防洪城市梧州市防洪标准可从 50 年一遇提高至 100 年一遇，珠江三角洲重点防洪保护对象防洪标准可从 50 年一遇提高至 100 ~ 200 年一遇；有效解决 120.6 万亩耕地和 138.4 万人干旱缺水问题，改善下游沿江地区和珠江三角洲城乡供水条件；西江干流航运能力将进一步提高，2 500 吨级船舶可到达柳州，3 000 吨级船舶可直抵来宾；区域能源安全的保障能力也进一步提高，每年可提供超 60 亿千瓦时的清洁能源；同时，珠江口防潮压咸也将得到更为有效的保障。

中央广播电视总台央广 [中国之声]

水利部针对北方四省区启动干旱防御Ⅳ级应急响应

记者从水利部获悉，4 月以来，江淮大部、黄淮、华北大部、西北东部中部等地降雨较常年同期偏少三至七成。受其影响，北方部分地区旱情露头并快速发展。据预测，未来一段时间，西北东部及华北局部降雨仍然偏少，内蒙古、河南、陕西、甘肃等省（自治区）旱情可能持续或发展。水利部 6 月 25 日 16 时针对内蒙古、河南、陕西、甘肃四省（自治区）旱情启动干旱防御Ⅳ级应急响应，并发出通知，指导相关地区密切监视雨情、水情、旱情，科学调度水利工程，强化各项抗旱措施，全力确保群众饮水安全，努力保障农业灌溉用水需求，尽可能减轻干旱影响和损失。水利部已派出工作组赴内蒙古自治区指导地方做好抗旱工作。

中央广播电视总台央广 [新闻和报纸摘要]

上半年新开工重大水利
工程项目和完成投资均创历史新高

这项重大水利工程的开工
将让南水北调和三峡水库实现牵手！

7 月 7 日，南水北调后续工程首个开工项目——引江补汉工程开工建设，这标志着南水北调后续工程建设正式拉开序幕。引江补汉工程是加快构建国家水网主骨架和大动脉的重要标志性工程。它的建成将连接起南水北调工程与三峡工程两大"国之重器"。

工期 9 年　静态总投资超 580 亿元
南水北调后续工程首个项目盛大开工

所谓引江补汉是指将长江里的水引到汉江。丹江口水库是汉江最大的调蓄工程，而它正是南水北调中线的水源地。水利部南水北调工程管理司副司长、一级巡视员袁其田介绍，工程是从长江三峡水库左岸取水，途经湖北省宜昌市、襄阳市和十堰市，工程的终点位于丹江口水库大坝下游 5 公里处。这个工程由输水总干线和汉江影响河段综合整治工程组成。

按计划，引江补汉工程多年平均引江水量为 39 亿立方米，设计施工总工期 9 年，静态总投资 580多亿元。中国工程院院士、长江设计集团董事长钮新强介绍，引江补汉工程采用有压单栋自流输水，地质条件复杂，施工难度很大，是我国调水工程极具挑战性的项目之一。

钮新强说："这个工程有一条 190 多公里的深埋长隧洞，工程的开发直径 12 米多，沿线遇到各种复杂的地质条件，所以工程的技术难度还是比较大的，在国内外罕见的。"

难度最大引调水隧洞
地质条件复杂　工程难度国际罕见

据了解，工程的隧洞平均埋深全线大于 1 000 米，埋深的洞段达到 10 公里。

这将是我国在建综合难度最大的长距离引调水隧洞。工程的地质条件也十分复杂：输水隧洞穿越地层涉及古元古界至新生界，跨 13 个地层单位系，含 3 大岩类，66 个岩组。南水北调集团办公室主任井书光表示，这对工程建设来说面临"三高三多"不良地质条件。

"三高"是指高地应力、高水压、高地温。"三多"是指断层多、地下水多、软岩洞段多。施工过程可能遇到突泥涌水和坍塌等风险，将导致生产安全事故和施工停滞等问题发生；可能发生软岩变形等风险，将导致 TBM 卡机，延误工程进度，处理不当会导致衬砌破坏，影响工程安全；岩爆段施工难度较大，易发生安全生产事故，给施工人员和设备带来安全隐患。

在引江补汉工程开工之前，钮新强带领团队，开展地质勘查、规模论证、线路比选等工作，力求找到最优解决方案。后方、规划、水工、施工等多领域专业人员进行工程规模论证、工程布局研究。团队对工程区 8 000 多平方千米，相当于 1.5 个上海市的面积进行了全面"体检"，为寻找最佳线路打下了坚实的基础。

井书光表示，初设阶段工程地质勘查工作预计 9 月可完成。2022 年底前，预计可完成输水总干线出口段施工生产、生活临时设施建设，以及隧洞出口段土石围堰、出口建筑物基础开挖和 26 号支洞进场道路施工等任务。

引江补汉工程
连接南水北调与三峡工程两大"国之重器"

引江补汉工程一旦建成,将连接起南水北调工程与三峡工程两大"国之重器"。钮新强表示，三峡水库作为水源地的作用将体现出来，南水北调中线供水将更加充沛。

"引江补汉实施以后，南水北调中线供水就可以从现在的 95 亿吨提高到 115 亿吨的供水量，水源的水资源量比较充沛。三峡水库作为我国战略水源地的功能体现出来，使得南水北调中线北方供水的保证率提高。"

袁其田表示，该工程将完善国家骨干水网格局，为汉江流域和京津冀豫地区提供更好的水源保障，实现南北两利。通过引江补汉工程连通了长江汉江流域与华北地区，对完善水网格局、保障国家水安全、促进经济社会发展、服务构建新发展格局都将发挥重要作用。

研究表明，重大水利工程每投资 1 000 亿元，可以带动 GDP 增长 0.15 个百分点，新增就业岗位 49 万。国家发展改革委副主任赵辰昕表示，引江补汉工程的开工建设将促进扩大有效投资。国家发展改革委正加快推进引江补汉工程等一批水利、交通、能源重大项目落地，加快形成实物工作量，努力保持经济运行在合理区间。

中央广播电视总台央广 [中国之声]

央广会客厅
如何精打细算用好水资源、从严从细管好水资源？

如何推动黄河流域生态保护和高质量发展？

黄河是中华民族的母亲河，孕育了古老而伟大的中华文明，但黄河也是世界上泥沙含量最高、治理难度最大的河流之一，推进黄河流域生态保护和高质量发展功在当代、利在千秋。

近年来，水利部及时组织制订《黄河流域生态保护和高质量发展水安全保障规划》，统筹推进各项任务落实，取得明显成效。

魏山忠：一是筑牢水旱灾害防线。完善水沙调控体系，黄河下游河道主槽过流能力由 2018 年的 4 300 立方米每秒提升到 5 000 立方米每秒。2021 年，面对黄河历史罕见秋汛，通过强化预报预警预演预案措施，科学精细调度水工程，实现了"不伤亡、不漫滩、不跑坝"的防御目标。

二是强化水资源刚性约束。对流域 13 个地表水超载地市、62 个地下水超载县暂停新增取水许可审批。沿黄省区将节水纳入地方政府绩效或经济社会发展综合考核评价体系，推动 448 个县级行政区达到节水型社会标准。

三是推进水生态保护治理。严格黄河水量统一管理和调度，干流和 6 条重要跨省支流 15 个控制断面生态流量全部达标。持续开展乌梁素海等重点湖泊应急生态补水，累计向黄河三角洲补水 4.58 亿立方米，三角洲生态系统稳定向好。清理整治河湖"四乱"问题 6.38 万个，河湖面貌明显改善。

四是强化体制机制法治管理。水利部、国家发展改革委牵头起草的《黄河保护法草案》已经报国务院常务会议审议通过，十三届全国人大常委会第三十二次会议进行了第一次审议。建立了流域省级河湖长联席会议机制、流域管理机构与省级河长办协作机制，流域统一管理得到进一步加强。

《国家节水行动方案》："十三五"规划节水目标超额完成

实施国家节水行动是党的十九大部署的一项重要任务。2019 年 4 月《国家节水行动方案》发布以来，水利部牵头 20 个部门建立节约用水部际协调机制。目前，《国家节水行动方案》确定的六大重点行动稳步推进，节水体制机制改革进一步深化，政策法规和技术标准不断完善，组织保障和基础能力持续增强，建立了节水省级部门协调机制或联席会议制度，各地节水行动扎实有序推进。

魏山忠：通过实施国家节水行动，"十三五"规划节水目标超额完成，2020 年全国万元国内生产总值用水量较 2015 年下降 28%，全国万元工业增加值用水量较 2015 年下降 39.6%，农田灌溉水有效利用系数提高至 0.565，我国用水效率总体与世界平均水平相当，北京、天津、上海等地区达到国际先进水平。2022 年是国家节水行动方案确定的关键节点年份，《国家节水行动方案》明确了 2022 年的总体目标和 15 项具体目标。水利部将充分发挥节水工作部际协调机制作用，落实《"十四五"节水型社会建设规划》，大力推进农业节水增效、工业节水减排、城镇节水降损等重点行动取得更大成效，按时高质量完成各项目标任务。

水资源刚性约束制度：严控水资源开发利用上限

水是事关国计民生的基础性自然资源和战略性经济资源，是生态环境的控制性要素。我国人多水少，长期以来水资源短缺形势严峻、供需矛盾突出，城镇、工业、农业等重点领域水资源集约节约利用水平依然偏低，节水型社会建设还存在不少短板弱项，与生态文明建设和高质量发展的要求还存在一定差距。

近年来，水利部围绕落实水资源刚性约束要求，不断健全水资源管控指标、强化取用水管理，开展了大量工作。魏山忠表示，要落实水资源的刚性约束制度，第一要有约束的指标，第二要有强有力的管控，第三是要可量化。

魏山忠：一是健全水资源刚性约束指标体系。统筹生产生活生态用水需求，确定重要河湖生态流量目标、江河水量分配指标和地下水管控指标，严控水资源开发利用上限。截至目前，全国已确定 478 条重要河湖的生态流量目标、408 条跨省和跨地市江河水量分配方案、13 个省份的地下水管控指标；确定"十四五"时期用水总量和强度控制目标并分解下达到各省区，倒逼各地以水而定、量水而行，促进高质量发展。

二是强化取用水管理。按照确定的水资源管控指标，严格水资源论证和取水许可管理，加强监督检查考核，抑制不合理用水需求。通过全面开展取用水管理专项整治行动，摸清全国 580 多万个取水口的情况，针对发现的问题开展整改提升。对黄河流域水资源超载地区暂停新增取水许可。开展年度和"十三五"期末最严格水资源管理制度考核工作，充分发挥激励鞭策作用，压实各地责任。

三是提升管理水平。对重要取退水口的水量、水位、流量等实时在线监测，提高监测计量覆盖面、数据质量，强化监测计量成果运用。推进水资源管理信息化建设，深化取水许可电子证照推广应用，目前共推广应用 50.6 万套，不断提高水资源数字化、网络化、智能化管理水平。

据了解，2021 年，全国用水总量 5 921 亿立方米，万元国内生产总值用水量比上年下降 5.8%，万元工业增加值用水量比上年下降 7%，合理用水需求得到保障，用水总量得到有效控制，水资源节约集约利用水平进一步提高。

推进地下水超采综合治理和复苏河湖生态环境

今年 3 月 22 日是第三十届"世界水日"，3 月 22—28 日是第三十五届"中国水周"。联合国确定 2022 年"世界水日"主题为"珍惜地下水，珍视隐藏的资源"；我国 2022 年"世界水日""中国水周"活动主题为"推进地下水超采综合治理 复苏河湖生态环境"。如何更强有力地推进地下水超采综合治理和复苏河湖生态环境？魏山忠表示，水利部正在进一步科学设定治理目标、细化治理措施。

魏山忠：一是开展母亲河的复苏行动。我们将全面排查确定断流河流、萎缩干涸的湖泊修复名录。在推进京津冀地区河湖复苏方面，"十四五"期间要努力实现京津冀地区河湖生态补水量 150 亿～200 亿立方米，入渗水量超过 65 亿立方米。在正常的来水条件下，像大运河、滹沱河、永定河等重点河流，要力争实现全线贯通。

二是要遏制地下水的超采。要贯彻《地下水管理条例》，持续推进华北地区地下水超采的综合治理，推动三江平原、黄淮地区、汾渭谷地等其他重点区域的地下水超采治理。计划在正常来水情况下，年压减地下水超采量力争达到 55.6 亿立方米，京津冀地区约 2/3 以上的地下水超采区要实现采补平衡。

三是强化河湖水域岸线的风险管控。要深入推进河湖清"四乱"常态化规范化，划定落实河湖管理范围，加强河湖水域岸线分区分类

管控，规范河道采砂管理，严格社会建设项目活动管理，推进水美乡村建设，推动重要河湖生态环境明显改善。

四是强化水土流失治理，全面强化人为水土流失监管，加大黄河上中游地区、长江上中游及西南岩溶区、东北黑土区等重点区域的治理力度，实施全国水土流失的动态监测，推动实现全国新增水土流失治理面积31万平方公里，全国水土保持率提高到73%以上。

科技赋能，助力水利事业高质量发展

科学技术历来是水利事业发展的主要动力和基础。魏山忠表示，水利部高度重视信息技术赋能水利工作，将推进智慧水利建设作为推动新阶段水利高质量发展的重要实施路径之一，下一步还将在多个高新技术研究应用领域取得突破：

一是推进5G、北斗等现代通信技术、卫星技术的研究应用。加大天、空、地遥感技术应用力度，构建天空地一体化水利感知网，保障监测站网在极端恶劣环境下的安全可靠传输，改进水文测报技术和手段，强化预报、预警、预演、预案功能，提高水旱灾害监测预报预警和防治水平。

二是推进大数据、人工智能、云计算等新技术的研究应用。充分发挥新一代信息技术的支撑驱动作用，融合流域多源信息，全面推进算据、算法、算力建设，重点满足分布式水文模型、格网化水力学模型等超大规模演算的并行计算需求，提升传统水利网络化、数字化、智能化水平。

三是推进纳米、节能环保等新材料和装备的研究应用。研制生态友好和适应复杂环境的新型水工材料与施工装备，重点突破隐蔽工程无损探测和修复、工程防护和应急抢护技术和装备，推广应用先进适用的农村供水水质保障和净化设备，提升水工程建设运行和除险加固、河湖生态保护修复以及农村饮用水处理等能力和水平。

四是推进新型软件开发技术的研究应用。加强基础研究力度，升级改造流域产

汇流、土壤侵蚀、水沙输移、地下水、水资源调配、工程调度等水利专业模型，研发新一代具有自主知识产权的通用性水利专业模型，实现流域多维度、多时空尺度的高保真模拟，推进数字孪生流域建设。

近日，国家重点研发计划"多尺度流域水资源和水利设施遥感监测应用示范"项目正式启动。魏山忠表示，这标志着"十四五"构建以数字孪生流域为核心的智慧水利建设在科技创新方面迈出了新的坚实步伐。

魏山忠：下一步，水利部将围绕数字孪生流域建设，组织开展基础性研究、关键技术攻关，并进行典型应用示范，推进智慧水利建设。

一是加强基础性研究。针对水循环数字孪生模式、水模拟多场景推演、地表水与地下水相互作用机制等关键科学问题，开展基础性研究，为数字孪生流域中的数字化映射、智慧化模拟奠定理论基础。

二是推进关键技术攻关。着力在水循环核心要素监测、数字孪生流域水模拟、水工程风险源快速识别、基于国产重力卫星的地下水储量估算等多项关键技术上寻求突破，为数字孪生流域平台提供技术支持。

三是强化典型应用示范。结合流域防洪、水资源管理与调配、水利工程监管等水利业务需求，在南北方分别选取河流进行数字孪生流域建设示范，在黄河河套灌区、长江丹江口水库等不同类型水利工程开展应用示范，形成开放数据成果集、技术方法、规则和标准，全面提升服务智慧水利建设的能力与水平。

中央广播电视总台央广

水利部：秋季长江中下游旱情将持续发展

央广网北京 9 月 5 日消息（记者　陈锐海）　记者从水利部获悉，秋季长江中下游和洞庭湖、鄱阳湖地区旱情将持续发展，长江流域嘉陵江、汉江和黄河流域渭河、泾河、北洛河、伊洛河等可能发生秋汛，还会有台风登陆影响我国东部沿海地区。

水利部强调，有效应对长江中下游及洞庭湖、鄱阳湖地区的旱情，精准掌握人畜饮水和作物灌溉用水需求，结合流域降雨、来水情况，预筹水资源，适时开展以三峡水库为核心的长江上游干流水库群、洞庭湖"四水"干支流水库群、鄱阳湖"五河"干支流水库群抗旱调度，为抗旱提供水源保障。

水利部指出，要高度重视"华西秋雨"可能引发的洪涝灾害，重点抓好中小河流洪水和山洪灾害防御，落实预警信息发布与反馈、人员转移避险等措施；要精细调度水工程，主要控制性水库以拦蓄为主，在确保防洪安全的前提下，尽最大努力为后期抗旱储备水源。

水利部强调，要紧盯海上台风生成、发展和移动路径等情况，提早做出准确预报。台风登陆和影响区域，要切实加强局地强降雨引发的中小河流洪水和山洪灾害防御。水库防汛"三个责任人"要提前上岗到位、履职尽责，确保防洪安全。

水利部：全国现已建成万亩以上大中型灌区 7 330 处

央视网消息：9 月 13 日（星期二）上午，中共中央宣传部就党的十八大以来水利发展成就举行发布会，水利部农村水利水电司司长陈明忠在会上介绍，我国是历史悠久的灌溉文明大国。目前，全国农田有效灌溉面积占耕地面积的 54%，在这 54% 的有效灌溉面积上，生产的粮食占全国粮食总产量的 75% 以上，生产的经济作物占全国经济作物总产量的 90% 以上。粮食要稳产、高产，灌区的建设极为重要。党中央、国务院高度重视灌区发展、建设和改造，党的十八大以来，累计投入了中央资金约 1 500 亿元，用于灌区的建设和改造，取得了显著的成效，也为端牢中国的饭碗奠定了坚实的水利基础。成效概括起来主要有这么几个方面：

一是建成了相对完善的蓄、引、提、输、排工程网络体系。全国现在已建成万亩以上的大中型灌区 7 330 处。建设和配套改造了一批渠系及配套建筑物、灌排泵站、渡槽、排水沟等一系列骨干工程，仅骨干渠道的长度现在达到了 40 万公里，40 万公里是什么概念呢？相当于绕地球 10 圈，灌区内农田实现了旱能灌、涝能排。

二是促进了农业节水，灌溉用水效率显著提升。全国农田灌溉水有效利用系数由 2012 年的 0.516 提升到 2021 年的 0.568，我们算了一下账，年节水能力达到 480 亿立方米，相当于 1.3 条黄河的年供水量，也相当于 10 个密云水库的库容。

三是新增改善了耕地灌溉面积。累计恢复新增灌溉面积达到 6 000 万亩，改善灌溉面积近 3 亿亩，有效遏制了灌溉面积衰减的局面。全国农田有效灌溉面积从 2012 年的 9.37 亿亩增加到现在的 10.37 亿亩。

四是提高了粮食的综合生产能力。新增粮食综合生产能力大概 300 亿公斤，大中型灌区农田亩均单产比改造前平均提高了约 100 公斤，亩均产量是全国平均水平的 1.5 ~ 2 倍。

陈明忠表示，下一步，水利部还将结合国家水网、重大引调水和骨干水源工程建设，谋划再建设、再改造一批灌区，进一步提高粮食综合生产能力，为保障国家粮食安全提供坚强的水利支撑。

中央广播电视总台央广

通过验收！大藤峡水利枢纽工程将可蓄水至 61 米

央广网北京 9 月 28 日消息（记者　陈锐海）　记者从水利部获悉，9 月 28 日，大藤峡水利枢纽工程顺利通过水利部主持的二期蓄水验收，这是大藤峡工程建设的重大关键节点目标，标志着工程将可蓄水至 61 米正常蓄水位，全面发挥综合效益。

大藤峡水利枢纽。

（水利部　供图）

大藤峡水利枢纽是珠江流域防洪控制性工程和水资源配置骨干工程，防洪、航运、发电、水资源配置、灌溉等综合效益显著。据水利部介绍，大藤峡工程总投资 357.36 亿元，总工期 9 年，总库容 34.79 亿立方米，正常蓄水位 61 米。2014 年 11 月，工程开工建设。2020 年，左岸工程投入运行并发挥初期效益，右岸工程建设按计划稳步推进。

此次二期蓄水（61 米高程）验收范围包括右岸挡水坝段（含黔江鱼道）、右岸厂坝、右岸泄水闸、左岸泄水闸、左岸厂坝，船闸上闸首、闸室、下闸首、上游引航道及上游锚地，以及黔江副坝、南木江副坝、右岸塌滑体处理等，以及与蓄水相关工程的基础开挖、基础处理、混凝土浇筑、机电设备及金属结构安装、安全监测，移民安置，环境保护等项目。

水惠中国

光明日报

■水利部启动二十四小时水旱灾害防御值班

■三部门联合启动黄河流域高校节水专项行动

■黄河内蒙古封冻河段全线开通

■三部门联合启动黄河流域高校节水专项行动

......

水利部启动二十四小时水旱灾害防御值班

本报北京 3 月 17 日电　记者陈晨从水利部获悉，3 月 14 日以来，我国南方部分地区出现持续降雨，14 日 8 时至 17 日 8 时，累积降水量 50 毫米以上雨区的覆盖面积达 16.2 万平方公里，安徽滁州红丰站最大点雨量达 183 毫米。受降雨影响，长江下游沿江支流秋浦河、黄溢河发生超警洪水。依据我国入汛日期确定的有关规定，今年我国入汛日期为 3 月 17 日，较多年平均入汛日期（4 月 1 日）偏早 15 天。水利部已于 17 日启动 24 小时水旱灾害防御值班，进入汛期工作状态。

在水利部 16 日召开的水旱灾害防御工作视频会议上，国家防总副总指挥、水利部部长李国英指出，必须始终牢记"国之大者"，更好统筹发展和安全，充分认识今年水旱灾害防御面临的严峻形势，主动适应把握全球气候变化下水旱灾害的新特点新规律，立足防大汛、抗大旱，坚决守住水旱灾害防御底线。

李国英强调，各级水利部门要加强组织领导，狠抓措施落实，确保水旱灾害防御科学依法统一、有力有序有效。要压紧压实日常防范和事前、事中、事后全过程、全链条责任，完善落实各项工作机制，强化统一指挥和沟通协作。要充分发挥流域防总办公室平台作用，坚持以系统、统筹、科学、安全为原则，以流域为单元系统安排各项防御措施。要严肃调度指令落实、值班值守和信息报送等纪律要求，坚决打赢水旱灾害防御硬仗，全力以赴保障人民群众的生命财产安全。

当前，水利部密切监视雨情、水情，会商研判汛情形势，提醒相关流域和地区加强值班值守，以防御中小河流洪水和山洪灾害、保障中小型水库防洪安全为重点，做好暴雨洪水防御工作。

三部门联合启动黄河流域高校节水专项行动

本报北京 3 月 14 日电（记者　陈晨）　为深入贯彻落实《黄河流域生态保护和高质量发展规划纲要》，近日，水利部、教育部、国管局联合印发《黄河流域高校节水专项行动方案》（简称《方案》）。

高校是知识传播、人才培养、文化传承创新的主阵地，是城市公共用水大户，是节水型社会建设的重要组成部分。《方案》针对黄河流域部分高校在供水设施和用水管理等方面存在的问题，部署推进黄河流域高校节水工作，提高学校用水效率，培养师生树立节约用水理念，引领带动全国高校以及重点领域用水户节约用水，不断提升水资源节约集约利用能力。

《方案》提出，到 2023 年年底，实现黄河流域高校计划用水管理全覆盖，超定额、超计划用水问题基本得到整治，50% 高校建成节水型高校；到 2025 年年底，黄河流域高校用水全部达到定额要求，全面建成节水型高校，打造一批具有典型示范意义的水效领跑者。

《方案》明确了开展用水统计核查、制订专项实施方案、规范计划用水管理、加强节水设施建设、推进节水型高校建设、支持节水科技研发、强化节水监督考核等七项重点任务。强调黄河流域高校要根据流域水资源特点，发挥高校科研和人才优势，加强节水技术和设备的研发推广，推动形成产学研用相结合的技术创新体系。

《方案》要求沿黄九省区相关部门加强组织领导、强化政策支持、注重宣传引导、细化任务分工，抓好工作落实，将节水型高校建设融入节水型社会达标建设、绿色学校建设和节约型公共机构示范单位创建中，及时总结推广黄河流域高校节水有益经验，在全国发挥示范引领作用。

黄河内蒙古封冻河段全线开通

本报北京 3 月 18 日电 记者姚亚奇、陈晨从应急管理部、水利部获悉，3 月 18 日，黄河内蒙古封冻河段全线开通，2021～2022 年度黄河防凌工作顺利结束，未发生大的险情、灾情。

据了解，本年度凌情主要有 4 个特点：一是首凌、首封日期偏晚。内蒙古河段自 2021 年 11 月 22 日开始流凌，较常年平均偏晚 2 天；12 月 16 日出现首封，较常年偏晚 13 天，为 1989 年以来最晚。二是封河流量大、长度短。内蒙古河段封河流量 827 立方米每秒，较近 10 年均值偏大 12%；本年度黄河最大封冻长度 714 公里，较近十年均值偏短约三成。三是槽蓄水增量小、冰厚接近常年。内蒙古河段最大槽蓄水增量约 7.6 亿立方米，较近 10 年均值（10.7 亿立方米）偏小约 29%；测量平均冰厚 0.52 米，与近十年均值基本持平。四是开河流量小、过程平稳。开河期头道拐水文断面最大流量 1 190 立方米每秒，较常年偏小 43%，开河过程基本平稳。

国家防办提前发出通知安排部署本年度防凌工作，派出工作组赴黄河内蒙古河段检查防凌工作。黄河防总加强骨干水库调度，商内蒙古防指及时启用应急分洪区分减河道水量，保障排凌顺畅。

水利部高度重视黄河防凌工作，锚定"确保人民群众生命财产安全、确保黄河堤防不决口"目标，组织指导水利部黄河水利委员会和内蒙古、宁夏等沿黄省（自治区）水利部门全力做好各项工作，密切关注天气、水情、冰情、河情、工情"五情"，准确预报主要水文站流凌、封河、开河日期。科学调度骨干工程，精准调控刘家峡、海勃湾、万家寨等水库确保行凌顺畅、凌情平稳，同时兼顾储备春灌及抗旱用水；及时调度启用乌兰布和、河套灌区及乌梁素海和小白河等应急分洪区分凌，累计分凌 2.52 亿立方米。督促指导沿黄地方政府和水利部门加强对薄弱堤段和易出现冰坝河段的巡查检查，加强涉河工程项目监管，及时拆除跨河浮桥等行凌障碍，前置抢险力量、物资、设备，落实滩区群众避险措施，确保人员安全。

沿黄有关省（自治区）全力做好黄河防凌工作。内蒙古自治区防指印发防凌工作方案，启动防凌Ⅳ级应急响应，前线指挥部 2 月下旬进驻包头，有序组织开展巡河巡堤、破冰除冰、应急分凌等工作。宁夏、山西、陕西等省（自治区）防指加强巡堤查险和涉河安全管理，确保安度凌汛。

《公民节约用水行为规范》主题宣传活动启动

本报北京 3 月 22 日电（记者　陈晨）　22 日，在第三十届"世界水日"、第三十五届"中国水周"到来之际，水利部等 10 部门召开《公民节约用水行为规范》（简称《行为规范》）主题宣传活动启动会，并同时启动"节水中国　你我同行"联合行动、"节水在身边"全国短视频大赛等《行为规范》主题专项活动。

水利部副部长魏山忠在启动会上指出，举办本次主题宣传活动，旨在大力宣传和推广普及《行为规范》，凝聚各地区、各部门优势和力量，广泛发动志愿者和社会公众参与，引导全民增强节约用水意识，践行节约用水责任，将规范要求转化为公众自觉行动，让更多人成为节约用水的传播者、实践者、示范者，加快形成节水型生产生活方式，助推生态文明建设和高质量发展。

魏山忠强调，水是公共产品，节水管理属于社会管理范畴，实现水资源的集约节约利用，既需要相关行业部门协调联动、密切配合，更需要全体公民树立节水理念、转变用水方式。

珠江流域旱情已基本解除

本报北京 3 月 28 日电 记者陈晨 28 日从水利部珠江流域抗旱工作情况新闻发布会上获悉，目前，珠江流域旱情已基本解除，抗旱保供水工作顺利结束。

水利部副部长刘伟平介绍，2021 年以来，珠江流域降雨持续偏少、江河来水持续偏枯，部分骨干水库蓄水严重不足，广东、福建、广西等地发生不同程度的旱情，特别是广东东部东江和韩江流域遭遇 60 年来最严重的旱情，加之珠江口咸潮上溯影响加剧，旱情呈现"秋冬春连旱、旱上加咸"的不利局面。面对严峻的抗旱保供水形势，水利部和相关地方党委政府采取节约用水、水系连通、远程调水、压咸补淡等措施，确保了香港、澳门、金门供水安全，确保了珠江三角洲及粤东闽南等地城乡居民生活用水安全。今年 3 月以来，珠江流域旱区多次出现降雨过程，骨干水库蓄水形势向好，珠江流域旱情基本解除，抗旱保供水工作取得了全面胜利。

据了解，水利部多次会商研判旱情趋势，安排抗旱应急调水和压咸补淡等工作。水利部珠江水利委员会完善预报、预警、预演、预案工作机制，充分利用抗旱"四预"平台，密切监视雨情、水情、旱情、咸（潮）情、工情，及时发布东江、韩江干旱黄色预警和西江、北江干旱蓝色预警，启动珠江防总抗旱Ⅳ级应急响应，制订水量应急调度方案，科学调度骨干水利工程，构筑了当地水库抢抓时机蓄水补库、近地水库适时调水压咸、远地水库储备水源持续补水的供水保障"三道防线"，多次调度西江大藤峡水利枢纽、东江剑潭水利枢纽等工程，实施压咸补淡应急补水，有效压制了咸潮上溯。广东、福建、广西等省区和有关部门落实抗旱保供水工作责任，提前修订完善抗旱应急预案，及时启动抗旱应急响应，严格执行调度指令，强化水工程运行管理，加强应急补水期重要断面水质监测和沿程取水口监督，抓住时机抢蓄淡水，保证了压咸补淡调度取得最大成效，综合采取节约用水、限制高耗水行业用水、建设抗旱应急供水工程等措施，全力保障城乡供水安全。

南水北调东线北延应急供水工程
加大向津冀供水

本报北京 3 月 25 日电 记者陈晨从水利部、中国南水北调集团获悉，3 月 25 日 14 时，位于山东省德州市武城县的六五河节制闸缓缓开启，南水北调东线一期工程北延应急供水工程（简称东线北延应急供水工程）正式启动向河北、天津年度调水工作。

此次调水是水利部落实党中央、国务院关于持续推进华北地区地下水超采综合治理、河湖生态环境复苏决策部署，确保南水北调东线工程成为优化水资源配置、保障群众饮水安全、复苏河湖生态环境、畅通南北经济循环的生命线，发挥南水北调工程国家骨干水网作用，进一步发挥东线一期工程效益的具体体现。水利部组织中国南水北调集团公司等单位制订供水实施方案，计划通过东线北延应急供水工程向黄河以北供水 1.83 亿立方米，其中入河北境内约 1.45 亿立方米，入天津境内约 0.46 亿立方米，比原有计划大幅增加。调水计划持续至 5 月 31 日，并将根据工情、水雨情等实际情况适时延长调水时间，增加调水量。加上同期实施的东线一期鲁北段调水，此次总调水量将超过 2.42 亿立方米，南水北调东线工程效益将逐步提升。

华北地区是我国水资源短缺最严重的地区之一，水资源供需矛盾十分突出，经济社会发展长期以过度开采地下水、挤占生态用水为代价，导致区域水生态与环境恶化，湖泊、湿地面积萎缩。东线北延应急供水工程充分利用东线一期工程供水能力，加大向北方供水力度，通过向河北、天津供水，置换农业用地下水，缓解地下水超采状况；适时向衡水湖、南运河、南大港、北大港等河湖湿地补水，改善生态环境；还可为向天津市、沧州市城市生活应急供水创造条件，进一步推动完善南水北调工程"四横三纵"布局，为有关国家重大战略实施提供有效的水安全保障。

为充分发挥东线北延应急供水工程综合效益，水利部组织中国南水北调集团、相关流域管理机构、沿线地方水行政主管部门科学利用本年度东线来水好的有利时机，加大调水。此次调水，标志着东线北延应急供水工程进入常态化供水新阶段，水利部将继续通过科学管理、精准调度，进一步实现多调水、调好水的目标，充分发挥南水北调工程综合效益，进一步提高受水区群众的获得感、幸福感和安全感。

水利部：今年将对大约 90 处大型灌区、480 多处中型灌区实施改造

光明网讯（记者　张慕琛）　4 月 8 日，国务院新闻办公室举行政策例行吹风会，介绍 2022 年水利工程建设有关情况，水利部副部长魏山忠参加本次发布会。

魏山忠介绍，今年我国在灌区建设和改造方面，主要有以下两个方面的举措。

首先，要加强现有大中型灌区续建配套和改造。有些灌区可能修建年代已久，今年我国准备实施大约 90 处大型灌区、480 多处中型灌区改造，完善灌溉水源工程、渠系工程和计量监测设施，推进标准化规范化管理，新增恢复和改善灌溉面积 2 500 余万亩。同时，我国还要做好与高标准农田建设的衔接，每年《政府工作报告》中都有明确高标准农田建设任务，要与高标准农田建设做好衔接，优先将这些大中型灌区建成高标准农田，高标准农田要做到旱能灌、涝能排，它才真正是货真价实的高标准农田。

其次，要积极新建一批现代化灌区。要加快在建大型灌区的建设，促进尽早建成发挥效益。同时，在水土资源条件适宜、新增储备灌溉耕地潜力大的地区，我国还要新建一批灌区。我们有些地方水土资源比较适宜，也有潜力发展，比如像广西大藤峡、海南牛路岭、江西大坳等一批灌区。这些项目实施完成以后，可以增加和改善有效灌溉面积 2 500 万亩左右。此外，我们还计划结合引调水和水源工程建设，谋划再改造、再新建一些灌区，进一步提高粮食综合生产能力。

水利工程建设擂鼓再出征

"我们将会同有关部门和地方，坚决贯彻落实党中央、国务院决策部署，聚焦保障防洪安全、供水安全、粮食安全、生态安全，以'十四五'水安全保障规划为依据，以实施国家水网重大工程为重点，加快实施在建水利工程。"4 月 8 日，

在国新办举行的国务院政策例行吹风会上，水利部副部长魏山忠表示，对符合经济社会发展需要、前期技术论证基本成熟、省际没有重大分歧、地方推动项目建设意愿较为强烈的重大水利项目，将加快审查审批，推动工程尽早开工建设。

突出四方面建设任务　推动水利高质量发展

党的十八大以来，我国形成了世界上规模最大、范围最广、受益人口最多的水利基础设施体系，但仍存在流域防洪工程体系不完善、水资源统筹调配能力不足等问题。水利部规划计划司司长张祥伟介绍，今年水利工程建设围绕推动新阶段水利高质量发展，突出四方面任务。

完善流域防洪减灾体系方面，今年开工长江芜湖河段整治、黄河下游防洪治理、淮河入海水道二期、太湖吴淞江整治工程（江苏段）等流域骨干防洪工程，积极推进黄河古贤等水利工程建设，提高大江大河大湖宣泄洪水能力。

提升水资源优化配置能力方面，今年要加快国家水网工程建设，推进重大引调水工程的同时，建设贵州花滩子、西藏帕孜等重点水源工程。在西南等工程性缺水地区及脱贫地区，开工一批中小型水库。推进城乡供水一体化、农村供水规模化发展及小型供水工程标准化改造，巩固拓展脱贫攻坚成果。继续推进大中型灌区建设和现代化改造。

张祥伟透露，复苏河湖生态环境方面，要开展母亲河复苏行动，推进永定河、潮白河、西辽河、木兰溪等河湖水生态修复与治理，持续推进华北等地区地下水超采治理。加强水土流失综合防治，加大长江上中游、黄河中上游、东北黑土区等重点地区治理力度。

此外，智慧水利建设方面要加快推进数字孪生流域和数字孪生水利工程建设，实现水安全风险从被动应对向主动防控转变。

水利工程建设离不开资金保障。"今年我们通过一般公共预算安排1 507亿元，其中水利发展资金达606亿元；通过政府性基金安排572亿元，为扩大水利投资创造了有利条件。同时，地方政府债券也加大了对水利项目的支持力度。"财政部农业农村司负责人姜大峪说。

加大投资力度　加快重大水利工程建设

魏山忠表示，今年重大水利工程建设方面，要推进南水北调后续工程高质量发展。为进一步提高南水北调中线北调水量和供水保证率，要重点推进中线引江补汉工程的前期工作，确保年内开工建设。深化南水北调东线后续工程的前期论证，推进工程适时建设，确保工程成为优化水资源配置、保障群众饮水安全、复苏河湖生态环境、畅通南北经济循环的生命线。

重大水利工程建设的另一任务是统筹推进其他重大引调水工程。"对条件基本成熟的项目今年要加快推进开工建设。如环北部湾广东水资源配置工程要抓紧建设，尽早解决粤西地区水资源短缺问题。"魏山忠强调。

"我们将多措并举加大水利工程投资力度，积极有序推进项目建设，促进充分发挥重大水利工程建设对稳投资、扩内需的重要作用。"国家发展改革委农村经济司司长吴晓介绍，主要有三方面措施：一是按照"确有需要、生态安全、可以持续"的论证原则，加快推进重大水利工程项目前期工作，促进项目尽快开工建设。二是加大投资支持力度，在保证中央预算内水利投资合理支出强度的基础上，进一步对重大水利工程建设给予倾斜，重点保障跨流域跨行政区域、支撑国家重大战略实施、防洪减灾和保障国家粮食安全等方面的重大项目。三是深化水利投融资改革。

推进灌区建设改造　提高粮食综合生产能力

眼下，正值春耕春管关键时期，我国大中型灌区也已进入春灌高峰期。目前，全国农田有效灌溉面积为 10.37 亿亩，占耕地面积的 54%，生产了全国 75% 的粮食和 90% 的经济作物。可见，粮食稳产，灌区建设尤为重要。

魏山忠指出，现在全国大中型灌区有 7 000 多处，有效灌溉面积 5.2 亿亩，是我国粮食和重要农产品的主要产区，是国家粮食安全的重要保障。今年，要加强现有大中型灌区续建配套和改造，计划实施约 90 处大型灌区、480 多处中型灌区改造，完善灌溉水源工程、渠系工程和计量监测设施，推进标准化规范化管理，新增恢复和改善灌溉面积 2 500 余万亩。同时，做好与高标准农田建设的衔接，优先将这些大中型灌区建成高标准农田。

今年灌区建设和改造的另一举措，是在水土资源条件适宜、新增储备灌溉耕地潜力大的地区，新建一批灌区。有些地方水土资源比较适宜，也有潜力发展，如广西大藤峡、海南牛路岭、江西大坳等一批灌区。这些项目实施完成后，可增加和改善有效灌溉面积 2 500 万亩左右。

吴淞江整治工程江苏段开工

本报苏州 5 月 16 日电（记者　苏雁、陈晨）　5 月 16 日，吴淞江整治工程江苏段开工建设。吴淞江整治工程包括江苏段和上海段，江苏段位于苏州市境内，全长约 61.7 公里，总投资 156 亿元。工程实施后，将有效改善流域行洪、区域排涝、航运交通和生态环境，更好地为长三角高质量一体化发展提供水安全保障。

吴淞江江苏段整治工程是《长江三角洲区域一体化发展规划纲要》确定的省际重大水利工程，也是《太湖流域防洪规划》《太湖流域综合规划》等确定的流域综合治理骨干工程。工程建设主要内容包括：疏（拓）浚河道，新建加固两岸堤防，护岸工程；扩建瓜泾口枢纽；两岸口门控制；跨河桥梁工程；影响处理工程等。

吴淞江整治工程（江苏段）开工，是今年中国水利建设的精彩篇章之一。今年以来，水利部多点发力，采取强有力的措施，细化实化目标任务，对于今年重点推进的 55 项重大水利工程和 6 项新建大型灌区项目，逐项明确要件办理、可研审批和开工时间节点，确定责任单位、责任人，并建立台账，挂图作战。

截至目前，国务院常务会议部署的 55 项重大水利工程已开工 10 项，6 项新建大型灌区已开工 1 项。1—4 月，全国水利基础设施建设全面加快，完成水利建设投资实现大幅增长，各地已完成近 2 000 亿元，较去年同期增长 45.5%，广东、山东、浙江、河北、福建、河南、江苏、云南、陕西等 9 省，累计完成投资超过 100 亿元。

此外，农村供水工程建设资金完成约 200 亿元，提升了 666 万农村人口供水保障水平；今年安排大中型灌区续建配套与现代化改造投资近 190 亿元，预计将新增粮食生产能力 36 亿公斤，新增节水能力 35 亿立方米。

木兰溪下游水生态修复与治理工程开工建设

5 月 19 日，福建省召开重大水利项目集中开工动员会，列入今年重点推进的 55 项重大水利工程之一——木兰溪下游水生态修复与治理工程开工建设。水利部副部长魏山忠以视频形式出席开工动员会议并讲话。水利部总工程师仲志余出席会议。

魏山忠强调，木兰溪下游水生态修复与治理工程既统筹考虑水资源高效利用、水生态环境修复，又融合数字孪生流域建设，创新投融资方式，采取市场化运作，具有很好的示范意义。福建省要以木兰溪下游水生态修复与治理等重大水利项目建设为契机，充分利用实施扩大内需战略、全面加强水利基础设施建设的良好机遇，多渠道筹集水利建设资金，大力推动重大水利工程建设，全面提升水旱灾害防御、水资源集约节约利用、水资源优化配置和河湖生态保护治理等能力。要强化工程建设管理，严格落实疫情防控要求，确保工程建设质量、安全和进度，把工程建成造福人民的精品工程。

据了解，此次共有 11 个重大水利项目集中开工，总投资 106 亿元，主要建设内容包括水生态修复与治理、城乡供水一体化、中型水库建设、河道岸线整治、海堤提级改造、水闸除险加固等。

大江大河发生编号洪水！今年首次！

（光明日报全媒体记者　陈晨）　记者从水利部获悉，受降雨影响，珠江流域西江上游龙滩水库 5 月 30 日 11 时入库流量涨至 10 900 立方米每秒，依据水

利部《全国主要江河洪水编号规定》，编号为"西江 2022 年第 1 号洪水"，为今年我国大江大河首次发生编号洪水。

水利部维持洪水防御Ⅳ级应急响应，密切监视雨情水情汛情，指导相关地区加强水工程调度和运行管理，保障防洪安全。

我国将全面进入汛期

本报北京 5 月 29 日电（记者　陈晨）　记者陈晨 29 日从水利部获悉，我国即将全面进入汛期。近期，南方部分地区连续出现强降雨过程，一些中小河流

发生超警戒以上洪水，局部地区发生洪涝灾害，水旱灾害防御形势日趋严峻。

水库安全度汛和山洪灾害防御与人民群众生命安全息息相关，国家防总副总指挥、水利部部长李国英要求再安排、再部署，研究提出小型水库尤其是病险水库度汛、山洪灾害防御的指导性意见，进一步明确责任、落实措施，确保防汛安全。

5月29日，水利部副部长刘伟平主持会商，进一步分析研判当前强降雨过程防御形势，安排部署水库安全度汛、中小河流洪水和山洪灾害防御等重点工作。要求各地进一步落实责任，加强雨水情监测预报，特别是局地短历时强降雨和中小河流洪水监测预报，及时发出预警；抓好中小河流洪水防御、中小水库特别是病险水库安全度汛工作，督促落实小型水库防汛"三个责任人"和"三个重点环节"工作，加强安全管理，提升险情应对处置能力；严格按照水利部印发的《关于加强山洪灾害防御工作的指导意见》要求，落实山洪灾害监测预警、提请人员转移避险、信息报送等各项措施，最大限度保障人民群众生命安全；始终坚持问题导向、结果导向，持续开展水旱灾害防御查漏补缺和风险隐患排查工作，建立整改台账，动态跟踪整改销号。

（本文刊发于《光明日报》2022年05月30日第10版）

Ⅳ级应急响应启动！

（**光明日报全媒体记者　陈晨**）据预测，5月28—30日，江西、浙江、安徽、福建、广东、湖南、贵州等地将有一次较强降雨过程，江西饶河、信江、抚河，浙江钱塘江，安徽青弋、江水阳江，福建闽江，广东北江，湖南湘江，贵州北盘江等河流将出现明显涨水过程，暴雨区内部分中小河流可能发生超警以上洪水，山丘区发生山洪灾害的风险较大。

水利部信息中心于28日10时35分发布洪水蓝色预警，提请有关地方和社会公众注意防范。依据《水利部水旱灾害防御应急

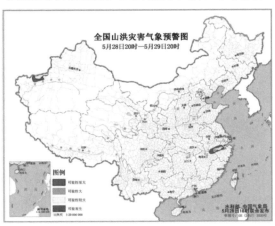

响应工作规程》，水利部于 5 月 28 日 10 时针对浙江、安徽、福建、江西、湖南、广东、贵州等地启动洪水防御 Ⅳ 级应急响应，并派出工作组赴江西防御一线，指导做好水库安全度汛、中小河流洪水和山洪灾害防御等防范应对工作。

此外，水利部和中国气象局 5 月 28 日 18 时联合发布橙色山洪灾害气象预警，预计，5 月 28 日 20 时至 5 月 29 日 20 时，浙江西部、安徽南部、江西东北部、新疆西部等地部分地区发生山洪灾害可能性较大（黄色预警），其中，安徽南部局地发生山洪灾害可能性大（橙色预警）。其他地区也可能因局地短历时强降水引发山洪灾害，请各地注意做好实时监测、防汛预警和转移避险等防范工作。

水利部指导做好芦山县震区水利抗震救灾工作

（光明日报全媒体记者　陈晨）　今天 17 时，四川省雅安市芦山县发生 6.1 级地震。水利部密切关注震区水利工程设施运行情况，向四川省水利厅发出通知，指导立即组织专业技术力量对震区水库（水电站）、堤防、闸坝、农村饮水安全工程等各类水利工程开展拉网式排查和风险研判，建立震损水利工程清单，逐一落实应急处置措施，及时排除险情。特别是对震损水库，要求加强 24 小时巡查值守，动态掌握水库运行状况，视情况降低水位甚至空库运行，同时立即采取抢护措施消除险情，做好下游危险区群众预警和转移准备，确保人民群众生命安全。

四川省水利厅启动水利抗震救灾 Ⅱ 级应急响应，派出 3 个工作组赴震区指导做好水利工程险情排查、重大险情先期处置、应急供水保障等工作，并滚动开展震区及周边影响区域汛情形势分析，加密震区水情监测预报，做好水利抗震救灾各项工作。

截至 5 月底农村供水工程已开工建设 6 474 处

本报北京 6 月 7 日电（记者　陈晨）　今年以来，我国全力推进农村供水工程开工建设，水利部 7 日发布的最新数据显示，截至 5 月底，各地农村供水工程已开工 6 474 处，完工 2 419 处，提升了 932 万农村人口供水保障水平。

为切实提高农村供水保障水平，水利部加强部署动员，要求地方统筹疫情防控和水利工程建设，保障工程质量和安全，层层压实责任，加快工程建设进度和年度投资计划执行，尽快形成实物工作量，早完工早受益。实行台账管理，以县为单元、以农村供水工程为对象，建立分省农村供水工程开工建设情况汇总工作台账，专人盯办，逐省督办，督促各地农村供水工程应开工尽开工。加强调度会商，及时协调解决存在的问题，加快工程进度。

与此同时，水利部指导督促各地充分利用地方政府专项债券、银行信贷和社会资本等，多渠道落实农村供水工程建设资金。各地结合实际，多措并举，加快农村供水工程建设进度。云南省开展农村供水保障3年专项行动，提高农村供水规模化程度，截至5月底，全省115个县（市、区）已开工建设工程项目1 100个，完成投资47.86亿元；江西省开展城乡供水一体化先行县建设行动，市场和政府两手发力，截至5月底，全省落实城乡供水一体化建设资金39.4亿元，开工城乡供水一体化工程147处；宁夏回族自治区依托骨干水源工程建设，积极探索农村供水规模化发展，全区骨干水源工程建设累计完成投资62.1亿元，投资完成率达74.7%；福建省积极推动农村规模化供水工程建设，截至5月底，已落实资金35.8亿元，启动157个规模化水厂建设；河南省积极推动农村供水"规模化、市场化、水源地表化、城乡一体化"工程建设，截至5月底，已落实建设资金11.67亿元，15个县已经开工建设。从全国层面看，截至5月底，各地农村供水工程已落实投资516亿元，其中地方政府专项债券214亿元，银行贷款94亿元。

下一步，水利部将继续加大工作推进力度，加快农村供水工程建设进度，发挥好农村供水工程点多量大面广的优势，采取以工代赈等方式积极吸纳农村劳动力参与工程建设，继续为稳经济、稳增长、稳就业做出贡献。

广西大藤峡水利枢纽灌区工程开工建设

本报北京6月6日电 记者陈晨从水利部获悉，6日，广西大藤峡水利枢纽灌区工程开工建设。该项目是国务院部署实施的150项重大水利工程之一，也是此前国务院常务会议确定的今年重点推进开工建设的6大灌区之一，总投资80.08亿元，设计灌溉面积100.1万亩。

据了解，大藤峡水利枢纽灌区工程利用已建的大型和中小型水库作为主要水源，利用正在建设的大藤峡水利枢纽库区自流引水和黔浔江提水作为补充水源，新建渠（管）道 652 公里，新建及恢复 13 座泵站装机容量 1.28 万千瓦，工程建设总工期为 60 个月。该项目为新建大型灌区，国家按照西部政策给予中央补助投资支持，余下投资由广西多渠道筹集资金解决。为切实加快工程建设，广西积极用好用足相关财政政策、金融政策，目前已落实年度建设资金 6.75 亿元，其中地方债券资金 1.75 亿元、金融贷款 5 亿元。

大藤峡水利枢纽灌区区域光热条件优越，水资源及耕地资源丰富，适宜进行农业综合开发，是广西重要粮食基地，也是糖料主要生产基地之一。工程建成后，可进一步发挥大藤峡水利枢纽的灌溉供水效益，有效解决贵港市、来宾市等桂中典型干旱区骨干水利工程缺乏、耕地灌溉保证率较低、旱灾频繁、村镇人畜用水困难等问题，保证项目区粮食生产安全和村镇供水安全，为当地打造优质特色粮食、高产高糖甘蔗等"两高一优"农产品基地创造条件，促进民族地区乡村振兴和经济社会发展。

全国水利建设全面提速

（记者 陈晨） 5 月 16 日，吴淞江整治工程江苏段开工建设；5 月 19 日，福建木兰溪下游水生态修复与治理工程开工建设；6 月 6 日，广西大藤峡水利枢纽灌区工程开工建设……"今年 1—5 月，全国水利建设全面提速，取得了明显成效。在推进项目开工方面，新开工 10 644 个项目，投资规模 4 144 亿元，其中投资规模超过 1 亿元的项目有 609 个。"6 月 10 日，在水利部召开的新闻发布会上，水利部副部长魏山忠表示。

谈到加快水利工程建设进度，魏山忠介绍，目前，陕西引汉济渭工程秦岭输水隧洞全面贯通；云南滇中引水工程输水工程已开挖 438 公里，比计划工期提前半年；安徽引江济淮主体工程投资完成近九成，有望 9 月底试通水。已安排实施 3 500 座病险水库除险加固，治理中小河流长度 2 300 多公里。

水利工程建设，离不开资金保障。魏山忠透露，全国已落实投资 6 061 亿元，较去年同期增加 1 554 亿元，增长 34.5%；完成投资 3 108 亿元，较去年同期增加 1 090 亿元，增长 54%，吸纳就业人数 103 万，其中农民工就业 77 万，充分发挥了水利对稳增长、保就业的重要作用。

重大水利工程在保障国家水安全方面具有不可替代的基础性作用，并具有吸纳投资大、产业链长、创造就业机会多等特点。今年以来，水利部大力推进在建重大工程建设进度。吴淞江整治、木兰溪下游水生态修复与治理、雄安新区防洪治理、江西大坳灌区、大藤峡水利枢纽灌区等14项重大水利项目开工建设，投资规模达869亿元。

这14项重大水利工程，将在提高流域区域防洪能力、水资源配置能力，有效保障国家粮食安全等方面发挥重要作用。

如何在加快重大水利工程建设的同时，保障工程建设质量？水利部水利工程建设司司长王胜万回应，一是实施项目清单式管理，建立调度会商推进机制，及时掌握工程建设最新进展情况，推动解决工程建设中的堵点和难点。二是加强进度分析研判，对建设进度滞后的项目实行挂牌督办并采取现场督查、专项稽查等方式督促滞后项目加快建设。三是推进工程竣工验收，及时发挥工程效益。四是督促指导工程建设的各方全面落实工程质量主体责任和工程质量终身责任制，加强工程建设全过程质量管控，加大督促整改和监管力度。

通过采取这些措施，目前172项节水供水重大水利工程和150项重大工程都有序建设实施。

除了重大水利工程，农村供水工程作为农村发展的重要基础设施，事关亿万农村居民生活和生产，其建设一直是水利基础设施建设的重要内容。截至2021年年底，全国已建成农村供水工程827万处，农村自来水普及率达84%。

今年以来，我国继续加大力度推进农村供水工程建设，水利部农村水利水电司司长陈明忠透露，重点做了三方面工作——持续巩固农村供水脱贫攻坚成果，今年1—5月，已排查推动解决了68.2万农村人口饮水不稳定问题；加快推进农村供水工程建设，今年1—5月，各地已落实农村供水工程投资516亿元，开工建设6 474处农村供水工程，完工2 419处，提升了932万农村人口的供水保障水平；强化工程维修养护，截至5月底，累计维修养护农村供水工程2.4万处，服务农村人口5 120万。

服务"三农"，不只有农村供水工程，还有大中型灌区。目前，全国已建成大中型灌区7 330处，耕地灌溉面积达10.37亿亩，在占全国耕地面积54%的灌溉面积上生产了75%以上的粮食和90%以上的经济作物，对保障粮食安全做出了重大贡献。

陈明忠介绍，今年以来共安排中央投资137亿元，支持493处大中型灌区现代化改造，可新增、恢复灌溉面积351万亩，改善灌溉面积2 343万亩，目前已有 320 处开工。此外，计划今年 6 处新建大型灌区已开工 2 处。

"这些灌区的建设改造对农作物灌溉发挥了重要保障作用。今年围绕粮食播种生产，以大中型灌区为单元，建立了春灌台账，优化灌区供水调度，合理配置水资源。到今年 5 月底，全国大中型灌区春灌累计灌溉面积达 3 亿亩，供水 449 亿立方米，全面完成春灌任务，为粮食生产尤其是夏粮丰收提供了有效保障。"陈明忠说。

（本文刊发于《光明日报》2022 年 06 月 11 日　第 03 版）

8 000 亿元水利建设投资，钱从哪来？

（本报记者　陈晨）　福建木兰溪下游水生态修复与治理、雄安新区防洪治理、广西大藤峡水利枢纽灌区等 14 项重大水利项目开工建设；青海蓄集峡、湖南毛俊、云南车马碧等水利枢纽下闸蓄水；安排实施 3 500 座病险水库除险加固……今年，我国水利建设全面提速，这背后，离不开资金保障。大规模水利建设投资，钱从哪来？

"就今年来讲，全国要完成水利建设投资超过 8 000 亿元，迫切需要落实'两手发力'要求，充分发挥市场机制作用，更多利用金融信贷资金和吸引社会资本参与水利建设，多渠道筹集建设资金。"6 月 17 日，水利部副部长魏山忠在水利部新闻发布会上表示。

"一二三四"框架体系推进资金筹集

水利基础设施建设投资需求巨大，在加大政府投入的同时，也要发挥市场的力量。魏山忠介绍，水利部构建"一二三四"工作框架体系——锚定一个目标，即加快构建现代化水利基础设施体系，推动新阶段水利高质量发展，全面提升国家水安全保障能力。坚持"两手发力"，即坚持政府作用和市场机制"两只手"协同发力，把政府该管的事情管好、管严、管到位，同时善用、会用、用好市场机制，发挥市场在资源配置中的决定性作用。推进"三管齐下"，充分用好金融支持水利基础设施政策，推进水利基础设施 PPP（政府和社会资本合作）模式发展，积极稳妥推进水利基础设施投资信托基金（REITs）试点工作。深化四项改革，即深化水价形成机制改革、用水权市场化交易制度改革、节水产业支持政策改革、水利工程管理体制改革，充分激发市场主体活力。

作为落实积极财政政策的重要抓手，地方政府专项债在带动扩大有效投资、稳定宏观经济等方面发挥着重要作用。今年，我国拟安排地方政府专项债券 3.65 万亿元，重点用于交通基础设施、能源、农林水利等九大领域，并允许将专项债券作为符合条件的重大项目资本金使用。

"水利是扩大内需的重要领域，也是地方政府专项债券的重点支持领域。"水利部规划计划司副司长乔建华介绍，截至 5 月底，有 1 318 个水利项目已落实地方政府专项债券 1 110 亿元，较去年同期增加 719 亿元，增长 184%。项目覆盖重大水利工程、病险水库除险加固等各类水利工程，有 9 个地区落实的规模超过 50 亿元。此外，还有一大批水利项目已进入地方政府专项债券项目库，具备发行的条件，将尽快发行。

发挥金融支持的重要支撑作用

金融支持，在水利基础设施建设中长期发挥重要支撑作用。日前，水利部、中国人民银行联合召开会议，加强银行、政府和水利企业、项目对接，共同推进加强金融支持服务水利工作，进一步推动水利高质量发展，助力稳定宏观经济大盘。

与此同时，水利部持续深化与国开行、农发行、农业银行等金融机构合作，加强金融产品和融资模式创新，不断加大金融支持水利力度。水利部财务司司长透露，今年 1—5 月，国开行、农发行、农业银行共发放水利贷款 1 576 亿元，贷款余额 15 133 亿元，较去年同期增长 9.33%，重点支持重大水利工程、水资源配置、农村供水及城乡供水一体化、水生态保护治理等领域，充分发挥金融信贷资金支持水利建设、稳定投资和保障民生的重要作用。

具体而言，一是聚焦重大水利工程，提高水资源优化配置能力。重大水利工程吸纳投资大、产业链长、创造就业机会多，拉动经济增长作用明显，水利部协调有关金融机构给予优惠政策，3 家银行重点支持了安徽引江济淮工程等重大引调水和水资源配置工程。二是紧盯农村供水工程，保障乡村振兴水利成果。通过银行贷款支持，江西、福建、云南等地省级层面统筹实施农村及城乡供水一体化，河北实施南水北调水置换地下水提升农村供水水平，宁夏开展"互联网＋城乡供水"试点，安徽稳步实施"皖北地区群众喝上引调水工程"、河南推动农村供水"四化"工程建设。三是推进灌区节水建设，夯实国家粮食安全基础。国开行、农发行已重点支持宁夏贺兰现代化生态灌区建设工程、湖北黄冈蕲水灌区新建扩建工程等项目建设。

拓宽社会资本投资渠道

近年来，贵州马岭水利枢纽、广东高陂水利枢纽等一批重大水利工程 PPP 项目落地实施，取得明显成效。根据《全国 PPP 综合信息平台管理项目库 2021 年年报》，截至去年底，水利领域累计入库项目 450 个、投资额 3 940 亿元，累计签约落地水利建设项目 329 个、投资额 2 972 亿元。

乔建华介绍，最近，水利部出台有关意见，聚焦国家水网重大工程、水资源集约节约利用、农村供水工程建设、流域防洪工程体系建设、河湖生态保护修复和智慧水利建设等六大领域，采取投资补助、合理定价等措施，吸引社会资本，拓宽水利建设资金筹措渠道。接下来，将加大政策、资金等支持力度，推动项目建立合理回报机制，吸引社会资本参与。充分发挥政府投资的引导带动作用，采取直接投资、投资补助等多种形式支持水利 PPP 项目。建立健全水利 PPP 项目水价形成机制，鼓励有条件的地区实现供需双方协商定价。支持社会资本参与节水供水工程建设运营，通过转让节约的水权获得合理收益。此外，还要强化服务监管，促进水利 PPP 项目规范发展、阳光运行。

日前，国务院办公厅印发《关于进一步盘活存量资产扩大有效投资的意见》，将水利列为盘活存量资产的重点领域。乔建华告诉记者，水利作为国民经济的基础设施，长期大规模的建设形成了庞大的资产。这些水利资产总体看都是公益性的，但也有许多项目有一定经营收入，可以通过 REITs 方式盘活，扩大有效投资，拓宽社会资本投资渠道，形成存量资产和新增投资的良性循环。

水利部启动干旱防御Ⅳ级应急响应

本报北京 6 月 25 日电（记者　陈晨）　25 日 16 时，水利部针对内蒙古、河南、陕西、甘肃四省（自治区）旱情启动干旱防御Ⅳ级应急响应，并发出通知，指导相关地区密切监视雨情、水情、旱情，科学调度水利工程，强化各项抗旱措施，全力确保群众饮水安全，努力保障农业灌溉用水需求，尽可能减轻干旱影响和损失。水利部已派出工作组赴内蒙古自治区指导地方做好抗旱工作。

4月以来，江淮大部、黄淮、华北大部、西北东部中部等地降雨较常年同期偏少三至七成。受其影响，北方部分地区旱情露头并快速发展。据预测，未来一段时间，西北东部及华北局部降雨仍然偏少，内蒙古、河南、陕西、甘肃等省（自治区）旱情可能持续或发展。

（本文刊发于《光明日报》2022年06月26日　第03版）

三项重大水利工程同日开工

本报北京6月25日电（记者　陈晨）　记者陈晨从水利部获悉，25日，黄河下游引黄涵闸改建工程、湖南大兴寨水库工程、安徽省包浍河治理工程开工建设，它们均为国务院部署实施的150项重大水利工程之一，也都是今年重点推进的55项重大水利工程之一。

黄河下游引黄涵闸承担着引黄灌区农业引水和一些跨流域调水任务。黄河下游引黄涵闸改建工程总投资20.70亿元，涉及山东、河南两省11个市，总工期预计36个月。工程建成后，将进一步提高引黄灌区的供水保障率，改善沿线地区城镇生活、工业及生态供水条件。

湖南大兴寨水库以防洪为主，结合供水、灌溉，兼顾生态补水，工程总投资51.14亿元，总工期预计36个月。工程建成后，将全面提升湘西州首府吉首市的城市防洪能力和供水保障能力，改善吉首市农业产业灌溉条件和生态环境。

包浍河治理工程涉及安徽省亳州、淮北、宿州、蚌埠等地市，治理范围为包浍河省界—浍河九湾段干流，包括疏浚河道、加固堤防、建设涵闸、兴建防汛道路等建设内容，工程总投资25.57亿元，总工期预计36个月。工程建成后，将进一步完善包浍河流域防洪除涝工程体系，提高包浍河防洪排涝标准等。

（本文刊发于《光明日报》2022年06月11日　第03版）

台风"暹芭"生成　国家防总、水利部启动Ⅳ级应急响应

本报北京 6 月 30 日电（记者姚亚奇、陈晨） 为做好今年第 3 号台风"暹芭"防范应对工作，根据《国家防汛抗旱应急预案》有关规定，国家防总决定于 6 月 30 日 18 时启动防汛防台风Ⅳ级应急响应，并部署重点地区做好台风防御工作。国家防总办公室派出 2 个工作组分别赴广东、广西协助指导防台风工作。依据《水利部水旱灾害防御应急响应工作规程》，水利部 30 日 12 时针对广东、广西、海南等省区启动洪水防御Ⅳ级应急响应，派出 3 个工作组分赴广东、广西、海南，协助指导地方开展台风强降雨防御工作。

6 月 30 日 17 时，今年第 3 号台风"暹芭"位于海南省三沙市西沙永兴岛偏东方向约 320 公里的南海中部海面上，中心附近最大风力 8 级（热带风暴级）。据气象部门预测，"暹芭"将于 7 月 2—3 日在海南岛东部至广东西部一带沿海登陆，强度可达热带风暴级或强热带风暴级。受其影响，预计未来 3 天，我国南海大部、广东沿海、海南岛东部沿海、西沙群岛附近海域将有 6～7 级大风，南海中北部分海域风力可达 8 级，阵风 9～10 级；华南地区有较大风雨，其中广西大部、广东南部沿海、海南岛等地将有大到暴雨，部分地区有大暴雨或特大暴雨。

【民生观察】

防汛，重"大"也要抓"小"

（记者　陈晨） 在与洪水的较量中，人们再次见证了水库等防洪工程的"实力"——日前，在应对珠江流域西江 4 号洪水时，广西大藤峡工程拦洪约 7 亿立方米，有效减轻了梧州和粤港澳大湾区的防洪压力。

近年来，每当大江大河流域有洪水汹涌而来，人们总会看到"素质过硬"的工程体系拆解滔天巨浪。去年汛期，在防御嫩江 1 号洪水过程中，尼尔基水库压减下泄流量拦洪，削峰率达 61.6%；前年 8 月，在应对长江 2020 年第 4 号、5 号复式洪水过程中，三峡及上游水库群拦蓄洪水约 190 亿立方米，避免了荆江分洪区的启用……

全国层面的宏观数据更为直观：去年汛期，3 757 座（次）大中型水库拦洪 1 146 亿立方米，减淹城镇 1 149 个，减淹耕地 1 371 万亩，避免人员转移 721 万；

前年汛期，3 852 座（次）大中型水库拦洪 1 680 亿立方米，减淹城镇 1 310 个、减淹耕地 3 392 万亩、避免人员转移 2 148 万。一座座水库、一道道大坝，如"铜墙铁壁"一般守护着江河安澜，保障着人民群众生命财产安全。

水库调度这张防汛王牌频频"显身手"，体现出近年来我国防洪减灾体系日渐完备、防洪保障能力日渐完善。尤其目前我国大江大河基本建成以堤防、水库、蓄滞洪区等为基础的防洪工程体系，加之监测预警预报等非工程体系，大江大河基本具备防御新中国成立以来最大洪水的能力。

越织越密的洪水防御网让我们在面对洪水时有了更多底气，但并不意味着可以就此高枕无忧了。毕竟，这张网并非"金钟罩""铁布衫"，它还有很多薄弱点。

当大江大河基本具备防御新中国成立以来最大洪水的能力时，很多中小河流堤防建设和治理投入相对不足，防洪标准偏低，很多小河流的行洪道甚至被长期占用，排涝能力不足，一旦出现强降雨将成为重大的安全隐患。一些地处山区的中小河流河道坡降大，水流湍急，也加大了灾害发生的可能性。

当总库容达 8 000 多亿立方米、占全国 9.8 万座水库总库容 92%的大中型水库在防洪、调控河流泥沙等方面不断发挥作用时，9.8 万中的绝大多数、占比达 95%、量大面广的小型水库，普遍存在工程标准偏低、运行管理投入不足、维修养护不到位等问题。尤其我国 9.8 万多座水库中 80%以上修建于 20 世纪 50—70年代，经过几十年的运行，大部分已超过设计使用年限，功能老化现象较为严重，很多小水库"重建轻管""以建代管"现象突出。先天不足加上后天失养，让许多小水库积病成险，成为不容忽视的防洪短板。

洪水不会专挑大江大河"下手"，防汛抗洪，永远不存在抓大放小的选择题，而要务必做好重视"大"、抓好"小"的必答题，既要让"顶天立地"的大工程发挥王牌作用，也要保"铺天盖地"的小河流、小水库不"闯祸"。近年来，我国开展病险水库除险加固、整治小河流河道被占用等问题，取得了一定的积极成效，但仍然任重道远、仍需久久为功。

好在，一些明确的时间节点让我们对未来的防洪体系充满期待：水利部曾表示，今年年底前，完成小型水库除险加固项目遗留问题处理；完成已到安全鉴定期限的水库安全鉴定任务；对"散养"的小型水库实行政府购买服务、"以大带小"等专业化管护模式。除此之外，小河流治理脚步也应加快，把相应的堤坝、防洪标准提上去，把田间地头的小河、小沟、小渠疏通好，给洪水以出路。只有做好防汛无小事的必答题，才能守好人民群众生命财产安全这个天大的事。

（本文刊发于《光明日报》2022 年 07 月 03 日　第 07 版）

水惠中国
SHUI HUI ZHONGGUO

以雨为令，打好防汛"主动仗"

福建水口水电站持续多日开闸泄洪。

（本报记者　陈晨）　预警！预警！日前，南方强降雨不断。6月20日，广东水文局升级发布洪水橙色预警，影响范围包括韶关和清远，彼时的广西也遭受暴雨袭击。20日当天，河池金城江区、南丹县中小学因暴雨停课。21日，江西连发三次洪水红色预警、一次蓝色预警。

升级！升级！6月21日19时，广东省防指将防汛Ⅱ级应急响应提升至Ⅰ级。当天22时，珠江防总、珠江委将防汛Ⅱ级应急响应提升至Ⅰ级。

当北方的人们还在高温中盼着降雨带来一丝凉意时，南方尤其珠江流域已经与洪水展开了多个回合的较量，也将又一年的汛期带入大众视野。还未进入"七下八上"的防汛关键期，暴雨和洪水已密集登场。到目前为止，雨水情有何特点？抵御珠江流域洪水已采取哪些措施？接下来全国汛情如何发展？记者进行了采访。

1. 洪水来势汹汹，汛情为何如此严峻？

"极端暴雨、洪水来势汹汹"，说起最近珠江流域的汛情，水利部珠江委水文局副局长钱燕这样形容。

贵州省黔东南苗族侗族自治州榕江县组织力量积极防汛抗灾。

多个人们不想看到的"第一""最高""最大"印证了钱燕的表述。5月21日至6月20日，珠江流域北江、西江中游累积降水量分别为常年同期的2.3倍、1.8倍，均列1961年有完整资料以来第一位；西江、北江先后出现6次编号洪水，其中西江4次、北江2次，与1994年并列为新中国成立以来第一位；珠江发生2次流域性较大洪水，北江发生特大洪水，英德站洪峰水位35.97米，超过1951年有实测资料以来最高水位1.46米，飞来峡水

在广东韶关市曲江区樟市镇铁厂村，消防救援人员转移被困群众。

库入库洪峰流量 19 900 立方米每秒，为 1915 年后最大。

为何珠江汛情如此严峻？钱燕首先向记者科普了"龙舟水"的概念。"'龙舟水'一般指每年端午节前后，也就是 5 月下旬至 6 月中旬，广东、广西、福建一带出现的持续性大范围强降水。"钱燕介绍，今年珠江流域"龙舟水"比往年更"凶"，为近 15 年以来最强"龙舟水"，原因在于今年南海夏季风爆发较常年同期早了 5 天，南海夏季风爆发后，西南暖湿气流显著增强，同期，北方冷涡活动较为活跃，促使冷空气不断南下，而副热带高压位置偏南偏西且较为稳定，致使冷暖空气在珠江流域上空频繁交汇，形成持续性的强降雨天气。

"冷暖空气在华南至江南南部东部上空持续交绥，导致珠江流域连续出现 7 次强降雨过程，雨区高度重叠，主要集中在西江中游支流柳江、桂江及北江上中游，且暴雨强度大、累积降雨量大，连续引发流域内主要河流频繁出现编号洪水。"水利部信息中心副主任刘志雨告诉记者，受强降雨影响，珠江流域累计有 227 条河流发生超警戒水位以上洪水，其中 11 条河流发生超保证水位洪水、3 条河流发生超历史实测纪录洪水。

西江发生 4 次编号洪水、北江发生 2 次编号洪水，珠江流域频繁出现编号洪水，构成了到目前为止我国汛情的一大特点——主要江河编号洪水偏多，分布集中。截至 6 月 28 日，全国主要江河共发生 8 次编号洪水，列 1998 年有统计以来同期最多，主要集中在珠江流域。

刘志雨分析，汛情还呈现以下特点：入汛时间偏早，较常年早 15 天；降雨总体偏多，入汛以来全国面平均降水量较常年同期多 12%，其中华南东部北部、江南西南部、西南中部、东北中西部等地偏多三至七成；共发生 19 次强降雨过程，比 1998 年以来同期多 6 次。极端暴雨洪水量级大，除了珠江流域的暴雨洪水，江西鄱阳湖水系乐安河上游香屯站和中游虎山站水位、流量分别列 1956 年和 1953 年有实测资料以来第 1 位。江河洪水多发频发，入汛以来 21 个省（自治区、直辖市）有 417 条河流发生超警以上洪水，较 1998 年以来同期均值偏多八成，其中 13 条河流发生有实测资料以来最大洪水。

2. 科学调度水库，"水龙头"何时拧开、开多大？

"收到！" 6 月 21 日 17 时，接到水利部珠江委最新调度指令后，广西大藤峡水利枢纽水调科科长黄光胆立即组织科室人员会商。值班员李颖飞快地敲着键盘，随后，屏幕上出现一组数据。这份根据最新调度指令及当时来水预报情况做出的调度演算结果，包含了水库水位控制、出库流量、闸门抬起高度等信息。在李颖向受影响单位和个人发送经审核的防洪调度报告及泄流预警短信时，值班员谢燕平已填好闸门运行调度通知单，提交审核后随即发出，水库出库流量随之调整。紧张的氛围中，关于水库调度的一切有序展开。

科学调度水库是抵御洪水的重要手段。一座座水库就像江河上自带"水龙头"的"大水缸"，阀门拧得紧一点，下泄流量少一点，缸里存水多一点，就能为下游防洪化解更多压力、争取更多主动权。说来容易，实际调度时，既要提前腾出库容，又要减轻下游压力、保证下游安全，还要确保水库自身安全，"大水缸"预留多少空间合适？"水龙头"何时需要拧开、开多大？这些都需要科学考量。

"要细算水账、精细调度。"水利部水旱灾害防御司副司长王章立介绍，水利部门综合考虑洪水总量、洪峰、过程等要素，聚焦流域防洪控制性断面，精细精准调度水工程，充分发挥水库拦洪、削峰、错峰作用。

记者了解到，针对北江特大洪水的水情、工情、灾情，水利部珠江委及时向广东省水利厅提出北江蓄洪、滞洪、分洪调度建议方案，指导飞来峡水库、潖江蓄滞洪区运用。在应对西江洪水过程中，西江干支流 24 座重点水库发挥作用，上游天生桥一级、龙滩等水库群拦洪 20 亿立方米，支流郁江百色、柳江落久等水库拦洪 9 亿立方米，在建的大藤峡水库提前腾出 7 亿立方米库容，在确保自身安全的前提下精准削峰。水库群联合调度，降低梧州段水位约 1.8 米，保证了西江沿线防洪安全，避免了西江、北江洪水恶劣遭遇。

截至 6 月 28 日，长江、淮河、珠江、松辽、太湖流域调度运用 2 160 座（次）大中型水库拦蓄洪水 537 亿立方米，初步统计减淹城镇 910 个（次）、减淹耕地面积 808 万亩、避免人员转移 506 万。

与洪水过招，除了科学精准调度水工程，预测预报、堤防巡守等手段一个也不能少。

以防御珠江洪水为例，王章立说，水利部及时启动水旱灾害防御应急响应，组织各级水文部门实时分析演算降雨—产流—汇流—演进过程，发布洪水预警 473 次；联合气象局发布山洪灾害气象预警，指导流域内相关省区利用山洪灾害监测预警平台向 25 万名防汛责任人发送预警短信 42.5 万条，向社会公众发送预警短信 1.2 亿条；每天抽查 100 座小型水库"三个责任人"履责情况，对流域内强降雨区覆盖的 660 座病险水库，预警短信直达相关责任人；派出工作组、专家组赴一线督促指导，广东、广西累计巡堤巡坝 51 万人次。

3. 北方或面临大汛考验，存在哪些薄弱环节？

最近几天，"青岛即墨城区短短一小时内降雨量迅速累积至 90 毫米""山东济宁出现特大暴雨""武汉出现今年以来最强降雨"等新闻登上热搜。而此前被暴雨轮番侵袭的珠江流域，目前西江、北江水位已全线退至警戒水位以下。接下来，全国汛情将如何发展？

刘志雨回应，据预测，汛期 7—8 月，我国极端天气事件偏多，区域性洪旱较常年偏重。汛期以北方多雨为主，黄河中下游、海河、淮河、辽河、长江流域汉江等可能发生较大洪水，长江、珠江、松花江、太湖流域可能发生区域性暴雨洪水，上述流域需要重点关注。预测今年海河流域北三河、大清河、子牙河、漳卫南运河均有可能发生较大洪水，防汛形势不容乐观。华中南部、西南东南部、西北西部北部等地可能出现阶段性旱情。

刘志雨提到的海河流域，地处华北平原，山区坡陡、源短流急，洪水呈现洪峰高、洪量集中、陡涨陡落等特点。由于洪水预见期短、突发性强、致灾风险高，防御难度很大。

"我们将强化监测预报预警，滚动分析演算洪水情况，根据洪水演进和水工程蓄泄预演结果，系统考虑上下游、左右岸、干支流，科学调控江河干流重点断面洪水，在重点地区、重要工程预置巡查人员、技术专家、抢险力量，把握洪水防御主动权。"王章立说。

未雨绸缪，方能在洪水到来时抢占先机。早在今年年初，水利部就指导长江、黄河、淮河、海河、珠江、松花江、太湖七大流域防总有针对性地落实本流域水旱灾害防御措施、开展防御实战演练，对水库安全度汛、山洪灾害防御等重点工作进行安排。

尽管防汛这根弦始终绷得很紧，但客观来看，目前防汛仍存在薄弱环节。王章立坦言，主要表现为一些江河缺乏防洪控制性工程，部分河流堤防未达设计标准；病险水库安全度汛压力大，部分中小水库泄洪能力不足；局地短历时极端暴雨预报准确率不高，一些北方河流洪水预报难度大。部分基层干部群众对暴雨洪水的突发性和致灾性认识不足、警惕性不够。

对此，水利部将继续提升水旱灾害防御能力，推进病险水库、淤地坝除险加固，加快小型水库雨水情测报和大坝安全监测设施建设。加快蓄滞洪区布局优化调整和建设，持续开展风险隐患排查整治，确保河道行洪和水库泄洪通道畅通。加强流域水工程联合调度，减轻江河防洪压力。加强堤防巡查防守，发现险情及时有效处置，做到抢早抢小抢住。

此外，中小河流洪水和山洪灾害防御各项措施也备受关注。王章立说，要加强雨水情信息监测，及时向低洼地带和山洪灾害危险区相关防汛责任人和群众发布预警，确保预警信息直达一线、到户到人，及时果断组织危险区人员转移避险，保障人民群众生命安全。

（本文刊发于《光明日报》2022 年 07 月 03 日　第 07 版）

国之重器"牵手"，筑牢国家水网主骨架
——写在引江补汉工程开工建设之际

（本报记者　陈晨、张锐、夏静）　7 月 7 日，湖北省丹江口市，备受瞩目的引江补汉工程拉开建设帷幕。

作为南水北调后续工程首个开工项目，引江补汉工程是全面推进南水北调后续工程高质量发展、加快构建国家水网主骨架和大动脉的重要标志性工程。这一工程将连通南水北调与三峡工程两大"国之重器"。据测算，工程建成后，南水北调中线多年平均北调水量将由 95 亿立方米增加至 115.1 亿立方米。

"大水缸"连通"大水盆"，实现南北两利

2014 年 12 月，南水北调中线一期工程通水，标志着南水北调东、中线一期工程实现全面通水。7 年多来，南水北调东、中线工程累计调水 540 多亿立方米，沿线 40 多座大中城市 280 多个县市区用上南水，受益人口超 1.4 亿。

当北方大地被甘甜的南水润泽时，人们可曾想过这样一个问题：水源地是否有充足的水，能让南水如此源源不断、"不舍昼夜"地北上？专家指出，一旦遭遇汉江特枯年份，丹江口水库来水量少，在不影响汉江中下游基本用水的前提下，难以充分满足向北方调水的需求。

开源，摆上了推进南水北调后续工程高质量发展的重要议事日程。从哪里开源？人们将目光投向了位于长江干流的三峡水库。

如果将多年平均入库水量达 374 亿立方米、总库容 339 亿立方米、调节库

容 190.5 亿立方米的丹江口水库比作汉江流域的"大水盆",那么,多年平均入库水量超 4 000 亿立方米、总库容 450 亿立方米、调节库容 221.5 亿立方米的三峡水库则是长江流域的"大水缸",而且是个水量充沛且稳定的"大水缸"。

"大水缸"与"大水盆"连通,将产生怎样的效果?"通过实施引江补汉工程,连通南水北调与三峡工程两大国之重器,对保障国家水安全、促进经济社会发展、服务构建新发展格局将发挥重要作用。"水利部南水北调司司长李勇指出,实施引江补汉工程,将进一步打通长江向北方输水新通道,为汉江流域和京津冀豫地区提供更好的水源保障,实现南北两利。

在开工现场,中国工程院院士、长江设计集团董事长钮新强表示,引江补汉工程将南水北调工程与三峡工程两大"国之重器"紧密相连,将提高南水北调中线工程供水保证率,缓解汉江流域水资源供需矛盾问题,改善汉江流域区域水资源调配能力减弱和汉江中下游水生态环境问题。

现场实勘周密论证,前期可行性研究力求最优解

开工一项工程,并非易事。地质条件怎么样?哪些难题要突破?工程路线怎么选?都要在前期科学周密论证。具体到引江补汉工程,线路长、埋深大、沿线山高谷深,断层褶皱发育,软质岩及可溶岩广泛分布,地形地质条件十分复杂,岩爆、岩溶、软岩大变形等工程地质问题突出,都是工程开展前期可行性研究过程中面临的现实挑战。

地质勘查、规模论证、线路比选……钮新强带领团队忙碌起来,综合考虑地形地质、取水条件、社会环境等因素,力求找到最优解决方案。

在野外现场,勘查工作紧锣密鼓,尽快将获取的基础成果送达后方,以便迅速开展分析研判。在后方,规划、水工、施工等多领域专业人员加班加点进行工程规模论证、工程布局研究,将需要重点勘查内容及时告知现场作业人员。

山间田野里、茂密丛林间,上千位工程师采用航测、常规钻探、复合定向钻探、大地电磁等手段,对工程区 8 000 多平方公里进行全面"体检",为最大限度避开极易导致隧洞灾害的强岩溶区和规模巨大断裂带,寻找最佳线路打下了坚实基础。

通过技术、经济综合比选,方案定了!引江补汉工程从长江三峡水库库区左岸龙潭溪取水,经湖北省宜昌市、襄阳市和十堰市,输水至丹江口水库大坝下游汉江右岸安乐河口,采用有压单洞自流输水,是我国在建综合难度最大的长距离引调水隧洞工程。

与此同时，水利部规划计划司等部门也细化工程用地预审、项目环评、可研批复、开工时间等项目推进全链条的关键节点，明确责任分工、工作措施和时间表、路线图，实现台账管理，精准推进项目前期工作。"引江补汉工程是深入贯彻落实党中央、国务院决策部署的重要项目。在依法合规的前提下，我们要加强协同，紧盯开工目标不放松，推进工程顺利立项建设。"水利部规划计划司司长张祥伟说。

织密国家水网，助力稳增长促就业惠民生

规划东、中、西线与长江、黄河、淮河、海河连接，共同编织"四横三纵、南北调配、东西互济"大水网的南水北调工程，是国家水网的重要组成部分。但与规划目标相比，目前南水北调仅东、中线一期工程建成运行，需要继续联网补网，进一步提升调配南水水资源的能力。

"引江补汉工程的开工，标志着南水北调后续工程建设拉开序幕，国家水网的主骨架、主动脉将更加坚实、强劲。"张祥伟表示，下一步将深化东线后续工程可研论证，推进西线工程规划，积极配合总体规划修编工作。充分发挥南水北调工程优化水资源配置、保障群众饮水安全、复苏河湖生态环境、畅通南北经济循环的生命线作用。

在织密国家水网的同时，作为一项重大水利工程，引江补汉工程开工建设是今年以来我国水利建设全面提速的一个缩影。据了解，引江补汉工程全长194.8公里，施工总工期9年，静态总投资582.35亿元。重大水利工程具有吸纳投资大、产业链条长、创造就业多的优势，研究表明，重大水利工程每投资1 000亿元，可带动GDP增长0.15个百分点，新增就业岗位49万个。以引江补汉工程为代表的一批重大水利工程近期陆续开工，在提振信心、稳定社会预期和稳增长促就业惠民生方面发挥了积极作用。

随着水利基础设施建设步伐不断加速，一张"系统完备、安全可靠，集约高效、绿色智能，循环通畅、调控有序"的国家水网画卷正徐徐展开。

水利部针对北方五省启动水旱灾害防御IV级应急响应

光明日报北京7月10日电（记者　陈晨）　据预报，7月11—13日，河北、

山西、河南、陕西、甘肃等地将出现强降雨过程，黄河中游干流及支流无定河、汾河、泾河、北洛河、渭河，海河流域大清河、子牙河、漳卫南运河等河流将出现涨水过程，暴雨区部分中小河流可能发生超警洪水。依据《水利部水旱灾害防御应急响应工作规程》，水利部7月10日12时针对河北、山西、河南、陕西、甘肃五省启动洪水防御Ⅳ级应急响应。

与此同时，水利部发出通知，要求相关地区水利部门和水利部黄河、海河水利委员会加强组织领导，密切关注雨水情变化、强化监测预报、会商分析和值班值守，着力强化水库安全度汛和科学调度，切实抓好中小河流洪水和山洪灾害防御、堤防巡查防守等工作，确保人民群众生命财产安全。水利部派出工作组赴河北、山西一线，指导做好暴雨洪水防御工作。

（本文刊发于《光明日报》2022年07月11日　第10版）

黄河下游"十四五"防洪工程开工建设

本报北京7月9日电（记者　陈晨）　记者从水利部获悉，黄河下游"十四五"防洪工程开工动员会9日在黄河郑州段保合寨控导工程举行。

黄河下游"十四五"防洪工程是国务院部署实施的150项重大水利工程之一，也是国务院常务会议确定的今年重点推进的55项重大水利工程之一。工程建设范围为黄河干流河南省洛阳市孟津区白鹤镇至山东省东营市垦利区入海口，治理河道长度878公里，涉及山东、河南两省14个市42个县（区）。主要建设任务是在现有防洪工程基础上，开展控导工程续建，险工和控导工程改建加固，涝河河口堤防、黄河干流河口堤防工程达标建设，堤顶防汛路和险工控导工程管理路改建等。工程总投资31.85亿元，总工期36个月。

黄河下游是举世闻名的"地上悬河"，实施黄河下游"十四五"防洪工程，是全面加强水利基础设施建设的具体体现，是加快构建抵御自然灾害防线、补好防灾基础设施短板的重要内容。工程建成后，将进一步完善黄河下游防洪工程体系，有效改善游荡性河段河势，提高河道排洪输沙能力，对确保堤防不决口、保障黄河长治久安、促进流域区域高质量发展具有重要意义。

新开工重大项目和完成投资均创历史新高

——上半年我国水利工程建设成效显著

（本报记者　陈晨）　黄河下游"十四五"防洪治理工程开工，南水北调后续工程首个开工项目引江补汉工程拉开建设帷幕，浙江开化水库工程导流洞顺利贯通……7月还未过半，水利工程建设已传来诸多好消息。这"停不下来"的建设节奏，映衬出我国水利工程建设蹄疾步稳。

"为充分发挥水利有效投资对拉动经济增长、增加就业岗位、增进民生福祉等方面的重要作用，水利部会同有关部门和地方，加快项目审查审批，着力畅通资金来源渠道，强化工程建设管理，加强督导检查，加快在建工程实施进度，推进新开项目多开早开。"在7月10日水利部召开的新闻发布会上，水利部副部长魏山忠表示，今年上半年，我国水利工程建设取得显著成效，新开工重大水利工程项目和完成投资均创历史新高。

开工建设步伐明显加快

上半年，我国新开工水利项目1.4万个、投资规模6 095亿元，其中，投资规模超1亿元的项目有750个。重大水利工程开工方面，上半年累计开工数量达22项，投资规模1 769亿元，对照年度开工目标，时间过半，任务完成过半。

项目开工明显加快的同时，工程建设也明显提速。"一批重大水利工程实现重要节点目标，完成投资大幅增加，重庆渝西、广东珠三角水资源配置等工程较计划工期提前。农村供水工程建设9 000余处，完成3 700余处，提升了1 688万农村人口供水保障水平。"魏山忠介绍，目前，我国在建水利项目2.88万个，施工吸纳就业人数130万，其中农民工95.7万。

此外，投资强度明显增大。魏山忠透露，在加大政府投入的同时，地方政府债券持续增加，金融支持、水利PPP模式、水利REITs试点"三管"齐下，投资保障力度明显增强。1—6月，全国落实水利建设投资7 480亿元，较去年同期提高49.5%；水利建设投资完成4 449亿元，较去年同期提高59.5%，水利落实投资和完成投资均创历史新高。

与往年相比，今年上半年水利有效投资呈现四方面特点——项目开工为历年最多，目前全国水利工程在建项目达2.88万个，投资规模超1.6万亿元；水利投资完成大幅增长，建设进度不断加快；投融资政策落地见效，水利项目筹资渠道拓宽；吸纳就业人口效果显著，充分发挥稳增长、保就业的重要作用。

资金主要投向三大领域

完成的 4 449 亿元水利建设投资主要投向了哪里？水利部规划计划司司长张祥伟说，从投向来看，流域防洪工程体系、国家水网重大工程、河湖生态修复保护完成投资 4 046 亿元，占全国上半年完成投资的 90.9%。

"具体来讲，一是聚焦保障防洪安全，加快完善流域防洪工程体系，完成投资 1 313 亿元。重点推进西江大藤峡水利枢纽、广东港江蓄滞洪区、四川青峪口水库等重点防洪工程。二是聚焦保障供水安全和粮食安全，实施国家水网重大工程，完成投资 1 898 亿元。重点推进引江济淮、云南滇中引水、珠江三角洲水资源配置、湖南犬木塘水库、贵州凤山水库等重大水资源配置和重点水源工程建设。三是聚焦保障生态安全，复苏河湖生态环境。重点推进永定河、吉林查干湖、福建木兰溪等重要河湖治理和生态修复，以及农村水系综合整治、坡地水土流失治理、地下水超采区综合治理等项目建设，这些项目完成投资 835 亿元。此外，还有其他水利工程完成了 403 亿元。"张祥伟进一步分析。

高质量推进中小河流治理

在水利建设中，中小河流治理等防洪薄弱环节建设是重要内容。截至去年底，我国中小河流累计完成治理河长超 10 万公里，防洪能力得到明显提升，河流沿线的重要城镇、耕地和基础设施得到有效保护，洪涝灾害风险明显降低，中小河流治理取得了阶段性成果。但一些中小河流防洪标准仍然较低，仍是防汛体系的薄弱环节。

水利部水利工程建设司司长王胜万告诉记者，今年，水利部有力有序有效推进中小河流系统治理，补齐防汛薄弱环节短板；坚持以流域为单元，逐流域规划、逐流域治理、逐流域验收，一条河一条河治理，确保"治理一条、见效一条"。

"对今年中小河流治理项目实施台账式管理，落实'周调度'制度，加强组织协调，确保项目顺利推进和建设任务按期完成。"王胜万说，今年中央财政水利发展资金分两批安排 213.4 亿元，下达治理任务 12 013 公里，安排治理河流 1 466 条，涉及项目 1 815 个。截至 6 月 30 日，已开工项目 1 179 个，完成治理河长 3 888 公里，占下达治理任务的 32.4%。今年计划完成 174 条河流整河治理。

（本文刊发于《光明日报》2022 年 07 月 13 日 第 10 版）

做好防汛关键期水旱灾害防御

本报北京7月18日电（记者　陈晨）　水利部18日召开专题会商会，研判"七下八上"防汛关键期洪旱形势，安排部署水旱灾害防御工作。

据预测，"七下八上"期间，松花江流域、淮河流域沂沭泗及山东半岛诸河、黄河支流大汶河、新疆阿克苏河等可能发生较大洪水，黄河中下游、淮河、辽河、海河南系、长江支流汉江和滁河、云南澜沧江等可能发生超警洪水，珠江流域、海河北系及滦河、太湖等可能发生区域性暴雨洪水；江南南部、华南北部、西北大部、西南东北部、新疆等地可能出现阶段性旱情。

水利部要求全力做好各项防御工作，扎实做好预报、预警、预演、预案"四预"工作，全面检查和落实重点流域防洪工程体系（控制性水库、河道及堤防、蓄滞洪区）应对准备工作。同时，要提前做好各类水库防垮坝工作，逐库落实防汛"三个责任人"和"三个关键环节"；提前做好淤地坝防溃坝工作，逐坝落实责任人、抢险措施；提前做好山洪灾害防御工作，强化局地短临降雨预报预警，提前转移危险区群众，做到应撤必撤、应撤尽撤、应撤早撤、应撤快撤；提前做好中小河流洪水防御工作，逐河检查落实各级河长防汛责任，抓紧清除行洪障碍，加强薄弱堤段巡查防守，及时组织群众转移避险；提前做好抗旱工作，确保旱区群众饮水安全，保障在地农作物时令灌溉用水需求。

会议要求，要全链条、全过程紧盯每一场次洪水和每一区域干旱防御工作，及时复盘检视，及时查漏补缺，全面提高水旱灾害防御能力。

千里淮河，入海之路更通畅
——写在淮河入海水道二期工程开工之际

（本报记者　陈晨）　重大水利工程"家族"再添新成员！7月30日，位于江苏淮安、盐城境内的淮河入海水道二期工程开工，工程总投资438亿元，西起洪泽湖二河闸、东至滨海县扁担港，全长162.3公里，建成后将大幅提升淮河入海能力。

起源于河南桐柏山区，逶迤千里、蜿蜒东去的千里淮河，入海之路将更加通畅的同时，也将减轻淮河中游防洪除涝压力，减少洪泽湖周边滞洪区启用，改善苏北灌溉总渠以北地区排涝条件，为今后洪泽湖周边滞洪区调整创造条件，对保障流域经济社会发展具有重大意义。

防洪面临瓶颈，淮河需扩大洪水出路规模

淮河没有入海口吗？为何要建设淮河入海水道二期工程？

要捋清这些问题，就必须顺历史脉络"梳理"这条特殊又复杂的大河。曾经的淮河，原本是条独流入海的河流，滋润良田、泽被两岸。但另一条大河的"纠缠"改写了淮河的面貌——历史上曾多次改道的黄河夺淮入海，将裹挟的大量泥沙沉积在入海口河道，而黄河此后又改道离开淮河，从山东入海。淮河失去了直接的入海河道，只能经洪泽湖注入长江，通过长江入海。

但通过长江入海之路也非一片坦途。由于淮河地处我国南北气候过渡带，降水时空分布不均匀，降水集中在夏季且多暴雨。而淮河干流全长约 1 000 公里，水系庞大，支流众多，但总落差仅约 200 米，加上河道弯曲狭窄，排水不畅，水系汇流至洪泽湖却多无法入海，导致淮河洪涝灾害频发。

鉴于此，自 12 世纪黄河南迁、夺淮入海以来，淮河旱涝灾害日趋频繁，一度被称为"中国最难治理的河流"，也是新中国成立后第一条全面系统治理的大河。

经过 70 多年的治理，淮河流域洪涝灾害防御能力显著增强。其中，淮河入海水道一期工程等项目，把淮河下游的排洪能力由不足 8 000 立方米每秒扩大到 15 270 立方米每秒至 18 270 立方米每秒，洪泽湖及下游防洪保护区达到 100 年一遇的防洪标准。

"但洪水出路规模依然不够，洪泽湖中低水位泄流能力偏小仍是淮河下游防洪面临的主要瓶颈。"水利部规划计划司副司长乔建华告诉记者，由于淮河下游入海通道泄流能力不足，在利用洪泽湖周边滞洪区滞洪的情况下，洪泽湖防洪标准才能达到 100 年一遇，尚达不到国家防洪标准规定的 300 年一遇要求。目前，淮河下游入江、入海的设计泄洪能力要在洪泽湖水位较高时才能达到，洪泽湖中低水位时，入江、入海、入沂的泄流能力较小，洪水出路严重不足。

因此，加快建设淮河入海水道二期工程，扩大淮河下游排洪出路，提高洪泽湖及下游防洪保护区防洪标准，减轻淮河中游防洪除涝压力，显得尤为迫切和必要。乔建华指出，开工建设淮河入海水道二期工程，是实现淮河安澜的重

大举措。

减少滞洪区启用，淮河中游防洪压力将减轻

2003 年，淮河入海水道一期工程建成通水，设计行洪流量 2 270 立方米每秒。"二期工程是在一期工程已确定并形成的河道范围内，通过挖宽挖深泓道、培高加固堤防、扩建控制枢纽，使设计行洪流量扩大到 7 000 立方米每秒。二期工程建成后，将进一步扩大淮河下游洪水出路，提高洪泽湖防洪标准和洪水调蓄能力，加快淮河中游洪水下泄、减轻淮河中游防洪压力。"江苏省水利厅规划计划处处长喻君杰表示。

作为淮河中下游结合部的巨型综合利用平原水库，洪泽湖承泄淮河上中游 15.8 万平方公里面积的洪水。目前，洪泽湖防洪标准为 100 年一遇，如果发生 100 年一遇以上洪水，需要采用非常分洪措施，下游地区将遭受不同程度洪灾。如发生 300 年一遇洪水，洪泽湖最大入湖流量为 25 700 立方米每秒，超过现状总泄流能力的 41%，非常分洪量将达 38.3 亿立方米，苏北灌溉总渠以北、白宝湖、里下河等地区将面临受淹风险，直接经济损失据估算将达 2 700 亿元。

"可以说，如果没有淮河入海水道二期工程，洪泽湖一旦发生 300 年一遇洪水，给下游造成的经济社会损失将是难以承受的。"中水淮河规划设计研究有限公司规划一处副处长何夕龙介绍。

而且，洪泽湖目前的设计防洪标准，要在利用洪泽湖周边滞洪区滞洪的情况下才能达到。淮河入海水道二期工程建成后，不仅能帮助下游地区抵御特大洪水、减少灾害损失，而且将减少洪泽湖周边滞洪区的滞洪概率，可以局部使用或不用滞洪区。

水利部测算显示，淮河入海水道二期工程建成后，一旦发生百年一遇洪水，洪泽湖最高洪水位将比现状降低 0.77 米，洪泽湖周边滞洪区将减少滞洪量 6.6 亿立方米、滞洪面积 440 平方公里，受影响人口也将大为减少。

为提高淮河出海航道等级、增强运力创造条件

除了提高洪泽湖防洪标准、减轻淮河中游防洪压力，淮河入海水道二期工程还能为淮河出海 II 级航道建设创造条件。

据了解，淮河中上游是我国重要矿产资源产地，煤炭、铁矿石、水泥灰岩储量丰富。江苏省沿海中部地区港口未来发展空间较大。从长远发展看，淮河沿线

河南、安徽和江苏三省水运需求具有较大增长空间。

有专家指出，结合入海水道二期工程的建设开通淮河下游段航道，实现与海港的有效衔接，将显著完善和提升淮河流域的航运功能，促进淮河沿线地区统筹协调发展，也可为淮河生态经济带建设提供重要支撑。

目前，从航道等级来看，淮河出海航道在洪泽湖南线段现状基本达Ⅲ级标准；苏北灌溉总渠（高良涧船闸至京杭运河）段现状基本达Ⅲ级标准；京杭运河至六垛段达Ⅴ级标准；通榆运河段为Ⅲ～Ⅳ级航道；灌河段为Ⅲ级及以上航道；淮河入海水道段目前不通航。

"淮河入海水道二期工程项目在江苏、效益在全流域。江苏将坚持流域协同治理，把入海水道二期工程打造成为淮河流域的安全水道、江淮平原的生态绿道、苏北振兴的黄金航道。"江苏省水利厅厅长陈杰表示，淮河入海水道二期工程实施后，河道水域宽阔，水深条件优良，适当浚深，改扩建沿线枢纽和跨河桥梁可满足Ⅱ级航道通航要求，为提高淮河出海航道等级、增加运输能力创造了条件，对促进淮河流域沿线经济社会发展具有重要意义。

链接

"百年一遇"洪水并非每100年出现一次

"百年一遇"洪水是指这一量级的洪水在很长时期内平均每年出现的可能性为1%。而对于具体的100年来说，可能会不止一次出现，也可能一次都不会发生。多少年一遇，在专业上被称为重现期。根据过去实测或调查的数据资料，经过统计分析计算而得出的重现期，在表示洪水出现频率的同时，还可以用来衡量一场洪水的大小。

粤桂滇黔部分中小河流或将超警
水利部门部署防御

本报北京8月4日电 记者陈晨从水利部获悉，8月3日17时，我国南海海面活动的热带扰动加强为热带低压，并于8月4日9时40分前后在广东省惠东县沿海登陆，预计将向西偏北方向移动，强度逐渐减弱。受其影响，8月4日至6日，广东、广西、云南、贵州南部等地部分地区将有大到暴雨，部分中小河流可能发生超警洪水。

水利部4日召开防汛会商会，分析研判华南地区雨情汛情形势，安排部署防御工作，要求滚动监测预报，科学调度水工程，强化水库安全度汛、山洪灾害防御、低洼地区预警转移等措施。水利部向有关省区水利厅"一省一单"发出通知，通报强降雨覆盖县区及水库名单，要求落细落实各项措施，有针对性地做好防范；派出两个工作组分赴广西、广东，督促指导地方做好相关工作。

（本文刊发于《光明日报》2022年08月10日 第09版）

打造绿色发展的水利样本
——定点帮扶助推湖北郧阳乡村振兴纪实

（通讯员 唐蔚巍 丁恩宇 光明日报全媒体记者 陈晨） 湖北省十堰市郧阳区地处鄂西北，清澈的汉江水蜿蜒而过，属南水北调中线工程核心水源区。这里曾是秦巴山集中连片的特困地区，而今行进在荆楚大地，目睹到的是水利定点帮扶书写的精彩华章，感受到的是做好"水文章"、坚持绿色发展为当地百姓带来的福祉。

郧阳美丽五峰乡家园建设。

（杨文华 摄）

产业的蓬勃发展绿了山头，美了乡村，富了农民。千年古城郧阳呈现的壮美画卷，是欠发达鄂西北山区县华丽转身的精彩样本。

水利工程建设全面提速

在郧阳，水利建设如火如荼，近千名建设者昼夜奋战，施工进度全面提速……位于郧阳区北部大柳乡余粮村的左溪寺水库项目，今年5月12日完成了大坝导流洞封堵，这标志着大坝主体工程正式完工。盛夏7月在建设现场，工作人员正头顶烈日进行灌浆流程的施工。据介绍，工程主要由大坝枢纽工程和供输水工程组成，概算总投资2 520.51万元。该工程项目于2020年11月16日正式开工，计划施工工期为18个月。左溪寺水库总库容38.47万立方米，水库建成后将解决大柳乡余粮村和南化塘镇青岩村5 000人的生活用水和下游2 000亩农田灌溉需求，当地百姓的梦想终于化作现实。

神定河流域生态治理。

（杨文华　摄）

在南化塘镇青岩村的建设现场，挖掘机和推土机正在作业，发出阵阵轰鸣声，坡道被修护得整整齐齐。这里正在打造一个景点，呈现的是郧阳区水系连通及水美乡村建设项目推进的一幕。

据了解，郧阳区水系连通及水美乡村建设试点项目于今年6月拉开帷幕，总投资3.49亿元，其中水利项目资金2.39亿元，对滔河、大峡河两大水系11条河流实施整治，项目实施后可大幅改善河流水生态环境状况，治理河道80公里，河道疏浚20.6万立方米，河道护岸整治44.6公里，增加湿地面积86.71万平方米，保护耕地7.6万亩，有效带动周边村落产业发展，受益人口16万，新增年产值约5.6亿元。

水系连通及水美乡村建设试点项目紧紧围绕"望得见山、看得见水、记得住乡愁""彰显自然美、圆梦幸福河""产业兴旺、生态宜居"的美好愿景，以水系为脉络，结合项目区内的旅游品牌、特色资源，按照"一村一品"功能定位，通过水系连通、河道清障、清淤疏浚、岸坡整治、水土保持与水源涵养、防污控污及景观人文等工程措施，创新河道管护等非工程措施，让河"畅"起来，让岸"绿"起来，让生态"美"起来，让村庄"活"起来，同时串联特色产业、美丽乡村、集中居民点，重塑不同风貌、个性鲜明的农村水系，打造项目区内特色乡村品牌，放大项目效益。

"水系连通及水美乡村建设试点工程的实施，将有效治理水污染，推进郧阳打造水源涵养功能区和生态环境支撑区。为长效发挥工程效益，郧阳区将依托河湖长制，实施河长、林长、路长、片长、警长"五长"共治，常态化护水护绿"，

郧阳美丽汉江生态湿地。

（杨文华　摄）

郧阳区水系连通及水美乡村建设现场工作人员兰善平表示，"确保水质安全，助力郧阳更好担当'一江清水永续北送'的政治任务和历史使命。"

烈日下，丹江口库区马场关段库滨带治理一期工程正在热火朝天地进行……

已完成了除险加固的谭家湾水库，不仅提升了颜值，还将更好地发挥防洪、供水和灌溉的作用。"借助水利部定点帮扶的机会，郧阳将以水库为单元，着力把谭家湾水利风景区打造成以水利工程设施为载体，以水资源保护和水文化传播为重点，集水利功能、生态功能、休闲度假、游览观光、水上游乐等综合功能为一体的水利风景区。"项目负责人曹维国介绍。

农村饮水安全实现全覆盖

"过去吃水靠人挑，浇地靠车运，现在好了，拧开水龙头，就有干净的自来水，洗衣做饭、种地养牛完全不愁！"南化塘镇磊石河村村民徐明义笑逐颜开地说。由于石灰岩地质，南化塘镇地区常年缺乏水源涵养，旱季缺水时有发生。郧阳区强力推进农村饮水安全建设，按照"能集中不分散、能延伸不新建、能自流不提水"的思路，以库容7 160万立方米的滔河水库为水源，在水库左岸修建日供水规模达6 000吨的南化水厂，形成了安全稳定的水源保障。先后投入2亿多元，建设集中供水工程537处，建设主管网5 000余公里，纵横交错的自来水管翻山越岭，将清洁卫生的甘泉引入山上人家，惠泽了沿线百姓。目前，全区20个乡镇（场）341个行政村56.41万农村人口已经实现农村饮水安全基本达标，371处易迁安置点全部通水，实现了全区农村饮水安全全覆盖。

为提升规模化供水能力，郧阳区新建子胥水厂、马龙河水厂、高源水厂等骨干水厂，同时落实长效运行管理机制，不断提升供水保障率。规模化水厂的建设，从根本上解决了农村群众的饮水安全问题。

笔者在调研中获悉，采用谭家湾水库作为供水水源，拥有日供水规模20 000吨的子胥水厂不仅可以解决沿途近7万人的饮水安全问题，还可实现产业现代化种植模式，增加香菇产出效益，助力发展特色产业和旅游产业。

"用大管网供应的水源，完全符合国家标准，更加安全可靠、有保障！"子胥水厂厂长石从虎如是说。

在农村饮水安全工程建设中，水利人扎根乡村一线，深入田间地头，访民生、谋发展、解民忧。他们有的翻山越岭寻找水源，有的夜以继日精心设计，有的寒来暑往驻扎工地，架起一座座"连心桥"，织起了一张张"民生网"，把源头活水送到了千家万户，彻底改变了农村群众的生活方式。汩汩清泉流入百姓家，幸福之水滋润着农村群众的心田。

特色产业奏响增收幸福曲

郧阳区坚持用工业化理念发展现代农业，扶持龙头企业带活一方产业，带动农民就业。

朱有福是郧阳区杨溪铺镇青龙泉社区居民，他是从郧阳区大柳乡杠子沟村易地扶贫搬迁来的贫困户。以前，他和大多数当地年轻人一样，一直在外打工谋生。2018年年底，他们一家3口搬进了这个易地扶贫搬迁安置点——香菇小镇产业示范园。

"政府免费提供菌种，还有技术员全程提供技术指导。"朱有福说，入住小镇就分到3个大棚，后来，尝到甜头的他又主动承包了3个大棚。

为了让贫困户"搬得出能致富"，园区管委会采用"公司＋基地＋贫困户"的经营模式，不仅手把手为菇农传授香菇培育技术，还免费提供加工设备保障产品销路。品相好的香菇高达50元一斤，在市场上供不应求。

"成本低，收益见效快，种香菇是个可致富的好门路！"朱有福如今已是半个香菇种植行家。他说，香菇一年产4茬，培育过程也省时省力。

像朱有福一样被带动成长起来的香菇种植能手数不胜数。在郧阳，立足群众传统种植基础，顺势而为发展香菇产业，现有香菇上下游企业16家，发展香菇

郧阳区香菇特色小镇种植现场。

（丁恩宇　摄）

郧阳区香菇特色小镇生产企业。

（丁恩宇　摄）

5 000万棒，2021年实现产值20亿元，出口4.1亿元，带动1.5万户种植，户均增收3万元，为群众撑起"致富伞"。

为提升产业链，郧阳坚持以工业化理念发展香菇产业，按照区建产业园、镇建车间、户建作坊的模式，在谭家湾镇建设食用菌循环经济扶贫产业示范园，在青龙泉社区建设香菇产业种植基地1 200亩，在19个乡镇建设自动化香菇制棒车间24个、各类菇棚4.9万个，形成集研发、种植、加工、销售于一体的香菇产业链条。

靠品牌化运作，连续四年举办香菇节，郧阳香菇被国家食用菌协会授予"中国好香菇"称号。

在湖北棉伙棉伴智能纺织科技有限公司，令人强烈感受到郧阳发展袜业的宏大手笔——在4万平方米的厂区，一个个偌大的车间里，一排排智能化织袜机有序作业，编织出一双双款式新颖的袜子。这里的袜子年产量达1亿双，可带动3 000人就业！

已经在厂里工作了3个多月的女工卞静丽是杨溪铺镇青龙泉社区居民，她坦言："我原来只是在家带小孩，现在上班离家近，挣钱顾家都不耽误。我一人管着35台机器，月收入有6 000多元，很有成就感呢！"

带给卞静丽的生活巨大变化的湖北棉伙棉伴智能纺织科技有限公司是郧阳近年引进的袜业企业之一。据介绍，郧阳先后引进上海东北亚新等26家袜业企业落户，日产袜子120万双，年产值可达20亿元，成为中部地区最大的袜业生产基地。贫困户既可通过进厂务工获取工资性收入，又可通过项目承包、承接代工等形

郧阳区袜业企业生产车间现场。

（丁恩宇　摄）

式参与袜业生产获取收益，妇女、老人、体弱多病或残疾贫困户都可以参与袜业后道工序生产。

"经过反复考察，我们认为郧阳区的地理气候条件适宜种植油橄榄。"湖北鑫榄源油橄榄科技有限公司董事长朱瑾艳说。公司通过自主研发和校企合作，将油橄榄加工产业链拉长，不仅可以生产橄榄油，还形成了多种深加工产品。短短4年间，鑫榄源以"企业＋基地＋合作社＋农户"的形式，带动农民种植油橄榄3万多亩，近200个农户从事油橄榄种植，每人每年增收约3万元。

郧阳南化小流域治理罗堰村。

（杨文华　摄）

在罗堰村，养殖户曹立平家新盖的二层楼房正在封顶，人逢这样的喜事令曹立平感念不已："没有水利帮扶项目，就没有我今天的好生活！"曹立平原来的牛舍建在山下的公路边，不符合环保和安全的要求。2019年水利部的帮扶资金帮他建成了新牛舍，并对牛舍进行了升级改造。现在他养了60多头

牛，一年出栏近50头，一年的毛收入有100万元左右。曹立平家养的牛品质有保障，加上驻村干部帮助他推销商品信息，他家的牛肉大受欢迎，形成外地人开着车子进村来买的局面。

夏日里，青山镇的漫山茶园尽收眼底。茶树一垄连着一垄，层层叠叠，高低错落，浓淡相宜的绿色令人赏心悦目。在郧阳，串连起来的不仅仅是一处处茶山茶景，更刷新了当地的"产业绿"。

在定点帮扶过程中，水利部坚持扶贫与扶智相结合，贫困户产业帮扶、贫困户技能培训、贫困学生勤工俭学帮扶、专业技术人才培训、贫困村党建促脱贫帮扶等"八大工程"精准发力，切实提升人力资本变"输血"为"造血"，激发贫困户群众脱贫的积极性、主动性、创造性，为郧阳区发展注入新活力。

水利部定点帮扶郧阳区期间，始终把产业帮扶作为重点项目推进，建立逐年增长的投入机制，支持郧阳"1+2+N"（一个劳务经济＋香菇袜业两个主导产业＋N个发展项目）扶贫产业体系建设，让贫困群众挑上"金扁担"。

"一棒接着一棒跑，要接续发力，不改变贫困决不收兵"，这是水利系统8位基层挂职干部在郧阳脱贫攻坚和乡村振兴的"接力赛"。8年来，一批批水利项目、产业帮扶项目落地生根，一件件富民、惠民实事相继落实，一个个村庄告

别贫困走向富裕，实现脱贫摘帽的郧阳大地有了更多水利印记。肖军、韩黎明、曹纪文、陈伟畅、韩小虎、朱东恺、尚达、郭威，这些先后在郧阳工作的水利挂职干部以他们的实干、奉献和智慧赢得了群众的口碑。

郧阳美丽柳陂湖景观桥。

（杨文华　摄）

这是一片充满希望的山川，也是一块大有作为的乐土。

如今，山清水秀，产业兴旺，村貌整洁，乡风文明……这一幅幅迷人的画面铺展的是郧阳坚持绿色发展、巩固脱贫攻坚、实施乡村振兴战略的长卷。水利定点帮扶助发展，笃行不怠奋进谱新章，强水利兴产业惠民生，收获春华秋实，郧阳明天会更好！

完成农村供水工程建设投资 466 亿元
农村水利建设再提速

（记者　陈晨）　今年以来，我国水利建设按下"快进键"，水利投资持续扩大。"截至 7 月底，全国新开工重大水利工程 25 项，南水北调中线引江补汉工程、淮河入海水道二期工程等标志性重大水利工程相继开工建设；在建水利项目达 3.18 万个，投资规模 1.7 万亿元；完成水利建设投资 5 675 亿元，较去年同期增加 71.4%；水利工程施工吸纳就业人数 161 万，其中农民工 123.3 万，为稳投资、促就业做出积极贡献。"8 月 10 日，水利部副部长刘伟平在水利部举行的新闻发布会上表示。

水利是农业的命脉，农村水利是水利基础设施建设的重点领域。今年以来，农村供水工程、大中型灌区建设和现代化改造等农村水利建设足音铿锵。"截至 7 月底，各地完成农村供水工程建设投资 466 亿元，是去年同期的 2 倍多；大中型灌区建设改造完成投资 178 亿元，国务院明确今年重点推进的 6 处新建大型灌区已开工 3 处，大中型灌区建设、改造项目开工 455 处。农村供水工程及大中型灌区建设和改造吸纳农村劳动力就业 35.9 万人，在保障粮食安全、提升农村供水保障水平、促进农民工就业方面发挥了重要作用。"刘伟平说。

推动灌区高质量发展

今年的中央一号文件提出，加大大中型灌区续建配套与改造力度，在水土资源条件适宜地区规划新建一批现代化灌区，优先将大中型灌区建成高标准农田。

刘伟平介绍，我国农田有效灌溉面积占全国耕地面积的 54%，生产了全国总量 75% 以上的粮食和 90% 以上的经济作物，特别是大中型灌区，旱能灌、涝能排，最大程度保证了粮食稳产。为推动灌区高质量发展，水利部主要采取了 4 项措施。

扩大灌区面积——"十四五"期间规划新建 30 处现代化大型灌区，可增加有效灌溉面积 1 500 万亩，改善灌溉面积 980 万亩。目前，已开工建设 27 处大型灌区。

提升灌区质量——加快推进现有大中型灌区改造，2021 年以来，已安排中央投资对 101 处大型灌区和 485 处中型灌区实施现代化改造，并选择安徽淠史杭、内蒙古河套等大中型灌区开展数字灌区先行先试，全面提升灌区管理水平。推动优先将大中型灌区建成高标准农田，形成从水源到田间的灌排工程体系，真正实现旱涝保收、高产稳产。

保障农业供水——实施国家水网重大工程，推动区域水网和省、市、县水网建设，打通水网"最后一公里"，保障农业供水、保障灌区供水，为粮食稳产增产提供水资源保障。

提高用水效率——提高水资源集约节约利用水平，加强农业用水管理，深入推进农业水价综合改革，促进农业节水和工程良性运行。

除了保障国家粮食安全，大中型灌区建设改造项目点多面广、产业链条长，对经济拉动作用明显，还可以让农村居民在家门口实现就业。"我们实行清单管理，细化分解建设任务；强化调度协商，推动堵点问题解决；加大督办力度，保证工程进度和质量；积极落实建设资金，保障工程建设需求。"水利部农村水利水电司司长陈明忠透露，通过采取这些措施，今年大中型灌区新建和改造项目投资规模达 388 亿元，安排投资的 529 处灌区项目已开工 455 处，完成投资 178 亿元。

加快建设农村供水工程

农村供水安全事关亿万百姓福祉。陈明忠表示，在推进农村供水工程建设方面，水利部指导督促地方强化政府和市场作用，多渠道筹集建设资金。强化农村自来水普及率、规模化供水工程覆盖农村人口比例等目标指标约束，系统谋划供水工程建设。强化政银企对接，广开资金渠道，创新投融资机制。全面推进水价改革，农村集中供水工程全面收缴水费，并对特殊地区、特殊人群建立政府补助机制。

记者了解到，今年 1—7 月，各地共落实农村供水工程建设投资 743 亿元，其中地方政府专项债券占 40%，银行贷款占 23%，财政资金占 20%，社会资本和其他资金占 17%，这一投资结构明显比往年优化，更加合理。资金较好保障了农村供水工程建设需求。

谈及农村供水工程建设取得的成效，陈明忠告诉记者，一是农村供水脱贫攻坚成果得到进一步巩固。累计排查解决 160.7 万农村人口饮水不稳定问题，坚决守住农村饮水安全底线。二是农村供水工程建设进展加快，水平不断提升。已开工农村供水工程 10 905 处，完成投资 466 亿元，提升了 2 531 万农村人口供水保障水平，其中规模化供水工程开工 1 898 处，受益人口达 1 861 万。三是农村供水工程维修养护持续强化。会同财政部下达 2022 年度农村供水工程维修养护中央补助资金 30.7 亿元，各地共落实 43 亿元，累计维修养护农村供水工程 6.7 万处，服务人口 1.3 亿。

积极应对洪旱灾害保供水

洪涝和干旱都会对农村供水工程和大中型灌区造成影响——洪涝会导致水利工程出现水毁损失，如果灌区排水不畅，还会造成农田受淹；干旱则直接威胁供水安全。进入 7 月，我国总体呈现南北涝、中部旱的旱涝并存状况。

刘伟平指出，截至目前，全国耕地受旱面积 1 319 万亩，有 36 万人和 85 万头大牲畜因旱供水受到影响。受洪涝灾害影响，辽宁等地农村供水工程和灌溉工程遭受水毁，影响供水人口约 6 万。

对此，水利部锚定"人员不伤亡、水库不垮坝、重要堤防不决口、重要基础设施不受冲击"和保障城乡供水安全的目标安排部署水旱灾害防御，指导地方有针对性地做好农村居民饮水和灌区供水保障工作。

"我们督促有关省份全面落实农村供水保障地方人民政府主体责任、水行政主管部门行业监管责任、供水单位运行管理责任等'三个责任'。指导有关省份在保障防洪安全的前提下统筹防汛抗旱，科学调度水工程。优化农村农业水源调配、采取蓄、引、提、调等综合措施，尽可能增加抗旱水源。组织灌区对苗情、墒情、用水需求等开展调研，及时调整供用水计划，加强工程维修养护和灌溉巡查，全力保障农村供水和农业灌溉用水。指导各地在县级和千吨万人水厂供水已有的应急预案基础上，对以山泉、溪沟、塘坝、浅井等为供水水源的小型供水工程，编制应急供水预案，提出应对措施，加强应急演练。指导受水旱灾害影响的地区全面摸排农村供水和灌溉工程受损状况，受旱情影响的地区因地制宜采取延伸管网、开辟新水源、分时供水、拉水送水等举措，确保农村居民饮水安全，保障规模化养殖牲畜基本饮水需求，加强灌区及农村供水安全保障。对水毁工程全力组织抢修，尽快恢复农村居民和农业灌溉供水。"刘伟平强调，水利部将继续做好水旱灾害防御工作，保障防洪安全和供水安全。

（本文刊发于《光明日报》2022 年 08 月 11 日　第 11 版）

塔里木河发生超警洪水
水利部门全力防范应对

本报北京 8 月 13 日电　记者陈晨 12 日从水利部获悉，8 月 9—11 日，新疆维吾尔自治区西部普降小到中雨，最大点雨量巴音郭楞自治州巴音布鲁克 43 毫米。受降雨及高温融雪影响，塔里木河干流及其支流叶尔羌河、阿克苏河、渭干河等 21 条河流发生超警戒流量以上洪水，其中喀什噶尔河支流艾格孜亚河、渭干河支流木扎提河超过保证流量。12 日 12 时，塔里木河干流阿拉尔河段、英巴扎至乌斯满河段仍超警戒流量。

水利部密切关注新疆雨情水情汛情，滚动会商研判，向自治区水利厅发出关于做好强降雨防范工作的通知，联合中国气象局发布山洪灾害气象预警，提醒做好防御工作。截至记者发稿，新疆维吾尔自治区水利厅启动洪水防御Ⅳ级应急响应，指导督导有关地方切实做好洪水防范应对，并兼顾洪水资源利用；向影响区内的各级责任人发出预警提醒短信 4 400 余条，向危险区群众靶向发送防范提醒信息 400 余万条；科学调度水工程，充分发挥控制性水利工程的防洪调洪作用，骨干水库削峰率达 37.5% ～ 57.1%，最大限度减轻下游防洪压力。塔里木河沿线各市州共投入抢险机械 28 560 台时、人工 70 774 人次、土石方 95 万立方米等，完成维修、加固、抢护险工险段 113 处、175.77 公里，保障河道堤防和群众生命财产安全。新疆生产建设兵团部署防汛关键期水旱灾害防御工作，兵团水利局先后派出多个工作组赴现场开展督导检查，扎实做好各项防御工作。

（本文刊发于《光明日报》2022 年 08 月 14 日　第 03 版）

主汛期尚未结束，长江流域出现严重旱情
——如何打好抗旱减灾这场硬仗

（记者　陈晨）　罕见！受持续高温天气影响，主汛期还未结束，长江流域就已出现旱情，洞庭湖、鄱阳湖提前进入枯水期。截至 8 月 17 日 8 时，鄱阳湖标志性水文站星子站水位为 10.29 米，较多年同期偏低 6.37 米。湖区通江水体面积 803 平方公里，较去年同期减少 2 097 平方公里。

严峻！长江流域旱情发展迅速，截至 8 月 17 日，四川、重庆、湖北、湖南、江西、安徽 6 省（市）耕地受旱面积 1 232 万亩，83 万人、16 万头大牲畜供水受到影响。

长江流域旱情呈现怎样的特点？此次干旱的原因是什么？未来，长江流域旱情走势如何？怎么打好抗旱减灾这场硬仗？

降水历史同期最少
旱情可能进一步发展

谈及此次旱情的特点，水利部信息中心副主任刘志雨告诉记者，一是降水历史同期最少，高温少雨日数多。7 月以来，长江流域降水较常年同期偏少四五成，为 1961 年以来历史同期最少。流域大部分地区高温日数超过 20 天，中下游地区超过 30 天，其中湖南局地连续少雨日超过 40 天。二是江河来水明显偏少，水位持续走低。7 月以来，长江干支流来水量较常年同期偏少二至八成，上中游来水量为 1949 年以来同期最少，长江三峡、汉江丹江口重点水库来水分别偏少四成多、近七成。洞庭湖、鄱阳湖相继于 8 月 4 日、6 日低于枯水位，分别为 1971 年、1951 年以来最早。当前，长江干流及洞庭湖和鄱阳湖水面面积较 6 月缩小 3/4。

长江流域大部分地域位于南方，水资源相对比较丰沛，降雨主要集中在汛期，即 4—9 月。为何会出现严重干旱？刘志雨分析，通常情况下，7—8 月长江上游位于西太平洋副热带高压西侧，为多雨区；而长江中下游受副热带高压控制不利

于降雨，易发生夏伏旱。在全球气候变暖背景下，受持续拉尼娜事件影响，今年7月以来，西太平洋副热带高压面积偏大、强度偏强，位置偏西偏北，受副热带高压下沉气流控制，长江全流域持续高温少雨，流域内主要河湖来水明显偏少，出现多年同期少见的干旱形势。

长江流域的旱情是否会持续？刘志雨回应，预计8月底前，长江流域降水、来水总体仍将偏少，展望9月，中下游大部地区降水来水仍可能继续偏少，安徽、湖北、湖南、江西等地干旱情势可能进一步发展，长江上游水库群蓄水形势严峻。

水库联合调度向旱区补水
保障供水和灌溉用水

面对严峻的旱情形势，8月以来，水利部门已调度长江流域控制性水库群向中下游地区补水53亿立方米。

"当前长江流域水稻等秋粮作物正处于灌溉需水关键期，为遏制长江中下游干流水位快速下降趋势，确保沿线灌区和城镇取水，水利部决定实施'长江流域水库群抗旱保供水联合调度专项行动'，自8月16日12时起，调度以三峡水库为核心的长江上游梯级水库群、洞庭湖湘资沅澧'四水'水库群、鄱阳湖赣抚信饶修'五河'水库群加大出库流量为下游补水，计划补水14.8亿立方米。"水利部副部长刘伟平表示。

补水，首先得有水。水利部长江水利委员会副主任吴道喜介绍，长江委于7月中下旬调度三峡水库适当抬高运行水位至150米左右，增加可用水量近23亿立方米，有效保障了长江中下游抗旱和电网迎峰度夏电力保供的用水需求。长江流域水库群抗旱保供水联合调度专项行动启动后，据初步测算，预计8月16—21日期间，长江上游水库群将向下游补水8.3亿立方米。通过补水调度，可使长江中下游沙市、城陵矶、汉口、湖口站较不补水情况下抬高0.4～0.1米。

6月下旬开始，江西省水利厅指导水库增加蓄水，至7月中旬，全省水库总蓄水量较多年同期偏多7%。"根据旱情发展态势，峡江水库、廖坊水库于8月9日提前近两个月进入非汛期管理，增蓄水量6 500万立方米。"江西省水利厅厅长王纯透露，同时，因地制宜增加水源，7月以来，指导南昌、九江、上饶、景德镇等地利用外江外湖水位偏高的有利条件，引、提水1.5亿立方米，保障灌溉面积92万亩。此外，还对有关水库进行精细调度，保障灌溉用水需求。

湖南则在5月印发专项行动方案，对防旱抗旱进行全面安排，汛前超额完成灌区、渠道改造，农村供水工程新修维护等任务，新增供水能力1.86亿立方米。"我们优化调度，坚持提前蓄、联合调、及时补，雨季结束前各类水利工程蓄水386.6亿立方米，较多年同期多8%；干旱发生后，联合调度各类大中型水库，为70多座城镇、40多处大中型灌区累计补水16.78亿立方米，保障了近2000万人、900多万亩农作物用水需求。"湖南省水利厅厅长罗毅君说。

水调到旱区实属不易，旱区更要用好这些水。水利部指导督促地方抓住上游补水有利时机，精准对接每一个灌区、每一个城乡供水取水口，多引、多提、多调，精打细算用好每一方水，为秋粮丰收和城乡供水提供水源保障。

通过实施这些措施，守住了农村饮水安全底线。水利部农村水利水电司司长陈明忠介绍，对于目前因旱临时饮水困难的30.9万人，通过延伸管网及新开辟水源较好保障了4.7万人的供水需求，通过拉水送水为19.9万人提供了饮用水，通过分时供水等措施基本满足了6.3万人饮水需求。经过积极应对，6省（市）2500多处大中型灌区已灌溉农田1亿多亩，基本保障农作物时令灌溉用水需求，有效控制农作物受灾面积，为全面夺取秋粮丰收奠定了坚实的水利基础。

立足抗长旱精准施策
严防旱涝急转

如果旱情真的如当前预报所言进一步发展的话，旱区供水安全怎么保证？水利部水旱灾害防御司督察专员顾斌杰表示，水利部将立足抗长旱、抗大旱，按照"预"字当先、"实"字托底的总要求，继续以"确保旱区群众饮水安全、保障大牲畜饮水、保障秋粮作物灌溉用水"为目标，精准施策，编制保供水、保秋粮生产用水兜底方案。

具体体现为，优化和规范用水秩序——正确处理上下游、左右岸、当前与未来一段时间用水、生活与生产用水的关系，保障群众饮水安全、大牲畜饮水和秋粮作物灌溉用水需求。精准调度水利工程——立足后期持续无有效降雨的最不利情况，制订流域、区域水工程调度计划，并精准实施；精细做好水库群调度与取用水户衔接，精打细算用好每一方水，千方百计满足群众饮水和秋粮作物灌溉用水需求。加快抗旱应急水源工程建设——根据各地实际情况，尽快实施库库连通、库厂连通等工程，提高当地水资源利用率；有条件的地区，加快实施原水互济、清水互补工程和跨县区调水工程；山丘区要截潜流、引溪流，充分挖掘现有水源潜力。用好节水、调水、限水、送水、拉水等抗旱综合配套措施，提高抗旱能力。

组织旱区水利系统干部和技术人员深入一线，包工程、包片区，全力做好技术服务和协调指导度汛、中小河流洪水和山洪灾害防御等重点工作。

当前，我国仍处于汛期，在做好抗旱工作的同时，还要时刻绷紧防汛这根弦，严防旱涝急转。"我们将始终保持防汛关键期的精神状态和工作机制，密切监视雨情、水情、台风，强化预报、预警、预演、预案措施，加强 24 小时值班值守和会商研判部署，滚动预测预报，科学调度水工程有效防御江河洪水，突出抓好中小水库和淤地坝安全度汛、中小河流洪水和山洪灾害防御等重点工作，全力保障人民群众生命财产安全。"顾斌杰说。

（本文刊发于《光明日报》2022 年 08 月 19 日　第 10 版）

广西玉林龙云灌区工程开工建设
将解决 54 万亩耕地灌溉问题

本报北京 8 月 16 日电　记者陈晨从水利部获悉，广西玉林龙云灌区工程 16 日开工建设。该工程是国务院部署实施的 150 项重大水利工程之一，也是国务院常务会议确定的今年重点推进开工建设的 6 大灌区之一。

广西龙云灌区总投资 52.78 亿元，总工期 54 个月，主要解决灌区农业灌溉、城乡生活及工业园区供水问题，并为改善区域水生态环境创造条件。工程主要建设内容为新建蟠龙、中甘岭、云良等 3 座水库；新建引水渠 11.94 公里，新建 4 条输水干管（渠）34.53 公里、新建 29 条支管（渠）34.05 公里，新建泵站 26 座，对现有灌区的骨干渠系进行续建配套和节水改造等。

玉林市是海峡两岸农业合作试验区。工程建成后，可改善玉林市周边地区农业灌溉条件，预计可新增灌溉面积 21 万亩，恢复灌溉面积 8.8 万亩，改善灌溉面积 24.2 万亩；可向周边工业园区及铜石岭旅游度假区、高铁新城等区域供水。工程的实施，将为强化项目区粮食生产安全和城乡生活及工业用水保障、改善南流江水生态环境、发展热带特色农业和推动当地乡村振兴创造积极条件。

南水北调东、中线一期全部设计单元工程通过完工验收

本报北京 8 月 27 日电（记者　陈晨）　近日，南水北调中线穿黄工程通过水利部主持的设计单元完工验收。至此，南水北调东、中线一期工程全线 155 个设计单元工程全部通过水利部完工验收，其中东线一期工程 68 个，中线一期工程 87 个。这是南水北调东、中线一期工程继全线建成通水以来的又一个重大节点，标志着工程全线转入正式运行阶段，为完善工程建设程序，规范工程运行管理，顺利推进南水北调东、中线一期工程竣工验收及后续工程高质量发展奠定了基础。

南水北调东、中线一期工程建设规模大、时间跨度长、涉及行业地域多，为保证工程验收质量，在南水北调一期工程全面开工初期，国务院原南水北调工程建设委员会就明确了验收相关程序和要求，2006 年国务院原南水北调办制订了《南水北调工程验收管理规定》，明确南水北调一期工程竣工验收前，要对 155 个设计单元工程分别进行完工验收。设计单元完工验收前还需完成项目法人验收、通水阶段验收，环境保护、水土保持、征迁及移民安置、消防、工程档案等专项验收，以及完工财务决算。

2002 年 12 月，南水北调工程开工建设。2014 年 12 月，东、中线一期工程全线通水。通水以来工程运行安全平稳，水质持续达标，工程投资受控，累计调水超过 560 亿立方米，受益人口超过 1.5 亿，发挥了显著的经济、社会和生态效益。

环北部湾广东水资源配置工程正式开工

本报北京 8 月 31 日电　记者陈晨从水利部获悉，环北部湾广东水资源配置工程（简称"环北工程"）31 日正式开工，标志着这项广东省历史上引水流量最大、输水线路最长、建设条件最复杂、总投资最高的跨流域引调水工程进入实施阶段。

这一工程由水源工程、输水干线工程、输水分干线工程等组成，输水线路总长约 499.9 公里。工程从云浮市西江干流地心村河段取水，通过泵站加压提水，

穿过云开大山，调水至雷州半岛，供水范围包括云浮、茂名、阳江、湛江 4 市，覆盖人口 1 800 多万。

"环北工程建成后，可长远解决粤西地区水资源承载能力与经济发展布局不匹配问题，大幅提高区域供水安全保障能力。"水利部规划计划司副司长乔建华介绍，该工程是国务院确定的今年加快推进的 55 项重大水利工程之一，也是国家水网的重要组成部分。

据介绍，环北工程主要为城乡生活和工业生产供水，兼顾农业灌溉，并为改善水生态环境创造条件。"工程建成后，受水区增供水量 20.79 亿立方米，其中，城乡生活和工业供水 14.38 亿立方米，农业灌溉供水 6.41 亿立方米。"水利部珠江水利委员会副主任易越涛介绍。

（本文刊发于《光明日报》2022 年 09 月 01 日　第 10 版）

长江流域部分地区旱情缓解
后期抗旱形势依然严峻

本报北京 8 月 30 日电　记者陈晨从水利部获悉，今年 7 月以来，长江流域持续高温少雨，江河来水偏少、水位持续走低，旱情发展十分迅速。8 月 26—30 日，西南、黄淮、江淮等地出现降雨过程，河南、四川、湖北、陕西、江苏、安徽等省旱情有所缓解。

据预测，9 月长江上游降水量较常年同期总体偏多一成，对旱情缓解较为有利，但部分重旱区旱情仍可能持续；长江中下游及洞庭湖、鄱阳湖地区降雨量较常年同期偏少二至五成，长江中下游干流及两湖水系江河来水偏少、水位继续走低，旱情可能进一步发展，抗旱形势依然严峻。

水利部将立足抗大旱、抗长旱，密切监视长江流域雨情、水情、旱情，强化旱情形势分析研判；根据城乡供水和农业灌溉用水需求，精准调度水利工程蓄水补水；指导旱区完善抗旱预案和用水计划，精打细算用好每一方水；指导旱区用好中央水利救灾资金，加快抗旱应急水源工程建设和提运水设备购置等工作，提升抗旱供水保障能力。同时，针对近期长江上游金沙江、大渡河、渠江、汉江等流域的局地强降雨，指导相关地区严密防范旱涝急转，加强中小河流洪水和山洪灾害防御工作，确保人民群众生命安全。

全国在建水利工程投资总规模超 1.8 万亿元

（记者 陈晨） "在 1—7 月水利建设取得明显进展的基础上，8 月以来，水利部持续加强水利基础设施建设，积极释放水利建设拉动经济的效能。"水利部副部长刘伟平表示，截至 8 月底，全国新开工水利项目 1.9 万个，较 7 月底增加 3 412 个；在建水利工程投资总规模超过 1.8 万亿元，创历史新高，其中 8 月增加 1 730 亿元。

1—8 月，全国落实水利建设投资 9 776 亿元，为历史同期最高，较去年同期增加 3 296 亿元、同比增长 50.9%。全国完成水利建设投资达 7 036 亿元，为历史同期最高，同比增长 63.9%。

两个"历史同期最高"诠释了投资完成进度，与此同时，工程建设也按下快进键。"新开工重大水利工程从数量上来讲在历史同期是最多的，主要集中在防洪、水资源配置、灌溉和水生态治理方面。"水利部规划计划司二级巡视员张世伟告诉记者，目前，安徽引江济淮主体工程已完成近九成，年内有望试通航、试通水，发挥效益；滇中引水工程完成投资、建设进度双过半。

具体到更多重大水利工程，记者了解到，珠三角水资源配置工程全线 154 公里输水隧洞已完成掘进 150 公里，预计今年 10 月能全面盾构贯通，2023 年底有望建成通水；河南体量最大的在建水利工程引江济淮工程（河南段）正进行堤顶道路铺设和泵站设备安装调试。"陕西引汉济渭工程是陕西历史上规模最大、影响深远的跨流域水资源配置工程，由黄金峡水利枢纽、三河口水利枢纽和秦岭输水隧洞三大部分组成，其中秦岭输水隧洞 98 公里全线贯通；三河口水利枢纽已全面完工，实现蓄水并网发电；黄金峡水利枢纽大坝浇筑到顶，计划年内实现下闸蓄水。"水利部水利工程建设司司长王胜万透露。

在建水利工程中，除了重大水利工程，中小型水利工程也占有相当比例。在确保工程质量安全的前提下，水利部全力推进项目建设进度。各地农村供水工程已开工建设或改造工程 13 804 处，完工 8 173 处，完工率近六成，累计提升 3 398 万农村人口供水保障水平。中小河流治理项目已开工 1 576 个，完成治理河长 6 846 公里。水土保持项目完成投资 37.77 亿元，治理水土流失面积 7 085 平方公里。

张世伟表示，9 月底前将再新开工一批重大水利工程，如黑龙江的林海水库、湖南的洞庭湖重点堤防整治、鄂北地区水资源配置二期工程、安徽巢湖流域水生态治理工程等。

水利工程点多、面广、量大，产业链条长，大规模水利建设为稳增长、稳就业发挥了重要作用。据统计，1—8月，水利建设累计吸纳就业人数191万，其中农村劳动力153万人，较7月末新增就业30万人。目前，全国在建水利工程达3万多个，今年以来累计完成投资7 000多亿元，为稳住宏观经济大盘做出了重要贡献。

张世伟认为，从长远看，水利工程也能为防洪安全、供水安全、粮食安全、生态安全等提供有力支撑。

刘伟平表示，加强水利基础设施建设，重点是四个领域。一是完善流域防洪工程体系，进一步优化流域防洪工程的布局。通过加强河道及堤防、调蓄水库和蓄滞洪区建设，提高河道的行洪泄洪能力，增强洪水调蓄能力，确保分蓄洪区分蓄洪功能。二是实施国家水网重大工程，以大江大河大湖自然水系、重大引调水工程和骨干输配水通道为纲，以区域河湖水系连通工程和供水渠道为目，以控制性调蓄工程为结，解决水资源时空分布不均的问题。三是复苏河湖生态环境，加强河湖生态保护治理，加强地下水超采综合治理，科学推进水土流失综合治理，让河流恢复生命、流域重现生机。四是推进智慧水利建设，以数字化、网络化、智能化为主线，建设数字孪生流域、数字孪生水网和数字孪生水利工程。

（本文刊发于《光明日报》2022年09月16日　第11版）

大藤峡水利枢纽工程通过正常蓄水位验收

本报北京9月28日电　记者陈晨从水利部获悉，28日，大藤峡水利枢纽工程顺利通过水利部主持的二期蓄水（61米高程）验收，标志着工程将可蓄水至61米正常蓄水位，全面发挥综合效益。

大藤峡水利枢纽是国务院确定的172项节水供水重大水利工程的标志性项目，也是珠江流域防洪控制性工程和水资源配置骨干工程。工程总投资357.36亿元，总工期9年，总库容34.79亿立方米，正常蓄水位61米。2014年11月工程开工建设。2020年，左岸工程投入运行并发挥初期效益，右岸工程建设按计划稳步推进。

验收委员会认为，大藤峡水利枢纽工程已具备二期蓄水至 61 米水位条件，各项已完工程验收质量合格，优良率达 93.6%，同意通过二期蓄水（61 米高程）阶段验收，可在满足航运、发电、生态用水需求下，逐步抬高蓄水位至 61 米高程。

据介绍，大藤峡工程根据上游来水情况，计划逐步蓄水至 61 米高程。届时，工程的防洪、航运、发电、水资源配置、灌溉等综合效益将得到充分发挥。

水惠中国

经济日报

ECONOMIC DAILY

■我国今日入汛！水利部进入汛期工作状态

■珠江流域旱情基本解除

■重大水利工程建设再扩容

■木兰溪下游水生态修复与治理工程开工建设

……

我国今日入汛！水利部进入汛期工作状态

（经济日报新闻客户端　吉蕾蕾）　3月14日以来，我国南方部分地区出现持续降雨，14日8时至17日8时，累积降水量50毫米以上雨区的覆盖面积达16.2万平方公里，最大点雨量安徽滁州红丰183毫米。受降雨影响，长江下游沿江支流秋浦河、黄溢河发生超警洪水。依据我国入汛日期确定的有关规定，今年我国入汛日期为3月17日，较多年平均入汛日期（4月1日）偏早15天。

水利部密切监视雨情、水情，会商研判汛情形势，提醒相关流域和地区加强值班值守，以防御中小河流洪水和山洪灾害、保障中小型水库防洪安全为重点，做好暴雨洪水防御工作。水利部已于17日启动24小时水旱灾害防御值班，进入汛期工作状态。

珠江流域旱情基本解除

"3月以来，旱区多次出现降雨过程，骨干水库蓄水形势向好，珠江流域旱情基本解除。"在日前举行的珠江流域抗旱工作情况新闻发布会上，水利部副部长刘伟平表示，面对珠江流域严峻的抗旱保供水形势，水利部以流域为单元，统筹上下游、左右岸、干支流，逐流域、逐供水区，打造了全流域、大空间、长尺度、多层次的供水保障格局。

去年以来，广东、福建、广西等地发生不同程度旱情。其中，广东东部东江、韩江流域遭遇60年来最严重的旱情，加之珠江口咸潮上溯加剧，旱情呈现"秋冬春连旱、旱上加咸"的不利局面。

"珠江口咸潮的影响主要表现在水的咸度上。"水利部信息中心副主任刘志雨分析说，按照国家标准，如果水的含氯度超过了每升250毫克就不宜饮用。当珠江口发生"旱上加咸"时，河口区河道取水口会被咸水覆盖，导致难以取到淡水或者取淡概率急剧下降，直接影响到城乡居民生活供水的安全。

记者了解到，由于旱区持续降雨偏少，地处丰水地区的珠江流域，西江、东江上中游大型水库群有效蓄水率最低时仅有6%、3%，东江最大的新丰江水库一度在死水位以下运行 25 天。

据水利部水旱灾害防御司司长姚文广介绍，为坚守保障城乡居民饮水安全底线，水利部组织水利部珠江水利委员会和广东、福建省水利厅，因地制宜，编制完善冬春季抗旱保供水预案，采取修建抗旱应急水源工程、加强节水、限制高耗水行业用水、拉水送水等抗旱措施。同时，不断完善当地、近地、远地"三道防线"调度方案，适时为下游补水，有效压制了珠江口咸潮，并督促下游城市抓好蓄水补库，确保下游城乡供水安全。

"珠江流域抗旱保供水工作成效显著，但在干旱应对过程中也暴露出珠江流域在防御旱灾方面还存在着明显的短板和不足。"刘伟平坦言，最突出的问题集中体现在流域水工程体系不完善、水资源优化配置能力不高等。

刘伟平认为，针对珠江流域，要重点做好三件事。首先，要全面提高流域区域水资源配置能力。要按照国家水网建设规划纲要的要求，流域区域统筹，做好省级水网规划。要立足于全流域乃至于跨流域，从更广的空间、更大的尺度上统筹规划水资源优化配置的格局，全面提高流域区域供水安全保障能力。

同时，要加快骨干工程建设。要加快推进珠三角水资源配置工程、环北部湾水资源配置工程、闽西南水资源配置工程等重大工程建设，加快形成流域、区域水资源配置的主骨架和大动脉。珠三角水资源配置工程 2019 年 5 月已开工建设。工程建成后，通过联合调度可以实现西江、北江、东江水资源的优化配置，有效提高深圳、东莞、广州南沙区供水安全和应急备用保障能力。

此外，要提高区域水资源引水和调蓄能力。要研究论证采取工程措施提高抗御咸潮能力。比如在保证生态安全的前提下，研究论证建设挡潮措施，改善咸潮上溯影响，提升咸潮上溯期引淡水能力。

目前我国南方地区已入汛。据气象水文部门预测，今年主汛期，珠江流域和东南沿海河流可能发生区域性暴雨洪水。

刘伟平表示，下一步，水利部将密切关注雨情、水情、汛情、旱情，立足防大汛、抗大旱，针对暴露出来的薄弱环节，迅速查漏补缺，补好灾害预警监测和防灾基础设施短板，加快构建抵御水旱灾害防线，全力做好防汛抗旱工作，确保防洪安全、供水安全。

全国 2 040 处大中型灌区
累计灌溉面积达 6 170 万亩
——农田灌溉迎来高潮

随着天气回暖，春灌春播由南向北大面积展开，农田灌溉也迎来高潮。在浙江省湖州市南浔区和孚镇云北村田间地头，伴随着挖掘机轰鸣声，不少工人忙着挥锹铲土、开沟挖渠，趁晴好天气抢抓进度修好水渠备春耕。

"前段时间一直下雨，无法动工，趁着这几天天晴，赶紧组织工人动工。"浙江省湖州市南浔区和孚镇党委书记潘雪祥介绍，清明节后要种早稻，现在修好水渠，确保早稻灌溉用水。

一些地方通过修缮、加固河道和水圳，耕地有效灌溉面积进一步扩大。"今年全县粮食播种面积将达 27.6 万亩，其中早稻种植面积约 3 万亩。"江西省上栗县水利局局长何刚文介绍，去年 9 月，上栗县全面启动投资 5 214 万元、涉及灌溉面积达 5.71 万亩的灌区节水改造工程。在水利冬修期间，共投入 1 500 余万元用于山塘水库加固，另外新建农渠、斗渠共 6.2 万米，修复水毁工程 10 处。目前，该县正全力推进灌区节水改造、山塘水库蓄水保水、库区生态治理等工作，确保粮食增产、群众增收。

粮食生产根本在耕地，命脉在水利。今年以来，全国平均降水量较常年同期偏多 14%，6 900 多座重点水库蓄水总量较常年同期偏多 16%，仅有黄淮中东部、华北西部南部、西北大部、西南西北部等地偏少五至八成；南方地区大部江河径流量较常年同期偏多，但部分江河明显偏少，部分地区春耕生产用水也因此受到一定制约。

为保障春耕生产用水需求，水利部印发《关于加强农业用水管理做好 2022 年春灌保春耕生产工作的通知》，要求各级水利部门站在保障国家粮食安全的战略高度，把春灌用水管理作为当前农村水利工作一项重要任务，确保今年春季农业生产用水需求，保障粮食增产、农业增效和农民增收。

水利部农水水电司相关负责人介绍，目前南方水稻区、北方冬麦区春灌秩序良好。据了解，全国已有 2 040 处大中型灌区开始春灌，累计灌溉面积 6 170 万亩，供水超过 79 亿立方米。

水库、河道、堤防、灌渠等水利工程是守护农田安全的重要保障。去年，我国水旱灾害多发重发，河南、山西、陕西局部农作物遭受涝灾，部分大中型灌区

灌溉设施也受到一定影响。

为推动春灌顺利开展，各地超前谋划，精心组织。河南分级落实大中型灌区维修养护资金，抢抓施工黄金期，加快推进大中型灌区"7·20"特大暴雨水毁工程修复，恢复灌排功能，确保工程安全良性运行；陕西组织专家分析土壤墒情，指导农民科学用水，积极推行灌溉用水"精细化"管理，合理调配水源，努力扩大灌溉面积；山西运城夹马口灌区建立24小时工程巡查和隐患排查机制，执行农业分类水价与超定额累进加价标准，促进农业用水方式由粗放向集约节约转变。

截至目前，大中型灌区因灾受损灌溉设施基本修复完成，各大中型灌区已做好春浇准备，由南向北陆续开灌，春耕备耕生产基本未受影响。

水利部农水水电司相关负责人表示，3月下旬和4月进入春灌高峰期，下一步，水利部将密切关注新冠肺炎疫情，适时派出工作组，深入粮食主产区、水资源紧缺地区，指导地方进一步做好春灌用水工作，为今年夏粮丰收提供坚实的水利基础。

重大水利工程建设再扩容

这是位于甘肃省临夏回族自治州境内的刘家峡水库。目前，刘家峡水库按照黄河水利委员会调度要求，增加出库流量，保障黄河中下游地区春耕生产。

（史有东　摄）

（记者　吉蕾蕾）　水利工程是民生工程、发展工程、安全工程，对稳投资、扩内需作用显著。近期召开的国务院常务会议指出，今年再开工一批已纳入规划、条件成熟的项目，全年水利工程和项目可完成投资约8 000亿元。

水利部副部长魏山忠表示，水利部将会同有关部门和地方，聚焦保障防洪安全、供水安全、粮食安全、生态安全，对符合经济社会发展需要、前期技术论证基本成熟、省际没有重大分歧、地方推动项目建设意愿较为强烈的重大水利项目，将加快审查审批，推动工程尽早开工建设。

灌区建设持续推进

眼下，正值春耕春管关键时期，我国大中型灌区也已进入春灌高峰期。水利部发布的数据显示，全国农田有效灌溉面积是 10.37 亿亩，占到耕地面积的 54%。在 54% 的灌溉面积里面，生产了全国 75% 的粮食和 90% 的经济作物。

"粮食要稳产，灌区建设极为重要，尤其是大中型灌区。"魏山忠介绍，所谓灌区，通俗讲就是旱能灌、涝能排，粮食有这样的条件，一定稳产高产。目前，全国大中型灌区有 7 000 多处，有效灌溉面积 5.2 亿亩，是粮食和重要农产品的主要产区，是国家粮食安全的重要保障。

从这个角度看，加强大中型灌区建设和改造，对巩固和增加灌溉面积、提升粮食产能，无疑是十分重要的。

魏山忠表示，今年在灌区建设和改造方面，将主要采取两方面举措。一方面，加强现有大中型灌区续建配套和改造，计划实施约 90 处大型灌区、480 多处中型灌区改造，完善灌溉水源工程、渠系工程和计量监测设施，推进标准化规范化管理，新增恢复和改善灌溉面积 2 500 余万亩。同时，与高标准农田建设做好衔接，优先将这些大中型灌区建成高标准农田，再选择一些有条件的大中型灌区，打造一批现代化数字灌区。另一方面，计划在水土资源条件适宜、新增储备灌溉耕地潜力大的地区，新建一批现代化灌区。比如广西大藤峡、海南牛路岭、江西大坳等一批灌区。此外，结合引调水和水源工程建设，谋划再改造、再新建一些灌区，进一步提高粮食综合生产能力。

防汛备汛事关粮食安全。目前南方已入汛，北方还未入汛，需抢抓前期有利时机，加快修复灾损水利工程。水利部规划计划司司长张祥伟表示，针对今年的防汛备汛，一是加快水毁水利设施修复。去年汛期造成的水毁工程修复率截至 3 月底已完成近 80%，主汛期前要基本完成。二是做好在建工程安全度汛。

引调水工程陆续开工

夏汛冬枯、北缺南丰，水旱灾害多发频发，时空分布极不均衡是我国水资源的最大特点。解决时间分布不均的问题，可以修水库调蓄；解决空间分布不均，就要靠跨流域、跨区域引调水，把水从多的地方引到水少的地方。

新中国成立以来，开展了大规模水利工程建设，特别是党的十八大以来，建成了长江三峡、南水北调东中线一期工程、淮河出山店水库、江西峡江水利枢纽等一大批跨流域、跨区域的重大水利工程，引江济淮、云南滇中引水、广东珠江

三角洲水资源配置等一批重大引调水项目也正在持续推进。

但总的来看，我国水资源空间分布与人口经济布局、国土空间利用格局不匹配的问题依然没有得到有效解决，我们还有近70%的城市群、90%以上的能源基地、65%的粮食主产区缺水问题突出，已经成为这些区域发展的瓶颈，难以满足经济社会高质量发展的要求。

魏山忠介绍，重大引调水工程建设方面，今年将重点做好两方面工作：一是推进南水北调后续工程高质量发展，进一步提高南水北调中线北调水量和供水保证率，重点推进中线引江补汉工程的前期工作，确保年内开工建设；二是统筹推进其他重大引调水工程，对条件基本成熟的项目今年将加快推进，比如环北部湾广东水资源配置工程要抓紧建设，尽早解决粤西地区水资源短缺问题。

当前，部分地区疫情仍在发展，工程建设进程是否会受疫情影响？"今年以来我们在加强疫情防控的同时，全力推进工程建设。"张祥伟说，一方面从严从细落实疫情防控措施，加强建设工地人员管控、健康监测和疫情消杀；另一方面加大施工调度，优化施工组织，配强施工资源。今年1—3月，全国完成水利投资1 077亿元，同比增长35%。

投资资金有保障

水利工程具有较好的规划和前期工作基础，特别是重大水利工程吸纳投资大、产业链条长、创造就业机会多，在保障国家水安全、推动区域协调发展、拉动有效投资需求、促进经济稳定增长等方面具有重要作用。

"重大水利工程每投资1 000亿元，可以带动GDP增长0.15个百分点，新增就业岗位49万个。今年完成8 000亿元的水利投资，一定会对做好'六稳''六保'工作、稳定宏观经济大盘发挥重大作用。"魏山忠说。

水利工程建设离不开资金保障。财政部农业农村司负责人姜大峪表示，今年财政部通过一般公共预算安排1 507亿元，其中水利发展资金达到606亿元；通过政府性基金安排572亿元，为今年扩大水利投资创造了有利条件。同时，地方政府债券也加大对水利项目的支持力度。

水利建设资金需求大，需要充分发挥政府和市场作用。魏山忠表示，在中央预算内水利投资、中央财政水利发展资金继续倾斜支持的同时，地方也要加大投入，多渠道筹措建设资金。目前，水利部正在与有关部门、金融机构积极沟通协调，在水利项目利用金融资金、水利领域不动产的投资信托基金 REITs 试点等方面，计划提出相关支持举措，还将积极吸引社会资本参与水利工程建设运营。

"水利工程确实回报期长，收益比较稳定，只要择优选取项目，精心设计改革的方案和路径，是具备吸引社会资本潜力的。"国家发改委农村经济司司长吴晓表示，将进一步推进水利投融资改革的创新实践，鼓励支持地方依托项目供水、发电等经营性收益建立合理的回报机制，积极引导社会资本依法合规参与工程建设和运营，扩大股权和债权融资规模；对符合条件的水利项目，积极稳妥开展基础设施领域不动产投资信托基金试点，促进投资良性循环。

今年将完成水利建设投资约 8 000 亿元
南水北调后续工程等将开工

本报北京 4 月 8 日讯（记者　吉蕾蕾）　在国务院新闻办公室 8 日举行的国务院政策例行吹风会上，水利部副部长魏山忠介绍，2022 年将再开工一批已纳入规划、条件成熟的项目，包括南水北调后续工程等重大引调水、骨干防洪减灾、病险水库除险加固、灌区建设和改造等工程。这些工程加上其他水利项目，全年可完成投资约 8 000 亿元。

魏山忠说，我国水资源时空分布极不均衡。新中国成立以来，开展了大规模水利工程建设，特别是党的十八大以来，长江三峡、南水北调东中线一期工程、淮河出山店水库、江西峡江水利枢纽等一大批重大水利工程建成发挥效益，形成了世界上规模最大、范围最广、受益人口最多的水利基础设施体系。

重大水利工程吸纳投资大、产业链条长、创造就业机会多，在保障国家水安全、推动区域协调发展、拉动有效投资需求、促进经济稳定增长等方面具有重要作用，加快推进水利基础设施建设有需求、有条件、有基础。据统计，今年 1—3 月，水利投资完成 1 077 亿元，同比增长 35%。

目前，我国水利仍然存在流域防洪工程体系不够完善、水资源统筹调配能力不足、水生态水环境治理任务重、水利基础设施系统化网络化智能化程度不高等问题。

魏山忠表示，水利部将会同有关部门和地方，以实施国家水网重大工程为重点，加快实施在建水利工程，对符合经济社会发展需要、前期技术论证基本成熟、省际没有重大分歧、地方推动项目建设意愿较为强烈的重大水利项目，加快审查审批，推动工程尽早开工建设。

吴淞江整治工程江苏段开工，
总投资超 150 亿元

国家重大水利工程之一——吴淞江整治工程江苏段 16 日在昆山市花桥镇开工，总投资超 150 亿元。

吴淞江整治工程是"十四五"加快推进国家水网防洪减灾体系流域骨干工程，也是长三角一体化发展规划纲要中明确实施的省际重大水利工程。

吴淞江整治工程涉及沪苏两地，江苏境内工程西起太湖瓜泾口，穿京杭大运河，至苏沪交界与上海段河道相接，境内全长 61.7 公里。

工程完工后，将成为太湖第三条行洪通道，扩大太湖流域东出黄浦江能力，进一步提高太湖洪水外排能力和工程沿线区域防洪除涝能力。同时，能够增强水资源配置能力，有效改善区域水资源和水环境，提升苏州至上海内港航道航运能力。

木兰溪下游水生态修复与治理工程开工建设

5 月 19 日，福建省召开重大水利项目集中开工动员会，列入今年重点推进的 55 项重大水利工程之一——木兰溪下游水生态修复与治理工程开工建设。

水利部副部长魏山忠以视频形式出席开工动员会议。魏山忠指出，木兰溪下游水生态修复与治理工程既统筹考虑水资源高效利用、水生态环境修复，又融合数字孪生流域建设，创新投融资方式，采取市场化运作，具有很好的示范意义。福建省要以木兰溪下游水生态修复与治理等重大水利项目建设为契机，充分利用实施扩大内需战略、全面加强水利基础设施建设的良好机遇，多渠道筹集水利建设资金，大力推动重大水利工程建设，全面提升水旱灾害防御、水资源集约节约

利用、水资源优化配置和河湖生态保护治理等能力。要强化工程建设管理，严格落实疫情防控要求，确保工程建设质量、安全和进度，把工程建成造福人民的精品工程。

据了解，此次共有 11 个重大水利项目集中开工，总投资 106 亿元，主要建设内容包括水生态修复与治理、城乡供水一体化、中型水库建设、河道岸线整治、海堤提级改造、水闸除险加固等。

大藤峡工程已完成年度投资 45.3%

右岸首台机组定子吊装、工程全线具备挡水条件、二期导流围堰拆除启动、船舶过闸和发电量同比大幅增长、年度投资完成近半……截至 5 月底，大藤峡工程本年度完成投资 17 亿元，占年度计划的 45.3%，累计完成 289.3 亿元，占初设概算的 81%，有效发挥水利投资拉动作用，推动上下游产业链条运转，工程建设高峰期创造近 4 000 个就业岗位。据估算，整个工程会采购水泥 280 万吨，钢筋 30.9 万吨，砂石骨料 1 450 多万吨，金属结构和机电设备约 13 万吨，为扩内需、保增长、稳经济提供了有力支撑。

大藤峡工程是国家 172 项重大水利工程的标志性项目，工程建成后，将成为流域防洪安全的重要保障、实施国家水网重大工程的重要节点、粤港澳大湾区水安全的重要屏障、打造珠江黄金水道的重要中枢、区域电力安全的重要支撑、地方乡村振兴的重要水源。

在工程建设中，大藤峡公司强化人员、资金、技术等投入，研究制订考核节点 29 项，改进施工工艺 19 项，混凝土浇筑速度较左岸同比提升 30%。克服新冠肺炎疫情和能耗双控等影响，于 4 月 24 日顺利完成右岸首台机组定子吊装，4 月 25 日提前 5 天实现"4·30"挡水目标，5 月 1 日围堰拆除按时启动。当前主体工程大体积混凝土浇筑任务基本完成，全面进入右岸机组安装调试新阶段。

安全生产和工程质量是工程建设的前提。大藤峡公司全年开展各级各类安全检查 400 多次，隐患整改完成率 100%，安全监管高压态势持续加强，安全管理水平不断提升，在水利安全生产状况评价中，连续五个季度位居部直属工程前列。采取四不两直、联合巡查等方式，全面排查质量隐患，实施样板指路计划，将标准工艺推广至全工区。右岸工程单元工程评定优良率 94%，分部工程优良率 100%。

目前，大藤峡船闸在安全通航条件下保持单日运行 10 闸次以上。截至目前，本年度船舶过闸核载量 2 614 万吨，同比增长 53.6%。同时，紧紧抓住上游来水丰沛的有利时机，在确保水资源配置、航运和枢纽安全的前提下，争取发电效益最大化。本年度发电量 18.4 亿千瓦时，同比增长 22.4%。

前 5 月完成投资同比增长 54%
——水利基础设施建设提速

水利部近日发布数据显示，今年前 5 个月，我国水利基础设施建设持续提速，已完成水利建设投资 3 108 亿元，较去年同期增加 1 090 亿元，增长 54%，吸纳就业人数 103 万，其中农民工就业 77 万，有力发挥了水利稳投资、稳增长、保就业的重要作用。

水利是扩大有效投资、补齐基础设施短板的重要领域。据了解，今年我国预计将完成水利建设投资 8 000 亿元以上。当前，水利基础设施建设进展如何？有哪些困难和问题？建设资金是否充足？

工程建设有序推进

5 月 16 日，重大水利工程吴淞江整治工程（江苏段）开工。工程投资总额超 150 亿元，是国家水网骨干工程之一，也是长三角一体化区域水网互联互通骨干工程之一。

吴淞江整治工程包括江苏段和上海段，匡算总投资 831 亿元。其中，吴淞江整治工程江苏段位于苏州市，整治工程主要包括河道整治、配套扩建水利枢纽、新改建跨河桥梁、水系影响调整等。水利部规划计划司司长张祥伟表示，工程实施以后，将进一步完善太湖流域防洪工程体系，增加太湖洪水外排通道，提高太湖流域防洪排涝能力，改善区域水资源、水生态、水环境条件，提升苏州至上海内港行道航运能力，为长三角一体化高质量发展提供更有力的水安全保障。

5 月 30 日，雄安新区起步区西北围堤治理工程正式开工建设，这是今年国家重点推进的 55 项重大水利工程之一。西北围堤治理工程投资 17.6 亿元，是雄安新区起步区防洪圈建设的最后一项控制性关键工程。

今年以来，我国加快推进水利基础设施建设，完善流域防洪工程体系，实施国家水网重大工程，复苏河湖生态环境，全力构建现代化基础设施体系。

目前，各项工程进展顺利。总投资 618 亿元的环北部湾广东水资源配置工程，环评报告批复时间较预期提前了 5 个月；总投资 598 亿元的南水北调引江补汉工程，完成了土地预审（规划选址）等要件办理，为加快项目审批奠定基础。

组合发力打通堵点

今年以来，新冠肺炎疫情多点散发，给水利基础设施建设带来不利影响。

位于安徽的引江济淮蜀山枢纽船闸项目，建设已进入最后冲刺期。按照计划，今年 9 月底试通水，12 月底试通航。然而，4 月以来，物料供应跟不上，施工进度放缓。

"正常情况下，每天大概要进五六十车物资，但在三四月疫情紧张时，一两个星期都进不来几车。"引江济淮蜀山枢纽船闸项目党支部书记陈剑锋介绍，为缓解原辅材料供应难、运输难等问题，安徽省积极组织调配、整合现有资源进行替代，保障原辅材料供应。

张祥伟表示，要统筹做好疫情防控和工程建设，从严从细落实疫情防控措施，加强建设工地人员管控、健康监测。同时，要加大施工调度，优化施工组织，配强施工资源，最大限度减少疫情对工程建设影响。

"各级水利部门要推动全国重大水利基础设施项目尽早审批立项、开工建设，确保全年新开工 30 项以上。"水利部副部长魏山忠说。

一方面，要细化实化目标任务。根据国务院常务会议提出的"加强 2022 年重大水利工程、病险水库除险加固、灌区建设和现代化改造、水生态保护和中小河流治理、中小型水库建设"等 5 类项目，制订工作方案。对今年重点推进的 55 项重大水利工程和 6 项新建大型灌区项目，逐项明确要件办理、可研审批和开工时间节点，确定责任单位、责任人，并建立台账，挂图作战。

另一方面，健全工作推进机制。建立月报机制，跟踪通报专项债券落实、水利建设完成，以及要件办理、可研审批和开工建设情况；建立调度机制，横向与相关部门不定期开展日常调度会商，纵向与各地每月开展一次专项调度，逐项分析研究，及时协调解决重点问题；建立督导机制，适时对进度滞后的项目和地区，进行通报、约谈、督办，强化责任追究。

拓展资金筹措渠道

水利基础设施建设需要真金白银投入，通过哪些渠道筹集资金，是各方关注的焦点问题。

"水利建设资金筹措一直是水利部高度重视的工作。"魏山忠表示，水利项目公益性较强，市场化融资能力弱，长期以来主要以财政投入为主。今年以来，水利部门会同有关部委、地方加快推进水利基础设施建设，积极拓宽投资渠道。在争取加大中央财政投入力度的同时，从地方政府专项债券、金融资金、社会资本等方面想办法增加投入，保障水利基础设施建设资金需求。

今年一季度，国家开发银行、中国农业发展银行、中国农业银行累计发放水利贷款 687 亿元，贷款余额达到 10 620 亿元。今年以来，已有 830 个水利项目落实地方政府专项债券 720 亿元，较去年同期增加 386 亿元，增长 115%。

此外，今年以来，农村供水工程建设持续推进，共完成投入约 200 亿元，提升了 666 万农村人口的供水保障水平；安排大中型灌区续建配套与现代化改造投资近 190 亿元，预计将新增粮食生产能力 36 亿公斤，新增节水能力 35 亿立方米。

中国宏观经济研究院研究成果显示，重大水利工程每投资 1 000 亿元可带动GDP 增长 0.15 个百分点，增加就业岗位 49 万个。魏山忠表示，要全面加快推进水利基础设施建设，充分用足用好各项政策，为稳定宏观经济大盘、实现全年经济社会发展预期目标做出应有贡献。

今年以来开工项目投资额同比上升 213.3%
——PPP 规范运行效果凸显

6 月 23 日，全国政府和社会资本合作（PPP）综合信息平台发布统计显示，5 月，管理库新入库 PPP 项目 38 个、投资额 577 亿元，投资额同比下降 42.4%；开工建设项目 58 个、投资额 1 247 亿元，投资额同比上升 559.3%。

从今年以来的情况看，新入库项目 216 个、投资额 3 857 亿元，投资额同比下降 15.5%；开工建设项目 355 个、投资额 7 687 亿元，投资额同比上升

213.3%。

"PPP作为供给侧结构性改革中政府与市场合作的重要方式，对于促进基础设施尤其是民生基础建设发挥着重要作用。从今年的情况看，新入库项目、新签约项目、开工建设项目等指标有升有降，总体平稳发展，在拉动有效投资上的作用更为明显。"中国社科院财经战略研究院财政研究室主任何代欣表示。

全国PPP综合信息平台统计显示，2014年以来，累计入库项目10 320个、投资额16.4万亿元，显示出PPP已经形成规模不小的市场。今年4月，中央财经委员会第十一次会议强调，要推动政府和社会资本合作模式规范发展、阳光运行，引导社会资本参与市政设施投资运营。这项重要部署，进一步明确了PPP改革与发展的方向。

在"规范发展、阳光运行"的总体要求下，PPP迎来新的发展机遇。国务院印发《扎实稳住经济的一揽子政策措施》明确，鼓励和吸引更多社会资本参与国家重大工程项目；国务院办公厅发布《关于进一步盘活存量资产扩大有效投资的意见》提出，规范有序推进政府和社会资本合作（PPP）。

近期以来，一些部委陆续发布文件，支持PPP在相关领域运用。"近年来，PPP模式对于稳投资、稳增长的作用颇为突出，有必要逐步拓展作用范围，更新合作方式、规范运行模式。特别是当前发挥PPP在'双碳'、农林水利、城市更新等方面的作用，对稳定经济社会发展有十分积极的意义。"何代欣说。

近日，财政部发布《财政支持做好碳达峰碳中和工作的意见》明确，采取多种方式支持生态环境领域PPP项目，规范地方政府对PPP项目履约行为。"经过数年的发展，生态环保类PPP项目在实施内容的深度和广度上得到很大拓展，由传统的污水处理、固废处理拓展到生态环境综合治理、农村人居环境改善、清洁能源、绿色交通、储备林建设等节能降碳类项目也逐年递增，项目在实施质量上稳步提升。"北京市中伦（上海）律师事务所合伙人周兰萍说。

周兰萍认为，"十四五"时期是碳达峰工作的关键期、窗口期，PPP模式要服务于国家战略，"在挖掘落实潜在项目上，要注重精准发力，将有限的资源向重点领域倾斜，支持清洁低碳能源、重点行业的绿色低碳转型、碳汇能力提升等领域的重大基础设施和公共服务项目"。

在水利建设领域，水利部专门发文部署推进水利基础设施PPP模式发展，要求发挥政府规划引领作用，科学谋划水利发展重点领域、项目安排；遵循市场规律，完善市场规则，建立政府与社会资本利益共享、风险共担及长期合作关系。水利部有关负责人表示，今年全国要完成水利建设投资超过8 000亿元，迫切需要落实"两手发力"要求，充分发挥市场机制作用，更多利用金融信贷资金和吸引社会资本参与水利建设。

"水利基础设施的特点是投资规模大，在高速铁路、高速公路、电力设施、环保设施等越来越完善的背景下，加快水利基础设施建设对稳投资、稳增长意义重大。PPP是有效整合财政资金和社会资本参与基础设施建设的重要方式，不仅可以提高基础设施的投资效率，而且可以推动基础设施的市场化改革，实现基础设施高质量发展。"北京大岳咨询有限公司董事长金永祥说。

水利部提出，PPP主要运用于国家水网重大工程、水资源集约节约利用、农村供水工程建设、流域防洪工程体系建设、河湖生态保护修复、智慧水利建设。金永祥认为，水利基础设施项目回报水平较低，多数属于公益性项目，传统上以政府投资为主，"在水利基础设施领域推广PPP模式，是水利公益性项目创新机制的重要抓手。我国过去几十年的PPP实践证明，市政道路、园林绿化、污水管网等公益性项目都成功采用了PPP模式，社会资本在政府监管下完全可以参与提供公共服务"。

PPP必须在规范中发展，在发展中规范。信息平台是做好PPP项目全生命周期管理的重要载体，高质量信息是实现PPP规范发展、阳光运行的重要保障。近日，财政部办公厅发布通知，部署开展全国PPP综合信息平台项目信息质量提升专项行动。专家认为，开展专项行动有助于强化信息公开透明，促进市场公平竞争，规范项目推进实施，保障PPP规范高质量发展。

"PPP模式拓展到更多领域之后，尤其需要规范运作，项目从立项、招标到运行管理，要做到一视同仁、公开透明。一旦发生合同纠纷，要有效保障各方合法权益。"何代欣说。

坚持防汛抗旱双管齐下

近期，全国天气复杂多变，防汛抗旱形势十分严峻。5月以来，南方地区接连出现多轮强降水过程，其中闽、粤、桂3省区域平均降水量创1961年以来历史同期最多，一些河流发生超警戒水位洪水；而北方地区持续遭遇高温，炎热程度同期少有，多地出现不同程度干旱天气。各地区各部门要紧扣重点领域、重要设施及薄弱环节，坚持防汛抗旱两手抓、两手硬、两不误，全力保障人民群众生命安全和城乡居民生活用水安全，最大限度减轻洪涝干旱等灾害损失。

我国已全面进入主汛期，水旱灾害防御形势日趋紧张。根据国家气候中心此前发布的信息，今年主汛期我国气候状况为一般到偏差。6—8月，我国总体区域性、阶段性旱涝灾害明显，极端天气气候事件偏多，季节内气候变率大。当前和今后一段时间，防汛抗旱救灾任务相当艰巨，要进一步增强忧患意识和责任感、紧迫感，做好打持久战、攻坚战的思想准备。

形势越是严峻复杂，越需要保持清醒头脑和战略定力。长期以来，我国面临着旱涝灾害的双重夹击，东部尤其是长江中下游及以南地区是涝灾频发区，华北平原及西北的陕甘宁地区则容易偏旱。在全球变暖背景下，气候极端化加剧，山洪地质灾害多发并发、风险叠加，还会有"旱涝急转"的可能。因此，必须立足于防大汛、抗大旱、抢大险、救大灾，要把形势估计得更复杂一些，把问题考虑得更充分一些，把研判做得更到位一些，全力以赴做好防汛抗旱各项工作。

坚决打好防汛抗旱硬仗，要进一步强化预报预警，精准调度科学防控。及时准确向社会公众发布预警信息，是防范应对气象灾害的关键环节。要密切监视全国各地雨情水情旱情，特别是提高局地强对流天气导致的短历时、突发性暴雨洪水预报预警精准度，确保能够提前紧急疏散和转移安置灾害风险区群众；要加强土壤墒情监测，尤其要认真研究干旱地区的降水特点，做好旱区转折性天气的预报预测，抓住一切有利时机开展人影作业，将干旱影响降至最低。

坚持防汛抗旱两手抓，要进一步周密安排部署，落实落细防御措施。各级防汛抗旱指挥部门要充分发挥牵头抓总作用，健全完善前后方协同联动机制，紧盯重点时段、重点区域、重点江河湖库，强化山洪地质灾害群测群防措施，及时开展地下公共空间、低洼地带、内河水网排涝防护，保障城乡居民正常生产生活秩序。同时，对可能发生旱情的地区，要在确保安全度汛的前提下，持续做好水库调度工作，科学蓄水保水，为群众用水安全打好基础。各地区各部门要坚持问题导向，正视工作中暴露出来的薄弱环节和短板问题，结合各地实际情况，有针对性地采取措施，加快补齐基础设施和基层应急能力短板。

气象防灾减灾事关千家万户安康，事关经济社会发展全局。从严从实统筹抓好防汛抗旱救灾各项工作，是摆在我们面前的硬要求、硬任务。各地区各部门要认清形势，找准着力点，坚持防汛抗旱双管齐下，为保障人民生命财产安全、促进经济社会平稳发展筑牢坚实"堤坝"。

水利部：全力做好珠江流域洪水防范应对工作

受近期强降雨影响，珠江流域北江今年第 2 号洪水将发展成特大洪水，西江今年第 4 号洪水正在演进，且 6 月 27—29 日西江上游还将有强降雨，极有可能形成新一轮洪水过程，珠江流域防汛形势极其严峻复杂。

根据《珠江防汛抗旱总指挥部防汛抗旱应急预案》有关规定，珠江防总已于 6 月 21 日 22 时将防汛 Ⅱ 级应急响应提升至 Ⅰ 级。

为全力做好珠江流域洪水防范应对工作，国家防总副总指挥、水利部部长李国英 21 日主持防汛专题会商，视频连线广东省人民政府、水利厅和水利部珠江水利委员会，分析研判珠江流域雨情、汛情、工情形势。李国英强调，要以"人员不伤亡、水库不垮坝、北江西江干堤不决口、珠江三角洲城市群不受淹"为目标，进一步细化实化各项防御措施。

李国英强调，西江要继续科学精细调度干支流水库群拦洪削峰错峰，特别是精准调度大藤峡水利枢纽，用好每一立方米库容，坚决避免西江、北江洪峰遭遇，同时统筹考虑后期极有可能出现的新一轮暴雨洪水过程，提前做好水库调控应对准备。

同时，北江要充分发挥流域防洪工程体系作用，联合运用河道及堤防、水库、蓄滞洪区，充分发挥上游支流乐昌峡、湾头水库拦蓄洪水作用；精准调度运用干流飞来峡水利枢纽，在尽力减轻库区淹没损失和工程自身安全的前提下，做到一个流量、一立方米库容、一厘米水位的精细调度，充分发挥其调控功能；提前做好潖江蓄滞洪区运用准备，精准投入时机，有效削减洪峰；及时启用芦苞涌、西南涌分洪水道，有效减轻北江大堤防洪压力。

此外，要加强西江、北江大堤巡堤防守，前置防汛队伍、料物、措施，坚决做到抢早、抢小、抢住，确保大堤绝对安全。切实抓好山洪灾害防御，做细做实防御预案，提前发布预警，及时转移避险，做到应撤尽撤、应撤必撤、应撤早撤，强化转移人员安置管理，确保人民群众生命安全。要将暴雨洪水预警信息直达水库防汛"三个责任人"，逐一落实强降雨区水库，特别对小型水库和病险水库要逐一落实防漫坝、防溃坝措施，确保水库不垮坝。

水利建设期待更多社会资本

近日，水利部印发《关于推进水利基础设施政府和社会资本合作（PPP）模式发展的指导意见》，明确在国家水网重大工程、农村供水工程、流域防洪工程等重大领域，积极引导各类社会资本参与水利建设运营，拓宽资金筹措渠道。这对于进一步深化水利投融资改革，特别是吸引社会资本参与水利工程建设意义重大。

在公众的印象中，水利工程建设往往资金需求巨大。以南水北调这项超级工程为例，2014 年全面建成通水的东、中线一期工程，总投资就达 3 082 亿元。大规模的水利建设的钱从哪里来？一方面离不开政府支持，另一方面也要充分发挥市场机制作用，引导更多社会资本参与水利建设，满足大规模资金需求。

事实上，我国对社会资本进入水利工程建设是一贯支持的。近年来，为拓宽水利投融资渠道，水利部、国家发展改革委、财政部选择了一批重大水利工程项目，吸引社会资本参与建设和运营。比如湖南莽山水库，在设计项目 PPP 模式时，将枢纽工程和灌区工程按照功能进行分类，设计不同模块吸引社会资本参与，保证了社会资本的合理收益；贵州马岭水利枢纽则明确政府出资人负责供水配套设施的建设，工程建设费用超出预算部分由社会资本方承担，这就建立了利益共享、风险共担的机制。

尽管水利工程具有公益性强、投资规模大、回报周期长、经营收益低的特点，但部分水库工程和引调水工程，具有发电、供水等经营性收益，是有投资潜力和空间的。根据《全国 PPP 综合信息平台管理项目库 2021 年年报》，截至 2021 年底，水利领域累计签约落地的建设项目 329 个，占落地项目数的 4.3%；投资额 2 972 亿元，占落地项目总投资的 2.3%。

而对社会资本来说，应充分认识到水利工程建设带来的重大历史机遇。"节水优先、空间均衡、系统治理、两手发力"的治水思路，对推动有效市场和有为政府更好结合指明了方向。前不久，国务院稳经济政策措施也将"加快推进一批论证成熟的水利工程项目"排在稳投资促消费政策的首位，同时鼓励和吸引更多社会资本参与国家重大工程项目。

今年，全国水利建设投资完成要超过 8 000 亿元。艰巨的建设任务，巨大的资金需求量，仅仅依靠政府投资，是不能满足建设需求的。水利系统要提高认识、抢抓机遇，主动对接有关部门和地方政府，及时梳理具有投融资对接意愿的水利项目，搭建有利于各方沟通衔接的平台，向社会资本等投资机构推介重点项目，争取资金支持。

一方面，要吸引社会资本参与，加大政策、资金等方面的支持力度，推动项目建立合理回报机制。建立健全水利PPP项目水价形成机制，科学核定定价成本，鼓励有条件的地区实现供需双方协商定价。同时，支持社会资本方参与节水供水工程的建设和运营，通过转让节约的水权来获得合理的收益，有效降低水利工程运营的风险，稳定市场主体的投资预期。

有一点须明确，引导社会资本积极参与水利工程建设，并不是从社会资本中"抽血"，而是为符合条件的社会资本"造血"，持续提升社会资本参与水利基础设施投资和建设的便利度。按照既要建成精品工程，又要搞好持续运营的原则，应强化政府和社会资本履约监管，项目建设运营的质量安全监管，建立健全绩效评价制度，促进水利PPP项目规范发展、阳光运行。

真金白银是水利建设的前提条件。水利部发布的数据显示，今年1—5月，全国水利建设全面提速，新开工的水利项目达10 644个，投资规模超4 144亿元。接下来，在继续加大政府投入的同时，还要充分发挥市场机制作用，让更多的"活水"更好地满足大规模建设资金需求，真正担负起加快水利基础设施建设、构建现代化水安全保障体系的时代使命。

南水北调后续工程中线引江补汉工程正式开工

（经济日报新闻客户端 吉蕾蕾） 7月7日，南水北调后续工程中线引江补汉工程今日开工。

引江补汉工程是南水北调后续工程首个开工项目，是全面推进南水北调后续工程高质量发展、加快构建国家水网主骨架和大动脉的重要标志性工程。工程全长194.8公里，施工总工期9年，静态总投资582.35亿元。据测算，工程建成后，南水北调中线多年平均北调水量将由95亿立方米增加至115.1亿立方米。

2014年12月，南水北调东、中线一期工程实现全面通水。7年多来，累计调水540多亿立方米，受益人口超1.4亿。

北上的一渠清水，极大地缓解了北方受水地区供用水矛盾，也在悄然间改变着当地的用水格局。原本规划设计作为补充水源的中线工程已经成为受水区的主力水源。以北京为例，人们每喝的 10 杯水中，就有约 7 杯来自南水。

与此同时，水源区汉江生态经济带的建设，也对汉江流域水资源的保障能力提出了新的要求。专家指出，一旦遭遇汉江特枯年份，丹江口水库来水量少，在不影响汉江中下游基本用水的前提下，难以充分满足向北方调水的需求。

面对新形势新任务，"开源"摆上了推进南水北调后续工程高质量发展的重要议事日程。人们将目光投向了位于长江干流的三峡水库。如果将多年平均入库水量达 374 亿立方米、总库容 339 亿立方米，调节库容 190.5 亿立方米的丹江口水库比作汉江流域的"大水盆"，那么多年平均入库水量超 4 000 亿立方米、总库容 450 亿立方米、调节库容 221.5 亿立方米的三峡水库可以看作是长江流域"大水缸"，而且是一个水量充沛且稳定的"大水缸"。

"通过实施引江补汉工程，连通南水北调与三峡工程两大国之重器，对保障国家水安全、促进经济社会发展、服务构建新发展格局将发挥重要作用。"水利部南水北调司司长李勇表示，实施引江补汉工程，将进一步打通长江向北方输水新通道，完善国家骨干水网格局，为汉江流域和京津冀豫地区提供更好的水源保障，实现南北两利。

南水北调工程规划提出构建"四横三纵、南北调配、东西互济"的格局，即建设东、中、西三条调水线路，沟通长江、淮河、黄河、海河水系。与规划目标相比，南水北调目前仅东中线一期工程建成运行，需要继续联网补网，进一步提升调配南水水资源的能力。

"引江补汉工程的开工，标志着南水北调后续工程建设拉开序幕，国家水网的主骨架、主动脉将更加坚实、强劲。"水利部规划计划司司长张祥伟表示，下一步将深化东线后续工程可研论证，推进西线工程规划，积极配合总体规划修编工作。充分发挥南水北调工程优化水资源配置、保障群众饮水安全、复苏河湖生态环境、畅通南北经济循环的生命线作用。

今年 1—6 月，全国水利建设全面提速，取得了明显成效。重大水利工程具有吸纳投资大、产业链条长、创造就业多的优势。研究表明，重大水利工程每投资 1 000 亿元，可以带动 GDP 增长 0.15 个百分点，新增就业岗位 49 万个。在织密国家水网的同时，以引江补汉工程为代表的一批重大水利工程近期陆续开工，在提振信心、稳定社会预期和稳增长促就业惠民生方面发挥着积极作用。

随着以引江补汉为代表的多项重大水利工程陆续开工，水利基础设施建设步伐不断加速，一张"系统完备、安全可靠、集约高效、绿色智能、循环通畅、调控有序"的国家水网正徐徐展开。

全国小型水库除险加固主体工程完工 4 586 座 全力推进大坝安全监测设施建设

本报北京 7 月 6 日讯（记者 吉蕾蕾） 最新数据显示，2021 年以来，水利部多渠道筹集资金 216 亿元，全力推进 7 695 座小型水库除险加固，截至目前主体工程完工 4 586 座。

近年来，水利部认真贯彻落实《国务院办公厅关于切实加强水库除险加固和运行管护工作的通知》和《国务院关于"十四五"水库除险加固实施方案的批复》，压实地方人民政府属地管理责任，按轻重缓急，优先对病险程度较高、防洪任务较重的水库实施除险加固。同时，协调财政部新增地方政府一般债券额度 64.38 亿元，全力推进 31 013 座小型水库雨水情测报设施和 23 217 座小型水库大坝安全监测设施建设。协调财政部安排中央财政补助资金 9 亿元，开展小型水库安全监测能力提升试点建设，为提高预报预警预演预案能力提供支撑。

据悉，为确保完成"十四五"水库除险加固任务，保障小型水库安全运行和效益充分发挥，下一步，水利部将会同财政部，继续督促各地加强资金保障、加快项目实施、强化监督指导。

水利建设"进度条"持续刷新

安徽省庐江县的引江济淮工程庐江段建设项目，已进入今年 9 月底试通水、12 月底试通航静态准备阶段。

大藤峡水利枢纽灌区工程开工、南水北调后续工程首个项目引江补汉工程开工、黄河下游"十四五"防洪治理工程开工……今年以来，一系列水利工程加速开工，持续刷新水利建设"进度条"。数据显示，今年上半年，我国新开工 22 项重大水利工程、投资规模达 1 769 亿元，新开工重大项目数量和完成投资均创历史新高。

据了解，今年我国预计将完成水利建设投资达 8 000 亿元以上。对照年度开工目标，时间过半，任务完成过半。已经完成的水利建设投资主要投向哪里？在建项目数量庞大，如何充分发挥投资拉动作用？即将进入防汛关键期，防洪体系中的薄弱环节建设情况如何？

项目开工建设明显加快

据水利部通报，上半年我国新开工水利项目 1.4 万个、投资规模达 6 095 亿元。其中，投资规模超过 1 亿元的项目有 750 个。

开工步伐全面加快的同时，工程建设也明显提速。一批重大水利工程实现重要节点目标，重庆渝西、广东珠三角水资源配置等工程较计划工期提前。农村供水工程建设 9 000 余处，已完成 3 700 余处，提升了 1 688 万农村人口供水保障水平。病险水库除险加固、中小河流治理、大中型灌区改造、中小型水库建设等项目建设进度加快。

投资方面，水利落实投资和完成投资均创历史新高。"上半年，在加大政府投入的同时，地方政府专项债券、金融信贷、吸纳社会资本等支持政策拓宽了水利项目筹资渠道，投资保障力度明显增强。"水利部副部长魏山忠介绍，1—6 月，全国落实水利建设投资 7 480 亿元，较去年同期提高 49.5%，其中广东、浙江、安徽 3 省落实投资超过 500 亿元。地方政府专项债券方面，水利项目落实 1 600 亿元，较去年同期翻了近两番。水利建设投资完成 4 449 亿元，较去年同期提高 59.5%，广东、云南、河北 3 省完成投资 300 亿元以上。

完成的 4 449 亿元水利建设投资主要投向了哪里？"联网、补网、强链是全力推进水利基础设施网络建设的重点。"水利部规划计划司司长张祥伟说，今年以来，我国加快推进水利基础设施建设，全力构建现代化基础设施体系。从投向来看，流域防洪工程体系、国家水网重大工程、河湖生态修复保护完成投资 4 046 亿元，占全国上半年完成投资的 90.9%。

目前，全国水利工程在建项目达到 2.88 万个，投资规模超过 1.6 万亿元。各项工程进展顺利，西江大藤峡水利枢纽、广东湛江蓄滞洪区、四川青峪口水库等重点防洪工程加速推进；引江济淮、云南滇中引水、珠江三角洲水资源配置、湖南犬木塘水库、贵州凤山水库等重大水资源配置和重点水源工程建设明显加快；永定河、吉林查干湖、福建木兰溪等重要河湖治理和生态修复，以及农村水系综合整治、坡地水土流失治理、地下水超采区综合治理等项目建设均取得显著成效。

组合发力解决难点堵点

水利在建项目数量庞大，加快工程建设进度、充分发挥投资拉动作用意义重大。但是，在各项工程建设中，有些工程的施工难度实属世界罕见。

以滇中引水工程为例，该工程由水源工程和输水工程两部分组成，输水工程建设总里程达 755 公里，隧洞占 703 公里。据云南省滇中引水工程建设管理局副局长介绍，工程建设过程中突泥涌水、岩爆、地热、有毒有害气体等地质灾害频发，几乎囊括了地下施工所有的地质难题，特别是长达 62.6 公里的控制性工程香炉山隧洞，施工难度极大。

"为全力推进工程建设，云南省滇中引水工程建设管理局团结全体参建单位，克服了隧洞上百次塌方、变形、突泥涌水和白云岩沙化等复杂地质问题，目前形成了'工期过半、进度过半、投资过半'的良好局面。"云南省滇中引水工程建设管理局副局长告诉记者，截至 6 月底，滇中引水工程完成年度投资 68.01 亿元，占年度投资计划 115 亿元的 59.1%，开工至今累计完成投资 492.44 亿元，占工程总投资的 59.6%。

新冠肺炎疫情的多点散发，一定程度上也给水利工程建设带来了不利影响。4 月，引江济淮工程部分施工段物料供应跟不上，施工进度放缓。

"为了统筹做好疫情防控和工程建设，我们严格落实属地政府的防控要求和四方责任，通过争取主管部门开具白名单，千方百计保障上海等地机电设备和工程人员运输通畅。"安徽省引江济淮集团有限公司董事长张效武介绍，截至 6 月底，工程累计完成投资 767.31 亿元，占总投资的 87.66%，主体工程超序时进度平稳推进。

随着水利建设大规模推进，水利项目产业链条长、创造就业机会多的作用也随之凸显。据统计，上半年水利工程建设累计吸纳就业人口 130 万，充分发挥了稳增长、保就业的重要作用。

水利部水利工程建设司司长王胜万说，下一步水利部将锚定今年水利建设投资超过 8 000 亿元的目标，逐项落实部门和地方建设责任，对负责的具体工作任务进行细化分解，以周保月、以月保季、以季保年。组织相关流域管理机构赴工程现场进行督办，多管齐下，全力推动工程建设。

防洪度汛丝毫不容松懈

当前，全国防汛工作即将进入"七下八上"的关键期。预计 7—8 月，我国北方地区和华南、西南等地降雨偏多，洪涝灾害偏重，防汛工作面临南北双重压力，防汛形势不容乐观。

"今年西江已发生4次编号洪水，北江也遭受1915年以来最大洪水袭击，流域防汛形势十分严峻。"广西大藤峡水利枢纽开发有限责任公司董事长吴小龙介绍，按照珠江水利委员会调度指令，我们提前将水库水位降至44米防洪最低运用水位，预泄腾空库容。截至目前，已蓄洪至工程初期运行的最高水位52米，共拦蓄洪水7亿立方米，最大削减洪峰3 500立方米每秒，将西江梧州站洪峰出现时间推迟1天，避免了西江、北江洪峰遭遇，有效减轻了西江中下游乃至珠江三角洲防洪压力，充分发挥了工程流域防洪安全的重要保障作用。

随着全国水利建设全面提速，青海蓄集峡、湖南毛俊、云南车马碧等水利枢纽下闸蓄水，西江大藤峡水利枢纽进入全面挡水运行阶段，一批水利工程开始发挥效益。不过，在水利工程建设中，中小河流治理等防洪薄弱环节始终是防洪体系建设的重要内容。

截至去年底，我国中小河流累计完成治理河长超10万公里，防洪能力得到明显提升，河流沿线的重要城镇、耕地和基础设施得到有效保护，洪涝灾害风险明显降低，中小河流治理取得了阶段性成果。但一些中小河流防洪标准仍然较低，依然是防汛体系的薄弱环节。

"今年，水利部将改变治理模式，有力有序有效推进中小河流系统治理，补齐防汛薄弱环节短板。坚持以流域为单元，逐流域规划、逐流域治理、逐流域验收，一条河一条河治理，确保'治理一条、见效一条'。"王胜万说，今年中央财政水利发展资金分两批安排213.4亿元，下达治理任务12 013公里，安排治理河流1 466条，涉及项目1 815个。截至6月底，已开工项目1 179个，完成治理河长3 888公里，占下达治理任务的32.4%。

魏山忠表示，接下来水利部将进一步加大组织推动力度，做好工程安全度汛，抓好安全生产，强化质量控制，对水利工程建设各环节工作再挖潜、再加力，确保完成年度水利建设各项目标任务，为稳定宏观经济大盘做出更多贡献。

水利部：迅即进入防汛关键期工作状态

7月18日，国家防总副总指挥、水利部部长李国英主持专题会商，研判"七下八上"防汛关键期洪旱形势，安排部署水旱灾害防御工作。李国英强调，要始终把保障人民群众生命财产安全放在第一位，锚定人员不伤亡、水库不垮坝、重要堤防不决口、重要基础设施不受冲击"四不"目标，坚决守住水旱灾害防御底线。

据预测，"七下八上"期间，松花江流域、淮河流域沂沭泗及山东半岛诸河、黄河支流大汶河、新疆阿克苏河等可能发生较大洪水，黄河中下游、淮河、辽河、海河南系、长江支流汉江和滁河、云南澜沧江等可能发生超警洪水，珠江流域、海河北系及滦河、太湖等可能发生区域性暴雨洪水；江南南部、华南北部、西北大部、西南东北部、新疆等地可能出现阶段性旱情。

李国英表示，要在充分研究近期洪旱形势和前期汛情特点基础上，精准对象、精准目标、精准措施，提前做好"七下八上"防汛关键期水旱灾害防御应对准备。要迅即进入防汛关键期工作状态，意识、机制、节奏、措施与之相匹配，以"时时放心不下"的高度责任感全力做好各项防御工作。

具体来看，要扎实做好预报、预警、预演、预案"四预"工作，全面检查和落实重点流域防洪工程体系（控制性水库、河道及堤防、蓄滞洪区）应对准备工作。同时，要提前做好各类水库防垮坝工作，逐库落实防汛"三个责任人"和"三个关键环节"；提前做好淤地坝防溃坝工作，逐坝落实责任人、抢险措施；提前做好山洪灾害防御工作，强化局地短临降雨预报预警，提前转移危险区群众，做到应撤必撤、应撤尽撤、应撤早撤、应撤快撤。此外，要提前做好中小河流洪水防御工作，逐河检查落实各级河长防汛责任，抓紧清除行洪障碍，加强薄弱堤段巡查防守，及时组织群众转移避险；提前做好抗旱工作，确保旱区群众饮水安全，保障在地农作物时令灌溉用水需求。要全链条、全过程紧盯每一场次洪水和每一区域干旱防御工作，及时复盘检视，及时查漏补缺，全面提高水旱灾害防御能力。

水利部："八上"防汛关键期
要提前做好防洪应对准备

（**经济日报新闻客户端　吉蕾蕾**）　7月31日，国家防总副总指挥、水利部部长李国英主持专题会商强调，要立足防大汛、抢大险、救大灾，继续保持专心致志、全力以赴"打硬仗、打赢仗"的精神状态和奋斗姿态，将各项应对准备工作做在洪水干旱前面。

当前即将进入"八上"防汛关键期，预报此期间，我国局地洪涝和干旱并存，松辽流域松花江、松花江、辽河、浑河、太子河，海河流域北系和滦河，黄河中游北干流，珠江流域北江和东江下游等河流可能发生洪水；长江中下游地区可能发生干旱，水旱灾害防御形势严峻。

李国英表示，要提前做好防洪应对准备。针对预报可能发生洪水的流域，迅即调度大中型水库腾出防洪库容，使其有足够的能力对洪水实施精准调控；加强对河流堤防特别是险工险段、薄弱堤段的防守，提前预置抢险队伍、物料和设备，确保不决口；逐库落实中小型水库、病险水库防汛"三个责任人"和"三个重点环节"，确保不垮坝；严格落实山洪灾害防御责任，降低预警阈值，对受威胁区域人员坚决做到早撤、快撤、尽撤，重点落实景区管控和山丘区跨河桥梁可能堵塞河道防御措施，确保人员不伤亡。

同时，要提前做好防台风准备。密切跟踪第 5 号台风"桑达"移动路径，做好其影响流域、区域的洪水防御；密切关注后续台风动态，加强监测预报，提前做好防范预案。要提前做好冰川堰塞湖溃决洪水防御准备。加强冰川堰塞湖洪水监测和动态跟踪预报，掌握洪水影响范围和对象，提前撤离受威胁区域人员。

此外，还要提前做好抗旱准备。强化旱情监测预报，科学精细调度长江三峡水库及长江上游水库群和洞庭湖"四水"、鄱阳湖"五河"水库群，做好抗旱水资源准备，确保旱区群众饮水安全，保障牲畜饮水和秋粮作物时令灌溉需求。扎实做好引江济太水量调度。做好水情预测预报，加强水文水质和流场监测，精准控制调水过程、流量、水量、水位等，避免蓝藻暴发，确保太湖水资源、水生态、水环境安全。

淮河入海水道二期工程今日开工

（**经济日报新闻客户端　吉蕾蕾**）　7月30日，淮河入海水道二期工程正式开工。工程实施后，将大幅度提升淮河入海能力，可使洪泽湖防洪标准由现状100年一遇提高到300年一遇，同时减轻淮河中游防洪除涝压力，减少洪泽湖周边滞洪区启用，改善苏北灌溉总渠以北地区排涝条件，并为今后洪泽湖周边滞洪区调整创造条件，对保障流域经济社会发展具有重大意义。

淮河发源于河南省桐柏山区，原是一条独流入海的河流，滋润良田、泽被两岸。然而，自12世纪黄河南迁、夺淮入海以来，淮河旱涝灾害日趋频繁，一度被称为"中国最难治理的河流"。

经过多年治理，淮河流域洪涝灾害防御能力显著增强。其中，通过建设淮河入海水道一期工程等项目，淮河下游的排洪能力由不足8 000立方米每秒扩大到15 270～18 270立方米每秒，洪泽湖及下游防洪保护区达到100年一遇的防洪标准。

淮河下游洪水入江、入海能力得到巩固提升的同时，洪水出路规模依然不够，洪泽湖中低水位泄流能力偏小仍是淮河下游防洪面临的主要瓶颈。

2022年初，水利部部长李国英在全国水利工作会议上强调，要提高河道泄洪及堤防防御能力，加快淮河下游入海水道二期等重点工程建设，保持河道畅通和河势稳定，解决平原河网地区洪水出路不畅问题。

水利部规划计划司副司长乔建华介绍，由于淮河下游入海通道泄流能力不足，在利用洪泽湖周边滞洪区滞洪的情况下，洪泽湖现状防洪标准才能达到100年一遇，尚达不到国家防洪标准规定的300年一遇的要求。目前，淮河下游入江、入海的设计泄洪能力要在洪泽湖水位较高时才能达到，洪泽湖中低水位时，入江、入海、入沂的泄流能力较小，洪水出路严重不足。

"因此，加快建设淮河入海水道二期工程，扩大淮河下游排洪出路，提高洪泽湖及下游防洪保护区的防洪标准，减轻淮河中游防洪除涝压力，显得尤为迫切和必要。"乔建华指出，开工建设淮河入海水道二期工程，是实现淮河安澜的重大举措。

据江苏省水利厅规划计划处处长喻君杰介绍，淮河入海水道一期工程2003年建成通水，设计行洪流量2 270立方米每秒。二期工程是在一期工程已经确定并形成的河道范围内，通过挖宽挖深泓道、培高加固堤防、扩建控制枢纽，使设计行洪流量扩大到7 000立方米每秒。二期工程建成后，将进一步扩大淮河下游洪水出路，可使洪泽湖防洪标准达到300年一遇，提高洪泽湖的洪水调蓄能力，加快淮河中游洪水下泄、减轻淮河中游防洪压力。

"淮河入海水道二期工程项目在江苏、效益在全流域。江苏将秉承团结治水的精神，坚持流域协同治理，将入海水道二期工程打造成为淮河流域的安全水道、江淮平原的生态绿道、苏北振兴的黄金航道。"江苏省水利厅厅长陈杰表示，淮河入海水道二期工程实施后，河道水域宽阔，水深条件优良，适当浚深，改扩建沿线枢纽和跨河桥梁可满足Ⅱ级航道通航要求，为提高淮河出海航道等级、增加运输能力创造了条件，对促进淮河流域沿线经济社会发展具有重要意义。

水利部："八上"关键期"一南一北"可能发生洪水

8月5日，国家防总副总指挥、水利部部长李国英主持专题会商，滚动研判"八上"关键期汛情、旱情形势，安排部署应对准备工作。李国英强调，牢固树立防汛关键期意识，坚持底线思维、极限思维，始终绷紧"防"的神经，毫不松懈、预之在先，以"时时放心不下"的责任感，落细落实各项应对措施，坚决打好有准备之仗、有把握之仗。

据预报，"八上"期间，我国主要降雨区呈"一南一北"分布。松辽流域松花江、浑河、太子河、辽河及其支流绕阳河，海河流域滦河、北三河、大清河、子牙河，黄河北干流上段，珠江流域北江、东江、韩江可能发生洪水。长江流域气温偏高、降水偏少，大部分地区将发生干旱。

对此，李国英要求，要逐流域提前做好防洪准备。松辽流域控制性水库抓住降雨间歇期腾库迎汛，做好拦洪准备，加强辽河干支流堤防特别是沙基沙堤段、险工险段、穿堤建筑物堤段的巡查防守，及时清除河道内阻水障碍等，抓紧做好绕阳河堤防溃口堵复，防范后续洪水；海河流域上游水库全力拦蓄，及时清除河道行洪障碍，充分发挥河道泄流、分流作用；黄河中游地区要加强淤地坝巡查值守，及时发布预警，提前转移危险区域群众；珠江流域要针对前期降雨多、土壤饱和等情况，落实落细各项防御措施，科学调度流域骨干水库。要落细落实强降雨区中小水库、病险水库防汛责任和防垮坝措施，确保水库不垮坝。要严密防范山洪灾害，重点关注海河流域太行山东麓、松辽和珠江流域山丘区，及时发布预警，提前转移群众。要密切监视台风态势，精准预报移动路径、影响范围、江河洪水等，提前做好防御准备。

此外，还要确保南水北调中线防洪安全，以干线交叉河道为重点，逐一做好上游水库调度、河道渠道巡查防守，在易出险段点预置抢险力量、物料、设备等，提前做好应对准备。要预筹抗旱水资源，科学调度长江三峡水库及长江上中游水库群和洞庭湖、鄱阳湖水系水库群，千方百计确保旱区群众饮水安全、保障秋粮作物灌溉用水。依法依规分解落实流域管理机构、地方水行政主管部门、水库及河道管理单位、责任岗位及责任人防汛抗旱责任，做到全方位、无死角、不落一项。

水利部进一步部署北方地区暴雨洪水防范工作

8月6日，华北、东北等地部分地区降了中到大雨，其中北京、河北、吉林等地局部地区降了暴雨。据预报，7—10日，西北东北部、华北中部南部、黄淮北部等地将有大到暴雨，局地大暴雨；海河流域大清河、永定河、漳卫河，黄河流域中游干流及支流汾河、山陕区间部分支流、下游大汶河，淮河流域山东小清河、松辽流域浑河、松花江等河流将出现涨水过程，暴雨区部分河流可能发生超警洪水。

为进一步安排部署暴雨洪水防范应对工作，水利部7日组织防汛会商，滚动分析研判北方地区雨情、水情、汛情形势。水利部副部长刘伟平表示，要加强监测预报预警，强化中小水库、病险水库和淤地坝防洪保安，有效防御中小河流洪水和山洪灾害，做好南水北调中线工程及交叉河道的巡查防守，确保人民群众生命财产安全和重要工程安全。

水利部维持上述地区洪水防御Ⅳ级应急响应，每日向有关省级水利部门"一省一单"发出通知，通报预报50毫米或25毫米降水量覆盖范围内县级行政区及水库名单，要求有针对性做好防范工作，加派5个工作组分赴河北、天津、山西、陕西一线指导。水利部黄河、海河水利委员会均启动Ⅳ级应急响应。南水北调集团启动防汛Ⅳ级应急响应，相关负责人及时到岗值守、开展防汛督导检查，组织预置抢险力量，做好应急抢险准备。天津、山西、陕西、山东等地水利部门启动水旱灾害防御Ⅳ级应急响应，做好暴雨洪水防御各项工作。

农村水利建设按下"快进键"

水利是农业的命脉，农村水利是水利基础设施建设的重点领域。水利部近日发布数据显示，截至7月底，各地共完成农村供水工程建设投资466亿元，是去年同期的2倍多；大中型灌区建设改造完成投资178亿元；已开工农村供水工程

10 905 处，提升了 2 531 万农村人口供水保障水平。

　　"农村供水安全事关亿万民生福祉，大中型灌区是端牢中国人饭碗的基础设施保障。"水利部副部长刘伟平表示，今年以来，农村供水工程及大中型灌区建设和改造吸纳农村劳动力就业 35.9 万人，在保障粮食安全、提升农村供水保障水平、促进农民工就业方面发挥了重要作用。

基础设施建设持续推进

　　南水北调中线引江补汉工程开工建设、淮河入海水道二期工程按期启动、黄河下游"十四五"防洪治理……7 月，我国全面进入主汛期，各地水利部门在全面做好防汛工作的同时，持续加快推进水利基础设施建设，水利投资持续扩大。

　　数据显示，截至 7 月底，新开工重大水利工程 25 项，在建水利项目达到 3.18 万个，投资规模 1.7 万亿元；完成水利建设投资 5 675 亿元，较去年同期增加 71.4%；水利工程施工吸纳就业人数 161 万，其中农民工 123.3 万，充分发挥了水利有效投资的作用，为稳投资、促就业做出积极贡献。

　　大中型灌区建设改造项目点多面广、产业链条长，对经济拉动作用也不容小觑。据刘伟平介绍，我国农田有效灌溉面积占全国耕地面积的 54%，生产了全国总量 75% 以上的粮食和 90% 以上的经济作物，特别是大中型灌区，旱能灌、涝能排，最大程度保证了粮食稳产。同时，灌区项目大多数分布在田间地头，可以让农村居民在家门口实现就业。

　　今年中央一号文件提出，加大大中型灌区续建配套与改造力度，在水土资源条件适宜地区规划新建一批现代化灌区，优先将大中型灌区建成高标准农田。为推动灌区高质量发展，水利部实行清单管理，细化分解建设任务，积极落实建设资金，保障工程建设需求。

　　各地也纷纷采取有力有效措施，比如江苏省在大型灌区中央投资还没有下达的情况下，先期下达省级建设资金，为项目顺利实施提供了保障。江苏省水利厅厅长陈杰透露，今年国家安排江苏省 35 个大中型灌区节水改造任务，计划投资 18.9 亿元，目前已完成 15.3 亿元，占计划任务的 81%，超序时进度。

　　水利部农村水利水电司司长陈明忠表示，今年大中型灌区新建和改造项目投资规模已达到 388 亿元，安排投资的 529 处灌区项目已开工 455 处，完成投资 178 亿元。国务院明确今年重点推进的 6 处新建大型灌区已开工 3 处，另外有 2 处已基本完成前期工作，预计 9 月开工。"这些项目的建设，将持续发挥稳增长、保就业的重要作用。"

工程建设资金多方筹集

民以食为天，食以水为先。喝上干净的自来水，是亿万村民的期盼。这些年，在推进农村供水工程建设过程中，如何多渠道筹集资金始终是不可避免的课题。

"'两手发力'始终是我们筹集资金，推进农村供水规模化发展的重要保障机制。"湖北省水利厅厅长廖志伟表示，在做好用地、审批等要素保障的同时，今年湖北省共筹资 48 亿元，其中省级财政 4 亿元，市、县财政 10 亿元，申请债券、贷款及融资 34 亿元，联合召开"两手发力"工作推进会，与国开行等签订政银战略合作协议，各市县预期贷款需求 46.2 亿元，已签约 13.09 亿元。其中，蕲春、汉川协议社会融资 23.8 亿元即将落地。

"今年以来，水利部指导督促地方强化政府和市场作用，持续扩大水利有效投资。"陈明忠介绍，一方面，强化目标指标约束，系统谋划供水工程建设。依据去年印发的《全国"十四五"农村供水保障规划》，逐级把目标指标分解到各个省，通过省再分解到市、县，分解到年度。其中，有两项硬指标最为突出，一是到今年年底，农村自来水普及率要达 85%，二是规模化供水工程覆盖农村人口的比例要达 54%。有条件的地区大力推进规模化供水工程建设，对偏远山区积极开展小型工程标准化改造提升。

另一方面，强化政银企对接，广开资金渠道，创新投融资机制。指导部署各地充分发挥好中央财政衔接推进乡村振兴补助资金、各地财政投入等政府投资作用，主动对接政策性银行、水利投资企业及社会资本等渠道，推荐重点项目。此外，全面推进水价改革，农村集中供水工程全面收缴水费，对特殊地区、特殊人群建立政府补助机制。

充足的资金保障了农村供水工程建设需求，工程建设也取得成效。数据显示，现已累计排查解决 160.7 万农村人口饮水不稳定问题，农村供水脱贫攻坚成果得以进一步巩固；已开工农村供水工程 10 905 处，完成投资 466 亿元，提升了 2 531 万农村人口供水保障水平；农村供水工程维修养护持续强化，累计维修养护农村供水工程 6.7 万处，服务 1.3 亿人。

积极应对洪旱灾害影响

洪涝和干旱都会对农村供水工程和大中型灌区造成影响。洪涝会导致水利工程出现水毁损失，如果灌区排水不畅，还会造成农田受淹；干旱则会直接威胁供水安全。

进入 7 月，我国总体呈现南北涝、中部旱的旱涝并存状况。截至目前，全国耕地受旱面积 1 319 万亩，有 36 万人和 85 万头大牲畜因干旱供水受到影响。其中，长江流域降水量较常年同期偏少四成，流域大部高温日超过 15 天，中下游部分地区超过 25 天。安徽、江西、湖北、湖南、重庆、四川 6 省市耕地受旱面积达 967 万亩，有 83 万人因干旱供水受到影响。

刘伟平介绍，目前，长江流域大中型灌区水源可得到有效保障，部分灌区末端区域和望天田受旱较重，部分以小型水库或山泉水、溪流水作为水源的分散供水工程出现缺水，民众供水受到一定影响，一些民众需要拉水送水以保障生活用水。

据气象预测，未来一周长江流域大部将维持高温少雨天气，四川、重庆、湖北、湖南、安徽、江西等地旱情可能持续发展。目前，水利部已向相关地区发出通知，要求深入分析旱情对农业生产和民众饮水的影响，提早采取抗旱措施，减轻干旱造成的影响和损失。

刘伟平表示，下一步，水利部门将指导有关省份在保障防洪安全的前提下，统筹防汛抗旱，科学调度水工程。针对重点旱区逐流域提出调度措施，并提前谋划三峡、丹江口等 51 座主要水库调度，为抗旱储备水源。组织灌区对苗情、墒情、用水需求等开展专项调研，及时调整供水用水计划，加强工程维修养护和灌溉巡查，全力保障农村供水和农业灌溉用水。

此外，继续指导受水旱灾害影响的地区全面摸排农村供水和灌溉工程受损状况，摸排了解群众饮水安全情况，做到不漏一户、不落一人。受旱情影响的地区因地制宜采取延伸管网、开辟新水源、分时供水、拉水送水等措施，确保农村居民饮水安全，保障规模化养殖牲畜基本饮水需求。对水毁工程全力组织抢修，尽快恢复农村居民和农业灌溉供水。

长江流域旱情还会持续多久

"7 月以来，长江流域大部分地区持续高温少雨，旱情发展迅速，干旱灾害形势严峻。"在日前召开的长江流域抗旱保供水保秋粮丰收有关情况新闻发布会上，水利部副部长刘伟平介绍，四川、重庆、湖北、湖南、江西、安徽6省耕地受旱面积达1232万亩，83万人、16万头大牲畜供水受到影响。

水利部统计显示，7月以来，长江流域大部分地区持续高温少雨，降水量较常年同期偏少45%。部分地区中小型水库蓄水不足，四川、重庆、安徽水库蓄水较常年同期偏少一成，有70座中小型水库低于死水位。

长江流域属于丰水地区，为何会发生罕见旱情？水利部信息中心副主任刘志雨分析，在全球气候变暖背景下，受持续拉尼娜现象影响，今年7月以来，受副高下沉气流控制，长江全流域持续高温少雨，流域内主要河湖来水明显偏少，水位显著偏低，多地土壤缺墒，因此出现多年同期少见的旱情。

当前，长江流域水稻等秋粮作物正处于灌溉需水关键期，为遏制长江中下游干流水位快速下降趋势，确保沿线灌区和城镇取水，水利部决定实施长江流域水库群抗旱保供水联合调度专项行动，调度以三峡水库为核心的长江上游梯级水库群，洞庭湖湘、资、沅、澧"四水"水库群，鄱阳湖赣、抚、信、饶、修"五河"水库群，加大出库流量为下游补水。

"水库群联合调度专项行动已于8月16日12时起实施，将调度上中游水库群加大出库流量为下游补水，计划补水14.8亿立方米。"水利部长江水利委员会副主任吴道喜介绍。

"8月以来，水利部已调度长江流域控制性水库群向中下游地区补水53亿立方米。"刘伟平说，目前，长江流域大中型水库蓄水情况总体较好，蓄水量较去年同期仅偏少一成。受旱省市蓄水量较常年同期总体持平，"大中型灌区的灌溉水源和城乡供水是有保障的，受旱耕地主要是分布在灌区末端和没有灌溉设施的'望天田'。供水受影响的主要是以小型水库或山泉、溪流作为水源的分散供水工程"。

据预测，长江流域未来一周仍将维持高温少雨。8月底前，长江流域降水、来水总体仍将偏少，展望9月，中下游大部地区降水来水仍可能继续偏少。

刘伟平表示，水利部门要密切关注长江流域旱情发展，继续做好抗旱保供水保秋粮丰收工作。要深入分析旱情对农业生产和群众饮水的影响，滚动预报降雨、来水、蓄水等情况，及时发布干旱预警；组织编制长江流域应急水量调度方案，"一库一策""一村一策"制订应急预案，落实抗旱保供水兜底措施。

水利部：水旱灾害防御形势依然严峻

（经济日报记者　吉蕾蕾）　日前，国家防总副总指挥、水利部部长李国英主持专题会商，深入分析研判近期旱情、汛情形势，进一步安排部署抗旱防汛工作。

据了解，预测未来一周，长江流域旱情将持续发展，黄河流域上中游、淮河流域沂沭泗水系、黑龙江嫩江松花江、海河流域部分水系等还将有强降雨洪水过程，水旱灾害防御形势依然严峻。

李国英表示，要保持防汛关键期的精神状态和工作机制，牢固树立"时时放心不下"的责任感，不松懈、不松劲、不麻痹、不大意，勇担当、善作为，坚决打赢水旱灾害防御硬仗。

一要精准范围、精准对象、精准措施，全力做好抗旱工作。要千方百计确保旱区群众饮水安全，迅即调度以三峡水库为核心的长江上游梯级水库群和洞庭湖"四水"、鄱阳湖"五河"水库群为下游补水，做到水库群调度与农业灌溉精准衔接，满足旱区秋粮作物时令灌溉用水需求。

二要以中小河流洪水和山洪灾害防御为重点，细化实化暴雨洪水防御工作。做好沂沭泗、嫩江、松花江和海河等流域骨干水库拦洪调度；加强黄河上中游地区"十大孔兑"等河流堤防和淤地坝巡查防守，提前转移受威胁群众；强化海河流域太行山东麓地区山洪灾害防御，确保人民群众生命财产安全。

三要密切关注台风生成和发展动向，准确预报移动路径和影响范围，提前做好各项防御准备。此外，要高度警惕西北地区因气温升高导致冰川融雪与局地强降雨叠加形成的洪水，提前分析对水利工程和沿线地区的影响，提前做好防范应对准备。

汛期亦需重视抗旱

洪水来势汹汹，旱情亦不容小觑。尽管还在汛期，但受持续高温少雨天气影响，长江流域部分地区旱情快速发展，降雨和江河来水异常偏少，对农村饮水安全、大牲畜饮水和秋粮作物生长造成不利影响，部分灌区末端区域和"望天田"

受旱严重。

8月以来，水利部门已调度长江流域控制性水库群向中下游地区补水53亿立方米，不仅抬高了长江中下游沙市、城陵矶等主要控制站的水位，也确保了旱区群众饮水安全，保障了大牲畜饮水和农作物时令灌溉用水需求。但我们也要清醒地看到，今后一段时间，长江中下游大部分地区降水来水仍可能继续偏少，湖北、湖南、江西等地的旱情仍将持续发展。各地要时刻绷紧"抗大旱、抗长旱"这根弦，在科学调配水源的同时，更要精打细算用好水。

当前，长江流域水稻等秋粮作物正处于灌溉需水关键期。抗旱保供水，关系着秋粮能否丰收丰产，关系着人民群众生命安全和切身利益，容不得半点疏忽。各级水利部门要密切关注旱情，抓细落实各项应对准备工作，坚持精准范围、精准对象、精准措施，全力将旱情损失降到最低。

长江流域这次旱区涉及多个省份，范围广、影响大。水利部门要联合旱区各省份根据水文气象预报信息，结合水源工程供水状况、农村供水和灌区供水需求，摸清农村供水和灌区受影响的具体范围。对受到旱情影响的区域和工程逐个建立清单台账，摸清旱区缺水状况。要做好预报、预警、预演、预案工作，滚动预报降雨、来水、蓄水等情况，及时发布干旱预警，及时启动干旱防御应急响应。在保障防洪安全的前提下，要有计划地提前增加长江流域上中游水库群、洞庭湖和鄱阳湖水库群蓄水，为抗旱储备水源。

水源有了，如何把水调度到旱区也十分关键。水利工程是防汛抗旱的"利器"，科学精准调度水利工程是抗旱的有效手段。水利部门要继续调度三峡等水库群，加大出库流量，为长江中下游补水。还要统筹长江上游各水库蓄水、下游引水以及用水需求，精准算好中下游各地流量、水位、水量，科学制订抗旱调度方案。

抗旱时期，水资源更是异常宝贵。各地根据实际情况，尽快实施库库连通、库厂连通等工程，提高当地水资源利用率。相关地区也要强化用水管理，抓住上游补水的有利时机，精准对接每一个灌区、每一个城乡供水取水口，多引、多提、多调，保障人民群众生产生活用水安全，满足秋粮作物生长关键期灌溉用水需求。

南水北调东中线一期全部设计单元
工程通过完工验收

8 月 25 日，南水北调中线穿黄工程通过水利部主持的设计单元完工验收。至此，南水北调东、中线一期工程全线 155 个设计单元工程全部通过水利部完工验收，其中东线一期工程 68 个，中线一期工程 87 个。这是南水北调东、中线一期工程继全线建成通水以来的又一个重大节点，标志着工程全线转入正式运行阶段，为完善工程建设程序，规范工程运行管理，顺利推进南水北调东、中线一期工程竣工验收及后续工程高质量发展奠定了基础。

南水北调东、中线一期工程建设规模大、时间跨度长、涉及行业地域多，为保证工程验收质量，在南水北调一期工程全面开工初期，国务院原南水北调工程建设委员会就明确了验收相关程序和要求，2006 年国务院原南水北调办制订了《南水北调工程验收管理规定》，明确南水北调一期工程竣工验收前，要对 155 个设计单元工程分别进行完工验收。设计单元完工验收前还需完成项目法人验收，通水阶段验收，环境保护、水土保持、征迁及移民安置、消防、工程档案等专项验收，以及完工财务决算。

水利部高度重视南水北调工程验收工作，成立了部领导任组长的南水北调工程验收工作领导小组，将完成完工验收和竣工验收准备工作纳入推进南水北调后续工程高质量发展工作计划，坚持高标准、严把关、科学调度、高效协同，积极克服疫情影响、创新工作方式，挂图作战，按月督导，强力协调破解验收难题。南水北调集团把工程验收作为推进南水北调后续工程高质量发展的重要任务，按照水利部相关部署，加强组织领导，夯实工作责任，按验收计划全力推动验收工作。

通过各方努力，按计划如期保质完成了验收任务。南水北调东、中线一期工程设计单元全部通过完工验收，将为南水北调后续工程建设管理积累经验，为丰富基本建设验收管理手段、提升大型跨流域调水工程验收管理水平提供参考借鉴。

据了解，2002 年 12 月南水北调工程开工建设，2014 年 12 月东、中线一期工程全线通水。通水以来工程运行安全平稳，水质持续达标，工程投资受控，累计调水超过 560 亿立方米，受益人口超过 1.5 亿，发挥了显著的经济、社会和生态效益。

此次通过验收的中线穿黄工程是南水北调的标志性、控制性工程，工程规模宏大，是我国首次运用大直径（9.0米）盾构施工穿越大江大河的工程，在黄河主河床下方（最小埋深23米）穿越黄河，工程单洞长4 250米，设计流量为265立方米每秒，加大流量为320立方米每秒。工程于2005年开工，攻克了饱和砂土地层超深竖井建造、高水压下盾构机分体始发、复杂地质条件下长距离盾构掘进、薄壁预应力混凝土内衬施工等一系列技术难题。经过9年建设、8年运行，累计输水超过348亿立方米，工程各项监测指标显示，工程运行安全平稳。

下一步，水利部将认真贯彻落实党中央、国务院关于南水北调后续工程高质量发展的工作部署，加快推进工程竣工验收各项准备工作，不断提升工程综合效益，以优异成绩迎接党的二十大胜利召开。

云南滇中引水二期工程启动全面建设

8月26日，滇中引水二期工程全面建设现场动员大会在云南昆明、大理、楚雄、玉溪、红河5地同步召开，吹响了全面建设滇中引水二期工程的进军号。

据介绍，滇中引水二期工程是滇中引水工程的重要组成部分，是将一期干线水源输往各受水区的关键工程。二期工程线路总长1 883公里，共布置各级干支线线路170条，涉及新建扩建调蓄水库5座，泵站55座，直接供水范围面积达2.88万平方公里，涉及6州（市）36个县（市、区），供水水厂112座，穿跨铁路、公路、天然气管道等工程的交叉760余处。二期工程总工期70个月，工程总投资约440亿元。滇中引水工程建成后，每年可引调34亿立方米优质水，惠及国土面积3.7万平方公里，从根本上解决滇中地区水资源空间分配不均的难题。

环北部湾广东水资源配置工程正式开工

（经济日报新闻客户端　吉蕾蕾）　长期受水资源短缺问题困扰的粤西人民终于迎来了盼望已久的好消息。

8月31日，环北部湾广东水资源配置工程正式开工，标志着这项广东省历史上引水流量最大、输水线路最长、建设条件最复杂、总投资最高的跨流域引调水工程进入实施阶段。

据了解，该工程位于广东省西南部，由水源工程、输水干线工程、输水分干线工程等组成，输水线路总长约 499.9 公里。工程从云浮市西江干流地心村河段取水，通过泵站加压提水，穿过云开大山，调水至雷州半岛，供水范围包括云浮、茂名、阳江、湛江四市，覆盖人口 1 800 多万，将切实发挥供水生命线的作用。

粤西地区特别是雷州半岛，自古以来就以干旱闻名，自然调蓄能力弱，丰枯变化大，水资源短缺问题长期困扰粤西人民。水利部对此高度重视，早在 2007 年组织编制珠江流域综合规划时，就要求立足流域整体和水资源空间均衡配置，以系统思维解决粤西地区缺水问题。广东省先后启动实施了《雷州半岛西南部治旱规划》《雷州半岛水利建设"十三五"规划》，重点从优化雷州半岛水资源配置格局、加快农田水利建设、提升水利防灾减灾能力、推进水生态文明建设等 4 个方面进行系统治理。

按照相关部署，水利部珠江水利委员会在珠江流域综合规划中谋划了从西江干流调水至粤西等地区的环北工程。2013 年，珠江流域综合规划获国务院批复，为环北工程立项奠定了规划基础。

"环北工程建成后，可长远解决粤西地区水资源承载能力与经济发展布局不匹配问题，大幅提高区域供水安全保障能力。"水利部规划计划司副司长乔建华介绍，该工程是国务院确定的今年加快推进的 55 项重大水利工程之一，也是国家水网的重要组成部分。

据介绍，环北工程主要为城乡生活和工业生产供水，兼顾农业灌溉，同时，为改善水生态环境创造条件。"工程建成后，受水区增供水量 20.79 亿立方米，其中，城乡生活和工业供水 14.38 亿立方米，农业灌溉供水 6.41 亿立方米。"水利部珠江水利委员会副主任易越涛介绍。

"工程建成后可退减超采地下水 5.66 亿立方米，退还被挤占的生态环境用水 1.85 亿立方米，对改善生态环境发挥积极作用。"广东省水利厅副厅长申宏星说。

作为广东最大、国内居前、行业瞩目的国家重大水利工程，环北工程设计、建设、运维各阶段面临诸多重点难点，其中不乏行业性甚至世界级技术难题。"比如，复杂水情条件下江库水网构建与联合调度，复杂水文地质条件下高水压隧洞衬砌结构研究与设计，穿越复杂地质条件下长距离深埋隧洞多功能 TBM 研制与施工，长距离深埋管道智慧运维与保障。"环北工程项目设计总工程师刘元勋举例说，这些都是工程规划、建设中需要重点研究解决的课题。

通过西江取水泵站、输水线路等将西江和高州、鹤地等大中型水库联通，环北工程构建起覆盖粤西4市13区（县）的超大型复杂水网体系。在庞大的水网体系中，取水区和受水区的降雨、径流存在时空差异，面对复杂水情，如何提高受水区供水保障，如何调配外调水与调蓄水库以达到水资源时空均衡目标，需要展开大范围、跨流域的江库联网联合调度研究，实现水资源高效优化配置。

环北工程输水线路长约499.9公里，隧洞最大洞径8.2米，沿线穿越工程地质和水文地质条件复杂的云开地块与滨海平原，隧洞高水压问题突出，其中高压隧洞HD值（工作水头与管道内径的乘积）达1 420，为国内长距离大直径引调水工程之最。国内外类似工程建成案例极少，运行期如何控制隧洞受内压裂缝发展、防止内水外渗，检修期如何防止隧洞受外压导致结构失稳等，都需开展隧洞围岩稳定与衬砌结构相关研究。

"针对设计、建设、运维各阶段的重点难点，我们依靠科技创新，聚焦重大技术难题科研攻关，充分论证，编制了《环北部湾广东水资源配置工程科研纲要》。"刘元勋说，"随着科研课题的全面开展，将为环北工程顺利建设打下坚实基础。"

长江流域部分地区旱情缓解

（**经济日报新闻客户端　吉蕾蕾**）　今年7月以来，长江流域持续高温少雨，江河来水偏少、水位持续走低，旱情发展十分迅速。8月25日旱情高峰时，长江流域耕地受旱面积6 632万亩，有499万人、92万头大牲畜因旱供水受到影响，主要集中在重庆、四川、湖北、湖南、江西、安徽、河南、贵州、陕西、江苏10省（直辖市）。8月26—30日，西南、黄淮、江淮等地出现降雨过程，河南、四川、湖北、陕西、江苏、安徽等省旱情有所缓解。截至8月30日统计，长江流域耕地受旱面积4 325万亩，有473万人、71万头大牲畜因旱供水受到影响。

对此，国家防总副总指挥、水利部部长李国英多次会商部署抗旱工作，并深入重庆、湖北、湖南、江西等省（直辖市）旱区一线，与相关省市共商抗旱对策。水利部实施"长江流域水库群抗旱保供水联合调度"专项行动，自8月16日12时起，调度以三峡水库为核心的长江上游水库群、洞庭湖水系和鄱阳湖水系水库群，累计为中下游补水31.7亿立方米，指导中下游湖北、湖南、江西、安徽、江苏等省水利部门精准对接每一个灌区和城乡供水取水口，多引、多提、多调，目前农村供水工程受益人口1 385万，353处大中型灌区灌溉农田2 856万亩。

水利部商财政部已下达中央水利救灾资金 65 亿元，支持旱区修建抗旱应急水源工程、添置提运水设备和补助抗旱用油用电，并先后派出 8 个工作组指导旱区做好抗旱保供水保灌溉工作。

据预测，9 月长江上游降水量较常年同期总体偏多一成，对旱情缓解较为有利，但部分重旱区旱情仍可能持续；长江中下游及洞庭湖、鄱阳湖地区降水量较常年同期偏少二至五成，长江中下游干流及两湖水系江河来水偏少、水位继续走低，旱情可能进一步发展，抗旱形势依然严峻。

水利部表示，将立足抗大旱、抗长旱，密切监视长江流域雨情、水情、旱情，强化旱情形势分析研判；根据城乡供水和农业灌溉用水需求，精准调度水利工程蓄水补水；指导旱区完善抗旱预案和用水计划，精打细算用好每一立方米水；指导旱区用好中央水利救灾资金，加快抗旱应急水源工程建设和提运水设备购置等工作，提升抗旱供水保障能力。同时，针对近期长江上游金沙江、大渡河、渠江、汉江等流域的局地强降雨，指导相关地区严密防范旱涝急转，加强中小河流洪水和山洪灾害防御工作，确保人民群众生命安全。

水资源配置实现全局性优化

本报北京 9 月 13 日讯（记者　纪文慧）　中共中央宣传部 13 日举行"中国这十年"系列主题新闻发布会，介绍党的十八大以来水利发展成就。据介绍，在"节水优先、空间均衡、系统治理、两手发力"治水思路下，我国水利事业取得了历史性成就、发生了历史性变革。

水利部部长李国英表示，十年来，我国水旱灾害防御能力实现整体性跃升。全国新增水库库容 1 051 亿立方米，新增 5 级以上堤防 5.65 万公里。大江大河基本形成以河道及堤防、水库、蓄滞洪区为主要组成的流域防洪工程体系。成功战胜了黄河、长江、淮河、海河、珠江、松花江、辽河、太湖等大江大河大湖严重洪涝灾害，洪涝灾害年均损失占 GDP 比例由上一个十年的 0.57% 降至 0.31%。

水资源配置格局实现全局性优化。党的十八大以来，我国先后部署推进了 172 项节水供水重大水利工程、150 项重大水利工程。全国水利工程供水能力从之前的 7 000 亿立方米提高到 8 900 亿立方米。南水北调东、中线一期工程建成通水，累计供水量达 565 亿立方米，惠及 1.5 亿人。开工建设南水北调中线后续工程引江补汉工程和滇中引水、引江济淮、珠三角水资源配置等重大引调水工程，以及贵州夹岩、西藏拉洛等大型水库，"系统完备、安全可靠，集约高效、绿色智能，循环通畅、调控有序"的国家水网正加快构建。

保障农村供水、守住农村饮水安全底线，事关民生福祉。水利部农村水利水电司司长陈明忠介绍，十年来，农村供水工程投资总额达 4 667 亿元，全面解决了 1 710 万建档立卡贫困人口、总计 2.8 亿农村群众的饮水安全问题。农村自来水普及率已达 84%。

在节水优先方针下，我国水资源利用方式实现深层次变革，由粗放低效加速向集约节约转变。与 2012 年相比，2021 年我国万元 GDP 用水量、万元工业增加值用水量分别下降 45% 和 55%，农田灌溉水有效利用系数从 0.516 提高到 0.568。用水总量基本保持平稳，以占全球 6% 的淡水资源养育了世界近 20% 的人口，创造了世界 18% 以上的经济总量。

"这十年是我国水土流失治理力度最大、速度最快、效益最好的十年，越来越多的地区实现了从浊水荒山到绿水青山再到金山银山的蜕变。"水利部水旱灾害防御司司长姚文广表示，2021 年，全国水土流失面积比 2011 年下降 27.49 万平方公里。我国江河湖泊面貌实现根本性改善。河长制湖长制体系全面建立，省、市、县、乡、村 5 级 120 万名河湖长上岗履职尽责。实施母亲河复苏行动，华北地区地下水水位总体回升，白洋淀水生态得到恢复，永定河等一大批断流多年的河流恢复全线通水，京杭大运河实现了百年来的首次全线贯通。

珠江流域优化水资源调配

日前，环北部湾广东水资源配置工程正式开工建设。这标志着广东省历史上引水流量最大、输水线路最长、建设条件最复杂、总投资最高的跨流域引调水工程进入实施阶段。

水利部部长李国英表示，工程建成后，将进一步优化环北部湾城市群水资源配置格局，从根本上解决粤西地区水资源短缺问题，提升区域供水安全保障能力，对支撑粤西地区经济社会发展具有十分重要的意义。

广东降水丰沛，为何还会缺水？水利部珠江水利委员会副主任易越涛介绍，粤西地区特别是雷州半岛，自古以来就以干旱闻名，沿海诸河多为中小河流，自然调蓄能力弱，丰枯变化大，工程性缺水问题突出。由于地表水匮乏，导致当地工农业过度开采地下水，又造成了地面沉降等问题。水资源也因此成为影响区域发展的限制因素。

建设重大引调水工程，势在必行。2013年，珠江流域综合规划获国务院批复。"环北工程建成后，可长远解决粤西地区水资源承载能力与经济发展布局不匹配问题，大幅提高区域供水安全保障能力。"水利部规划计划司副司长乔建华介绍，环北部湾广东水资源配置工程总投资606亿元，是国务院确定的今年加快推进的55项重大水利工程之一。工程从西江干流取水，通过泵站加压提水，穿过云开大山，调水至雷州半岛，输水线路约500公里，覆盖人口超1800万。

据介绍，环北部湾广东水资源配置工程主要为城乡生活和工业生产供水，兼顾农业灌溉，同时也将为改善水生态环境创造条件。"工程建成后，受水区增供水量20.79亿立方米，其中，城乡生活和工业供水14.38亿立方米，农业灌溉供水6.41亿立方米。"易越涛说。此外，工程建成后可退减超采地下水5.66亿立方米，退还被挤占的生态环境用水1.85亿立方米。

从西江到粤西，既有连绵的云开大山，又有平缓的滨海平原，既要连通10座水库，又要跨越诸多中小河流，其中不乏行业性甚至世界级技术难题。"针对设计、建设、运维各阶段的重点难点，我们依靠科技创新，聚焦重大技术难题科研攻关，充分论证，编制了《环北部湾广东水资源配置工程科研纲要》。"环北工程项目设计总工程师刘元勋说。

珠江流域，水网密布。多年来，各项珠江治理工作不断推进。目前，流域累计建成江海堤防2.7万多公里、各类水库1.7万多座、各类蓄水工程14万多座，流域整体防洪能力有了显著提高，水资源配置和城乡供水体系基本完善。

"作为国家水网的重要组成部分，环北部湾广东水资源配置工程的建成将进一步完善珠江流域水资源调配格局。"易越涛说，接下来，将接续全力做好环北部湾广东水资源配置工程各项工作，不断完善珠江流域水网，为粤港澳大湾区高质量发展提供有力的水安全保障。

绷紧秋季抗旱这根弦

近日，水利部发布汛旱情通报，受降雨偏少及长江干流水位偏低影响，鄱阳湖水位持续走低。9月6日14时，鄱阳湖星子站水位7.96米，达到枯水蓝色预警标准。显然，虽已过传统的"七下八上"防汛抗旱关键期，但抗旱工作还没到能松口气的时候，要绷紧"抗大旱、抗长旱"这根弦，继续抓好抓实秋季抗旱工作。

7月以来，长江流域持续高温少雨，江河来水偏少，水位持续走低，旱情发展十分迅速。应对旱情，水利部实施了"长江流域水库群抗旱保供水联合调度"专项行动，一定程度上缓解了旱区群众饮水、大牲畜饮水和农作物灌溉用水需求。然而，据预测，9月长江中下游和洞庭湖、鄱阳湖地区旱情将持续发展，抗旱形势依然严峻。

抗旱保灌，关乎国家粮食安全和经济社会大局稳定。当前正值秋粮产量形成的关键阶段，长江流域是我国粮食重要产区，特别是秋粮所占比重更大，容不得半点疏忽。各级水利部门要密切关注旱情，深刻认识当前旱情的严峻性，以"时时放心不下"的责任感，采取坚决有力措施，将旱情影响降到最低。

旱情和汛情一样，大意不得。应对还在持续的旱情，任何环节都不可松懈。水利部门要联合旱区各省根据水文气象预报信息，坚持"预"字当先、"实"字托底，落实预报、预警、预演、预案"四预"措施，有针对性地做好秋季抗旱各项准备。特别要按照会商部署，围绕持续发展的旱情，树立"抗大旱、抗长旱"思维，以确保旱区饮水安全，保障规模化养殖、大牲畜饮水和秋粮作物灌溉用水为目标，精准掌握人畜饮水和作物灌溉用水需求。只有做到防患于未然，才能不断筑牢秋季抗旱的责任堤坝，有效提高旱区防灾减灾的综合水平。

科学精准调度水利工程是抗旱的有效手段。要结合流域降雨、来水情况，预筹水资源，适时开展以三峡水库为核心的长江上游干流水库群、洞庭湖"四水"干支流水库群、鄱阳湖"五河"干支流水库群抗旱调度，为抗旱提供水源保障。还要完善抗旱预案和用水计划，精打细算用好每一立方米水，确保城乡饮水安全，保障秋粮丰收。

秋季抗旱，事关重大。各级水利部门和相关地区务必克服麻痹思想、侥幸心理，继续匹配抗旱关键期的机制、节奏和措施，充分考虑旱情变化，优化完善应急预案，把保障人民群众生命财产安全的要求落到实处。

湖北 19 个重大水利项目集中开工

9 月 21 日，湖北省重大水利项目集中开工活动在鄂北地区水资源配置二期工程现场举行。本次集中开工的 19 个项目，总投资 274.8 亿元，涉及水资源配置、防洪排涝、供水灌溉等方面。项目的实施，将推动湖北作为国家首批省级水网先导区建设，加快形成省级水网骨干工程布局，提高流域防洪能力、区域供水保障能力和河湖生态持续改善能力，为湖北建设全国构建新发展格局先行区提供坚实水利支撑和保障。

此次开工的鄂北地区水资源配置二期工程，已纳入国家重点推进的 150 项重大水利工程项目库。工程总投资 90 亿元，施工总工期 60 个月，共包括 21 处分水建筑物至各受水对象之间的连接工程。目前项目可研报告已审批，环评、用地预审、移民等要件已经完成，具备开工条件。二期工程在不影响南水北调中线工程调水规模和鄂北工程供水任务的前提下，能充分发挥鄂北一期工程最大效益，是打通鄂北岗地供水的"最后一公里"、发挥好鄂北工程效益的关键工程。工程实施后，可以解决鄂北地区 588 万人、500 万亩耕地生活和工农业用水问题，灌溉保证率将达到 70%。

据了解，今年湖北省计划完成水利建设投资 502 亿元，目前已完成 392 亿元，位居全国第六。湖北将坚持综合调度和专项调度相结合，打响水利项目开工建设、投资计划执行、建设资金筹措等"攻坚战"，为进一步提高水安全保障能力、坚决守住流域安全底线发挥积极示范和推进作用。

结合"荆楚安澜"现代水网规划，目前湖北正在谋划实施恩施姚家平水利枢纽、引江补汉输水沿线补水工程等重大水利工程，争取尽早开工。"十四五"期间，计划投资 1 760 亿元，力争到 2025 年，初步构建标准适宜、风险可控、安全可靠的防洪安全保障体系，初步形成多源联调、丰枯互济的供水保障格局。

水利基础设施建设再提速

"8月以来，水利部持续加强水利基础设施建设，积极释放水利建设拉动经济效能，在项目开工、资金落实、投资完成、建设进度、促进就业等方面取得了新进展、新成效。"在日前召开的水利基础设施建设进展和成效系列新闻发布会上，水利部副部长刘伟平介绍，截至8月底，全国完成水利投资7 036亿元，同比增长63.9%；8月当月完成投资1 361亿元，创单月完成投资纪录。

在相关部门大力支持下，水利项目审批不断加快。截至8月底，全国新开工水利项目1.9万个，较7月底增加3 412个；重大水利工程开工31项，环北部湾广东水资源配置工程、广西龙云灌区、海南牛路岭灌区已于近日顺利开工建设。

"从数量上来讲，新开工的重大水利工程在历史同期是最多的。"水利部规划计划司二级巡视员张世伟介绍，新开工工程主要集中在防洪、水资源配置、灌溉以及水生态治理。

张世伟分析，从当前看，新开工的重大水利工程不仅能够拉动有效的水利投资，带动就业岗位，而且也能作为稳定宏观经济大盘的一个重要抓手；从长远看，能为防洪安全、供水安全、粮食安全、生态安全提供有力支撑，有助于国家中长期的发展战略顺利实施。

目前，重大水利工程整体进展顺利，今年以来共有32项重大水利工程开工建设，超过往年水平。一批重大水利工程实现重要节点，安徽引江济淮主体工程完成近九成，年内有望试通水、试通航；珠江三角洲水资源配置工程隧洞开挖完成97.5%，年内有望全线贯通；滇中引水工程完成投资、建设进度实现双过半。一批事关防洪安全、供水安全和粮食安全的项目加快推进。各地农村供水工程已开工建设或改造工程13 804处，完工8 173处，完工率接近六成，累计提升了3 398万农村人口供水保障水平。中小河流治理项目已开工1 576个，完成治理河长6 846公里，完成投资224.53亿元，投资完成率70.8%。水土保持项目完成投资37.77亿元，治理水土流失面积7 085平方公里。

水利工程建设离不开真金白银的支撑。水利部水利工程建设司司长王胜万介绍，为多渠道筹措建设资金，保障大规模水利建设的资金需求，水利部指导地方在积极争取加大财政投入、用好地方政府专项债券和政策性开发性金融工具的同时，充分发挥市场机制作用。

值得关注的是，当前在建水利工程种类繁多，中小型水利工程占有相当比例，各类项目的建设进度都将直接影响水利项目的总体进度，各地情况不一，推动进展难度大。

"下一步，我们将抢抓黄金施工季节，在确保工程质量安全的前提下，全力以赴推动项目建设进度，保障完成年度建设任务。"王胜万分析说，一方面，周密部署，持续发挥调度机制重要作用，坚持月调度、周会商，不断推动工程进展；另一方面，分类施策，采用信息化手段全面掌握在建水利工程整体情况，针对不同类型的工程采取不同的推动措施，根据各地水利建设实施情况做出相应的指导，形成多措并举、上下联动的工程建设推进格局。

刘伟平表示，当前正值水利建设的黄金季节，水利部将统筹发展和安全，毫不松懈地抓好水利基础设施建设，努力夺取今年防汛抗旱和水利建设的双胜利。

科学调水用水应对南方旱情

7月以来，长江流域高温少雨，来水偏枯，江湖水位持续走低，长江流域发生严重夏秋连旱。为应对旱情，水利部联合长江流域有关省市研究制订抗旱联合调度方案，科学调度水利工程。各地因地制宜采取打井、提水、筑堰、延伸管网等综合措施，有效减轻了干旱造成的影响和损失。

当前旱情形势如何？接下来旱情还会如何发展？是否会影响秋粮作物和城乡饮水？又将如何统筹考虑科学调度长江流域水库群？针对这些问题，水利部门相关负责人进行了回应。

旱情形势依然严峻

连日来，受持续高温少雨和长江上游来水偏少共同影响，我国最大的淡水湖——鄱阳湖水位持续走低。截至9月6日8时，鄱阳湖都昌站水位7.97米、星子站水位7.99米，跌破8米极枯水位，再次刷新进入极枯水期最早纪录。

"极端旱情已经对群众饮水、农业生产和生态等方面造成严重影响。"江西省水利厅厅长王纯介绍，自6月下旬以来，江西省平均降水量178毫米，蒸发量是降水量的2倍。全省2 077座水库在死水位以下，占20%；4.45万座山塘干涸，占22%；25条10平方公里以上的河流发生断流，农作物受灾面积达883.6万亩。

为应对旱情，在水利部统一部署下，自8月16日起，江西省实施"鄱阳湖水库群抗旱保供水联合调度专项行动"。统筹考虑作物类型、灌溉需求、水源配置及预期来水情况，指导水库做好用水计划及灌区精准承接上游来水，累计为下游补水8.87亿立方米，保障了524万人、329万亩农田的用水需求，累计增加入湖水量2.25亿立方米。

江西旱情是长江流域各省市旱情的一个缩影。7月以来，长江流域降雨、来水均严重偏少，长江中下游干流及洞庭湖、鄱阳湖水位持续走低，发生了60多年来范围最广、程度最重的水文干旱，对一些地区群众饮水和秋粮生长造成影响。面对罕见旱情，长江流域各相关省市积极防旱抗旱，最大限度地减轻了旱灾损失。

"目前长江中下游地区旱情仍在进一步发展。"水利部信息中心副主任刘志雨分析，预计9月中下旬长江流域降雨将继续偏少，其中长江中下游及洞庭湖、鄱阳湖地区较常年同期偏少二至五成，江河来水持续偏少，河湖水位继续走低，汛末水库蓄水压力较大。展望10月，长江中下游降水量仍明显偏少，江西、湖南、湖北、安徽等地可能出现夏秋连旱，长江流域抗旱形势依然严峻。

统筹调度向下游补水

水利工程是防汛抗旱的重器，科学调度水利工程是抗旱的有效手段，也是关键措施。

8月16日，针对长江流域水稻等秋粮作物处于灌溉需水关键期、用水需求大的实际情况，水利部实施"长江流域水库群抗旱保供水联合调度"专项行动，调度长江上游水库群、洞庭湖水系水库群、鄱阳湖水系水库群，为下游累计补水35.7亿立方米，有效改善了长江中下游干流和两湖地区沿江取水条件。其中，湖北、湖南、江西、安徽、江苏5省共引水超过26亿立方米，农村供水受益人口1 385万，保障了356处大中型灌区灌溉农田2 856万亩。

"农作物灌溉需水是有周期的，9月中旬是长江中下游中稻、晚稻等农作物灌溉用水高峰期、关键期，农业灌溉用水需求量大且集中。"水利部副部长刘伟平介绍，经过科学论证，水利部决定，自9月12日8时起，再次启动"长江流域水库群抗旱保供水联合调度"专项行动。调度以三峡水库为核心的长江上游水库群、洞庭湖水系湘资沅澧"四水"水库群、鄱阳湖水系赣抚信饶修"五河"水库群为下游补水，计划补水17.8亿立方米以上。

记者了解到，本次专项行动主要针对长江中下游、洞庭湖流域、鄱阳湖流域旱区，即"一江两湖"旱区。在确保人民群众饮水安全的同时，重点保障356座大中型灌区、1 460万亩中稻、晚稻灌溉用水需求，还有众多小型灌区秋粮用水需求。

"目前，三峡水库出库流量是日均8 000立方米每秒，9月14日起调度三峡水库出库流量按日均9 000立方米每秒向下游加大补水，此后将根据长江中下游抗旱保供水保秋粮丰收用水需要的变化，及时调整三峡水库出库流量，计划共向长江中下游补水5亿立方米以上。"水利部长江水利委员会副主任吴道喜介绍，长江水利委员会将对补水下泄情况进行精准预报，指导长江中下游沿江省份调度涵闸、泵站等水利工程多引、多提、多蓄，争取将本次专项行动补水效益发挥到最优。

经初步分析，通过新一轮专项行动，可以有效缓解长江中下游干流水位快速下降趋势，可使长江中下游沙市、城陵矶、汉口、湖口站水位抬高0.1～0.9米，为下游抗旱引水创造更加有利条件，确保长江中下游干流和洞庭湖水系、鄱阳湖水系沿线城乡供水安全，保障秋粮作物时令灌溉用水需求。

做好抗大旱抗长旱准备

秋粮占全年粮食产量的四分之三，稳住秋粮对于确保全年粮食丰收意义重大。大中型灌区是我国粮食生产的主战场。据了解，长江流域中下游湖北、湖南、江西、安徽和江苏以地表水为水源的大中型灌区有356处，灌溉面积2 856万亩。

"目前大中型灌区有720多万亩中稻处于灌浆期，740多万亩晚稻处于拔节孕穗至抽穗扬花期。"水利部农水水电司副司长张敦强告诉记者，为精准对接长江流域水库群补水，将每一立方米水都用在刀刃上，水利部门积极应对，采取坚决有力措施，将旱情影响降到最低。

一方面，建立台账，精准掌握用水情况。根据作物生育期进一步摸清356处大中型灌区的需水时段和需水量，精准掌握灌区、农村集中供水工程水源和取水口位置、取水方式、泵站最低取水位、引水闸底板高程等工程情况，建立详尽的工程状况及用水台账。

另一方面，对接需求，指导合理配水。指导相关省市水利部门科学分析供水工程水源供给、作物灌溉需水情况，进一步核算长江干流来水以及117处大中型灌区引水能力，洞庭湖水系参与调度的35座水库可用水量、126处大中型灌区需水量，鄱阳湖水系参与调度的35座水库可用水量、113处大中型灌区需水量，最大限度发挥好多水源联合抗旱效益。

"在摸清'水账'家底后，建立大中型灌区、农村供水工程用水日调度机制，并结合水文气象预报信息，滚动预测每个取水口预计的引调水量，力争做到按需放水、节约用水，为秋粮丰收和城乡供水提供水源保障。"张敦强说。

当前，长江流域干旱防御形势依然严峻。刘伟平表示，水利部将做好抗大旱、抗长旱的准备，统筹当前和后期抗旱用水需求，努力增加水库蓄水，科学调度水利工程，保障长江流域供水安全、航运安全。

水利部部署防御台风"梅花"
带来的强降雨洪水

第 12 号台风"梅花"9 月 14 日晚在浙江舟山普陀沿海登陆，15 日凌晨在上海奉贤沿海再次登陆，15 日 14 时进入黄海。受其影响，13—14 日，浙江北部东部、上海、江苏东部降了大到暴雨，沿海部分地区降了特大暴雨，累积最大点雨量浙江宁波夏家岭 570 毫米。受台风降雨和天文大潮共同影响，浙江省姚江、曹娥江等 16 条中小河流，太湖周边河网区 16 个站及江苏、上海、浙江等省（直辖市）沿海 14 个潮位站水位超警戒 0.01 ~ 2.06 米，部分站点超保证 0.04 ~ 1.07 米，姚江发生有实测资料以来最大洪水。目前上述河流大部已出峰回落，浙江省 198 座重点大中型水库较 14 日增蓄 3.78 亿立方米。

对此，国家防总副总指挥、水利部部长李国英提前做出安排部署，要求严密防范台风"梅花"带来的强降雨，切实落实相关防御措施。水利部维持洪水防御 IV 级应急响应，每日会商研判，密切监视和滚动分析台风发展动向、移动路径及影响范围，每日以"一省一单"通报强降雨覆盖县区及水库名单，2 次发出通知细化部署防御工作，派出 5 个工作组赴上海、江苏、浙江、山东、辽宁 5 省（直辖市）协助指导地方做好台风强降雨洪水防御工作。

水利部太湖流域管理局已及时启动应急响应并视台风暴雨情况将应急响应提升至 II 级，加强常熟水利枢纽及沿长江、沿杭州湾口门调度，全力排水，确保防洪安全。水利部淮河水利委员会启动 IV 级应急响应，加强会商研判和工作部署，全力应对台风暴雨洪水。

水惠中国

■水利部：全力加快水利基础设施建设

■截至 5 月底农村供水工程已开工建设 6 474 处

■滇中引水工程实现投资、建设双过半

■千里淮河直入海——写在淮河入海水道二期工程开工之际

……

水利部门科学有序防御华南等地暴雨洪水

中国日报 5 月 17 日电 刚刚过去的一周，一场突如其来的强降雨突袭我国南方部分地区。5 月 9 日至 14 日，我国华南、江南、西南东部出现今年以来最强降雨过程，降雨时间长、范围广、强度大。降雨过程历时长达 6 天，覆盖珠江、长江上中游、东南诸河，涉及 11 个省份；过程累积最大点雨量广东江门长安站 931 毫米，相当于当地年降水量均值的二分之一，最大点日雨量广东江门大坑站 492 毫米，最大小时雨量广东阳江赤坎站 149 毫米。

受此次强降雨影响，广东、广西、海南、江西、湖南、重庆、四川等 7 省（自治区、直辖市）共 38 条中小河流发生超警洪水。

雨情就是命令！各级水利部门坚决贯彻落实习近平总书记关于防汛工作重要讲话指示批示精神，认真落实李克强总理批示要求，始终把保障人民群众生命财产安全放在第一位，做足做细做实各项暴雨洪水防范应对工作。

高度重视 超前部署压实责任

国家防总副总指挥、水利部部长李国英要求及早着手、严密防范、确保安全，自 5 月 7—14 日，李国英和水利部副部长刘伟平连续主持会商，分析研判雨情、水情、汛情，安排部署暴雨洪水防御工作。

水利部两次发出通知，要求统筹防疫与防汛，做好值班值守、监测预报预警、水工程调度、水库和堤防巡查防守、中小河流洪水和山洪灾害防御等工作。广东、广西、福建、江西、湖南、重庆、四川等省（自治区、直辖市）党委、政府主要负责同志就暴雨洪水防御工作提前进行部署，落细落实各项防御措施。

强化"四预"及时启动应急响应

水利部门密切监视雨情、水情、汛情、工情，落实预报、预警、预演、预案"四预"措施，滚动分析研判汛情发展，提前发布预警信息，及时启动应急响应。

水利部 5 月 10 日发布洪水蓝色预警，针对广东、广西等地汛情启动水旱灾害防御Ⅳ级应急响应，先后派出 4 个工作组赴一线检查指导；联合中国气象局连续 5 次发布山洪灾害气象橙色或蓝色预警。水利部珠江委、长江委和太湖局及时启动Ⅲ级、Ⅳ级应急响应，指导做好本流域水旱灾害防御工作。

广东水利厅启动Ⅳ级应急响应，落实厅领导双人 24 小时轮岗带班工作制，根据暴雨洪水发展趋势和风险预判成果，及时与市县区视频连线，指导防御工作；各级水利部门共派出 1 113 个工作组 5 570 人次开展督导检查，预置抢险队伍 467 支，支持做好水库安全度汛、中小河流洪水和山洪灾害防御、城市防洪排涝等工作。湖南水利厅启动Ⅳ级应急响应，抽查相关市县区防汛值班情况 166 次、水库和山洪灾害危险区责任人 141 人次，降雨最强时段点对点视频调度湘西、永州、衡阳、邵阳、株洲等地市县区，确保各级各类责任人到岗履职。福建、广西、江西、重庆、云南等省（自治区、直辖市）及时启动水旱灾害防御Ⅲ级、Ⅳ级应急响应，有序做好防范应对工作。

拦洪近 80 亿立方米　避免主要江河发生编号洪水

水利部组织指导各级水利部门科学调度骨干水库拦洪削峰错峰，充分发挥水工程防洪减灾效益。据统计，福建、江西、湖南、广东、广西等地大中型水库共拦蓄洪水 79.24 亿立方米，避免了广西西江、广东北江和东江、湖南资水等主要江河发生编号洪水，为下游沿江城市防洪排涝创造条件。

水利部珠江委组织指导大藤峡、岩滩、长洲等西江骨干水库预泄腾库，调度东江新丰江、贺江合面狮、韩江棉花滩等大中型水库群拦蓄洪水 17 亿立方米，在避免主要江河发生编号洪水的同时，大大缩短了中小河流超警时间。湖南水利厅科学调度湘江、资水等水系水库群拦蓄洪水近 10 亿立方米，分别降低湘江老埠头段和资水桃江段洪峰水位 1.1 米和 4 米，避免了桃江县城段发生超警洪水。广西水利厅提前组织 16 座大型水库和 39 座中型水库开展预泄调度和拦洪削峰，拦蓄洪水 8.9 亿立方米，减淹城镇 12 座次，减淹耕地面积 7.4 万亩，避免人员转移 2.4 万人。

多措并举　确保水库安全度汛

针对强降雨区内的病险水库和中小水库，水利部督促严格落实各项防御措施，"三个责任人"迅速上岗到位，病险水库一律空库运行，每天抽查强降雨区内不少于 100 座水库责任人履职情况。

江西省落实了 10 593 座水库、3 767 座农村水电站、12 163 座重点山塘、204 座万亩及重点堤防、881 座千亩堤防的防汛责任人，各级各类责任人坚守岗位，其中吉安市根据小型水库风险分级成果，向极高风险、高风险的小型水库行政责任人发出 117 份履职提醒函，派出 8 个工作组到包片县区督查指导防汛工作。湖南双峰县组成联合督查组，到乡镇（街道）、水库进行汛情督查，至县域主要河流沿线查看汛情，督促指导做好值守巡查等工作。广西水利厅每日抽查强降雨区 20 座水库特别是小型水库值守情况，确保安全度汛责任和措施落实到位。

精准防御　有效防御山洪灾害

水利部指导各地精准划定中小河流洪水和山洪灾害风险区域，提前发布预警，预警信息直达防御一线、直达相关责任人，及时撤离受威胁人员，做到应撤必撤、应撤尽撤、应撤早撤。

福建省组织"三大运营商"靶向发布山洪灾害预警信息 924 万条次，出动专业技术支撑队伍 583 人次，开展群测群防巡查 4.54 万人次，累计排查隐患点 8 070 处、高陡边坡 2.21 万处；按照"干部沉下去、群众转出来"的要求，包村干部进村入户，累计下沉一线干部力量 8.78 万人次，转移危险区域群众 1.71 万人。强降雨导致湖南衡山县部分河流水位猛涨，部分临山房屋护坡、地基受到冲刷，出现塌方等险情，当地水利部门及时发布预警，镇乡干部连夜转移群众近百人，未发生人员伤亡。广东省向相关防汛责任人发出预警信息 7.2 万条，向社会公众发送预警短信 4 942 万条，基层人民政府及时组织受威胁群众转移避险，保障了人民群众生命安全。

鉴于华南等地的强降雨过程基本结束，主要江河水情总体平稳，无重大险情灾情报告，水利部于 5 月 15 日 10 时结束洪水防御Ⅳ级应急响应。下一步，水利部将继续加强值班值守，密切关注雨情、水情、汛情、工情，滚动预测预报和分析研判，组织指导各地做好监测预报预警、水工程科学调度，水库安全度汛、中小河流和山洪灾害防御等各项工作，牢牢守住水旱灾害防御底线，确保人民群众生命财产安全。

水利部：全力加快水利基础设施建设

中国日报 5 月 17 日电　5 月 16 日，吴淞江整治工程（江苏段）开工建设。吴淞江整治工程包括江苏段和上海段，吴淞江整治工程（江苏段）全长约 61.7 公里，总投资 156 亿元，是《长江三角洲区域一体化发展规划纲要》确定的省际重大水利工程，也是《太湖流域防洪规划》《太湖流域综合规划》等确定的流域综合治理骨干工程。工程实施后，可进一步增加太湖洪水外排出路，提高流域防洪除涝能力，进一步完善太湖地区水网，增强水资源配置能力，发挥改善水环境和航运等综合效益，为长三角高质量一体化发展提供更为有力的水利支撑。

吴淞江整治工程（江苏段）开工，只是 2022 年中国水利建设舞台上的精彩篇章之一。今年以来，水利部积极贯彻落实中央财经委员会第十一次会议精神和国务院常务会议部署，主动担当作为，敢于迎难而上，会同有关部委、地方加快推进水利基础设施建设，加快完善流域防洪工程体系，实施国家水网重大工程，复苏河湖生态环境，全力构建现代化基础设施体系，有效发挥重大水利工程吸纳投资大、产业链条长、创造就业多的优势，为拉动有效投资需求、稳定宏观经济大盘做出水利贡献。

多点发力　打通"堵点"攻克"难点"

今年以来，在国际国内环境出现一些超预期变化、我国经济下行压力进一步加大的情况下，水利部会同有关部委及地方，采取有力举措推进水利基础设施建设，有力推动经济社会发展，助力稳住宏观经济基本盘。

水利部党组书记、部长李国英多次主持召开会议，研究部署统筹疫情防控和水利工作。他强调，要全面加快推进水利基础设施建设，充分用足用好各项政策，推动重大水利基础设施项目尽早审批立项、开工建设，为稳定宏观经济大盘、实现全年经济社会发展预期目标做出水利贡献。水利部副部长魏山忠主持推动 2022 年重大水利工程开工建设专项调度会商，坚决落实"疫情要防住、经济要稳住、发展要安全"的要求，加快推进重大水利工程开工建设，确保 2022 年新开工 30 项以上。

围绕完成今年水利建设目标任务，水利部多点发力，采取了强有力的措施：

细化实化目标任务。国务院 167 次常务会议明确加强 2022 年重大水利工程、病险水库除险加固、灌区建设和现代化改造、水生态保护和中小河流治理、中小型水库建设等 5 类项目，水利部制订了工作方案。对于今年重点推进的 55 项重大水利工程和 6 项新建大型灌区项目，逐项明确要件办理、可研审批和开工时间节点，确定责任单位、责任人，并建立台账，挂图作战。

健全工作推进机制。建立月报机制，跟踪通报专项债券落实、水利建设完成，以及要件办理、可研审批和开工建设情况；建立调度机制，横向与相关部门不定期开展日常调度会商，纵向与各地每月开展 1 次专项调度，逐项分析研究，及时协调解决重点问题；建立督导机制，适时对进度滞后的项目和地区，进行通报、约谈、督办，强化责任追究。

加密调度会商频次。李国英部长专题研究重大水利工程推进情况；魏山忠副部长多次开展专项调度，部署推动重大工程前期工作和开工、加快投资计划执行、用好地方政府专项债券等工作。对南水北调中线引江补汉工程前置要件办理进行周调度。反复与国家发改委沟通前期工作、资金筹措等问题，争取支持；与生态环境部、自然资源部座谈协调、多次视频会商，解决要件办理中的难点问题。

扩大投资　拓展资金筹措渠道

水利建设资金筹措一直是水利部党组高度重视的工作。水利项目公益性较强，市场化融资能力弱，长期以来主要以财政投入为主。为了进一步扩大水利投资，水利部在积极争取加大中央财政投入力度的同时，深入研究政策措施，指导地方创新工作思路，拓宽投资渠道，从地方政府专项债券、金融资金、社会资本等方面想办法增加投入，保障水利基础设施建设资金需求，切实发挥水利基础设施建设扩大内需、稳定宏观经济大盘的重要作用。今年，全国水利基础设施建设将完成 8 000 亿元以上。

近日，水利部、国家开发银行签订合作协议，还将联合出台关于加大开发性金融支持力度提升水安全保障能力的指导意见，指导地方用好中长期贷款金融支持政策。加强与相关金融机构沟通，深化合作，不断扩大金融支持水利信贷规模。2022 年第一季度，国家开发银行、中国农业发展银行、中国农业银行累计发放水利贷款 687 亿元，贷款余额达到 10 620 亿元。

水利部还将研究出台推进水利领域不动产投资信托基金（REITs）试点工作的指导意见，以及推动水利项目政府和社会资本合作（PPP）的政策性文件。同时，加强对水利项目利用地方政府专项债券的交流培训，指导督促地方做好申报和落实工作。今年 1—4 月，830 个水利项目已落实地方政府专项债券 720 亿元，较去年同期增加 386 亿元，增长 115%。

截至目前，国务院常务会议部署的 55 项重大水利工程已开工 10 项；6 项新建大型灌区已开工 1 项。1—4 月，全国水利基础设施建设全面加快，完成水利建设投资实现大幅增长，各地已完成近 2 000 亿元，较去年同期增长 45.5%，广东、山东、浙江、河北、福建、河南、江苏、云南、陕西等 9 个省份，累计完成投资超过 100 亿元。

此外，农村供水工程建设资金完成约 200 亿元，提升了 666 万农村人口供水保障水平；今年安排大中型灌区续建配套与现代化改造投资近 190 亿元，预计将新增粮食生产能力 36 亿公斤，新增节水能力 35 亿立方米。水利基础设施建设的全面加强，有力发挥了水利稳投资、稳增长的重要作用，为稳住宏观经济基本盘贡献水利力量。

截至 5 月底农村供水工程已开工建设 6 474 处

中国日报 6 月 7 日电 水利部认真贯彻落实中央财经委员会第十一次会议精神和国务院稳经济一揽子政策措施，指导督促各地充分利用地方政府专项债券、银行信贷和社会资本等，多渠道落实农村供水工程建设资金，全力推进农村供水工程开工建设进度，切实提高农村供水保障水平。截至 5 月底，各地农村供水工程已开工 6 474 处，完工 2 419 处，提升了 932 万农村人口供水保障水平。

加强部署动员。水利部部长李国英召开会议研究部署，要求地方统筹疫情防控和水利工程建设，保障工程质量和安全，层层压实责任，加快工程建设进度和年度投资计划执行，尽快形成实物工作量，早完工早受益。

实行台账管理。以县为单元，以农村供水工程为对象，建立分省农村供水工程开工建设情况汇总工作台账，专人盯办，逐省督办，督促各地农村供水工程应开工尽开工。

加强调度会商。在按月调度基础上，5 月 24 日以来实行按周调度，上下联动，及时协调解决存在的问题，加快工程进度。

多方筹集资金。4 月，水利部、财政部、国家乡村振兴局联合印发文件，支持脱贫地区利用中央财政衔接推进乡村振兴补助资金，补齐必要的农村供水基础设施短板。鼓励各地利用地方政府专项债券推动农村规模化供水工程建设。与国家开发银行、农业发展银行签订合作协议，明确信贷优惠政策，支持各地农村供水工程建设。截至 5 月底，各地农村供水工程已落实投资 516 亿元，其中地方政府专项债券 214 亿元，银行贷款 94 亿元。

云南省开展农村供水保障 3 年专项行动，提高农村供水规模化程度。今年省级财政落实 15 亿元资本金，通过国家开发银行融资 166.94 亿元。截至 5 月底，全省 115 个县（市、区）已开工建设 1 100 个工程，完成投资 47.86 亿元，受益人口 11.6 万，预计年底可完成投资 150 亿元以上。

江西省 2022 年起开展城乡供水一体化先行县建设行动，市场和政府两手发力，吸引多家大型水务企业作为实施主体参与建设。截至 5 月底，全省落实城乡供水一体化建设资金 39.4 亿元，其中地方政府专项债券 21.1 亿元，开工城乡供水一体化工程 147 处。

宁夏回族自治区依托骨干水源工程建设，积极探索农村供水规模化发展，初步形成"覆盖全域、城乡一体、多源互补、丰枯互济"的城乡供水现代水网体系。目前全区骨干水源工程建设累计完成投资 62.1 亿元，投资完成率为 74.7%。

福建省按照"建管一体、全域覆盖，以城带乡、城乡融合"的思路，积极推动农村规模化供水工程建设。全省有任务的 73 个县（市、区）中，49 个县（市、区）已开工建设。截至 5 月底，已落实资金 35.8 亿元，启动 157 个规模化水厂建设。

安徽省实施"皖北地区群众喝上引调水工程"，皖北 6 市 25 个县（区）今年计划新建工程 35 处，截至 5 月底，15 处已开工，完成投资 8.4 亿元。淮河以南各地持续提升农村供水保障水平，已完成投资 6.3 亿元。

河南省积极推动农村供水"规模化、市场化、水源地表化、城乡一体化"的"四化"工程建设，截至 5 月底，已落实建设资金 11.67 亿元，15 个县已经开工建设。

下一步，水利部将继续加大工作推进力度，加快农村供水工程建设进度，发挥好农村供水工程点多量大面广的优势，采取以工代赈等方式积极吸纳农村劳动力参与工程建设，继续为稳经济、稳增长、稳就业做出应有的贡献。

滇中引水工程实现投资、建设双过半

中国日报 6 月 8 日电　截至 5 月下旬，滇中引水输水工程已实现投资、建设进度双过半：累计开挖（掘进）438.0 公里，占施工总里程 755 公里的 58.0%；一期工程累计完成投资 448.4 亿元，占动态总投资 825.76 亿元的 54.3%。目前，滇中引水工程建设正在有力推进当中，2022 年已完成投资 42.93 亿元，充分发挥了水利稳投资、稳增长的重要作用。

滇中引水工程是国务院要求加快推进建设的 172 项重大水利工程之一，是有效缓解滇中地区水资源短缺、保障云南经济社会可持续发展的重大战略工程、支撑工程、民生工程和生态文明工程。滇中引水工程以城镇生活与工业供水为主，兼顾农业和生态用水，供水范围包括丽江、大理、楚雄、昆明、玉溪、红河6个云南省州市，建成后可有效缓解滇中地区较长时间内的城镇生产生活用水矛盾，改善农业生产条件和区内河道、湖泊生态及水环境状况。

为了确保工程建设质量安全可靠，加快推进工程建设进度，云南省滇中引水工程建设管理局和有关参建各方，不断强化问题导向、狠抓关键环节，聚力管控、创新突破。一是聚力从严管控，筑牢安全质量底线。健全"飞检""15个必查""双重预防""三管三必须"机制，以"项目工作法"为指引，健全"查认改罚"闭环管理体系，强化项目法人试验检测，全过程抓好验收管理，确保将"质量第一、安全至上"的要求落实到位，已完成验收的项目合格率为100%，优良率达89%以上。二是聚力科技攻关，攻克建设难题。充分发挥工程专家委员会和水利部水规总院全过程咨询作用，组建地下工程重大突水突泥灾害防控协同创新中心，引入中国水科院、长科院、清华大学、河海大学等26家知名科研院所，参与推进"西南复杂地质条件下特大型引调水工程安全建设与高效运行关键技术研究"等13项省级重大科技专项计划项目，着力破解控制性工程香炉山隧洞4#、5#支洞涌水突泥、软岩及破碎带等制约工程建设的"卡脖子"难题。三是聚力生态保护，打造生态工程。落实最严格生态环保制度，制订创建绿色典范工程工作方案和11个环水保方面的管理办法，全面落实环水保"同时设计、同时施工、同时投产使用"三同时要求，妥善解决工程施工环境影响问题，坚决消除工程建设过程中的生态环境隐患。四是聚力服务群众，彰显民心工程。协调沿线地方政府做好征地搬迁安置工作，切实维护群众的合法利益。把妥善解决群众道路通行等施工影响问题与巩固脱贫攻坚、推进乡村振兴衔接起来，先后投入5 900万元统筹解决沿线群众修路架桥、人畜饮水、生态环境保护修复等合理诉求，带动地方经济发展和群众就业。目前，又在沿线投入2 144.78万元实施一批饮水保障工程，尽最大努力为沿线群众谋福祉、谋福利。

"牵手"国之重器，夯实国家水网主骨架
——写在南水北调后续工程首个项目引江补汉工程开工之际

中国日报7月7日电　7月7日，湖北省丹江口市三官殿街道格外不同，备

受瞩目的引江补汉工程在这里拉开建设帷幕。

据了解，引江补汉工程是南水北调后续工程首个开工项目，是全面推进南水北调后续工程高质量发展、加快构建国家水网主骨架和大动脉的重要标志性工程。工程全长 194.8 公里，施工总工期 9 年，静态总投资 582.35 亿元。据测算，工程建成后，南水北调中线多年平均北调水量将由 95 亿立方米增加至 115.1 亿立方米。

连通"大水缸"与"大水盆"，实现南北两利

"南方水多，北方水少，如有可能，借点水来也是可以的。"——这是毛泽东同志在 1952 年提出的伟大构想。

历经半个多世纪的论证、勘测、规划、设计、建设，"南水北调"的构想终于照进现实。

2014 年 12 月，南水北调东、中线一期工程实现全面通水。7 年多来，累计调水 540 多亿立方米，受益人口超 1.4 亿。

北上的一渠清水，极大地缓解了北方受水地区供用水矛盾，也在悄然间改变着当地的用水格局。原本规划设计作为补充水源的中线工程已经成为受水区的主力水源。以北京为例，人们每喝的 10 杯水中，就有约 7 杯来自南水。

与此同时，水源区汉江生态经济带的建设，也对汉江流域水资源的保障能力提出了新的要求。专家指出，一旦遭遇汉江特枯年份，丹江口水库来水量少，在不影响汉江中下游基本用水的前提下，难以充分满足向北方调水的需求。

2021 年 5 月 14 日，习近平总书记在河南省南阳市主持召开推进南水北调后续工程高质量发展座谈会时强调，要深入分析南水北调工程面临的新形势新任务，完整、准确、全面贯彻新发展理念，按照高质量发展要求，统筹发展和安全，坚持节水优先、空间均衡、系统治理、两手发力的治水思路，遵循确有需要、生态安全、可以持续的重大水利工程论证原则，立足流域整体和水资源空间均衡配置，科学推进工程规划建设，提高水资源集约节约利用水平。

习近平总书记的重要讲话为南水北调后续工程高质量发展指明了方向，提供了根本遵循。2021 年 5 月 17 日晚，水利部党组书记、部长李国英主持召开党组会议，专题传达学习贯彻习近平总书记在推进南水北调后续工程高质量发展座谈会上的重要讲话精神，强调要心怀"国之大者"，深入领会学习好、坚决贯彻落实好习近平总书记重要讲话精神，推进南水北调后续工程高质量发展，为全面建设社会主义现代化国家提供有力的水安全保障。会后，水利部抓紧制订贯彻落实工作方

案，对重大问题开展专题研究，对重要任务实行清单管理，提出务实举措，完善责任机制，强化节点控制，以高度的政治责任感和历史使命感做好各项工作，确保习近平总书记重要讲话精神不折不扣全面落实到位。

面对新形势新任务，"开源"摆上了推进南水北调后续工程高质量发展的重要议事日程。人们将目光投向了位于长江干流的三峡水库。

如果将多年平均入库水量达 374 亿立方米、总库容 295 亿立方米、调节库容 187 亿立方米的丹江口水库比作汉江流域的"大水盆"，那么多年平均入库水量超 4 000 亿立方米、总库容 450 亿立方米、调节库容 221.5 亿立方米的三峡水库可以看作是长江流域"大水缸"，而且是一个水量充沛且稳定的"大水缸"。

"通过实施引江补汉工程，连通南水北调与三峡工程两大国之重器，对保障国家水安全、促进经济社会发展、服务构建新发展格局将发挥重要作用。"水利部南水北调司司长李勇表示，实施引江补汉工程，将进一步打通长江向北方输水新通道，完善国家骨干水网格局，为汉江流域和京津冀豫地区提供更好的水源保障，实现南北两利。

现场实勘周密论证，前期可研力求最优解

历经 90 天奋斗，一千米钻孔诞生，深 1 105.1 米……今年 5 月，引江补汉工程勘察现场再次传来捷报。据介绍，该钻孔是引江补汉工程勘察现场打出的第 4 个千米深孔，其深度在中国水利水电行业排名第二。

线路长、埋深大，沿线山高谷深，断层褶皱发育，软质岩及可溶岩广泛分布，地形地质条件十分复杂，岩爆、岩溶、软岩大变形等工程地质问题突出，是引江补汉工程开展前期可行性研究过程中面临的现实挑战。

中国工程院院士、长江设计集团董事长钮新强带领团队，开展地质勘查、规模论证、线路比选等工作，综合考虑地形地质、取水条件、社会环境等因素，力求找到最优解决方案。

在野外现场，勘查工作紧锣密鼓，尽快将获取的基础成果送达后方，以便迅速开展分析研判。在后方，规划、水工、施工等多领域专业人员加班加点进行工程规模论证、工程布局研究，将需要重点勘查内容及时告知现场作业人员。

前后方并肩作战，上千位工程师采用航测、常规钻探、复合定向钻探、大地电磁等传统加高科技手段，对工程区 8 000 多平方公里，相当于 1.5 个上海市的

面积进行了全面"体检"，为最大限度地避开极易导致隧洞灾害的强岩溶区和规模巨大断裂带，寻找最佳线路打下了坚实的基础。

通过技术、经济综合比选，引江补汉工程从长江三峡水库库区左岸龙潭溪取水，经湖北省宜昌市、襄阳市和十堰市，输水至丹江口水库大坝下游汉江右岸安乐河口，采用有压单洞自流输水，是我国在建综合难度最大的长距离引调水隧洞工程。

高峰期，引江补汉工程勘察设计项目现场工作人员达 1 500 余人，钻探机等仪器设备达 80 多台套。大家奔波在山间田野，行走在茂密丛林，经历着炙热与雨水的考验，只为"工期不落、目标不改"。

同样星夜兼程的，还有水利部规划计划等部门。为了加快引江补汉工程前期工作，他们细化工程用地预审、项目环评、可研批复、开工时间等项目推进全链条的关键节点，明确责任分工、工作措施和时间表、路线图，实现台账管理。每周通报引江补汉前期工作包括节点的推进情况，精准地推进项目前期工作。

今年 4 月 11 日，水利部会同国家发展改革委、生态环境部在京联合召开南水北调中线引江补汉工程前期工作专题视频调度会，研究推进可研前置要件办理和开工准备有关工作，推进引江补汉工程前期工作再提速。"引江补汉工程是深入贯彻落实党中央、国务院决策部署的重要项目，在依法合规的前提下，我们要提高政治站位，凝聚共识，密切配合，加强协同，紧盯开工目标不放松，推进工程顺利立项建设。"水利部规划计划司司长张祥伟说。

织密国家水网，助力稳增长促就业惠民生

习近平总书记指出："水网建设起来，会是中华民族在治水历程中又一个世纪画卷，会载入千秋史册。"今年 4 月召开的中央财经委员会第十一次会议强调，要加强交通、能源、水利等网络型基础设施建设，把联网、补网、强链作为建设的重点，着力提升网络效益。

南水北调工程规划提出构建"四横三纵、南北调配、东西互济"的格局，即建设东、中、西三条调水线路，沟通长江、淮河、黄河、海河水系。与规划目标相比，南水北调目前仅东中线一期工程建成运行，需要继续联网补网，进一步提升调配南水水资源的能力。

"引江补汉工程的开工，标志着南水北调后续工程建设拉开序幕，国家水网的主骨架、主动脉将更加坚实、强劲。"张祥伟表示，下一步将深化东线后续工程可研论证，推进西线工程规划，积极配合总体规划修编工作。充分发挥南水北

调工程优化水资源配置、保障群众饮水安全、复苏河湖生态环境、畅通南北经济循环的生命线作用。

今年1—6月，全国水利建设全面提速，取得了明显成效。重大水利工程具有吸纳投资大、产业链条长、创造就业多的优势。研究表明，重大水利工程每投资1 000亿元，可以带动GDP增长0.15个百分点，新增就业岗位49万。在织密国家水网的同时，以引江补汉工程为代表的一批重大水利工程近期陆续开工，在提振信心、稳定社会预期和稳增长促就业惠民生方面发挥着积极作用。

随着以引江补汉为代表的多项重大水利工程陆续开工，水利基础设施建设步伐不断加速，一张"系统完备、安全可靠，集约高效、绿色智能，循环通畅、调控有序"的国家水网正徐徐展开。

稳投资　惠民生
——病险水库除险加固实践观察

中国日报7月7日电　"以前进入5月，只要一下大雨，我就害怕，时不时自己也会去水库大坝上看看情况，生怕水库大坝会垮塌。现在好了，对水库进行了除险加固，水库也不漏水了，进入汛期也不害怕了。"住在广德口水库下游的吴老伯激动地说。

安徽省池州市青阳县广德口水库2021年实施除险加固，完善了下游贴坡排水、坝顶道路、右坝肩及溢洪道帷幕灌浆等。除险加固工程完工后，水库保坝能力大大提升，防洪、调蓄能力明显增强，保障了下游1.4万亩的农田灌溉。

广德口水库从百姓的"心腹大患"蜕变成安全保障和民生福祉，这只是神州大地上病险水库除险加固壮阔实践中的一个缩影。随着中国病险水库的逐年"摘帽"，水利工程安全状况不断改善，社会经济效益更加凸显。

水库安全面临严峻风险和挑战，事关人民群众生命财产安全，事关公共安全，备受社会关注

水库大都居高临下，是城镇、交通干线、重要基础设施头顶上的"一盆水"，一旦失事，将对下游造成毁灭性灾难。

据水利部运行管理司有关负责人介绍，我国水库大坝总量多，现有 9.8 万座水库星罗棋布在中国大地上，是世界上水库大坝最多的国家，其中约 95% 的水库是小型水库。我国病险水库多，虽然已经开展几轮大规模除险加固工作，但目前仍有大量病险水库存在。我国土石坝多、老旧坝多，约 92% 的水库大坝是土石坝，约 80% 的水库建于 20 世纪 50—70 年代，始建标准低。我国高坝数量多，在世界排名第一，200 米以上的高坝已建 20 座、在建 15 座。

总体数量多、病险水库多、土石坝多、老旧坝多叠加，加之近年来超强暴雨等极端天气频发，给水库安全带来严峻风险和挑战。水库大坝安全事关人民群众生命财产安全，事关公共安全，水库安全问题一直备受社会关注。

党中央、国务院高度重视水库安全问题。习近平总书记多次做出重要指示批示，强调我国现有水库数量多、高坝多、病险库多，要坚持安全第一，确保现有水库安然无恙。党的十九届五中全会明确，统筹发展和安全，建设更高水平的平安中国，要把保护人民群众生命安全放在首位，加快病险水库除险加固，维护现有水利重大基础设施的安全。

强化顶层设计，明确思路，水利部对水库除险加固工作做出部署，各地迅即响应

水利部联合国家发展改革委、财政部印发《"十四五"水库除险加固实施方案》（以下简称《方案》），进一步明确了"十四五"病险水库除险加固、监测预警设施建设、以县域为单元深化小型水库管理体制改革、健全长效运行管护机制等重点任务。《方案》要求，到"十四五"末，全部完成现有及新增的约 1.94 万座病险水库除险加固；实施 55 370 座小型水库雨水情测报设施和 47 284 座小型水库大坝安全监测设施建设；对分散管理的 48 226 座小型水库全面实行专业化管护模式；推进水库管理规范化标准化。

蓝图已绘就，奋进正当时。今年以来，水利部先后召开水库除险加固工作推进会、水利工程运行管理工作会、水库安全度汛视频会议，对水库除险加固工作做出部署，各地迅即响应……

山东省委、省政府把确保水库安全作为重中之重，将水库除险加固纳入省委"我为群众办实事"清单，要求坚决整治水库短板弱项，确保安全度汛。山东切实发挥规划引领作用，将水库除险加固和运行管护工作纳入省水利发展"十四五"规划统筹谋划实施。将小型病险水库除险加固纳入省政府重点

水利工程建设联席会议重点工作，成立小型水库专班，对小型水库除险加固项目实施专门调度管理。截至 6 月 30 日，山东现有 165 座小型病险水库除险加固项目全部通过蓄水验收投入运行，标志着山东在全国率先完成 2022 年度小型病险水库除险加固任务。至此，山东现有存量小型病险水库实现"全面清零"。

广东省委、省政府高度重视水库安全工作，将水库除险加固等工作作为防洪安全网和防洪能力提升工程的重要内容，纳入"851"水利高质量发展蓝图整体部署、一体推进，并将年度小型病险水库除险加固工作纳入"省十件民生实事"重点推进。截至 6 月 20 日，广东 1 730 座病险水库已实施 894 座，主体工程完工 472 座，为 2023 年"清零"攻坚战奠定良好基础。

小型水库病险问题，成为湖南省委、省政府牵挂的一件大事。湖南要求统筹发展和安全，切实把"人民至上、生命至上"落到实处，在推动水利高质量发展上创造新经验闯出新路子。

江西省委、省政府把做好水库除险加固工作作为重大政治任务，印发《切实加强全省水库除险加固和运行管护工作实施方案》，明确了"十四五"期间水库除险加固和运行管护工作的目标任务、工作举措和保障机制。江西省总河（湖）长令中提出水库除险加固和运行管护五年任务三年完成的更高目标，并要求各级河（湖）长将推进水库除险加固工作纳入巡河工作内容。2022 年 3 月，经江西省政府同意，江西省水利厅印发"十四五"期间江西省病险水库除险加固的年度目标任务，提速建设进度，为经济稳、民生安提供坚强保障。

安徽出台了《安徽省加强水库除险加固和运行管护工作方案》，明确了全省水库安全管理的总体思路，即坚持问题导向、系统分类施策，集中消除存量、及时解决增量，政府投入主导、分级落实责任。同时，编制了《安徽省"十四五"病险水库除险加固实施方案》，规划到 2025 年末全省实施小型病险水库除险加固 730 余座。

明确的思路引领前进的方向。从江南水乡到南粤大地，从赣鄱流域到三湘四水，一场病险水库除险加固的攻坚战在如火如荼地展开……

落实属地责任，构建省负总责、市县抓落实的水库除险加固和运行管护责任体系，扎实推进水库除险加固工作

各省级人民政府高度重视除险加固和运行管护工作，全国 29 个省份印发了落实《国务院办公厅关于切实加强水库除险加固和运行管护的通知》（国办发 8

号）的实施意见，将水库除险加固和运行管护纳入河湖长制考核体系，构建起省负总责、市县抓落实的水库除险加固和运行管护责任体系，协调落实地方资金，编制"十四五"实施方案，纳入区域发展总体规划。省级水利部门加强与发展改革委、财政部等部门的沟通协调，加大对市、县政府和水利部门的监督检查，督促各项措施实施，扎实推进水库除险加固。

在湖南省水利厅防汛大楼14楼会议室的墙上挂满了项目进度表，病险水库除险加固、小型水库雨水情测报和大坝安全监测设施建设等各项进度一目了然。时间紧、任务重，而且单项投资小、组织协调难，各种困难接踵而来。针对项目特点，湖南从压实责任、简化程序、创新模式等方面入手，加快项目建设进度、确保建设质量。湖南强化属地管理责任，将小型水库除险加固纳入市、县两级"十四五"水安全保障规划、河长制考核内容，推动市、县抓落实。市、县两级均召开政府常务会议进行专题研究。

广东压实市、县政府责任，地级以上市人民政府对辖区所属水库除险加固工作负总责，县级政府是县级及以下管理水库除险加固工作的责任主体，负责统一组织辖区病险水库除险加固。水库除险加固工作列入省政府重点督办事项、省级河湖长制考核事项和政府质量考核事项，省级和市级水利部门还加大加重对参建企业失信行为处罚力度。建立健全暗访督导机制，开展明察暗访和专项督导，全面强化水库除险加固任务推进滞后、工作不力和工程质量、资金使用的监督考核。

为有效激励小型水库除险加固项目实施，山东建立督办落实机制，将水库除险加固工作纳入对各市高质量发展综合考核，并以省河长办名义采用提醒函、约谈、挂牌督办等方式进行督办落实。健全暗访督导机制，成立"一线工作法"暗访专项组和省级核查组，对除险加固项目实施两周一次精准督导，对项目推进实行全过程的跟踪、检查和督导，确保按期保质保量完成建设任务。

多渠道落实资金支持实施小型水库除险加固，各地出台的有效措施保障了项目实施

2021年以来，水利部协调财政部，多渠道筹集资金约216亿元，支持各地实施小型水库除险加固。各地在抓好资金配套，推进除险加固项目方面也采取了行之有效的措施。

为有效推进小型水库除险加固工作，山东明确除险加固资金由省、市、县共

同承担，其中省财政按照每座小（1）型、小（2）型水库150万元、57万元的标准予以补助，有效保障了除险加固项目的推进。

安徽省"十四五"小型病险水库除险加固资金实行单座定额控制、县级总体平衡。除已纳入中央财政补助支持范围的水库外，对其余小型病险水库除险加固，投资按照小（1）型500万元/座、小（2）型190万元/座的定额标准，省财政补助50%，市、县级人民政府统筹财政预算资金和地方政府一般债券资金保障建设需求。合肥市结合"三达标一美丽"项目建设，2021年安排市、县级财政资金2 866万元，实施了30座小型病险水库除险加固建设。

广东省创新水库除险加固和运行管护经费筹措机制，充分发挥各级财政资金引导作用，明确各级财政资金筹措分工，积极争取中央财政支持，省级财政给予适当补助。通过加强水费收缴优先用于工程管护、引入社会资本参与经营分担管护费用、捆绑非经营性与经营性的水库一体管护等方式，多元化筹措除险加固和运行管护经费。同时2021年以来，合计投入水库除险加固和运行管护资金约48亿元，有力保障了各项任务的完成。

而在湖南，则是对小型水库除险加固省级以上补助资金实行总额控制和项目调剂，资金跟着项目走，项目跟着规划走，规划跟着需求走。对项目完工并通过竣工决算审批后核定的结余资金，由同级水利部门商财政部门统筹用于其他急需水库除险加固和运行管护项目。2021年，湖南实施小型水库除险加固549座，共下达项目资金12.9亿元，其中中央资金4.3亿元、地方政府一般债券资金8.6亿元。

强化行业监管，制订配套文件为加强水库除险加固和运行管护提供制度保障，建立健全除险加固工作责任制

水利部制订印发《坝高小于15米的小（2）型水库大坝安全鉴定办法（试行）》《小型病险水库除险加固项目管理办法》《小型水库雨水情测报和大坝安全监测设施建设与运行管理办法》《关于健全小型水库除险加固和运行管护机制的意见》《小型水库除险加固工程初步设计技术要求》等配套文件，为加强水库除险加固和运行管护工作提供了制度保障。

水利部建立周调度、周会商、月通报机制，充分发挥流域管理机构的作用，通过视频连线、现场检查、对进度滞后的地区实施挂牌督办和重点帮扶等多种方式，督促各地加快小型水库除险加固前期工作，优化项目招投标流程，严格项目

质量和安全管理，确保按期按质完成目标任务。

遵照水利部有关项目建设管理办法，各地从大坝安全鉴定、初步设计编制审批、项目法人组建、招投标、资金使用、工程质量与进度控制、竣工验收等方面全面规范小型病险水库除险加固项目建设管理，建立健全除险加固工作责任制。

2021年，安徽省1 912座水库大坝完成安全鉴定，同时派出工作组通过"四不两直"方式对小型水库除险加固项目进行现场检查，督促加快工作进展和建设质量监管。

针对项目建设点多、面广、量大，以及基层技术力量薄弱等现实问题，江西省将推进工作的抓手由督导问责为主，向督导、问责、指导、帮扶并重延伸拓展，采取"一对一"协商、"点对点"指导、"面对面"解决等方式，做到问题在一线发现、在一线解决。2021年以来共组织百余批次专家下沉一线进行帮扶，解难点、疏堵点，现场解决问题1 400余个。

水库除险加固惠及民生，众多小型水库不再是心头之患，而成了大地丰收的保障

今年端午节期间，湖南省发生长达5天的入汛以来最强降雨过程，部分江河水位猛涨。位于麻阳苗族自治县高村镇陶伊村的团结水库，24小时降雨299毫米，洪水翻过坝顶，出现最为凶险的漫坝险情。但由于团结水库实施了高质量的除险加固，水库大坝经受住了超标准洪水最严苛的考验，最终化险为夷。

同样，在应对今年以来最强暴雨时，位于山东济南市莱芜区大王庄镇的照咀2#水库也发挥了应有的作用。"以前顶着'病险水库'的帽子，汛期必须空库运行。经历了这轮强降雨，水库不仅充分拦洪削峰，还蓄了满满一水库的水。"济南市莱芜区水利局副局长李金锋说，"这是水库除险加固后最直接的效益。"

如今，众多小型水库不再是心头之患，而成了大地丰收的保障。

在湖南省岳阳市，已有76座小型水库摘去病险帽子，恢复和改善灌溉面积13万亩，新增供水受益人口18.9万。

2021年以来，水利部多渠道筹集资金216亿元，全力推进7 695座小型水库除险加固，截至目前主体工程完工4 586座。协调财政部新增地方政府一般债券额度64.38亿元，全力推进31 013座小型水库雨水情测报设施和23 217座小型水库大坝安全监测设施建设。另外，协调财政部安排中央财政补助资金9亿元，开展2022年小型水库安全监测能力提升试点项目建设，为提高预报预警预演预案能力提供支撑。

水利部运行管理司有关负责同志表示，下一步，将继续会同财政部，督促各地加强资金保障、加快项目实施、强化监督指导，确保完成"十四五"水库除险加固任务，保障小型水库安全运行和效益充分发挥，推动水库管理再上新台阶。

打造绿色发展的水利样本
——定点帮扶助推湖北郧阳乡村振兴纪实

中国日报 7 月 25 日电 湖北省十堰市郧阳区地处鄂西北，清澈的汉江水蜿蜒而过，属南水北调中线工程核心水源区。这里曾是秦巴山集中连片的特困地区，而今行进在荆楚大地，目睹到的是水利定点帮扶书写的精彩华章，感受到的是做好"水文章"、坚持绿色发展为当地百姓带来的福祉。

产业的蓬勃发展绿了山头，美了乡村，富了农民。千年古城郧阳呈现的壮美画卷，是欠发达鄂西北山区县华丽转身的精彩样本。

水利工程建设全面提速

在郧阳，水利建设如火如荼，近千名建设者昼夜奋战，施工进度全面提速……

位于郧阳区北部大柳乡余粮村的左溪寺水库项目，今年 5 月 12 日完成了大坝导流洞封堵，这标志着大坝主体工程正式完工。盛夏 7 月在建设现场，工作人员正头顶烈日进行灌浆流程的施工。据介绍，工程主要由大坝枢纽工程和供输水工程组成，概算总投资 2 520.51 万元。该工程项目于 2020 年 11 月 16 日正式开工，计划施工工期为 18 个月。左溪寺水库总库容 38.47 万立方米，水库建成后将解决大柳乡余粮村和南化塘镇青岩村 5 000 人口生活用水和下游 2 000 亩农田灌溉需求，当地百姓的梦想终于化作现实。

在南化塘镇青岩村的建设现场，挖掘机和推土机正在作业，发出阵阵轰鸣声，坡道被修护得整整齐齐。这里正在打造一个景点，呈现的是郧阳区水系连通及水美乡村建设项目推进的一幕。

据了解，郧阳区水系连通及水美乡村建设试点项目于今年 6 月拉开帷幕，总投资 3.49 亿元，其中水利项目资金 2.39 亿元，对滔河、大峡河两大水系 11 条河流实施整治，项目实施后可大幅改善河流水生态环境状况，治理河道 80 公里，河道疏浚 20.6 万立方米，河道护岸整治 44.6 公里，增加湿地面积 86.71 万平方米，保护耕地7.6万亩,有效带动周边村落产业发展,受益人口16万,新增年产值约5.6亿元。

水系连通及水美乡村建设试点项目紧紧围绕"望得见山、看得见水、记得住乡愁""彰显自然美、圆梦幸福河""产业兴旺、生态宜居"的美好愿景,以水系为脉络,结合项目区内的旅游品牌、特色资源,按照"一村一品"功能定位,通过水系连通、河道清障、清淤疏浚、岸坡整治、水土保持与水源涵养、防污控污及景观人文等工程措施,创新河道管护等非工程措施,让河"畅"起来、让岸"绿"起来、让生态"美"起来、让村庄"活"起来,同时串联特色产业、美丽乡村、集中居民点,重塑不同风味、个性鲜明的农村水系,打造项目区内特色乡村品牌,放大项目效益。

"水系连通及水美乡村建设试点工程的实施,将有效治理水污染,推进郧阳打造水源涵养功能区和生态环境支撑区。为长效发挥工程效益,郧阳区将依托河湖长制,实施河长、林长、路长、片长、警长'五长'共治,常态化护水护绿",郧阳区水系连通及水美乡村建设现场工作人员兰善平表示,"确保水质安全,助力郧阳更好担当'一江清水永续北送'的政治任务和历史使命。"

烈日下,丹江口库区马场关段库滨带治理一期工程正在热火朝天地进行……

已完成了除险加固的谭家湾水库,不仅提升了颜值,还将更好地发挥防洪、供水和灌溉的作用。"借助水利部定点帮扶的机会,郧阳将以水库为单元,着力把谭家湾水利风景区打造成以水利工程设施为载体,以水资源保护和水文化传播为重点,集水利功能、生态功能、休闲度假、游览观光、水上游乐等综合功能为一体的水利风景区。"项目负责人曹维国介绍。

农村饮水安全实现全覆盖

"过去吃水靠人挑,浇地靠车运,现在好了,拧开水龙头,就有干净的自来水,洗衣做饭、种地养牛完全不愁!"南化塘镇磊石河村村民徐明义笑逐颜开地说。由于石灰岩地质,南化塘镇地区常年缺乏水源涵养,旱季缺水时有发生。郧阳区强力推进农村饮水安全建设,按照"能集中不分散、能延伸不新建、能自流不提水"的思路,以库容7160万立方米的滔河水库为水源,在水库左岸修建日供水规模达6000吨的南化水厂,形成了安全稳定的水源保障。先后投入2亿多元,建设集中供水工程537处,建设主管网5000余千米,纵横交错的自来水管翻山越岭,将清洁卫生的甘泉引入山上人家,惠泽了沿线百姓。目前,全区20个乡镇(场)341个行政村56.41万农村人口已经实现农村饮水安全基本达标,371

处易迁安置点全部通水，实现了全区农村饮水安全全覆盖。

为提升规模化供水能力，郧阳区新建子胥水厂、马龙河水厂、高源水厂等骨干水厂，同时落实长效运行管理机制，不断提升供水保障率。规模化水厂的建设，从根本上解决了农村群众的饮水安全问题。

笔者在调研中获悉，采用谭家湾水库作为供水水源，拥有日供水规模 20 000 吨的子胥水厂不仅可以解决沿途近 7 万人饮水安全问题，还可实现产业现代化种植模式，增加香菇产出效益，助力发展特色产业和旅游产业。

"用大管网供应的水源，完全符合国家标准，更加安全可靠、有保障！"子胥水厂厂长石从虎如是说。

在农村饮水安全工程建设中，水利人扎根乡村一线，深入田间地头，访民生、谋发展、解民忧。他们有的翻山越岭寻找水源，有的夜以继日精心设计，有的寒来暑往驻扎工地，架起一座座"连心桥"，织起了一张张"民生网"，把源头活水送到了千家万户，彻底改变了农村群众的生活方式。汩汩清泉流入百姓家，幸福之水滋润着农村群众的心田。

特色产业奏响增收幸福曲

郧阳区坚持用工业化理念发展现代农业，扶持龙头企业带活一方产业，带动农民就业。

朱有福是郧阳区杨溪铺镇青龙泉社区居民，他是从郧阳区大柳乡杠子沟村易地扶贫搬迁来的贫困户。以前，他和大多数当地年轻人一样，一直在外打工谋生。2018 年年底，他们一家 3 口搬进了这个易地扶贫搬迁安置点——香菇小镇产业示范园。

"政府免费提供菌种，还有技术员全程提供技术指导。"朱有福说，入住小镇就分到 3 个大棚，后来，尝到甜头的他又主动承包了 3 个大棚。

为了让贫困户"搬得出能致富"，园区管委会采用"公司＋基地＋贫困户"的经营模式，不仅手把手为菇农传授香菇培育技术，还免费提供加工设备保障产品销路。品相好的香菇高达 50 元一斤，在市场上供不应求。

"成本低，收益见效快，种香菇是个可致富的好门路！"朱有福如今已是半个香菇种植行家。他说，香菇一年产 4 茬，培育过程也省时省力。

像朱有福一样被带动成长起来的香菇种植能手数不胜数。在郧阳，立足群众传统种植基础，顺势而为发展香菇产业，现有香菇上下游企业 16 家，发展香菇

5 000 万棒，2021 年实现产值 20 亿元，出口 4.1 亿元，带动 1.5 万户种植，户均增收 3 万元，为群众撑起"致富伞"。

为提升产业链，郧阳坚持以工业化理念发展香菇产业，按照区建产业园、镇建车间、户建作坊的模式，在谭家湾镇建设食用菌循环经济扶贫产业示范园，在青龙泉社区建设香菇产业种植基地 1 200 亩，在 19 个乡镇建设自动化香菇制棒车间 24 个、各类菇棚 4.9 万个，形成集研发、种植、加工、销售于一体的香菇产业链条。

靠品牌化运作，连续四年举办香菇节，郧阳香菇被国家食用菌协会授予"中国好香菇"称号。

在湖北棉伙棉伴智能纺织科技有限公司，令人强烈感受到郧阳发展袜业的宏大手笔——在 4 万平方米的厂区，一个个偌大的车间里，一排排智能化织袜机有序作业，编织出一双双款式新颖的袜子。这里的，袜子年产量达 1 亿双，可带动 3 000 人就业！

已经在厂里工作了 3 个多月的女工卞静丽是杨溪铺镇青龙泉社区居民，她坦言："我原来只是在家带小孩，现在上班离家近，挣钱顾家都不耽误。我一人管着 35 台机器，月收入有 6 000 多元，很有成就感呢！"

带给卞静丽的生活巨大变化的湖北棉伙棉伴智能纺织科技有限公司是郧阳近年引进的袜业企业之一。据介绍，郧阳先后引进上海东北亚新等 26 家袜业企业落户，日产袜子 120 万双，年产值可达 20 亿元，成为中部地区最大的袜业生产基地。贫困户既可通过进厂务工获取工资性收入，又可通过项目承包、承接代工等形式参与袜业生产获取收益，妇女、老人、体弱多病或残疾贫困户都可以参与袜业后道工序生产。

"经过反复考察，我们认为郧阳区的地理气候条件适宜种植油橄榄。"湖北鑫榄源油橄榄科技有限公司董事长朱瑾艳说。公司通过自主研发和校企合作，将油橄榄加工产业链拉长，不仅可以生产橄榄油，还形成了多种深加工产品。短短 4 年间，鑫榄源以"企业 + 基地 + 合作社 + 农户"的形式，带动农民种植油橄榄 3 万多亩，近 200 个农户从事油橄榄种植，每人每年增收约 3 万元。

在罗堰村，养殖户曹立平家新盖的二层楼房正在封顶，人逢这样的喜事令曹立平感念不已："没有水利帮扶项目，就没有我今天的好生活！"曹立平原来的牛舍建在山下的公路边，不符合环保和安全的要求。2019 年水利部的帮扶资金帮他建成了新牛舍，并对牛舍进行了升级改造。现在他养了 60 多头牛，一年出栏近 50 头，一年的毛收入有 100 万元左右。曹立平家养的牛品质有保障，加上驻村干部帮助他推销商品信息，他家的牛肉大受欢迎，形成外地人开着车子进村来买的局面。

夏日里，青山镇的漫山茶园尽收眼底。茶树一垄连着一垄，层层叠叠，高低错落，浓淡相宜的绿色令人赏心悦目。在郧阳，串连起来的不仅仅是一处处茶山茶景，更刷新了当地的"产业绿"。

在定点帮扶过程中，水利部坚持扶贫与扶智相结合，贫困户产业帮扶、贫困户技能培训、贫困学生勤工俭学帮扶、专业技术人才培训、贫困村党建促脱贫帮扶等"八大工程"精准发力，切实提升人力资本变"输血"为"造血"，激发贫困户群众脱贫的积极性、主动性、创造性，为郧阳区发展注入新活力。

水利部定点帮扶郧阳区期间，始终把产业帮扶作为重点项目推进，建立逐年增长的投入机制，支持郧阳"1+2+N"（一个劳务经济+香菇袜业两个主导产业+N个发展项目）扶贫产业体系建设，让贫困群众挑上"金扁担"。

"一棒接着一棒跑，要接续发力，不改变贫困决不收兵"，这是水利系统8位基层挂职干部在郧阳脱贫攻坚和乡村振兴的"接力赛"。8年来，一批批水利项目、产业帮扶项目落地生根，一件件富民、惠民实事相继落实，一个个村庄告别贫困走向富裕，实现脱贫摘帽的郧阳大地有了更多水利印记。肖军、韩黎明、曹纪文、陈伟畅、韩小虎、朱东恺、尚达、郭威，这些先后在郧阳工作的水利挂职干部以他们的实干、奉献和智慧赢得了群众的口碑。

这是一片充满希望的山川，也是一块大有作为的乐土。

如今，山清水秀，产业兴旺，村貌整洁，乡风文明……这一幅幅迷人的画面铺展的是郧阳坚持绿色发展、巩固脱贫攻坚、实施乡村振兴战略的长卷。水利定点帮扶助发展，笃行不怠奋进谱新章，强水利兴产业惠民生，收获春华秋实，郧阳明天会更好！

千里淮河直入海
——写在淮河入海水道二期工程开工之际

中国日报8月1日电 淮河发源于河南省桐柏山区，原是一条独流入海的河流，滋润良田、泽被两岸。然而，自12世纪黄河南迁、夺淮入海以来，淮河旱涝灾害日趋频繁，一度被称为"中国最难治理的河流"。

彻底打通淮河入海水道，破解尾闾不畅的痛点，是一代代水利人接续奋斗的目标。7月30日，淮河入海水道二期工程开工，将大幅度提升淮河入海能力。

据介绍，入海水道二期工程实施后，可使洪泽湖防洪标准由现状100年一遇提高到300年一遇，同时减轻淮河中游防洪除涝压力，减少洪泽湖周边滞洪区启用，改善苏北灌溉总渠以北地区排涝条件，并为今后洪泽湖周边滞洪区调整创造条件，对保障流域经济社会发展具有重大意义。

提升入海能力　保障流域防洪安全

淮河流域人口稠密，在我国经济社会发展大局中地位突出，但气候多变、水旱灾害频繁，治淮一直是国家治水的重中之重。

2020年8月，习近平总书记在安徽考察期间，首先来到的是被称为千里淮河"第一闸"的王家坝闸。在王家坝防汛抗洪展厅，习近平总书记详细了解淮河治理历史和淮河流域防汛抗洪工作情况。他强调，淮河是新中国成立后第一条全面系统治理的大河。70年来，淮河治理取得显著成效，防洪体系越来越完善，防汛抗洪、防灾减灾能力不断提高。要把治理淮河的经验总结好，认真谋划"十四五"时期淮河治理方案。

经过多年治理，淮河流域洪涝灾害防御能力显著增强。其中，通过建设淮河入海水道一期工程等项目，淮河下游的排洪能力由不足8 000立方米每秒扩大到15 270 ～ 18 270立方米每秒，洪泽湖及下游防洪保护区达到100年一遇的防洪标准。

淮河下游洪水入江、入海能力得到巩固提升的同时，洪水出路规模依然不够，洪泽湖中低水位泄流能力偏小仍是淮河下游防洪面临的主要瓶颈。

2022年初，水利部部长李国英在全国水利工作会议上部署2022年重点工作时强调，要提高河道泄洪及堤防防御能力，加快淮河下游入海水道二期等重点工程建设，保持河道畅通和河势稳定，解决平原河网地区洪水出路不畅问题。

水利部规划计划司副司长乔建华介绍，由于淮河下游入海通道泄流能力不足，在利用洪泽湖周边滞洪区滞洪的情况下，洪泽湖现状防洪标准才能达到100年一遇，尚达不到国家防洪标准规定的300年一遇的要求。目前，淮河下游入江、入海的设计泄洪能力要在洪泽湖水位较高时才能达到，洪泽湖中低水位时，入江、入海、入沂的泄流能力较小，洪水出路严重不足。

"因此，加快建设淮河入海水道二期工程，扩大淮河下游排洪出路，提高洪泽湖及下游防洪保护区的防洪标准，减轻淮河中游防洪除涝压力，显得尤为迫切和必要。"乔建华指出，开工建设淮河入海水道二期工程，是实现淮河安澜的重大举措。

据江苏省水利厅规划计划处处长喻君杰介绍，淮河入海水道一期工程2003年建成通水，设计行洪流量2 270立方米每秒。二期工程是在一期工程已经确定并形成的河道范围内，通过挖宽挖深泓道、培高加固堤防、扩建控制枢纽，使设计行洪流量扩大到7 000立方米每秒。二期工程建成后，将进一步扩大淮河下游洪水出路，可使洪泽湖防洪标准达到300年一遇，提高洪泽湖的洪水调蓄能力，加快淮河中游洪水下泄、减轻淮河中游防洪压力。

减少滞洪区启用　支撑经济社会发展

淮河上中游洪水主要通过洪泽湖调蓄后入江、入海。作为淮河中下游结合部的巨型综合利用平原水库，洪泽湖承泄淮河上中游15.8万平方千米面积的洪水。

洪泽湖大堤保护区面积为2.7万平方千米，涉及耕地1 951万亩，人口1 800万，包括扬州、淮安、盐城、泰州等十数座大中型工业城市，是我国重要的商品粮棉基地之一，也是我国经济发展程度较高地区之一。

目前，洪泽湖防洪标准为100年一遇，如发生100年一遇以上洪水，需要采用非常分洪措施，下游地区将受到不同程度的洪水灾害。如遇300年一遇洪水，洪泽湖最大入湖流量为25 700立方米每秒，超过现状总泄流能力的41%，非常分洪量将达38.3亿立方米，苏北灌溉总渠以北、白宝湖、里下河等地区将面临受淹风险，当地数十年来建设的基础设施和积累的巨额财富或将毁于一旦，直接经济损失据估算将达2700亿元。

"可以说，如果没有淮河入海水道二期工程，洪泽湖一旦发生300年一遇洪水，给下游造成的经济社会损失将是难以承受的。"中水淮河规划设计研究有限公司规划一处副处长何夕龙指出。

不仅可帮助下游地区抵御特大洪水、减少灾害损失，对于洪泽湖周边滞洪区而言，淮河入海水道二期工程建成后，将减少该地区进洪风险，可以局部使用或不用滞洪区，为滞洪区调整创造了条件。

洪泽湖周边滞洪区是淮河流域防洪体系中的重要组成部分，洪泽湖目前设计防洪标准要在利用洪泽湖周边滞洪区滞洪的情况下才能达到。

据测算，入海水道二期工程建成后，一旦发生 100 年一遇洪水，洪泽湖最高洪水位 14.71 米，比现状降低 0.77 米，洪泽湖周边滞洪区减少滞洪量 6.6 亿立方米、滞洪面积 440 平方千米，受影响人口也大为减少。一旦发生 1954 年量级洪水，洪泽湖最高洪水位 14.19 米，比现状降低 0.31 米，不需要启用洪泽湖周边滞洪区滞洪。

为通航创造条件　助力淮河生态经济带建设

淮河中上游是我国重要矿产资源产地，煤炭、铁矿石、水泥灰岩储量丰富。江苏省沿海中部地区港口目前处于起步阶段，未来发展空间较大。从长远发展看，淮河沿线河南、安徽和江苏 3 省水运需求具有较大增长空间。

有专家指出，结合入海水道二期工程的建设开通淮河下游段航道，实现与海港的有效衔接，将显著完善和提升淮河流域的航运功能，促进淮河沿线地区统筹协调发展，也可为淮河生态经济带建设提供重要支撑。

据介绍，目前淮河出海航道在洪泽湖南线段现状基本达Ⅲ级标准；苏北灌溉总渠（高良涧船闸至京杭运河）段现状基本达Ⅲ级标准；京杭运河至六垛段达Ⅴ级标准；通榆运河段为Ⅲ~Ⅳ级航道；灌河段为Ⅲ级及以上航道；淮河入海水道段目前不通航。

"淮河入海水道二期工程项目在江苏、效益在全流域。江苏将秉承团结治水的精神，坚持流域协同治理，将入海水道二期工程打造成为淮河流域的安全水道、江淮平原的生态绿道、苏北振兴的黄金航道。"江苏省水利厅厅长陈杰表示，淮河入海水道二期工程实施后，河道水域宽阔，水深条件优良，适当浚深，改扩建沿线枢纽和跨河桥梁可满足Ⅱ级航道通航要求，为提高淮河出海航道等级、增加运输能力创造了条件，对促进淮河流域沿线经济社会发展具有重要意义。

李国英出席淮河入海水道二期工程开工动员会

中国日报 7 月 30 日电　7 月 30 日，淮河入海水道二期工程开工建设。水利部党组书记、部长李国英以视频形式出席开工动员会并讲话。水利部副部长刘伟平出席会议。

李国英指出，以习近平同志为核心的党中央高度重视淮河治理。淮河入海水道二期工程建设是贯彻落实党中央、国务院关于全面加强水利基础设施建设决策部署的一项重大举措，是淮河流域防洪工程体系的标志性、战略性工程，是淮河流域亿万人民翘首以盼的民生工程、发展工程。实施这一工程，将扩大淮河下游洪水出路、打通淮河流域泄洪通道、减轻淮河干流防洪除涝压力，对保障淮河流域人民群众生命财产安全、支撑淮河流域经济社会高质量发展具有十分重要的意义。

李国英强调，要以对历史极端负责的精神，加强淮河入海水道二期工程建设的组织实施，严格执行建设管理制度，精心组织施工，强化安全生产管理，高标准、高质量推进工程建设，力争早日建成发挥效益，努力把工程打造成为经得起历史和实践检验的精品工程、安全工程、长效工程，造福流域广大人民群众。

淮河入海水道二期工程总投资 438 亿元，被列入国务院今年重点推进的 55 项重大水利工程清单。工程建成后，将进一步打通淮河流域洪水排泄入海通道，大幅提升洪泽湖防洪标准，有力保障淮河流域 2 000 多万人口、3 000 多万亩耕地防洪安全。

三部委联合印发
《关于推进用水权改革的指导意见》

中国日报 9 月 1 日电 为深入贯彻落实党中央、国务院关于用水权改革的部署要求，充分发挥市场机制在水资源配置中的作用，近日，水利部、国家发展改革委、财政部联合印发了《关于推进用水权改革的指导意见》（简称《意见》），对当前和今后一个时期的用水权改革工作做出总体安排和部署。

《意见》指出，推进用水权改革，是发挥市场机制作用促进水资源优化配置和集约节约安全利用的重要手段，是强化水资源刚性约束的重要举措。党的十八大以来，党中央、国务院对统筹推进自然资源资产产权制度改革做出部署，提出完善全民所有自然资源资产收益管理制度，明确要求建立健全用水权初始分配制度，推进用水权市场化交易。近年来，用水权改革探索取得了积极进展，但仍存在用水权归属不够清晰、市场发育不充分、交易不活跃等问题。

《意见》提出，进一步推进用水权改革，要深入贯彻落实习近平总书记"节水优先、空间均衡、系统治理、两手发力"治水思路和关于治水重要讲话指示批示精神，强化水资源刚性约束，坚持以水而定、量水而行，加快用水权初始分配，推进用水权市场化交易，健全完善水权交易平台，加强用水权交易监管，到2025年，用水权初始分配制度基本建立，区域水权、取用水户取水权基本明晰，用水权交易机制进一步完善，用水权市场化交易趋于活跃，交易监管全面加强，全国统一的用水权交易市场初步建立；到2035年，归属清晰、权责明确、流转顺畅、监管有效的用水权制度体系全面建立，用水权改革促进水资源优化配置和集约节约安全利用的作用全面发挥。

《意见》要求，加快用水权初始分配和明晰。一是加快推进区域水权分配。江河流域水量分配方案批复的可用水量、地下水管控指标确定下来的地下水可用水量、调水工程相关批复文件规定的受水区可用水量，作为区域的用水权利边界。二是明晰取用水户的取水权。在严格核定许可水量的前提下，通过发放取水许可证，明晰取用水户的取水权。三是明晰灌溉用水户水权。地方可根据需要通过发放用水权属凭证，或下达用水指标等方式，明晰灌区内灌溉用水户水权。四是探索明晰公共供水管网用户的用水权。

《意见》要求，推进多种形式的用水权市场化交易。一是推进区域水权交易。对位于同一流域或者位于不同流域但具备调水条件的行政区域，可以对区域可用水量内的结余或预留水量开展交易。二是推进取水权交易。取用水户在取水许可有效期和取水限额内，可以有偿转让节约下来的取水权。对水资源超载地区，除合理的新增生活用水需求，其他新增用水需求原则上应通过取水权交易解决。三是推进灌溉用水户水权交易。在灌区内部用水户或者用水组织之间进行。地方人民政府或其授权的水行政主管部门、灌区管理单位可以回购灌溉用水户水权，用于重新配置或交易。四是创新水权交易措施。鼓励地方将用水权交易作为生态产品价值实现、生态保护补偿的重要手段。鼓励社会资本通过参与节水供水工程建设运营，转让节约的水权获得合理收益。鼓励将通过合同节水管理取得的节水量纳入用水权交易。因地制宜推进集蓄雨水、再生水、微咸水、矿坑水、淡化海水等非常规水资源交易。

《意见》要求，完善水权交易平台。一是建立健全水权交易系统。建立健全统一的全国水权交易系统，统一交易规则、技术标准、数据规范，统一部署、分级应用，逐步将用水权交易纳入公共资源交易平台体系。二是推进用水权相对集中交易。用水权交易应在国家和地方水权交易平台进行，其中跨水资源一级区、跨省区的区域水权交易，流域管理机构审批的取水权交易，以及水资源超载地区的用水权交易原则上在国家水权交易平台进行。

《意见》要求，强化监测计量和监管。一是强化取用水监测计量。加快推进取用水监测计量体系建设，为用水权初始分配和交易提供基础支撑。二是强化水资源用途管制。水行政主管部门应合理配置本地区的生活、生产和生态用水，严格水资源论证、取水许可审批和事中事后监管，防止用水权交易挤占基本生态用水和农田灌溉合理用水。三是强化用水权交易监管。重点跟踪检查用水权交易水量的真实性、交易程序的规范性、交易价格的合理性、交易资金的安全性等，及时组织开展交易水量核定、用水权交易评估工作。

《意见》强调，各地要将推进用水权改革作为落实水资源刚性约束制度的一项重要工作任务，加强组织领导、部门协作和宣传引导，加快推进用水权初始分配，因地制宜推进用水权交易，及时研究解决用水权改革中的有关问题，推动健全完善用水权改革的法规制度体系。水利部将加强跟踪指导，把用水权改革纳入水资源管理考核。

湖北 19 个重大水利项目集中开工

中国日报 9 月 22 日电　9 月 21 日，湖北省重大水利项目集中开工活动在鄂北地区水资源配置二期工程现场举行。本次集中开工的 19 个项目，总投资 274.8 亿元，涉及水资源配置、防洪排涝、供水灌溉等方面。项目的实施，将推动湖北作为国家首批省级水网先导区建设，加快形成省级水网骨干工程布局，提高流域防洪能力、区域供水保障能力和河湖生态持续改善能力，为湖北建设全国构建新发展格局先行区提供坚实水利支撑和保障。

此次开工的鄂北地区水资源配置二期工程，已纳入国家重点推进的 150 项重大水利工程项目库。工程总投资 90 亿元，施工总工期 60 个月，共包括 21 处分水建筑物至各受水对象之间的连接工程。目前项目可研报告已审批，环评、用地预审、移民等要件已经完成，具备开工条件。二期工程在不影响南水北调中线工程调水规模和鄂北工程供水任务的前提下，能充分发挥鄂北一期工程最大效益，是打通鄂北岗地供水的"最后一公里"、发挥好鄂北工程效益的关键工程。工程实施后，可以解决鄂北地区 588 万人、500 万亩耕地生活和工农业用水问题，灌溉保证率将达到 70%。

今年湖北省计划完成水利建设投资 502 亿元，目前已完成 392 亿元，位居全国第六。湖北将坚持综合调度和专项调度相结合，打响水利项目开工建设、投资计划执行、建设资金筹措等"攻坚战"，为进一步提高水安全保障能力、坚决守住流域安全底线发挥积极示范和推进作用。

湖北结合"荆楚安澜"现代水网规划，目前正在谋划实施恩施姚家平水利枢纽、引江补汉输水沿线补水工程等重大水利工程，争取尽早开工。"十四五"期间，计划投资 1 760 亿元，力争到 2025 年，初步构建标准适宜、风险可控、安全可靠的防洪安全保障体系，初步形成多源联调、丰枯互济的供水保障格局。

大藤峡水利枢纽即将全面发挥综合效益

中国日报 9 月 28 日电 9 月 28 日，大藤峡水利枢纽工程顺利通过水利部主持的二期蓄水（61 米高程）验收，这是大藤峡工程建设的重大关键节点目标，标志着工程将可蓄水至 61 米正常蓄水位，全面发挥综合效益。水利部副部长刘伟平，广西壮族自治区副主席方春明，水利部总工程师仲志余出席验收会议。

大藤峡水利枢纽是国务院确定的 172 项节水供水重大水利工程的标志性项目，也是珠江流域防洪控制性工程和水资源配置骨干工程，防洪、航运、发电、水资源配置、灌溉等综合效益显著。按照"六个重要"新定位，工程建成后将成为流域防洪安全的重要保障，实施国家水网重大工程的重要结点，粤港澳大湾区水安全的重要屏障，建设珠江黄金水道的重要中枢，区域电力安全的重要支撑，地方乡村振兴的重要水源，对提升流域水安全保障能力、促进地方经济社会高质量发展具有重要作用。

大藤峡工程总投资 357.36 亿元，总工期 9 年，总库容 34.79 亿立方米，正常蓄水位 61 米。2014 年 11 月工程开工建设以来，大藤峡公司团结率领各参建单位克服准备期、筹建期、主体工程施工期"三期叠加"、新冠肺炎疫情等不利影响，成功战胜高温多雨、洪水频发、地质复杂等重重挑战，全力推动工程建设。2020年，左岸工程投入运行并发挥初期效益，右岸工程建设按计划稳步推进，为稳住经济大盘贡献了大藤峡力量。

两年多来，成功应对 5 次西江编号洪水，特别是防御 2022 年西江 4 号洪水中，共拦蓄洪水 7 亿立方米，最大削减洪峰 3 500 立方米每秒，有效避免了西江、北江洪峰遭遇，减轻西江中下游及珠江三角洲防洪压力；4次承担应急调水任务，累计补水5.7亿立方米，在春节、元宵节等关键时刻，发挥关键工程作用，实施关键调度，保障澳门、珠海等粤港澳大湾区水安全；船闸累计过闸船舶5.57万艘次，核载量1.23亿吨，测算可带动超90亿元产业发展；发电超82亿千瓦时，为地方经济社会发展注入强劲动能。

此次二期蓄水（61米高程）验收范围包括右岸挡水坝段（含黔江鱼道）、右岸厂坝、右岸泄水闸、左岸泄水闸、左岸厂坝，船闸上闸首、闸室、下闸首、上游引航道及上游锚地，以及黔江副坝、南木江副坝、右岸塌滑体处理等，以及与蓄水相关工程的基础开挖、基础处理、混凝土浇筑、机电设备及金属结构安装、安全监测，移民安置，环境保护等项目。

由水利部及有关司局和单位、广西壮族自治区人民政府及有关部门和地方政府、广西电网等单位代表和有关专家组成的验收委员会，深入大藤峡工程施工现场实地检查了61米高程蓄水涉及部位建设情况，认真观看了工程建设声像资料，详细听取了项目法人、设计、监理、施工、安全鉴定、质量监督等单位工作汇报，严格按照验收工作大纲规定，经充分讨论研究，形成并通过《大藤峡水利枢纽工程二期蓄水（61米高程）阶段验收鉴定书》。验收委员会认为，大藤峡水利枢纽工程已具备二期蓄水至61米水位条件，各项已完工程验收质量合格，优良率达93.6%，同意通过二期蓄水（61米高程）阶段验收，可在满足航运、发电、生态用水需求下，逐步抬高蓄水位至61米高程。

大藤峡公司枢纽管理中心相关负责人介绍，大藤峡工程根据上游来水情况，计划逐步蓄水至61米高程，届时，工程的防洪、航运、发电、水资源配置、灌溉等综合效益将得到充分发挥。

作为流域防洪控制性工程，可调节水库库容15亿立方米，与流域水库群联合调度，可将国家重点防洪城市广西梧州市的防洪标准由50年一遇提高到100年一遇，将西江下游和西北江三角洲重点防洪保护对象的防洪标准由50年一遇提高到100～200年一遇。

作为距离珠江三角洲最近的流域水资源配置骨干工程，粤港澳大湾区应急调水响应时间由原来的7～10天缩短至3天，大幅提升调水效率和精准度，全面增强珠江流域水资源统筹调配能力、供水保障能力和战略储备能力，有力保障粤港澳大湾区用水安全。

作为西江亿吨黄金水道关键节点，通航吨级由300吨级提高至我国内河航运最高等级3000吨级，设计年均运送货物量5200万吨。

作为红水河水电梯级开发的最后一级，年发电量 60.55 亿千瓦时，成为广西电力系统安全稳定的主力电站。

作为桂中重要水源工程，可解决 120.6 万亩耕地、138.4 万人口干旱缺水问题，让百姓喝上放心水、幸福水。

大藤峡公司负责人表示，将贯彻落实水利部推动新阶段水利高质量发展的决策部署，按照水利部部长李国英检查大藤峡工程时提出的建设与运行、生产与安全、质量与进度、工程与移民、物理与数字、常态与极端、发展与文化"七个两手抓"工作要求，勇于担当，攻坚克难，建设好、运行好大藤峡工程，为促进流域经济社会高质量发展和粤港澳大湾区水安全提供有力支撑，以优异成绩向党的二十大献礼。

水利部规划计划司、水资源管理司、水利工程建设司、水库移民司、监督司、水旱灾害防御司、水利水电规划设计总院、水利工程建设质量与安全监督总站、珠江水利委员会，广西壮族自治区水利厅、交通运输厅、发展和改革委员会，广西电网，贵港市、来宾市、柳州市人民政府，以及验收技术检查专家组代表，大藤峡公司和各参建单位代表参加验收会议。